Paracraft编程入门

成为3D动画与编程能手

李西峙　李铁才　著

动画 + 编程 = Paracraft

学生、家长、教师的AI与编程入门教材

适合7岁以上用户使用

HITP 哈爾濱工業大學出版社
HARBIN INSTITUTE OF TECHNOLOGY PRESS

内 容 简 介

本书通过作者原创的 Paracraft 工具，让读者可以随心所欲地创作出任意复杂的 3D 动画与游戏，是一本 AI 及编程入门教材。书中作者还分享了自己从 7 岁开始学习编程的经历，30 多年编程生涯的感悟及学习编程的方法论。本书共分三篇：上篇包含 61 个循序渐进的编程项目，训练读者通过思维实验解决问题、理解 AI 和体验编程；中篇主要介绍编程理论，系统地讲解了变量、函数等重要编程概念；下篇为参考手册，本书中所有的编程词汇都可以在下篇中查询。

本书可供 7 岁以上喜欢编程的大、中、小学生，以及家长、教师、程序员等参考使用。

图书在版编目(CIP)数据

Paracraft编程入门 / 李西峙，李铁才著. —哈尔滨：哈尔滨工业大学出版社，2021.1

ISBN 978-7-5603-8261-6

I. ①P… Ⅱ. ①李… ②李… Ⅲ. ①动画制作软件—程序设计 Ⅳ. ①TP391.414

中国版本图书馆CIP数据核字(2019)第101795号

Paracraft编程入门

Paracraft BIANCHENG RUMEN

策划编辑 王桂芝
责任编辑 刘 瑶
装帧设计 屈 佳
出版发行 哈尔滨工业大学出版社
社 址 哈尔滨市南岗区复华四道街10号 邮编150006
传 真 0451-86414749
网 址 http://hitpress. hit. edu. cn
印 刷 哈尔滨市石桥印务有限公司
开 本 889mm × 1194mm 1/16 印张 21 字数 550 千字
版 次 2021年1月第1版 2021年1月第1次印刷
书 号 ISBN 978-7-5603-8261-6
定 价 96.00元

前 言

Preface

编程一直被误解为一件很难的事情。其中一个原因是几乎所有编程语言（工具、文档、开发者社区）都是英语文化圈下的产物，如果你英语不好，就无法真正融入其中；另一个原因是编程语言没有被教育者真正当作一种人类的语言去对待。

本书作为编程的入门教材，将正确的工具、学习方法介绍给希望真正掌握编程的你。本书的目标是通过我们原创的 Paracraft 工具，让你随心所欲地创作出任意复杂的 3D 动画与游戏。当你具备这种入门编程能力时，你仍然可以继续使用 Paracraft 开发专业的计算机软件或自学其他编程语言。

学习编程和学习外语很像，需要大量的打字练习。动手打字就如同学习外语中的发音一样重要。回忆一下，我们从出生开始就在学习母语的发音，然后每天还要去使用它，长大后又系统地学习它。一个 4 岁的小孩已经能用母语表达自己的任何想法。相似的，本书希望营造一个类似的学习环境，让你可以在计算机世界中表达自己的任何想法。这也是当代希望从事科学与创造性工作的人的一项必备技能。拥有编程的入门能力并不困难，但也需要 4 年的时间或打 5 000 行以上的代码。

1989 年，7 岁的我照着我父亲给我的一本书编写了我人生中的第一个程序，并从此喜欢上了编程。小学期间我完成了大量的个人编程作品，达到随心所欲的入门状态，这要感谢我的老师。本书也希望和大家分享我的学习经历。

本书能够顺利出版，要感谢 Paracraft 的用户，尤其是奇仔、桃子、无心和阿杰，是你们的辛勤付出让我们的工具可以大放异彩。

感谢魔法哈奇超过 500 万注册用户近 10 年来的陪伴，很多用户从小学升到了大学，仍然没有完全离开这款 3D 社区和 Paracraft。

感谢我过去和现在的团队，未来我们还有很长的道路要走，很多中途离开的同事依然在远程参与我们的开源社区。感谢合作伙伴与多位教育工作者愿意在我们的产品还不完善时，坚持使用我们的产品。

感谢投资方，在最艰难的时刻依然给我们无私的赞助，能够让我们去实现一个 10 年以上的长期规划。

限于作者水平，书中难免存在疏漏及不妥之处，诚挚地希望读者指正，以使我们不断进步、日益完善。作者联系方式：lixizhi@paraengine.com（网址：https://keepwork.com）。

李西峙

2020 年 2 月

于深圳大富配天集团 NPL 语言研发中心

如何学习编程

在深圳大富配天集团 NPL 语言研发中心，我们每周六都有一个 3 小时的免费 Paracraft 编程导引课，参加的人主要是小学生，偶尔还有家长和大学老师，总共已经举行 30 多次了。

来的大人们经常会问我："应该如何学习编程？"，而小孩们总是迫不及待地运行电脑上的 Paracraft，自己探索起来。

学习编程很简单。首先，你需要买一台带键盘的 PC 机或笔记本电脑。编程是需要打字的，因此需要鼠标和键盘。遗憾的是我发现 50% 的普通家庭只有手机、Pad 或者多年前就已经无法开机的电脑。如果你已经有笔记本电脑，再购买一个更大的显示器、独立的鼠标和键盘，就可以将笔记本电脑改造成台式机。

其次，你要学会在电脑上安装一个能编程的软件，本书的读者需要安装 Paracraft（后面会有介绍）。

最后，你要允许自己的小孩儿使用电脑，哪怕是玩游戏。99% 的家庭之前都做不到这三点，因此虽然大多数学校都开设了编程课程，但孩子也没有学会编程。当你在家中做到这三点时，你会发现很多孩子是天生的程序员。孩子们会逐渐远离手机，更愿意将时间花在大屏幕上，去探索别人的作品或自我创作。这就好比孩子都喜欢模仿大人的语言和行为，当你给他们一大堆积木，他们会先破坏再搭建。

如果你的孩子已经是一个手机游戏高手，那么不妨让他到电脑上玩 Paracraft。Paracraft 中有大量其他孩子、老师、程序员创建的 3D 游戏和动画作品，每个作品都可以随时查看背后的逻辑与代码，别人的作品就是最好的老师。

学习计算机语言与学习其他自然语言，如中文和英文等是一样的，你要不停地使用它，创造出自己的作品。其实人类学习任何技能都是一样的，因为教育的本质就是让人保持思考和一直有事可做。

因此，我们还为Paracraft开发了一个学习平台，称为KeepWork，官网是：http://keepwork.com。

KeepWork 有两个字面意思：

- 保持 (Keep) 有事可做 (Work)：人不能放弃工作和创作，大人小孩都一样。这个是教育的本质。
- 保存 (Keep) 作品 (Work)：我们保存了你的所有作品和更改历史。作品是未来教育的重要评估方式，而不再需要考试的分数。

只要你安装了 Paracraft，后面的一切就可以教给孩子自己去探索、学习和创造了。而你只需要观察孩子是否一直保持有事可做即可。本书其实是 KeepWork 内容的一个浓缩，给出 61 个项目，用于启发孩子去探索和创作。出版本书的目的是让成年人也能够快速地、系统地了解 Paracraft 和编程理论，方便教育机构的教学，以及保护孩子的视力。但是真正入门编程，仍然需要在计算机上进行大量的打字练习和项目实践。

本书有什么

本书分为上、中、下三篇：

- 上篇：项目

  通过思维实验解决问题，理解 AI 和体验编程。

- 中篇：编程理论

  系统讲解变量、函数等重要编程概念。

- 下篇：参考手册

  本书中所有的编程词汇都可以在参考手册中查询到。

这三篇内容分别代表了程序员的三类重要行为：搜索项目、学习理论和寻找文档。下面来说说这三类行为：

1. 搜索项目

程序员在解决一个问题时，通常会先去搜索别人的开源项目来参考。新学员学习编程也是从项目开始的，而不是从理论或语法开始的。因此，在本书上篇中我们将大量的编程项目按照一定的次序归类到了第 1 章的各小节中。你可以根据自己的能力和喜好从任何一个项目开始做起。这些项目大多来自我们每周六的编程导引课，因此都可以在两个小时内完成。

2. 学习理论

计算机程序已经深入到了人类科技的每个角落，如物理、化学、生物、航天、材料、数学、动画、游戏等。每个领域的程序员都需要学习对应的理论知识，然后用程序创造出符合相似规律的虚拟事物来。在本书的中篇，我们会系统地讲解计算机编程的通用理论，这些理论和电子计算机的工作原理相关，因此几乎适用于所有现代计算机语言。而关于通用理论之外的理论，我们放在第 1 章的每个项目中讲解。

3. 寻找文档

一般计算机语言的全部内置语法和词汇只有不到 20 个。因此对于已经精通一门语言的程序员来说，学习一个新的计算机语言大概只需 1 小时。但是编程是一个不断创造新词汇（函数）的过程，在编程时需要使用其他程序员创造的词汇，这个词汇的数量从几百到上千个，甚至几十万个，每个领域都有自己的词汇， 每个项目也有自己的词汇。程序员会给这些新词汇编写使用说明书，我们称之为文档，由于文档数量太多，即使是资深程序员也只能靠模糊查询，而不是精确记忆这些文档，因此。我们每写一行代码都需要先查看文档。在本书的下篇中，我们列出了在上篇的项目中使用到的所有词汇的文档。这些词汇已经足够开发任何你能想到的动画和游戏。

如何使用本书

对于自学者，我们希望用户从本书上篇的任何一个项目开始学习编程。在遇到任何不懂的地方时，可以在中篇和下篇里找答案。但是请你不要去记忆任何下部中的内容，只要有一个模糊的印象即可。即使是像我这样有 30 年编程经验的程序员，也经常在这三种行为之间切换，只不过专业程序员不会看书，而是在互联网中通过搜索去获取这些内容。因此初学者可以先使用本书，然后逐渐脱离本书，直接到 KeepWork 网站或 Paracraft 软件中找答案。

本书也可作为编程教材，上篇的每个项目都可以作为一个 2 小时编程课的教学内容。我们为每个项目制作了在线课程，目录中的项目 ID 为在线课程 ID，方便老师在课堂教学，详见第 1 章的开始部分。老师可以根据课时数，按照任意自己喜欢的顺序和学生的能力选择课程项目，我们的网站上给出了几种参考性的教学计划。

本书的中篇（理论部分）内容不建议在课堂上教学，但是老师可以安排一些答疑课，或者每节课留一些时间给学生提问。计算机语言中需要解释的知识点不到 20 个，更多的是需要大量实践。课堂上的教学，**应以完成项目制作为目标，而非彻底理解里面的所有细节**，鼓励学生间相互帮助。而贯穿整个学期的教学大目标应该是**引导学生用课余时间完成自己的计算机项目** 。我们建议老师在每节课开始或结束的时候，用 5 分钟的时间请学生展示自己在课余时间完成的作品，如果还没有这样的作品，可以使用我们网站上的学生作品视频。我们的网站每月都举办编程大赛，里面有大量的学生作品。

当学生开始创作自己的作品时，老师应该定期去阅读学生的作品代码，并给出修改意见。这就如同语文老师要批改学生的作文一样。这对老师的编码水平有一定的要求，但是如果学生将作品分享到 KeepWork， 其他高水平的用户就可以提供这种帮助或服务。

在第 6 章**对未来教育的思考**中，我们给出了如何以本书为起点，构建从小学 1 年级到大学的编程学习体系。本书的**后记**具体地讲解了如何开展 Paracraft 编程教学。

谁该阅读本书

具有阅读能力的人都可以阅读本书，本书争取只使用不超过20个专业术语（见附录3）去讲解计算机编程。我在小学时，经常读一些成年人的科普书籍，总能有读懂的部分，大人们也鼓励我去搞清楚看不懂的部分。哪怕是最高深的理论都应该能在生活中找到相似的比喻，如果找不到，很可能是这个理论本身有问题。

我心目中的读者包括：

喜欢编程的小朋友：尽力去理解本书，但你不需要全部看懂，甚至开始时你只需将本书看成61个编程实验的绘本，但需要你亲自动手去体验代码和计算机的创造力。

家长：我理解成年人学习编程已经没有小孩儿那样容易了，因为你可能没有时间和兴趣去动手写代码，但是至少你可以快速地阅读本书，回答一些小孩儿提出的问题。

老师：我鼓励所有年轻教师，无论你是教什么学科的，都能像小朋友一样去动手学习计算机编程，达到可以随心所欲的入门程度。当你掌握了Paracraft，你就打开了一扇门，你能创造的将不只是PPT（文字和图片），而是动画、逻辑与交互。未来教育需要大量教育工作者的创造；项目式和交互式学习将取代45分钟的课堂学习。我们的官网（http:// keepwork.com）为老师提供了创建项目式课程学习的编辑工具，本书中所有的项目已经被制作成了交互式在线课程。期待更多领域的教育工作者加入我们，用计算机技术改变未来的教育。我们将为教育工作者提供培训。

程序员：Paracraft是一个开源的软件生态，我们期待你的加盟，一起开发面向人工智能和未来教育的新应用。有经验的程序员也许也能从本书中获得一些编程方面的启发。如果你既是程序员又是一位家长，本书将是你最好的亲子读物，你应该和孩子一起完成每个项目，并通过我们的官网分享出来。

大学生和大学老师：Paracraft在过去几年中有很多作品、课程、CAD工业设计、书籍等都是由大学老师或大学生完成的，希望更多的大学老师和大学生选择Paracraft作为毕业设计的工具或题目。我们的官网还提供了人人可为老师的教学机制，希望大学生可以教小学生，一同学习编程并完成项目。当别人的老师是最好的学习方式。

站在前人的肩膀上

Paracraft是使用NPL语言开发的。从2004年创立NPL计算机语言，到2005年制作ParaEngine分布式游戏引擎，到2007年发布儿童动漫创作平台，到2009年发行魔法哈奇3D创想乐园，到2012年发布Paracraft创作工具，到2015年NPL语言开源，到2018年发布KeepWork，期间我吸收了很多前人的思想和成果。

我无法罗列全部，但是最重要的思想是我父亲的《相似性和相似原理》，其初稿写于1982年，2015年后我也加入了该书的修改和补充工作，其中包含了多组时空序列及其相似性的数学表达与大量研究案例。宇宙内部的相似性从易经开始，到亚里士多德，到后来它已经被无数科学家研究过。可能是它太普遍，导致我们在使用它时，忽略了它的存在。在人工智能时代，我们有必要将它系统地作为一门独立的理论去研究。人类的大脑由记忆与单向连接构成。记忆就是时间序列，或者说是动画，我们很难去修改自己的某个记忆，但是我们可主观地选择一段记忆的时间起点在大脑中播放。

NPL语言的基础语法是基于Lua的，后来又受到Lisp语言的影响，使得它支持动态语法扩展。Lua的语法是全世界公认最简洁的，它被无数高级脚本语言采用作为基础语法；同时它拥有全世界最快的动态编译器Luajit，使得我们可以用C/C++去扩充它。

在本书中，第一步：我们要教会你如何随心所欲地创建任意复杂的三维时空序列，也就是动画。我们的网站上有成千上万个小朋友自己创建的Paracraft动画片或电影供你学习和参考。第二步：我们要教会你如何用代码去控制这些动画的播放起点，你就像一个导演或音乐指挥家一样让动画在代码的指挥下播放。当你可以随心所欲地掌握这两个技能时，你已经可以像控制自己的思想和梦境一样去控制数字世界中的一切。

2007年和2009年，当我用这种思想创建儿童动漫创作平台（Kids Movie

Creator）和魔法哈奇时，还不知道后来风靡全球的一款游戏叫 Minecraft。当 2012 年我深入研究它时，才发现它的魅力。但我是从相似原理的角度来看它的，在时空序列的数学表达中，世界应该是粒子化的，而且应该是其大无内、其小无外的。Paracraft 将这种粒子化建模的思想发挥到了极致，用于任意的动画创作和编程。

MIT 实验室的 Scratch 对少儿编程的贡献是巨大的，它让更低年龄层的用户可以自学编程。Paracraft 后来也引入了类似 Scratch 的积木式编程，并且我们让它可以控制 3D 世界中的角色，并可以平滑地过渡到基于文本的编程。我们还提出并实现了一种面向记忆的编程模式。

无法罗列全部前人的成果，所以我们从最开始就在 Github 上开源了我们的所有成果，包括 NPL 语言和 Paracraft。至今有上百位开发者参与其中，我们希望更多的程序员和教育工作者可以在我们的研究成果上继续探索。

目　录

Contents

上篇　项　目

第 1 章　编程项目

目　录
Contents

上篇　项　目

编程要从玩开始，你需要体验足够多的项目。

第 1 章　编程项目

学习编程就是学习如何用计算机去创建与现实世界相似的虚拟世界。本书中的项目将引导你动手去创造 3 类虚拟事物，分别是：

- 几何相似的 3D 世界：建造静态三维（3D）世界；
- 随时间运动的角色：动画与电影；
- 让角色拥有智能：程序与逻辑。

本书的项目按照以上顺序分成 3 大类，但是你完全可以先将所有项目都浏览一遍，然后进行跳跃式学习。

> 学习编程，首先应该让小孩（包括成人）学会玩游戏，在游戏中观察所遇到好看的、好玩的东西，并且告诉他们：这些都是小朋友自己创作并分享给大家的。

1.0 绪　论

1.0.1 Paracraft 是什么

Paracraft(创意空间) 是一款免费开源的 3D 动画与编程创作软件（图 1.0.1）。你可以用它创建 3D 场景和人物，制作动画和电影，学习和编写计算机程序，与成千上万的用户一起学习和分享你的个人作品。本书中所有的动画与编程项目均使用 Paracraft 制作完成。

> 动画 + 编程 = Paracraft

图 1.0.1

Paracraft 使用 NPL 语言开发完成。NPL 语言全称为 Neural Parallel Language(神经元并行计算机语言)，是作者于 2004 年为了解决基于相似原理的 AI 仿真问题而研发的编程语言，语法与主流编程语言兼容。NPL 社区通过 github 开源了 200 多万行引擎与 NPL 类库代码，我们期待编程爱好者的加入。

> NPL 语言官网：https://github.com/LiXizhi/NPLRuntime

Paracraft 模拟了人类大脑的工作方式。人脑具有下面几个核心能力：

- 对 3D 世界的抽象建模能力。我们生活在 3D 世界中，而人脑天生对 3D 世界具有抽象建模能力。最近的研究发现，人脑中存在大量相似的神经元细胞，具有和 3D 几何世界对应的空间关系。
- 对动画的记忆能力。人脑的记忆不是静止的，而是随时间变化的动画片段。这些记忆一旦形成，就很难被修改。如果将一个人从出生到 20 岁所看到和听到的一切用手机录制下来，大概需要 6 000 GB，约等于 15 部 512 GB 手机的容量，这对计算机来说并不是很多。

- 对记忆的控制能力。人类的语言与行为其实是对过去记忆的重新剪接和播放。你的大脑仿佛是一个电影导演，指挥着很多动画记忆片段的播放，而驱动记忆重放的主要原则是相似性。

本书通过 Paracraft，让你学会控制计算机去做类似的这 3 类事情。在 Paracraft 中：

- 我们主要用方块构建 3D 几何世界。人脑中的信号单元是粒子化的，例如，视网膜上有 650 万 ~ 700 万个视锥细胞可感受颜色和强光；而我们用手机拍摄的照片则由大概 2 000 万个方块点构成。科学家观测到，在人脑深处，当我们从不同角度观察一个熟悉的环境时，某些神经元细胞构成的点阵也会以相似的模式被依次激活，仿佛在我们脑海深处也有一个相似的由点阵组成的立体世界。这也许可以解释为何孩子对乐高积木特别喜欢，因为这种建模方式与人脑相似。
- 我们用电影方块记录动画。本书中有相当的篇幅及项目是教你如何制作和播放 3D 动画片段。3D 动画（也包括图片和声音）其实是编程的主要素材。我们在各类软件中看到的一切可操作的图形界面或者游戏中会动的人物，均需要先制作成可被计算机调用的动画素材。3D 动画就如同我们的记忆一样。没有海量的记忆，人类无法思考；没有大量的动画素材，程序无法呈现动画效果。
- 我们用代码方块控制动画。编程可以看成是利用逻辑去控制动画的过程。人类的思维也可以看成是通过相似匹配去控制记忆播放的过程，只不过人类还不清楚这个相似匹配的全部规律。但是我们可以用人类语言去描述输入和输出的关系，从而控制在什么情况下动画从哪里播放，到哪里结束。这种描述方法就是我们要学习的编程。在 Paracraft 中，我们提出一种简单易学的**面向动画**的编程方式。

> 总结：Paracraft 致力于提供一个面向个人的 3D 动画与编程创作环境。我们探索了一种类似人脑的建模方式。无论你是小学生还是成年人，通过学习 Paracraft，均可以随心所欲地创建 3D 动画、游戏及专业计算机软件，并可以独立发布软件到 Windows/MAC/Android/iOS 等众多平台上。

1.0.2 如何学习本书中的项目

> 本书中的每个项目都对应了 Paracraft 中的一个 3D 世界。在 Paracraft 中输入项目课程 ID，例如 8x27，就可以进入项目对应的 3D 世界了。

你可以在 Paracraft 中将所有项目的 3D 世界都浏览一遍，以选择自己喜欢的项目，开始编程之旅。如图 1.0.1 所示。

我们的项目 ID 或者课程 ID 是一个数字比如 8567 或者两个数字相乘的格式如 8x27。你只要在 Paracraft 里如图输入项目 ID 或者课程 ID 即可。

本书中所有的项目都可以通过自学的方式完成。如果你是一位老师，希望能够制作自己的课程，你也可以在 KeepWork 网站中（https://keepwork.com/ ）进入“我的课程”页面，如图 1.0.2

所示。打开的页面如图 1.0.3 所示。在这个页面里你可以生成自己的课程，也可以把相关的课程打包。在每个课程里，你可以看到相应的课程ID，只要你的学生在 Paracraft 里输入这个 ID，就可以打开相关的项目。一个课程可以放到不同的课程包里面去，这样你可以灵活地组织你的课程。我们鼓励有能力的老师参与制作更多的 Paracraft 教学内容，各门学科的知识都可以转化为 Paracraft 的 3D 世界，让学生们拥有更加丰富的学习土壤。

现在，一切准备就绪，第一个项目我们会教你如何安装 Paracraft，其余项目你可以自由选择。记住：学习编程是从玩游戏和写代码开始的。当你能够随心所欲地使用 Paracraft 创建任何你想做的动画和游戏时，你就入门了。对于“零”基础的人，这个过程可能需要很长时间，也就是说，需要欣赏上百个别人做的 Paracraft 动画或游戏，动手完成数十个项目，写上 5 000 行代码。但这是一个十分有趣和富有成就感的旅程。

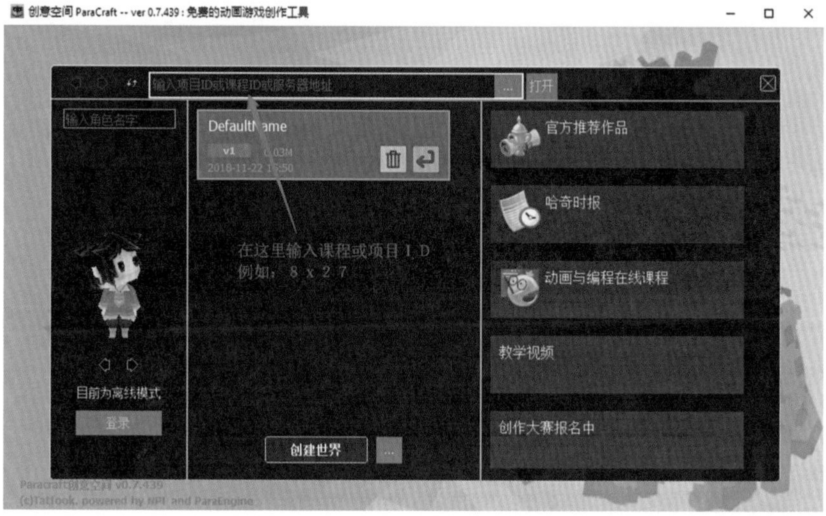

图 1.0.2

图 1.0.3

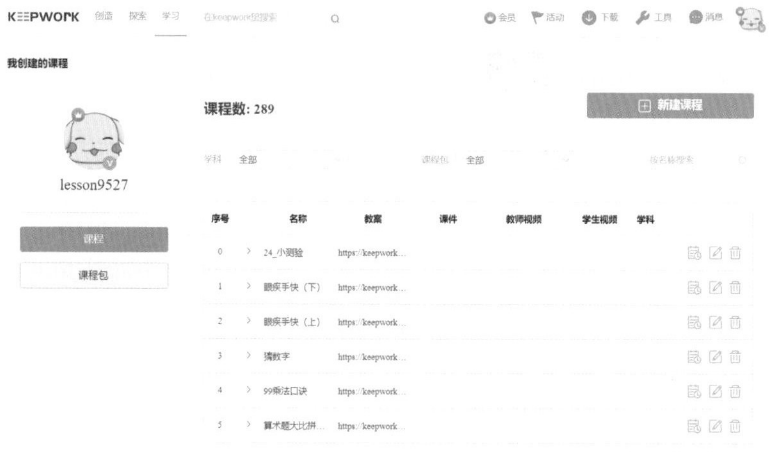

图 1.0.4

1.0.3　项目 8x27：安装 Paracraft 和编辑模式

课程 ID： 8x27

简　介： 了解 Paracraft 动画和游戏制作工具。观看由经验丰富的用户制作的动画短片。学习如何在 3D 世界中移动、播放动画，并阅读它的源代码。

1. 理论

今天，我们将先观看一小段动画视频，叫作 *What Do You Do with An Idea*？（**《有了想法你怎么做？》**），这个视频是用 Paracraft 制作的。Paracraft 允许使用方块创建高级的 3D 动画和游戏。如果你已经玩过 Minecraft 或者乐高，你将会喜欢它，但是 Paracraft 是一个更强大的 3D 动画和编程工具，并且是免费和开源的。你将要看到的动画是由初学者仅使用 Paracraft 制作的。我们将学习如何阅读它的源代码。

2. 游戏

学习如何从官方网站安装 Paracraft 和工具是一项关键技能。许多人没有成功地学会编程是因为不知道怎样用计算机下载和安装最新版本的 Paracraft。

首先你需要到官方网站下载安装 Paracraft，Paracraft 官方网站的链接地址为

http://paracraft.keepwork.com/download

在浏览器中打开上面的链接，然后点击“下载”，你需要根据所使用的操作系统安装相应的版本。

编程需打字，我们建议你在计算机上安装 Windows 操作系统。点击图 1.0.5 中的“下载”按钮，下载完成后运行 paracrafe_full.exe 文件。

根据指引完成软件的安装，如果你的计算机出现安全警告或提示，请允许程序运行。

安装完成后，在桌面上会生成一个图标 ，点击它并完成软件的更新，就可以启动 Paracraft，运行新版本软件了。

> 每次启动时，我们强烈建议你将软件更新到最新版本。

图 1.0.5 是软件的启动界面，Paracraft 软件

图 1.0.5

的版本号在窗口的左上方和左下方均有显示（图1.0.6）。

● 学习用**W、A、S、D键**来移动物体（图1.0.7）。

● 按住**Ctrl键**并滚动鼠标滚轮来放大和缩小视角（图1.0.8）。

● 学习按住**鼠标右键**并拖动它来改变视角（图1.0.9）。

当你打开一个用户创建的世界时，例如，打开**有了想法你怎么做?**你可以在游戏和编辑模式之间切换。在游戏模式中，你只能局限于创造者设定的游戏规则。在编辑模式下，你可以修改这个世界，并读取特殊方块中的源代码。

● 按**Ctrl+G键**切换到编辑模式，或者按**Esc键**（在键盘的左上角），在屏幕左上角点击“播放模式”来切换模式，如图1.0.10所示。

● 另一种切换模式是通过命令。请记住：在大多数工具中，不仅仅是Paracraft，**你能用鼠标和键盘做的所有操作都可以通过命令来完成，所有命令能做的事情也可以通过代码来完成**。

● 命令就像是一种更加人性化的代码，具有输入和输出功能。许多专业

图 1.0.6

图 1.0.7

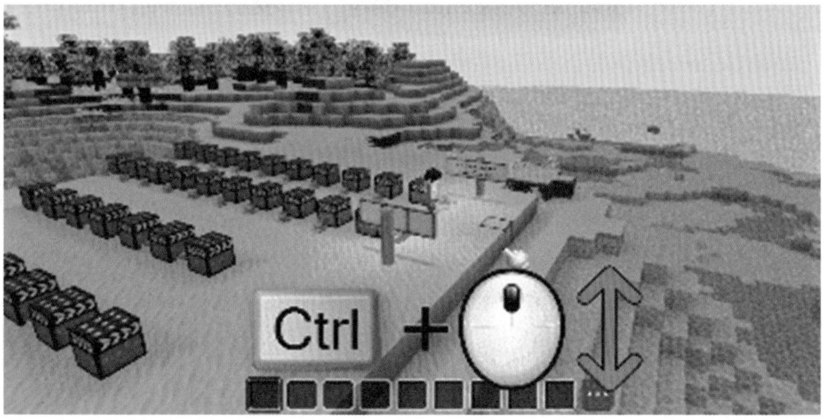

图 1.0.8

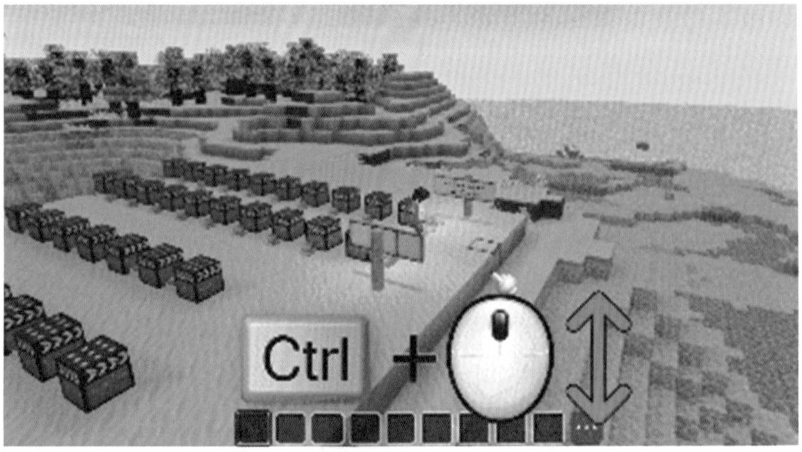

图 1.0.9

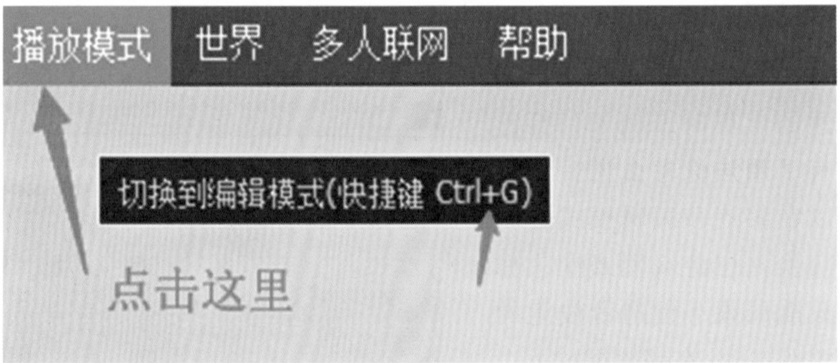

图 1.0.10

程序员只使用命令与计算机交互，这样他们就可以做到手不离开键盘地操控计算机。

- 因此，现在让我们像一个专业的程序员一样工作，只使用键盘来切换游戏模式。
  - ○按下 Enter 键或者 / 键来打开在屏幕左下角的命令行窗口，如图 1.0.11 所示。
  - ○然后输入 /mode 。记住不要使用鼠标。再次按下 Enter键来确认命令。
  - ○尝试组合输入 /mode 、Enter 键几次。恭喜你，你已经学会了第一个指令。
  - ○按 Esc 键可以清除已输入的命令。
- 命令行可以用来做简单的编程,我们将会逐步学习它。

使用 Paracraft 时，**右键单击**一个方块意味着编辑或打开它。

- 在编辑模式下，**右键单击**电影方块读取它的源代码。这里不需要理解它们，只要四处走走，

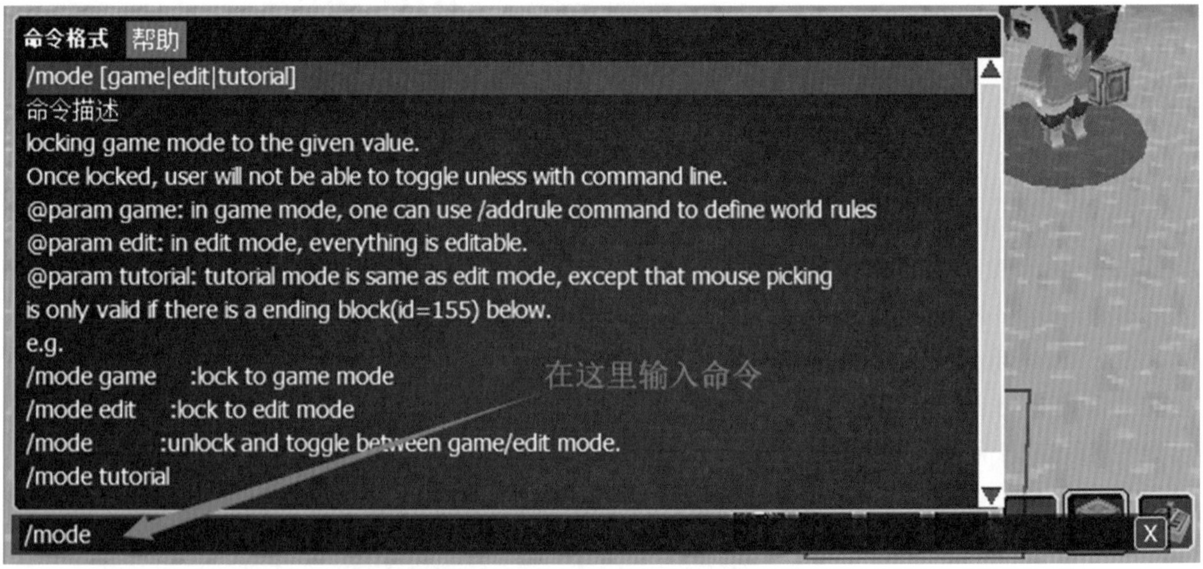
命令格式 帮助
/mode [game|edit|tutorial]
命令描述
locking game mode to the given value.
Once locked, user will not be able to toggle unless with command line.
@param game: in game mode, one can use /addrule command to define world rules
@param edit: in edit mode, everything is editable.
@param tutorial: tutorial mode is same as edit mode, except that mouse picking
is only valid if there is a ending block(id=155) below.
e.g.
/mode game :lock to game mode
/mode edit :lock to edit mode
/mode :unlock and toggle between game/edit mode.
/mode tutorial
在这里输入命令
/mode

图 1.0.11

用命令打字是非常重要的，试着提高打字速度。

尽可能多地探索电影方块内的代码。

- 你可以通过单击图 1.0.12 所示的按钮播放动画电影。
- 再按下 Ctrl+P 键退出播放动画电影模式。

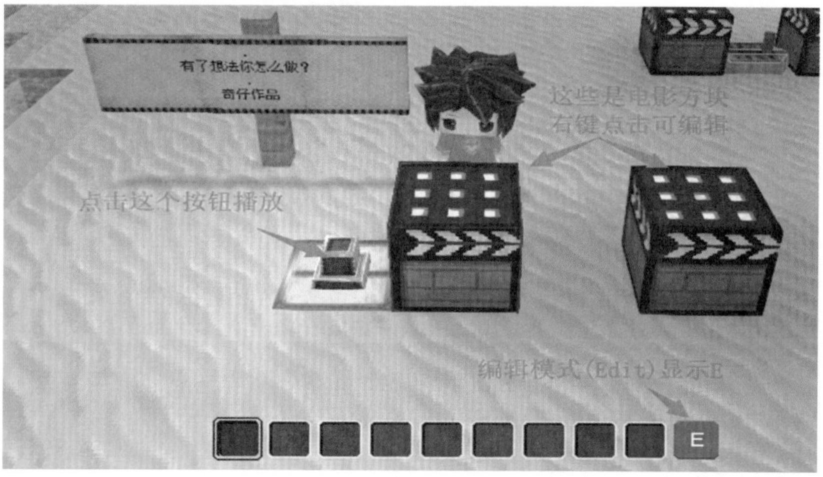

图 1.0.12

如果你离起点太远而走丢了，请输入 /home 命令并按 Enter 键，会将人物传送到出生点。

按 F1 键可以查看帮助

帮助窗口中有大量的 Paracraft 建造、动画与编程的教学示例，你可以随时将它们导入当前的世界中，如图 1.0.13 所示。

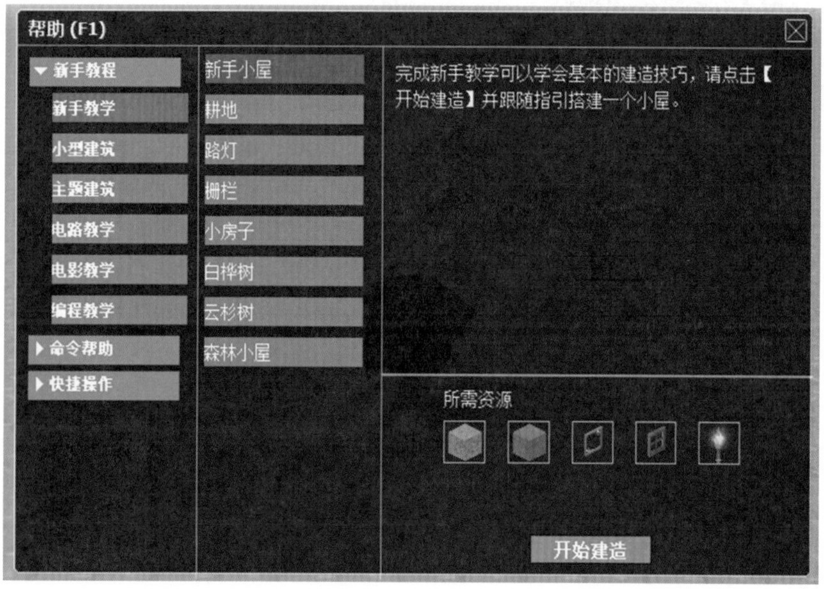

图 1.0.13

测试题

（1）如何在播放和编辑模式之间切换？

（2）输入什么命令能让你回到出生点？

（3）缩放视角的快捷键是什么？

答案

（1）按下 Ctrl+G 键；按下 Esc 键，并点击屏幕左上角的模式按钮；按下 Enter 键，并输入 /mode。

（2）/home。

（3）Ctrl+ 鼠标滚轮。

1.1 几何相似与构建相似的虚拟世界

本项目包括一些和几何相似相关的项目，你将体验下列内容：

- 从几何相似开始，学习和了解几何意义下的放大、缩小、变胖及变瘦。几何相似与时间无关。
- 点阵图与真实图像具有相似性。
- 用方块可以表达二维或三维虚拟世界，虚拟世界是真实世界的相似体。世界由粒子组成，“其小无内，其大无外，以此可造万物”。
- 我们来构建一个地球尺度的虚拟世界。
- 用代码创建模型：计算机辅助设计（CAD）。

1.1.1 项目 8x28：创建方块

课程 ID：8x28

简　介：学习在 Paracraft 的 3D 世界中创建方块。观看由经验丰富的用户制作的动画短片，并阅读它的源代码。学习搭建一些简单的场景并保存。

1. 理论

今天，我们来观看一部名为 *A Day For The Hungry*（**《吃货的一天》**）的动画短片。学习创建方块等基本操作是创作一切作品的基础。

2. 实践

- 删除方块：**单击鼠标左键**。
- 创建方块：**单击鼠标右键**。
- 按 **F3 键**，弹出屏幕左上角的信息框。
- 学习 /setblock 命令。
- 创建一个新的世界。
- 保存世界。

步骤 1：请在 Paracraft 里练习以下操作：

- 按 / **键**打开命令行窗口，输入 mode 并按 Enter **键**切换到编辑模式。
- 单击**鼠标左键**，删除正常的方块。
- 按**空格键**多次，跳到空中。
- 按 F **键**，切换到飞行模式。在飞行模式下，按**空格键**上升，按 X **键**下降。
    - 再次按 F **键**，退出飞行模式。
- 输入 /home 并按 Enter **键**回到出生点。
- 电影方块中包含了其他东西，只需要按住鼠标左键几秒钟，然后释放，就可以删除电影方块了。

步骤 2：现在我们将要学习很酷的事情——创建方块。

- 按 E 键或者点击界面下方的 E 按钮来打开工具栏。工具栏中有两个标签：**建造**和**环境**，如图 1.1.1 和图 1.1.2 所示。
- 再次按 E 键来关闭它。如果现在没有处于编辑模式，则按 E 键只会显示玩家的背包。所以请确保你处于编辑模式。
- 在工具栏中，选择一个物体只需单击**鼠标左键**。
- 单击**鼠标右键**来放置你当前选择的物品，你可以把它放到任何你想放的地方。

图 1.1.1

请记住，在 Paracraft 中，你用鼠标或键盘做的每一个操作都是一个命令。例如，创建和删除块就相当于执行 /setblock 命令。你可以通过鼠标单击方块来快速执行它，或者在命令行窗口中缓慢地输入命令并执行它。

图 1.1.2

步骤 3：现在让我们学习如何用 /setblock 命令来创建方块。

我们必须在文本中指定位置坐标，并将其作为输入传递给 /setblock 命令，而不是手动单击方块。为了找到方块的位置坐标，我们需按 F3 键，弹出信息框，将鼠标悬停在方块上。请注意，鼠标可以放在它的**六个面**之中的一个面上，如图 1.1.3 所示的雪块。

请记住这个方块的位置坐标，或者按 Ctrl+T 键来自动存储位置坐标到剪贴板。

/setblock [x] [y] [z] [blockId] 命令中，F3 信息框中的位置坐标 “19199 5 19199” 即为 x、y、z 值，雪块后面的数字 “5” 即为 blockID。

此时，**鼠标左键单击**雪块来删除它，按 Enter 键，在命令行窗口输入 /setblock 19199 5 19199 5，再次按 Enter 键执行命令，即在原位置重新生成雪块。

在上面的例子中，输入 /setblock 19198 5 19200 62 并按 Enter 键来执行它，会在雪块旁边生成一个草块。（图 1.1.4）

每个方块均有一个 ID，用户可以通过将鼠标放到 E 键工具栏中的方块图标上，或放到底部 quickbar 中的图标上来查看 ID。草块的 ID 是 62，空气或空块的 ID 为 0，因此执行 /setblock 19198 5 19200 0 将在 19198 5 19200 的位置删除该方块。

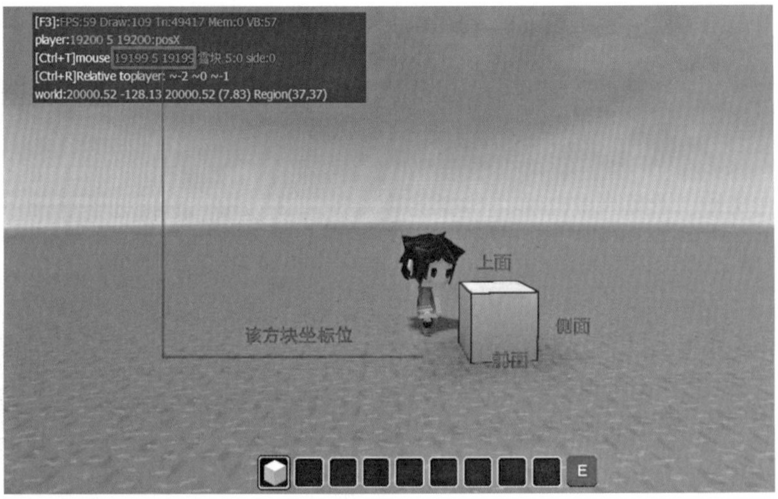

图 1.1.3

使用命令行，并没有像鼠标右键创建方块那样方便，但是文本命令的威力在于你可以将它们保存到某个地方，例如内部命令或电影方块，并运行无数次。我们将在以后的课程中学习有关命令的细节。

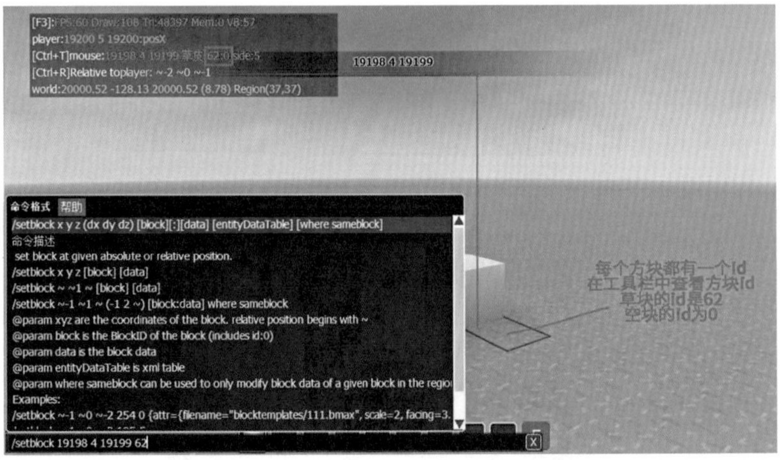

图 1.1.4

最后我们来学习如何创建一个新的世界。

● 当你启动 Paracraft 时，点击界面任意位置，然后点击**创建世界**。现在不需要注册账号。

● 输入世界的名称，然后选择平坦或者随机地形，然后点击**创建世界**。

● 可以在你的世界里创造一些东西。按 Ctrl+S 键来定期保存。

● 当已经进入 3D 世界中时，按 Esc 键来显示系统菜单，在那里可以创建、加载、保存、分享一个 3D 世界。

● 也可以通过点击蓝色的 ... 按钮来打开包含所有你的世界数据的文件夹。(图 1.1.5)

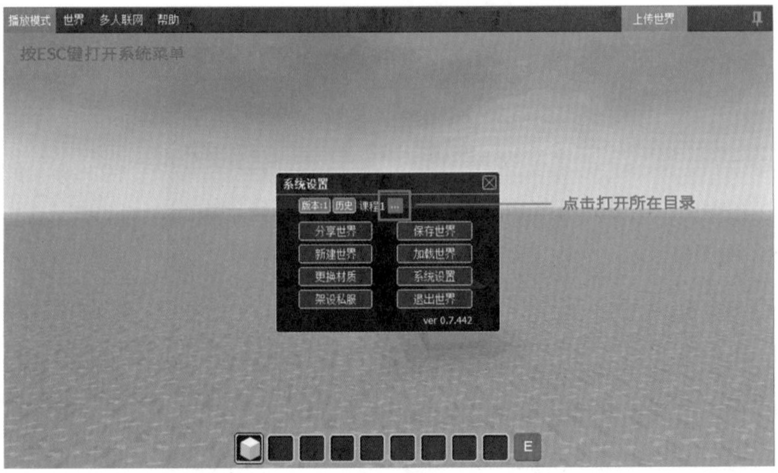

图 1.1.5

● 定期备份你的世界数据，Paracraft 也会自动备份。点击**历史**按钮来查看备份文件。

● 还可以将其他人的世界

数据复制或解压缩到 /Worlds/designHouse 文件夹中，并通过**加载世界**来加载它。

测试题

（1）人物如何进入飞行模式或退出飞行模式？

（2）Ctrl+ 鼠标左键，可以打开工具箱栏吗？

（3）人物跳跃的快捷键是什么？

（4）保存世界的快捷键是什么？

（5）如何显示系统菜单？

答案

（1）按F键，人物可进入或退出飞行模式。

（2）不可以，按E键打开工具栏。

（3）按空格键，可以使人物跳跃。

（4）Ctrl+S键保存世界。

（5）按Esc键，显示系统菜单。

1.1.2 项目 8x29：批量操作

课程 ID：8x29

简　介：学习在 Paracraft 的 3D 世界中批量创建、撤销、恢复并保存方块。观看由经验丰富的用户制作的动画短片，并阅读它的源代码。

1. 理论

今天，我们来观看一部名为 *The Boy and the Apple Tree*（《男孩与苹果树的故事》）的动画短片。场景是动画作品的基础元素，学会如何批量快速地创建场景至关重要，它可以大大地节省创作时间。

2. 实践

熟练掌握以下热键：

- **Alt+ 单击鼠标右键**：替换单个方块。
- **Ctrl+Z 键**：撤销之前的操作。
- **Ctrl+Y 键**：恢复之前的操作。
- **Ctrl+S 键**：保存。
- **Shift+ Alt+ 单击鼠标右键**：批量替换方块。
- **Shift+ 单击鼠标右键**：扩展选中的方块直到触碰到另一种方块。
- **Shift+ 单击鼠标左键**：删除同种类的方块。

- Ctrl+ 单击或拖动鼠标左键：选中方块区域。
  - 将选中的方块保存为 template 模板（全局模板文件可以在多个世界中共享）。
- 加载模板文件：E 键 →模板标签 →全局模板。
- Tab 键：人物到正上方一层。
- Shift+ Tab 键：人物到正下方一层。
- 帮助页 (F1)：Esc 键 →帮助菜单→ … 帮助 。

步骤 1：在这节课里，我们将学习许多有用的热键和操作，让你像专业人士一样创建 3D 世界。

- 按 F1 键，点击**快捷操作**来看一些有用的快捷键（图 1.1.6）。

你也可以打开 **帮助**页面，按 Esc 键，选择**帮助**菜单，然后选择…**帮助**，如图 1.1.7 所示。

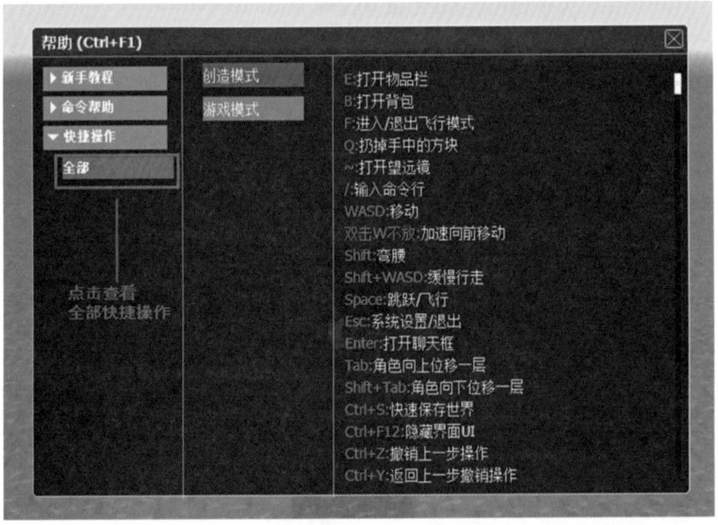

图 1.1.6

步骤 2：请在键盘上找到 Ctrl、Alt、Shift 键。它们是可以配合其他键或鼠标使用的特殊键。

按住它们其中一个或两个，同时按下另一个键，可以形成一个复合键。例如，Ctrl+S 键是一个组合键，相当于 /save 命令。要执行它，先按 Ctrl 键，然后按 S 键。程序员使用大量的复合键来执行预定义的命令。请用下列复合键练习。

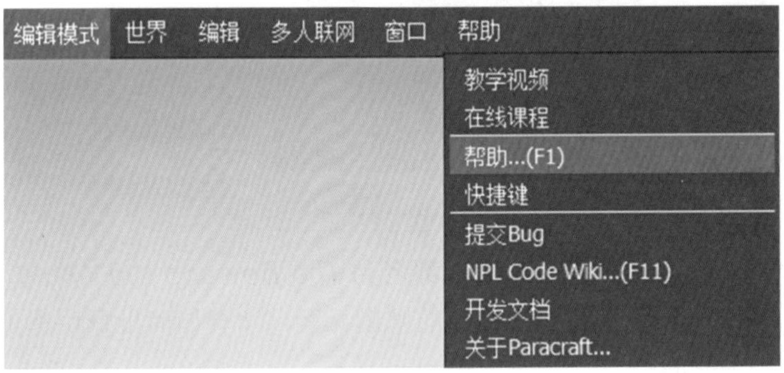

图 1.1.7

- **单击右键**：点击鼠标的右键。
- **拖动右键**：按住鼠标右键并移动鼠标。
- Alt+ 右键单击 ：替换单个方块。
- Alt+ 左键单击 ：吸取方块材质。
- Ctrl+Z 键：取消上次操作。如果你删除或创建了一些方块，但不喜欢它们，可以按 Ctrl+Z 键来取消操作，可以连续按。
- Ctrl+Y 键：恢复上次操作。
- Ctrl+S 键：保存。和 /save 命令的功能相同。也可以尝试输入 /save，然后按 Enter 键来执行相同的操作。
- Shift+ Alt+ 右键单击 ：批量替换方块。
- Shift+ 右键单击 ：扩展选中的方块直到触碰到另一种方块。
- Shift+ 右键拖动 ：扩展选中的方块到所选的区域。
- Shift+ 左键单击 ：删除几个同种类的方块。
- Shift+ 左键拖动 ：删除所选区域的方块。
- Ctrl+ 左键单击或拖动 ：选中方块区域。

- Ctrl+C 键：复制所选方块。
- Ctrl+V 键：粘贴到鼠标所在的位置。

  保存所选方块为 template **模板**（全局模板文件可以在多个世界中共享）
- 加载**模板**文件：E 键 → **模板** 标签 → **全局模板**
- Tab 键：人物到正上方一层。（人物移动到当前建筑物的正上方一层）
- Shift+ Tab 键：人物到正下方一层。

收获：当使用快捷键来创建 3D 世界时，实际上是在编写一系列命令，并让计算机逐一执行。因此，你输入的每一个有效的快捷键都是你写的新代码行。你将在每一节课中编写 50 行代码。当所写代码达到 5 000 行时，就可以称自己为年轻的程序员了。

最后，在**帮助页 (F1)** 中有数百个内置的教程任务，你可以尝试任何你喜欢的东西。

如果你学习得很快，还可以尝试下列操作，如图 1.1.8 所示。

- 画笔工具：打开工具栏，选择**工具**，然后选择**画笔**。
- 地形工具：打开工具栏，选择**工具**，然后选择**地形笔刷**。

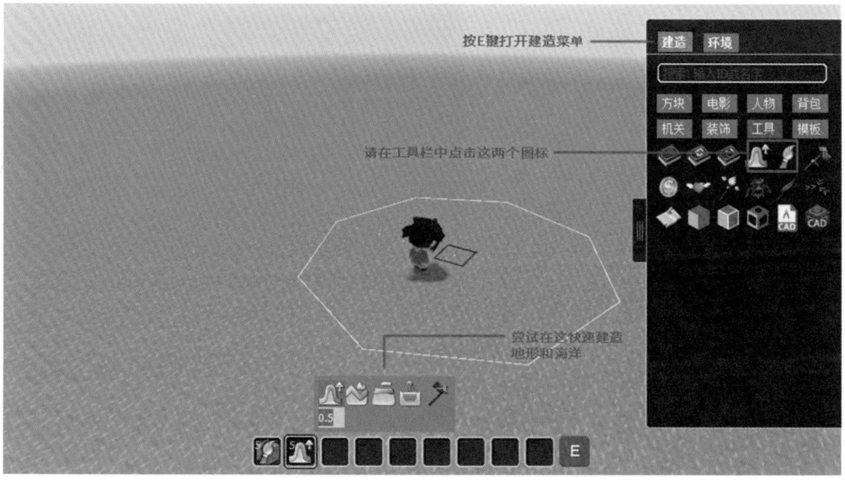

图 1.1.8

测试题

（1）如何打开帮助页？

（2）如何吸取方块材质？

（3）如何让人物到正下方一层？

（4）Ctrl + 鼠标左键可以选中单个方块吗？

（5）Ctrl + 鼠标左键选中方块区域后，如何复制粘贴？

参考

（1）按下 F1 键，可直接打开帮助页。

（2）Alt + 鼠标左键。

（3）Shift + Tab 键。

（4）可以。

（5）Ctrl + C 键 复制，Ctrl + V 键粘贴到鼠标所在的位置。

1.1.3　项目 8x34：bmax 模型

课程 ID：8x34

简　介：学习在 3D 世界中通过 bmax 模型文件创建自定义模型方块。观看由经验丰富的用户制作的动画短片，并阅读它的源代码。

1. 理论

今天我们来看一个简短的动画 *The Great Inventor*（《伟大的发明家》）。bmax 模型在动画作品中被广泛使用，已经成为动画作品不可或缺的元素。它可以实现比立方体更加精细的模型或人物，让场景细节更加丰富。（图 1.1.9）

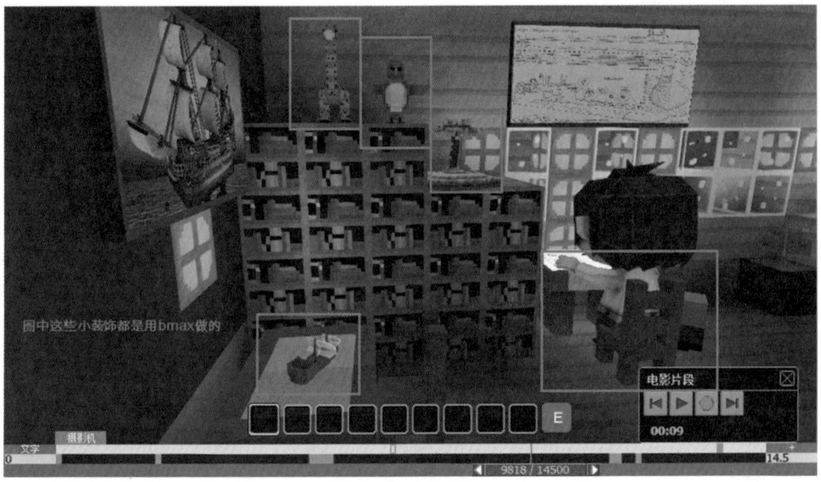

图 1.1.9

2. 实践

- 将标准方块搭建的模型导出为 bmax 模型文件，创建自定义模型方块。
- bmax 是 Block Max/Block Model 的简称，它能帮助我们创建更精致的静态或动画模型。
- 我们刚看过的视频中，有很多对象是用 bmax 模型文件创建的。

步骤 1：首先，我们用标准方块搭建电影中需要用到的对象，例如，先搭建一把椅子。

虽然任何一个方块都可以搭建对象，但是建议只用**彩色方块**来搭建，这样就可以精确地控制模型的颜色了。

在工具栏“**建造**”标签下的“**工具**”中选择“**彩色方块**”，搭建一把椅子，如图 1.1.10 所示。在以后的课程中，我们会介绍更多关于“**彩色方块**”的内容。

步骤 2：选中椅子的所有方块。你可以按 **Ctrl+ 鼠标右键**，点击椅子的四角（外边缘）；或者按住 **Ctrl+Shift** 键，**左键单击**椅子最下端的一个方块（椅子脚），即可选中所有比它高且相连的方块。

在左侧属性框中点击“**保存**”按钮。（图 1.1.11）

步骤 3：在弹出的导出对话框中选择第一个，保存为 bmax 模型。

输入 bmax 模型文件名称（如 chair，或任何你喜欢的名字，建议尽量用英文或拼音），点击“确定”按钮。你会看到，在底部快捷栏出现了一个模型物品 chair，即模型方块。（图 1.1.12）

步骤 4：接下来就可以在场景中单击鼠标右键，创建椅子模型了。

模型方块允许你将许多基于文件的对象像普通方块一样放入 3D 世界中。你可以**鼠标左键**单击其图标来更改要使用的模型文件。除了 bmax 文件，你还可以使用 ParaX 动画模型文件（后面会讲到）或 FBX 文件（一种全世界通用的 3D 模型文件格式）。（图 1.1.13）

在场景中**右键单击**放置好椅子模型后，点击下方窗口中的**模型创造**进入编辑模式，**左键单击**场景中的椅子模型，拖动蓝色圆环调整模型转向，拖动红绿蓝箭头调整模型位置，拖动方箭头调整模型大小。

模型占一个方块的空间，没有精确的物理碰撞，即人物只能走上并站在隐形的方块上，并不能真正紧贴地站在模型上。模型被放大后，由于没有精确的物理碰撞，人物可直接穿过模型。

如果想让模型具有精确的物理碰撞，可以使用 bmax 文件创建一个**物理模型**：

- 在 E 键工具栏**电影**项下，选择**物理模型**图标（有橙色背景的）。

图 1.1.10

图 1.1.11

图 1.1.12

● **左键单击**底部快捷栏中**物理模型**的图标，将 bmax 文件更改为 blocktemplates/chair.bmax。你也可以点击 ... 按钮，通过文件浏览器来选择它。

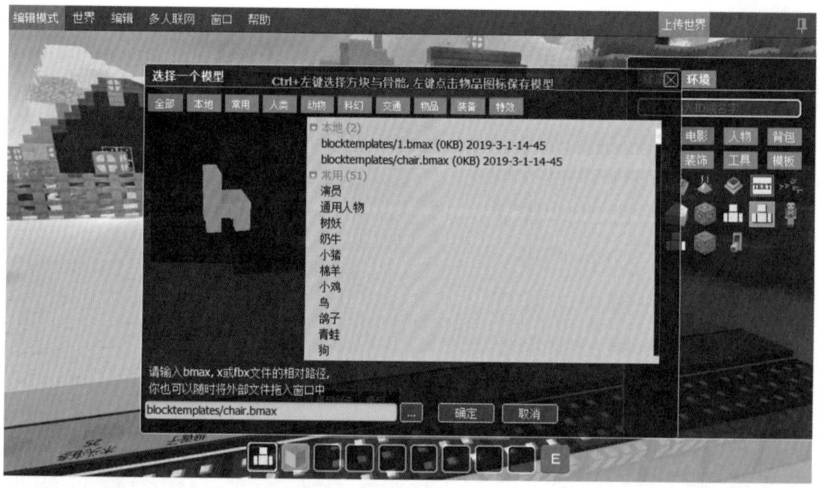

图 1.1.13

● 同理，在场景中**右键单击**放置好的椅子物理模型后，点击下方窗口中的**模型创造**进入编辑模式，左键单击场景中椅子的物理模型，对其转向、位置和大小进行调整。（图 1.1.14）

图 1.1.14

● 物理模型具有精确的物理碰撞，人物可以精确地紧贴地站在物理模型上，不可穿过物理模型。

1.1.4 项目 25x85：介绍“绘图程序”小游戏

课程 ID：25x85

简　介：用编程语言控制画笔来作图，制作自己想要的各种图形。

1. 理论

画笔程序本身也是用代码方块制作的，但是你不需要理解它，只需要能够使用画笔程序绘制出给定图形即可。本节内容可以当成一个编程游戏，让学生自己挑战和完成，也可以跳过本节或等学习了 1.5 节后再学习本项目。

2. 实践

步骤 1：按照提示完成内置关卡。

你可以使用积木式编程，也可以使用代码。

步骤 2：按照所给代码实现以下图形。

直角三角形的各个角分别是 30°、60°、90°。斜边（弦）的长度是 200 像素（图 1.1.15）。按照所给代码完成这幅画。

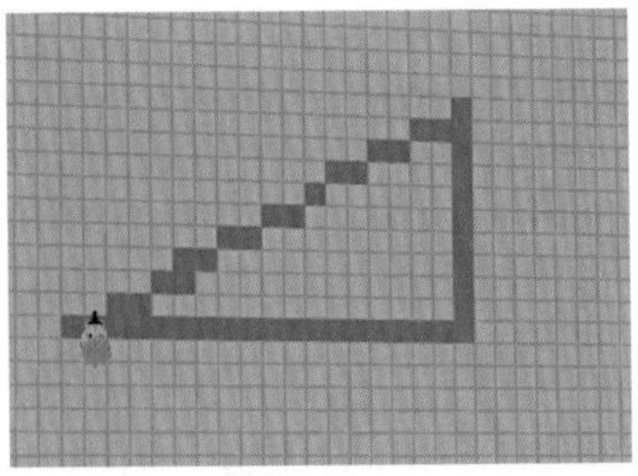

图 1.1.15

```
turnPen("right", 90)
drawLine("forward",17.32)
turnPen("left", 90)
drawLine("forward",10)
turnPen("left", 120)
drawLine("forward",20)
```

这些是等边三角形，边长是 10（图 1.1.16）。

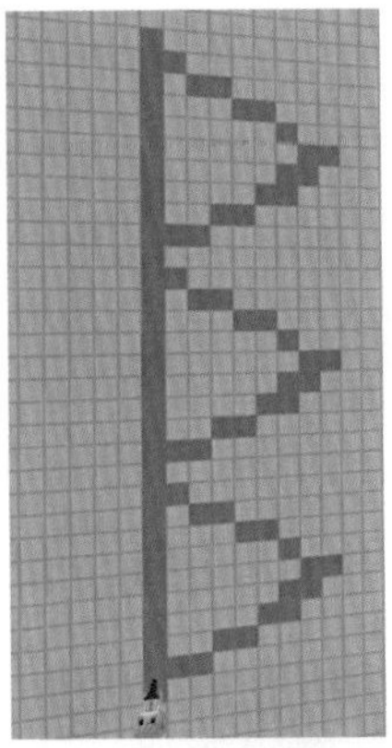

图 1.1.16

```
count = 3
for i =1, count do
    drawLine("forward",10)
    turnPen("right", 120)
    drawLine("forward",10)
    turnPen("right", 120)
    drawLine("forward",10)
    jumpTo(0, i*10)
    turnPen("right", 120)
 end
```

画一个圆（图 1.1.17）。

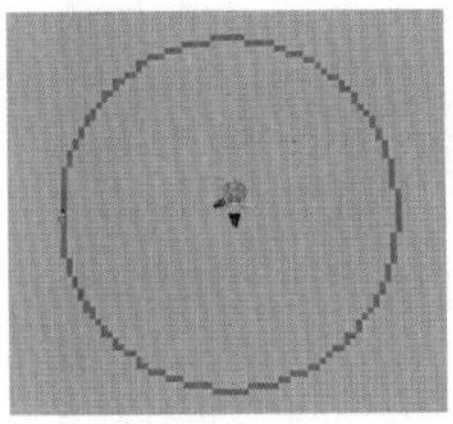

```
for i =1, 180 do
   drawLine("forward",1)
   turnPen("right",  2)
end
```

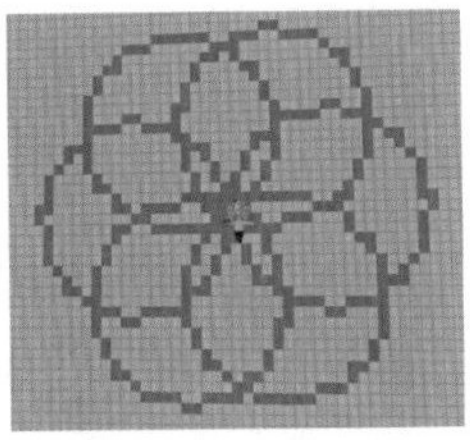

```
for j = 1, 6 do
   for i =1, 60 do
      drawLine("forward",1)
      turnPen("right", 6)
   end
   turnPen("right", 60)
end
```

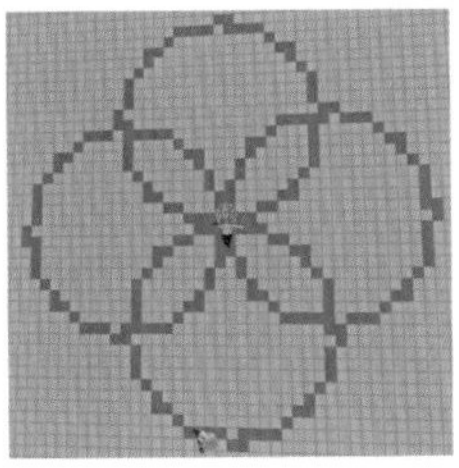

```
for j = 1, 4 do
   for i =1, 60 do
      drawLine("forward",1)
      turnPen("right", 6)
   end
   turnPen("right", 90)
end
```

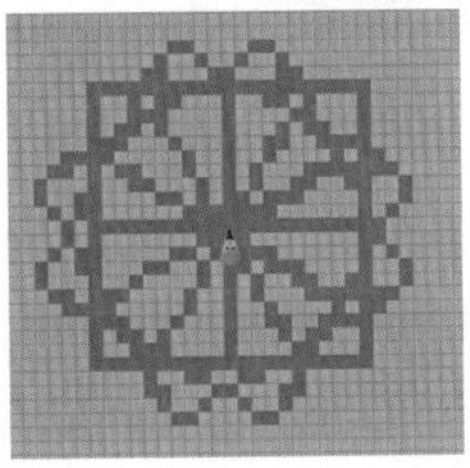

```
for i=1, 12 do
   for j=1, 4 do
      drawLine("forward", 10)
      turnPen("right", 90)
   end
   turnPen("left", 30)
end
```

图 1.1.17

1.2 基于编程的 3D 建模

本节是一个相对独立的小节，也可以不学习本书而直接学习1.3节。

本节是用编程的方式去构建 3D 模型。与之前用粒子（方块）创建 3D 模型不同，用编程的方式建模大都采用数学语言去描述物体和物体间的关系。例如，一个球体是用半径和原点位置来描述的，所以这种建模方式的精度可以无限高。在工业设计领域，大多数物品都是以这种数学建模的方式表达的。

在 Paracraft 中，使用编程（数学）的方法构建虚拟几何体，需要使用一个特殊工具——**NPL CAD 模型方块** 。在大多数情况下，用方块（粒子）建模是 Paracraft 推荐的方式，因为这样更直观和方便。关于编程建模的更多理论内容请参考第 3 章**计算机辅助设计 CAD 简介**。

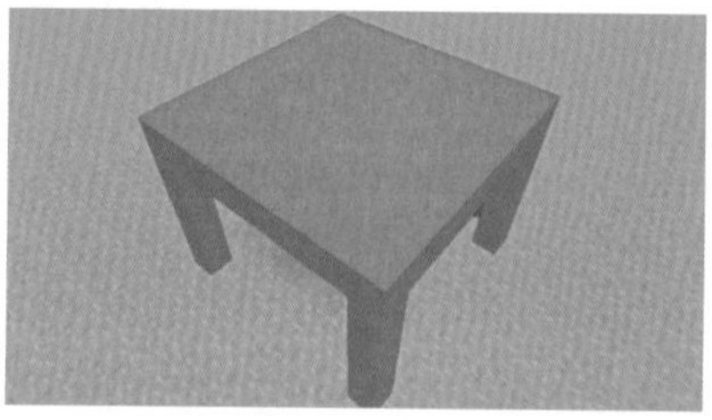

1.2.1 项目 35x127：CAD 建模——桌子

课程 ID：35x127

简　介：用 CAD 代码方块创建一个桌子，学习使用相减命令。

1. 理论

课程目标：学习 CAD 的相减命令。

CAD 是机算计辅助设计的简称，相关理论请看第 3 章计算机辅助设计 CAD 简介。

2. 实践

在编程项下选择 CAD 代码方块，创建代码方块，如图 1.2.1 所示。

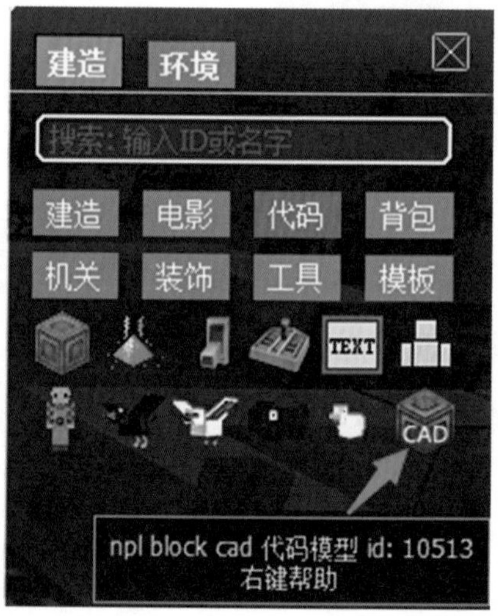

图 1.2.1

- 将代码方块命名为 table，如图 1.2.2 所示。

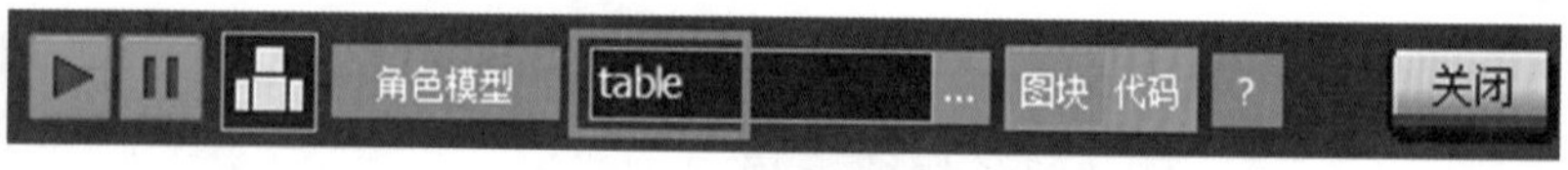

图 1.2.2

- 点击“图块”，如图 1.2.3 所示。

图 1.2.3

- 用图块编辑器输入图 1.24（a）所示参数。
- 点击“运行”，查看效果，如图 1.2.4（b）所示。

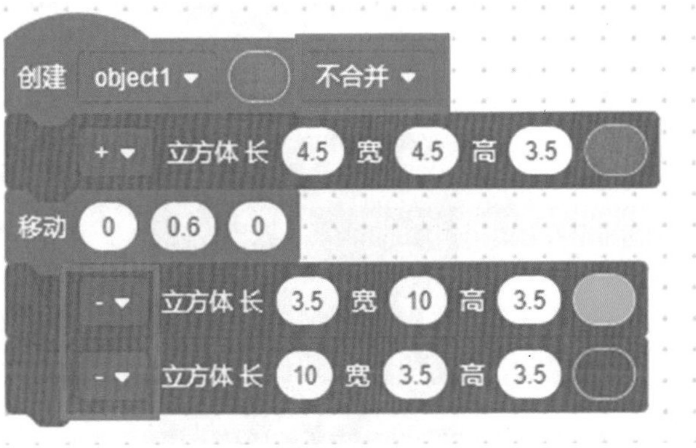

(a)

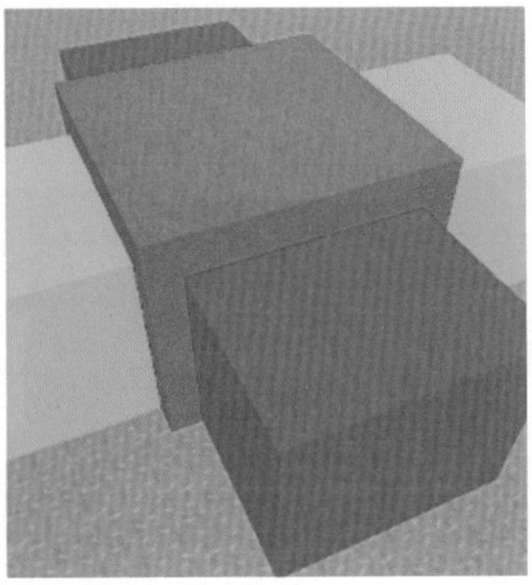

(b)

图 1.2.4

● 把图 1.2.4（a）中“不合并”改为“合并”，运行代码，再次查看效果，如图 1.2.5 所示。

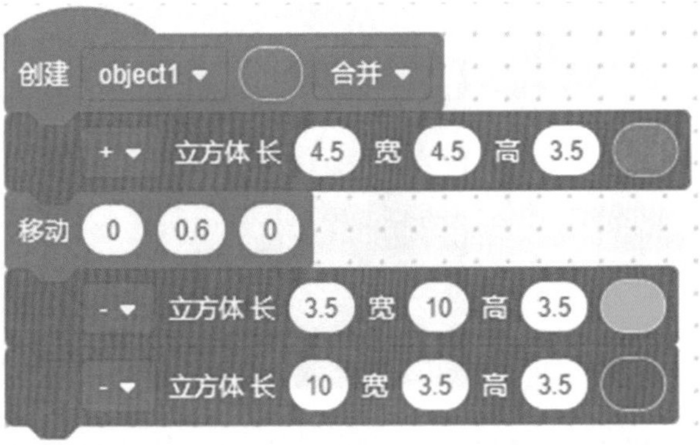

(a)

(b)

图 1.2.5

在合并的情况下，三个立方体进行了相减运算，立方体 1 减去立方体 2，再减去立方体 3，最后得到桌子的图形。也可以抽象地理解为 box1-box2-box3。

1.2.2 项目 35x129：CAD 建模——空心的盒子

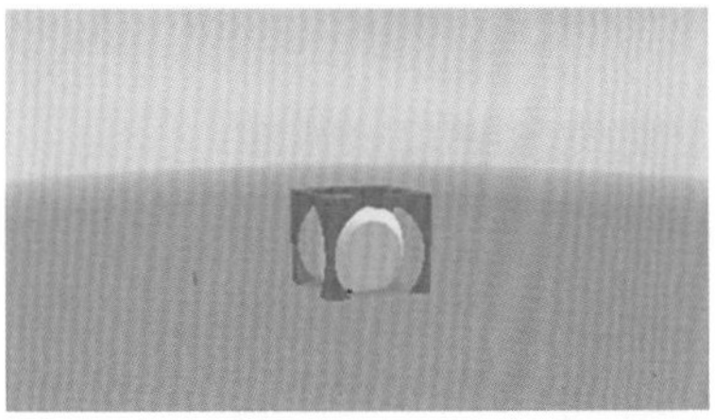

课程 ID：35x129

简　介：用 CAD 命令创建一个空心盒子，从而学习使用相交命令。

1. 理论

课程目标：学习 CAD 的相交命令。

2. 实践

● 在编程项下，选择大代码方块，创建并命名为“hollowbox”。

● 点击“图块”，用图块编辑器输入图 1.2.6（a）所示代码参数，并点击“运行”，如图 1.2.6（b）所示。

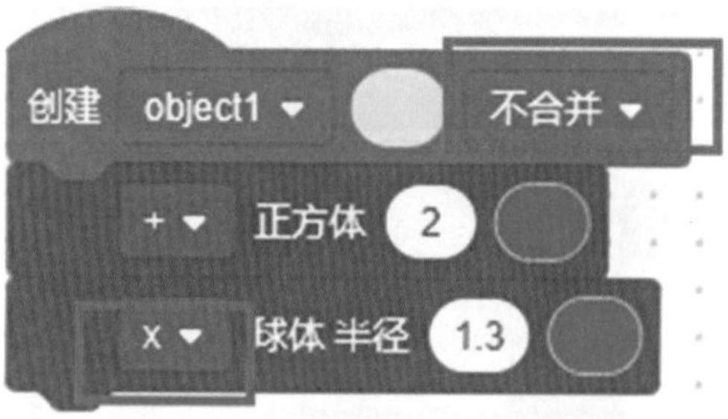

（a）

（b）

图 1.2.6

● 把“不合并”改为“合并”，再次运行，如图 1.2.7 所示。

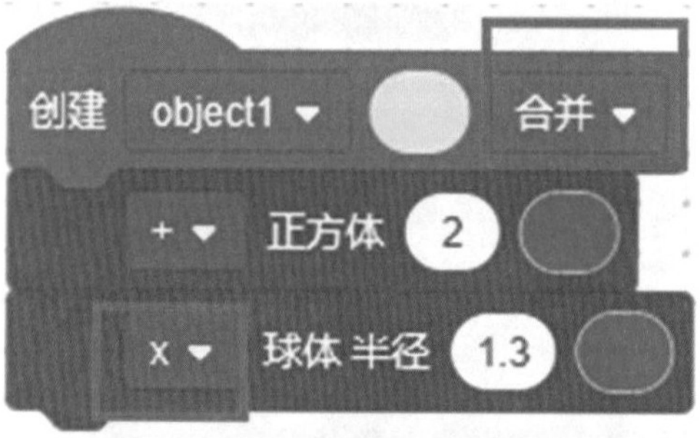

（a）

（b）

图 1.2.7

● 接下来按图 1.2.8（a）所示增加代码，点击“运行”。

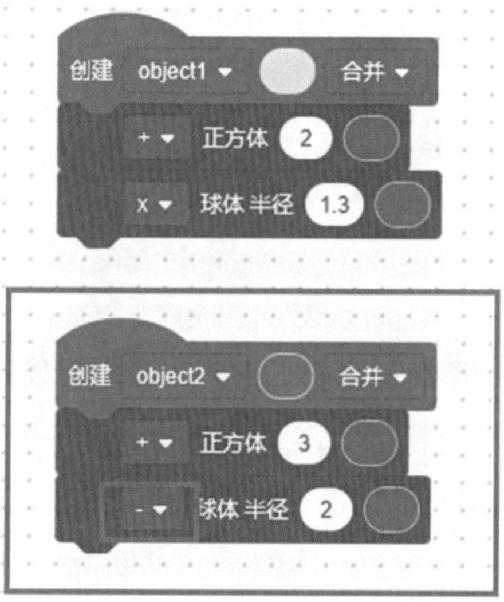

（a）

```
createNode("object1",'#fff600',true)
cube("union",2,'#ff0000')
sphere("intersection",1.3,'#ff0000')
createNode("object2",'#0083ff',true)
cube("union",3,'#ff0000')
sphere("difference",2,'#ff0000')
```

（b）

图 1.2.8

在合并的情况下，正方体和球体相交的结果形成了一个黄色的物体（图 1.2.8（b））。也可以抽象地理解为 cube x sphere=object。

1.2.3 项目 35x128：CAD 建模——奥运五环

课程 ID：35x128

简　介：用 CAD 命令创建一个奥运五环，学习使用复制和移动命令。

1. 理论

课程目标：学习 CAD 的复制和移动命令。

2. 实践

- 在编程项下，选择大代码方块，创建并命名为“rings”。
- 点击“图块”，按图 1.2.9 所示参数输入代码，点击“运行”。

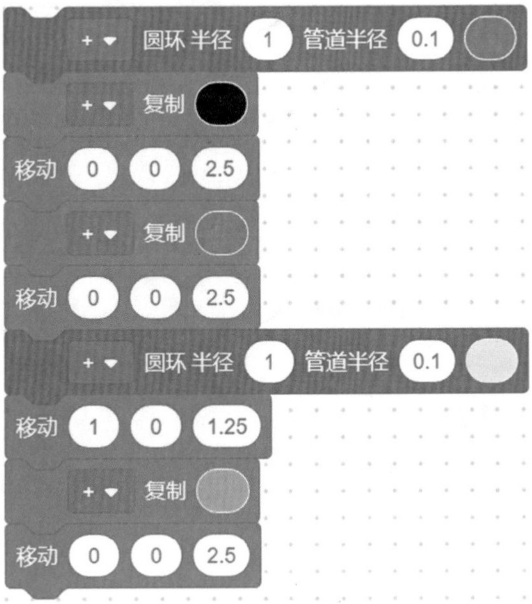


```
torus("union",1,0.1,'#0077ff')
cloneNode("union",'#000000')
move(0,0,2.5)
cloneNode("union",'#ff0000')
move(0,0,2.5)
torus("union",1,0.1,'#fff600')
move(1,0,1.25)
cloneNode("union",'#00ad42')
move(0,0,2.5)
```

图 1.2.9

复制命令可以复制上面距离最近的那个物体。
移动命令可以移动上面距离最近的那个物体的坐标。

1.2.4 项目 35x133：CAD 建模——杯子

课程 ID：35x133

简　介：CAD 编程的综合运用。

1. 理论

课程目标：参考身边的物体，尝试构建一个复杂的模型。

2. 实践

● 点击“图块”，按图 1.2.10 所示参数输入杯子的代码。

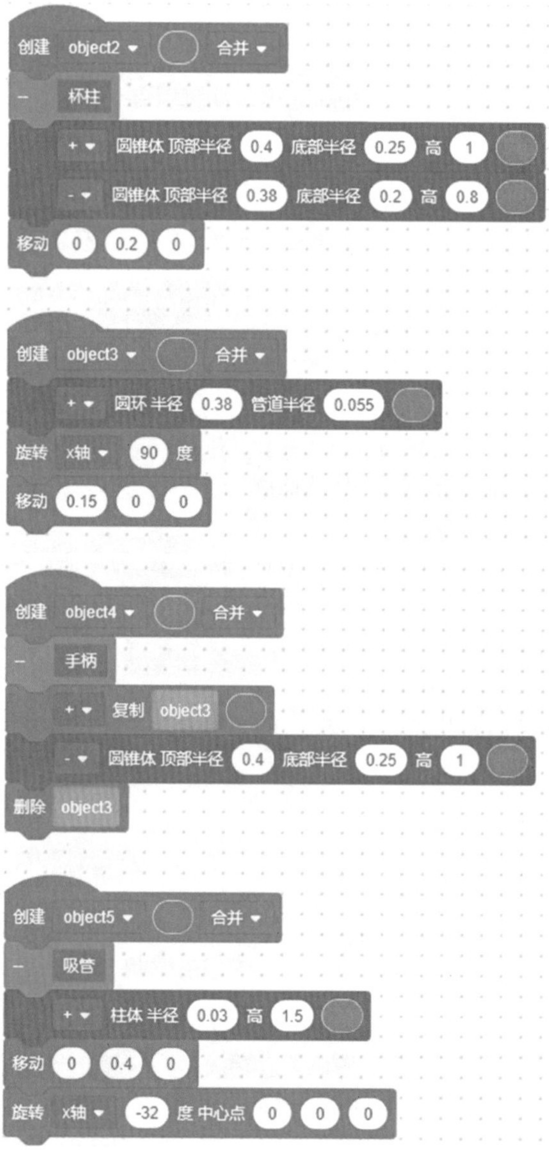

图 1.2.10

```
createNode("object2",'#0083ff',true)
-- 杯柱
cone("union",0.4,0.25,1,'#ff0000')
cone("difference",0.38,0.2,0.8,'#ff0000')
move(0,0.2,0)
createNode("object3",'#ff0000',true)
torus("union",0.38,0.055,'#ff0000')
rotate("x",90)
move(0.15,0,0)
createNode("object4",'#ff3f00',true)
-- 手柄
cloneNodeByName("union","object3",'#ff0000')
cone("difference",0.4,0.25,1,'#ff0000')
deleteNode("object3")
createNode("object5",'#ff0000',true)
-- 吸管
cylinder("union",0.03,1.5,'#ff0000')

move(0,0.4,0)
rotateFromPivot("x",(-32),0,0,0)
```

代码中“--”表示注释，注释内容是让用户更容易理解代码，不参与逻辑。

1.3 虚拟人物与虚拟人物的运动

虚拟人物怎么运动？本节介绍一些和动画与角色运动相关的内容。用方块创造的虚拟人物与真实的人物具有一定的相似性。用户将体验下列内容：

- 运动需要关节，关节越多，人物越复杂逼真。真人有 360 多个关节，而虚拟人物通常只有少量关节，例如 8 个关节，运动起来就已经像模像样了。
- 每个关节均有自己的三维坐标，在场景中运动，还需要场景地面的三维坐标以及周围环境的三维坐标。这些坐标随虚拟人物的运动和时间的变化而变化，所以涉及极其复杂的坐标变换（要知道普通工业机器人只有 6 个关节，工作环境比虚拟人物所处的环境简单）。所以要描述虚拟人物的运动，编辑、存储、复现其运动是极其复杂和困难的世界性难题。目前人类只能通过“示教”来代替编辑。16 个关节以上的机器人控制至今还没有人尝试并成功过，而我们在 Paracraft 中创造出的虚拟机器人可以有几十个关节。可以看出，你已经达到世界顶级水平了。
- 相似原理可以描述多维虚拟人物的运动，而且它的基本步骤比较简单。
- 设计创造虚拟人物的运动，编辑、存储、复现其运动，都可以在 Paracraft 中实现。

1.3.1 项目 8x30：电影方块

课程 ID：8x30

简　介：学习在 Paracraft 的 3D 世界中创建并使用电影方块。观看由经验丰富的用户制作的动画短片，并阅读其源代码。

1. 理论

电影方块是 Paracraft 的核心功能，可以用它制作从简单到复杂的 3D 角色动画。在电影方块中，你可以通过先后扮演导演、摄影师、演员来制作一个电影片段。

2. 实践

- 了解电影方块。
- 学习在时间轴上为摄影机添加关键帧。
- 学习添加电影字幕。
- 学习连接电影方块，制作长动画。

步骤 1：

在 Paracraft 中，**有些特殊的方块可以包含其他物品**，如可以存放物品的箱子方块。电影方块也是一种容器方块，它的内部可以包含摄影机、演员、字幕、音乐、命令，甚至还可以包含其他的电影方块等。

- 电影方块在 **E** 键工具栏的**电影**类别里。在场景中**右键单击**，可以将一个电影方块放置到场景中，然后再**右键单击**已放置好的电影方块，就可以编辑它里面的内容了。
- 电影方块：**E 键** -> **电影** -> 电影方块（id：228）-> **右键单击**，对电影方块进行编辑，如图 1.3.1 所示。
- **右键单击**“电影方块”，进入编辑界面，如图 1.3.2 所示。

● 可以看到右下角有一个“**电影片段**”窗口，里面有电影方块中的各种物品，你可以通过拖动来移动它。

● 在屏幕的底部，你会看到一个**蓝色时间轴**。可以在上面拖动**长灰色按钮**来改变当前的时间。**长灰色按钮**上的数字为**当前时间 / 总时间**，单位为毫秒（1 秒 =1 000 毫秒）。

图 1.3.1

● 在时间轴的右边，你会看到一个数字，它代表时间轴的结束时间，即电影方块时长，单位是**秒**。在默认情况下，电影方块时长是 30 秒，可以把它改为 10 秒。

图 1.3.2

步骤 2：在“电影片段”窗口中：

● **左键单击第一行**第一个 + 号按钮可以添加演员。

● **左键 / 右键单击**第一行第二个**主角**按钮均可以将视角切换到主角人物的视角，也就是我们在场景中控制的小人的视角。切换成功后，**主角**按钮背影呈橙色。此时我们就像电影导演一样，通过控制主角人物的移动来观察演员和灰色摄影机的位置。

● **右键单击**第二行第一个**摄影机**按钮可以切换到摄影机视角。摄影机是电影方块中的默认物品。此时我们就像摄影师一样，同样可以通过 W、A、S、D 键来控制摄影机的移动，拖动**鼠标右键**和 **Ctrl+ 鼠标滚轮**来调整与缩放摄影机的视角。摄影机默认为飞行模式，无须按 F 键，直接按**空格键**上升，按 X 键下降。

现在，我们将**长灰色按钮**拖动至时间轴的开头，即当前时间为 0 秒。

这里要引入一个重要的概念——**关键帧**（Key Frame）。如果我们想让摄影机沿着一定的轨迹移动，那么这条轨迹的起点和终点就是**关键帧**。换句话说，摄影机总是在两个**关键帧**之间移动的。我们调整好摄影机起点和终点的位置角度，**左键单击**电影片段窗口下方的“**钥匙**”按钮，在时间轴上分别添加两个**关键帧**，快捷键是 K 键。然后摄影机会在两个**关键帧**之间自动匀速平滑地移动。（图 1.3.3）

● 在 0 秒处，先通过 W、A、S、D 等键将摄影机移动到起点位置，然后按 K 键添加一个关键帧。我们会听到一个声音，同时在时间轴上出现一个新的灰色标记。这个标记就是我们刚刚添加的关键帧，它记录了摄影机起点的位置、角度等信息。

● 接下来将**长灰色按钮**拖动至 5 秒处左右（5 000 毫秒），即摄影机从起点到终点所经历的时间为 5 秒。时间间距越长，摄影机移动越慢。

● 然后将摄影机移动到我们想要的终点位置，**左键单击“钥匙”**按钮或者按 **K 键**，就在时间轴上添加了终点的关键帧。

图 1.3.3

注意：一定要先拖动时间轴，设置好时间间距，再移动摄影机来添加关键帧。

● 点击电影片段窗口左下角的左箭头到开始按钮，让长灰色按钮回到 0 秒处。

● 点击旁边的三角形“**播放**”按钮，快捷键是 **P 键**。播放时会看到，摄影机在起点和终点两个关键帧之间匀速平滑地移动。

● 你也可以通过来回拖动**长灰色按钮**，反复查看摄影机的路径轨迹。

● 重复上面的步骤来添加第三个关键帧。我们先将**长灰色按钮**拖动至 10 秒处，然后将摄影机移动到我们想要的下一个终点的位置，按 **K 键**添加关键帧。最后将**长灰色按钮**拖回至 5 秒处，点击**播放**按钮，就可以看到摄影机在 5 至 10 秒之间的运动了。

● 点击**到开始**按钮，再点击**播放**按钮，就可以看到摄影机从 0 至 10 秒的完整运动了。

● 如果想让摄影机运动得更快或更慢，则需要调整关键帧之间的时间间距。可以**左键单击**第二个关键帧，会看到它变成红色，然后移动鼠标就可以在时间轴上移动这个关键帧，**左键再次单击确认**按钮或**右键点击取消**按钮，即可确认或取消时间间距的调整。

● 点击“**主角**”按钮切换回主玩家视角（导演视角）。如果现在点击**播放**按钮，就会看到摄影机在场景中按照我们设置的关键帧运动起来。

步骤 3：加字幕。

● 选择主角或摄影机。每个电影方块中的物品均包含许多可添加关键帧动画的**子键**或**子属性**。就仿佛身高和年龄是我们人类的子属性一样，字幕是摄影机的子键，故其属性会随时间变化。

● 点击左下角的蓝色按钮，选择**文字**子属性，此时时间轴上会显示这个属性的所有关键帧。实际上，**文字**是默认选中的子属性，如图 1.3.4 所示。

●点击右下角的 + 键，在时间轴上设置一个新的关键帧。实际上，底部有两个时间轴，上面白色时间轴显示的是当前选择的子属性的所有关键帧；下面黑色时间轴总是用于显示摄像机位置和方向的关键帧。

图 1.3.4

● 在为字幕文本添加多个关键帧后，可以右键单击关键帧标记来重新编辑它的内容，如图 1.3.5 所示。

步骤 4：学习如何连接多个电影块，使它们按顺序播放。

● E 键→电影→选择按钮，**中继器**和**导线**是连接多个电影方块的重要工具。

● 尝试创建它们，如图 1.3.6 所示，连接两个电影方块。

记住：中继器是有方向的，创建它时，它始终朝向你当前角色的视角，所以在将中继器放置在 3D 场景之前，要转动主角视角。Paracraft 中很多有方向的方块都采用这种原则，你需要反复练习，熟练掌握这个技巧。

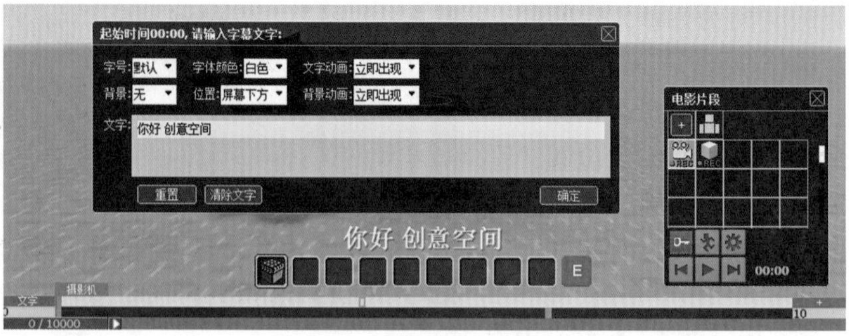

图 1.3.5

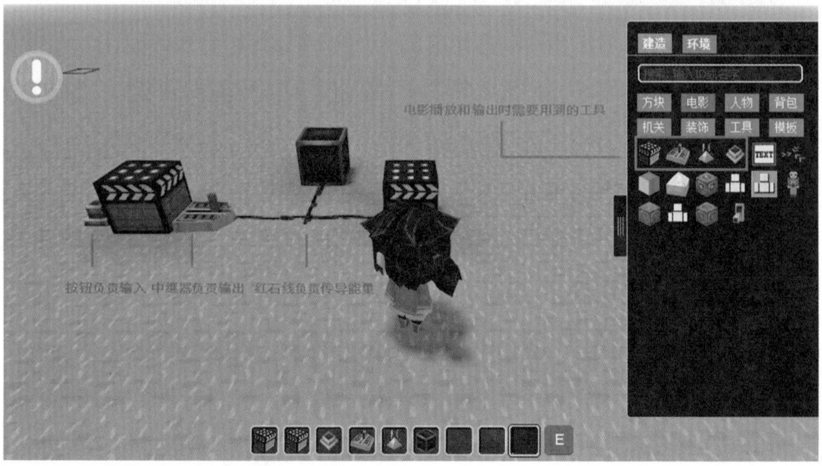

图 1.3.6

这里只对中继器做简要说明：

● 该按钮 (id:105) 给了一个**输入**信号，该信号传入左边电影方块，将它激活（播放）。

● 当电影方块停止播放时，它会发出另一个信号，只有中继器才能捕捉到。中继器 (id:197) 沿箭头方向传递该信号。

● 导线会把信号传递到右边的电影方块和一个电灯方块，如图 1.3.7 所示。

● 点击按钮，你会看到左边的电影方块先播放，然后灯被点亮，同时右边的第二个电影方块开始播放。

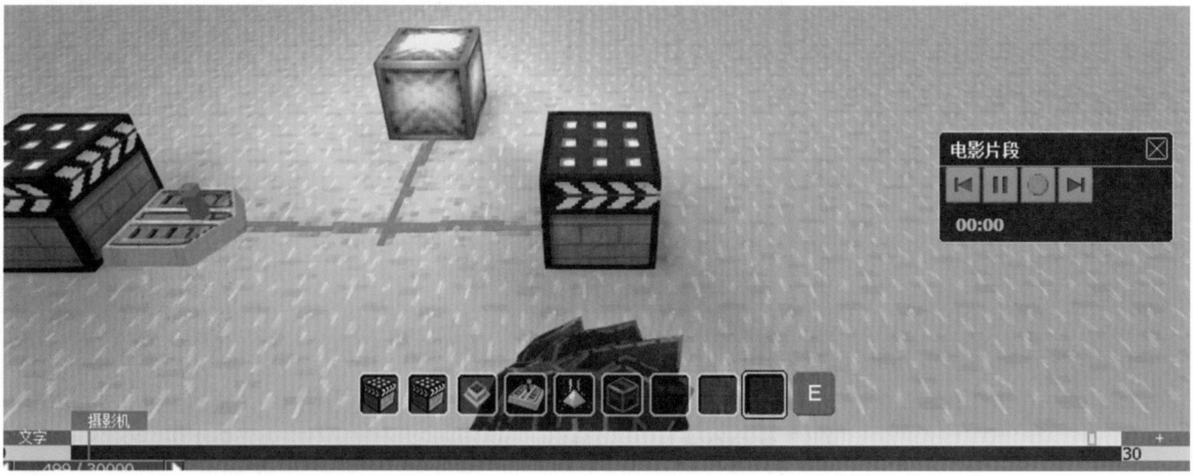

图 1.3.7

测试题

（1）添加关键帧的快捷键是什么？

（2）哪两个物品是连接多个电影方块必备的工具？

答案

（1）添加关键帧的快捷键是 K 键。

（2）中继器和导线。

1.3.2 项目 8x31：演员和动画

课程 ID：8x31

简 介：学习在 Paracraft 上创建演员和动画。观看由经验丰富的用户制作的动画短片，并阅读它的源代码。

1. 理论

今天我们来看一个简短的动画片，名为 *Heart and Hands*（《致匠心》）。看完后，我们会阅读它的源代码。这部动画片由非常受欢迎的词曲家李宗盛做旁白。这也是用 Paracraft 制作的第一个基于骨骼的动画。

2. 实践

- 学习在电影方块中添加演员。
- 学习扮演和录制演员的动作。
- 学习为演员制作关键帧动画。

步骤 1：创建一个新的电影方块并添加演员。如果你的计算机速度较慢，请输入 /shader 2 命令，在播放时使用较低的图像设置。

- 现在创建一个新的电影方块，然后右键单击它进行编辑。
- 接下来将在电影方块中添加几个默认的角色，并对它们进行编辑。我们将在以后的课程中学习如何创建自定义角色。本节将使用默认的**方块人**角色。
- 左键单击**添加演员**按钮，它是电影片段窗口中的第一个按钮(图 1.3.8)，或者点击一个空槽并选择演员（图 1.3.9）。我们将看到一个默认演员出现在电影方块的顶部，代表这个新演员的物品

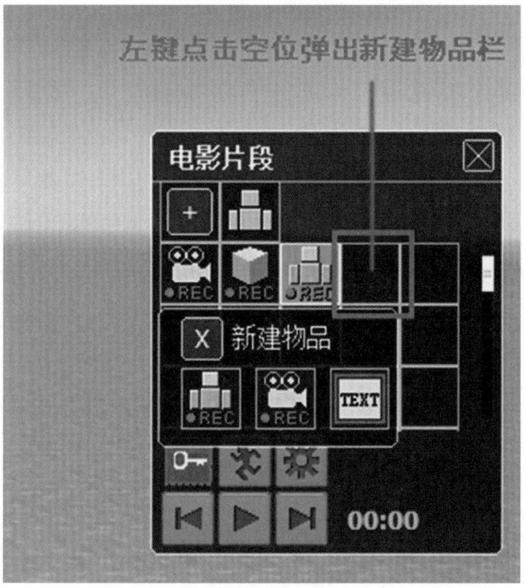

图 1.3.8

也出现在电影片段窗口中。

● 同摄影机物品一样，你可以随时点击演员来切换到它的视角并扮演它。

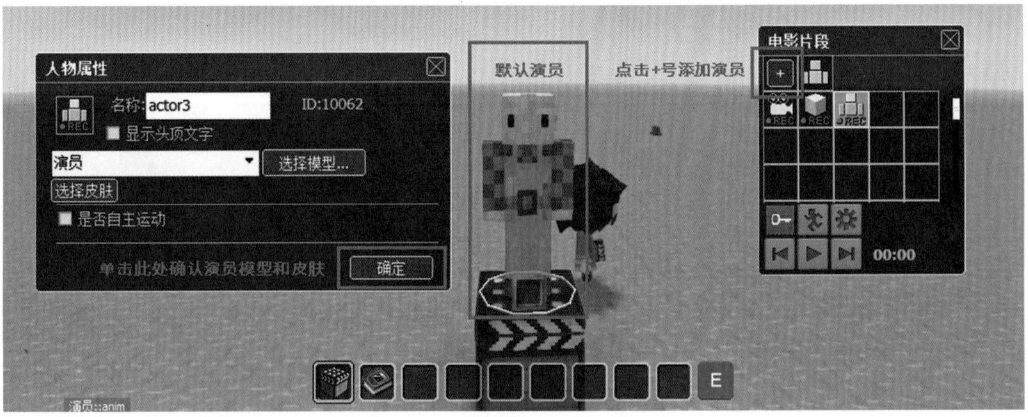

图 1.3.9

步骤 2：使演员动起来有两种方法：一种是通过角色扮演，另一种是通过关键帧，就像你已经用过的摄影机一样。角色扮演很简单，但高级用户总是使用关键帧。下面先试试角色扮演方法。

● 设置时间为 0，并将演员移到起始位置。演员在默认情况下是“**锁定**”的，你需要按 **L** 键来解锁，以便角色扮演。

● 按 **R** 键，或者点击“**角色扮演**”按钮，整个时间线变红了。你可以用 W、A、S、D、空格、Shift 等键来移动演员。系统会自动记录你的所有关键帧，直到时间轴结束，或者再次按下 **R 键**停止。如果对所录制的内容不满意，则回到时间起点，移动人物，然后按 **R 键**再次录制。一旦开始录制，系统将删除这个演员之前录制的所有关键帧。

● 下面尝试创建另一个角色，并通过“**角色扮演**”来录制它的行为。当你扮演角色时，你会看到之前的演员和摄影机也跟着一起运动，是不是越来越像真实的电影拍摄？只不过一次只能**扮演一个角色**，通过不停地回到过去，添加新的角色。

步骤 3：接下来，我们将学习一个更高级和专业的方法——关键帧动画来操控演员。

● 首先需要**锁定**我们想要操作的演员。**锁定模式**是第一次打开一个电影块时的默认模式。在锁定模式下，你不能直接扮演角色，相反，演员只能通过时间轴上的关键帧运动。所以先确保当前演员为锁定模式。

● 接下来可以删除旧的角色并创建一个新的角色。要删除一个演员，可按住 **Shift 键**不松手，然后在电影片段窗口中左键点击它的图标。或者只要左键点击那个演员图标，然后再左键点击窗口之外的 3D 世界就可以把它扔掉。在 Paracraft 中，所有图标物品的操作方式都差不多，后面我们还会学习如何在不同的方块中复制和移动这些图标物品。

● 和摄影机物品一样，一个演员也有很多**子键**，可以在他们各自的时间轴上独立编辑。

● 现在点击时间轴左下角的蓝色按钮来选择**骨骼**子键，也可以按两次键盘上的“**1**”键来选择它，如图 1.3.10 所示。

● 当处于骨骼模式时，将看到演员所有的骨骼，可以操作演员身体上的骨骼来添加骨骼的关键帧。

● 可以滚动**鼠标滚轮**来拉近视角，而 W、A、S、D **键**可以帮助你移动到一个更好的视角。

● 选择手部骨骼，并拖动三个箭头中的一个可移动手的位置。

● 然后拖动底部时间轴图标来到不同的时间，再对手的位置做一些修改，如图 1.3.11 所示。

● 返回时间起点，并点击 **P 键**播放，你将看到手在刚刚设置的两个关键帧上平滑地移动。

● 请注意，手和脚是 4 个特殊的骨骼，显示为浅蓝色的点。**浅蓝色**的点意味着你可以直接改变它的位置。它会自动生成两个父骨骼的关键帧——前臂（肘部）和上臂，因为手的位置变化其实是由旋转肘部和上臂的骨骼完成的。这种计算被称为反向运动学或 Inverse Kinematics（IK）。所有其他的骨骼都只是普通的骨骼，显示为**绿点**。

● 现在点击演员肘部的绿点，你会看到三个半圆，拖动它们来旋转前臂，如图 1.3.12 所示。

● 现在你可以用上臂骨骼做同样的事情。所有的骨骼均有**父子关系** 。手骨的父骨骼是前臂，前臂的父骨骼是上臂。旋转父骨骼将影响所有的子骨骼。你可以按 **– 键**和 **+ 键**来选择一个骨骼的父骨骼或最近的子骨骼。最上级的骨骼没有父骨骼，被称为主骨骼或根骨骼，每个演员身上均有一个主骨骼。

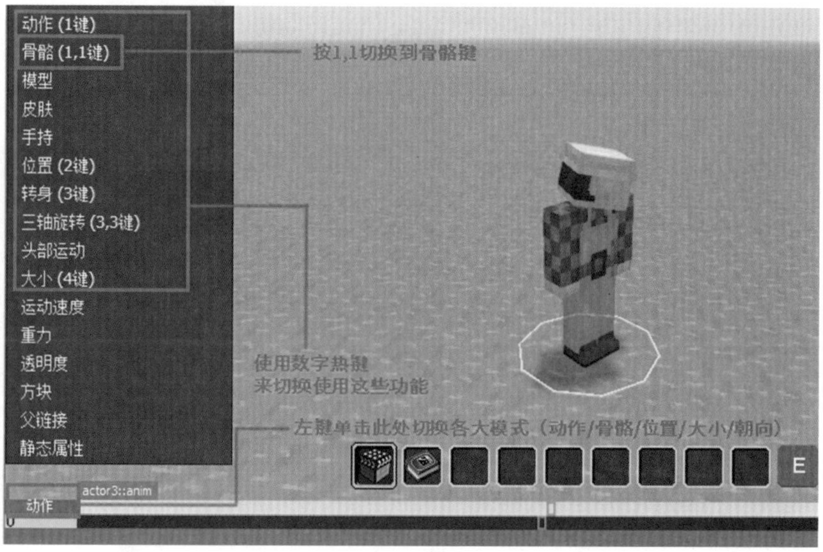

图 1.3.10

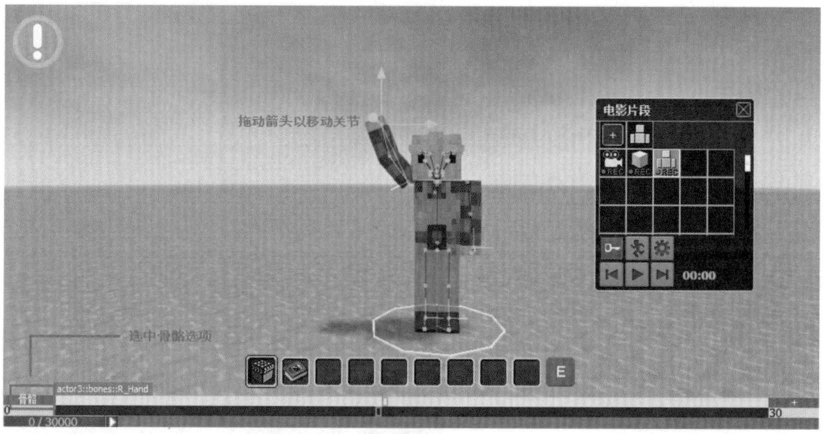

图 1.3.11

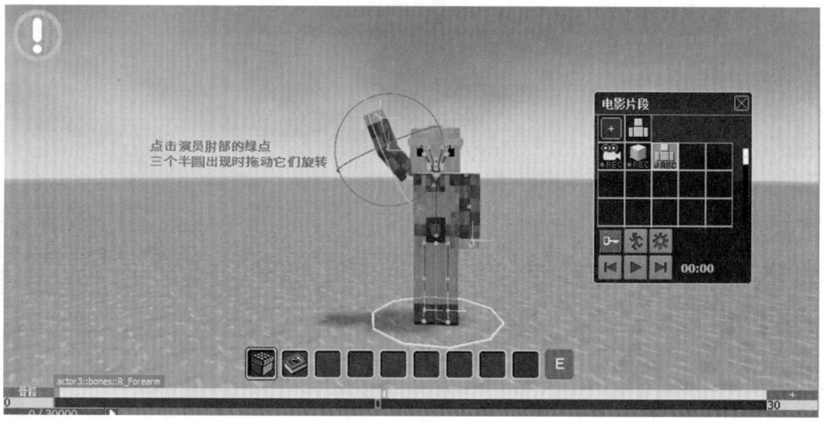

图 1.3.12

● 现在你可以尝试用调整 IK 手骨的位置或旋转上臂和前臂来做一些上肢晃动的动作。

● 除了旋转，我们还可以移动或缩放骨骼。选择一根骨骼，**按 2** 进入位移模式，**按 3** 进入旋转模式，按 4 进入缩放模式。最常用的是旋转模式，也是默认模式。

步骤 4：最后，我们将学习改变演员的位置和方向。

● 选择“**位置**”子属性，然后用鼠标中键点击场景中的某个地方将演员瞬移过去。或者拖动三个坐标轴来移动演员。你可以使用位置属性创建多个关键帧，让角色在场景中移动，如图 1.3.13 所示。

图 1.3.13

● 现在在时间轴上尝试用多个关键帧来控制**角色的朝向**。热键是 **3**。如果再按 **3**，它会切换到旋转模式，你可以绕着这三个轴旋转，如图 1.3.14 所示。在大多数情况下，默认的单轴旋转就足够了。

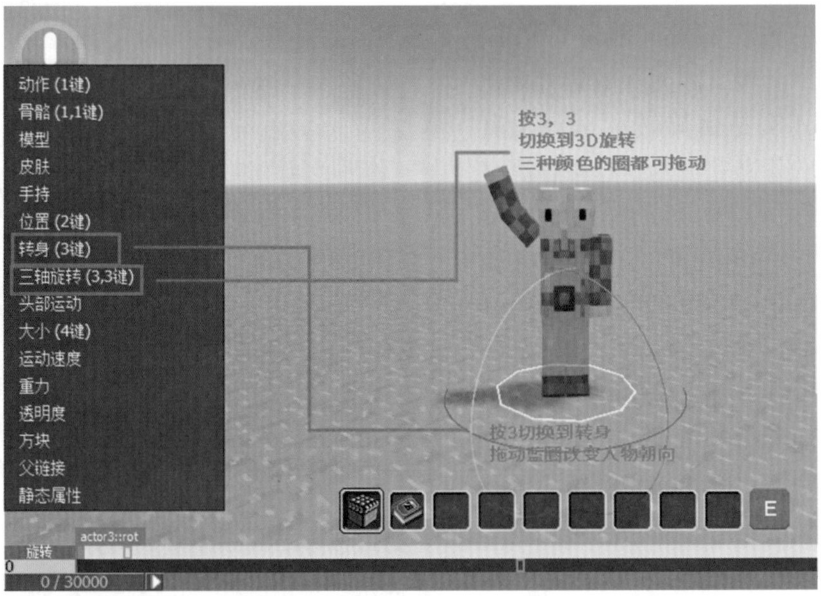

图 1.3.14

● 现在按 **1** 或选择“**动作**”子属性。动作是一个数字 id，每个 id 对应角色的预定义动画序列。例如，id:0 表示待机动画，id:4 表示行走，id:5 表示跑，如图 1.3.15 所示。你可以在动作时间轴上指定两个关键帧之间的预定义动画。骨骼动画会叠加到预定义动作之上。

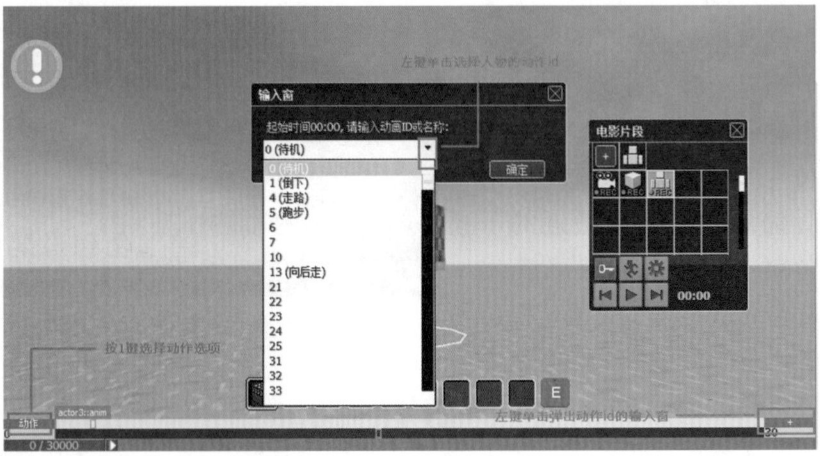

图 1.3.15

● 若要修改关键帧，请单击时间轴上的关键帧并选择**编辑 ...**，如图 1.3.16 所示。

图 1.3.16

测试题

（1）开启和锁定一个演员的热键是什么？

（2）录制演员的热键是什么？

（3）选择演员的骨骼子属性的热键是什么？

（4）转换、旋转和缩放骨骼的热键分别是什么？

（5）行走的动作编号是什么?

答案

（1）L 是开启和锁定一个演员的热键。

（2）R 是记录角色的演员动作的热键。

（3）选择演员的骨骼的热键是 1,1(按两下 1)。

（4）转换、旋转和缩放骨骼的热键分别是 2、3、4。

（5）行走的动作编号是 4 号。

1.3.3 项目 8x32：夏天游泳

课程 ID： 8x32

简　介： 学习建造简单的场景，添加演员和电影方块，使用动作编号和简单的镜头跟拍手法。

1. 理论

如何打造一部属于自己的动画短片。

课程目标

思考：如果我想做出一个简单的游泳片段，应该准备什么？

2. 实践

- 删除方块：点击鼠标左键。
- 创建方块：点击鼠标右键。
- F3 键弹出信息框。
- 学习 /setblock 命令。
- 创建一个新的世界。
- 保存世界并打开新世界。

步骤 1：首先，我们需要建造一个游泳池，如图 1.3.17 所示。

- 按 **E 键→工具**（菜单）→**左键选择彩色方块 id:10**。
- 泳池里装饰用的圆环。命令参考：/ring 3 输入后建造出一个圆环，数值越大圆环越大。
- **Ctrl+ 左键，分别选中对角点**，选中的长方形用来做泳池的底部。
- 学会**替换颜色 / 方块**，使用调色盘里的颜色进行**填充**，左键单击调色盘里的天蓝色进行**颜色替换**。

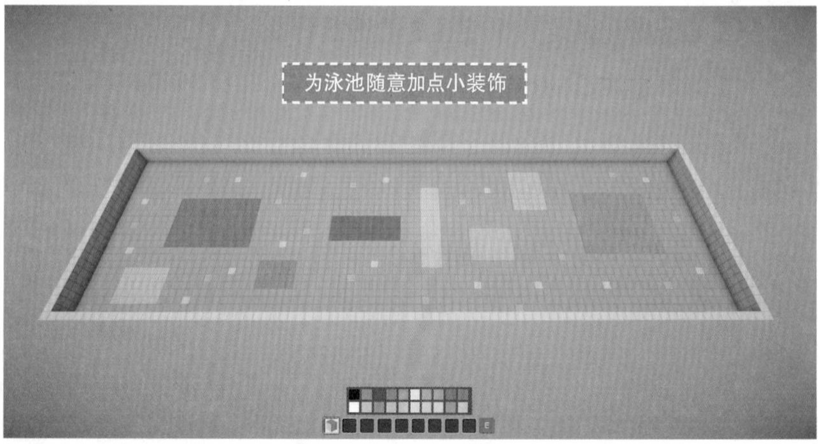

图 1.3.17

- 学会使用“**方块属性栏**”中的操作选项。如左键单击**上 / 下蓝色箭头**，可以使选中的方块进行**上 / 下移动**。
- 再次运用 **Ctrl+ 左键**来选中所有边框。
- 再次运用“**替换颜色**”，使用调色盘里的颜色进行**填充**。

步骤 2：为场景做一些简单的装饰，使得拍摄场景更加饱满，如图 1.3.18 所示。

- 尽可能使用一些搭建快捷操作。
- 搭建一些简单的小树木。

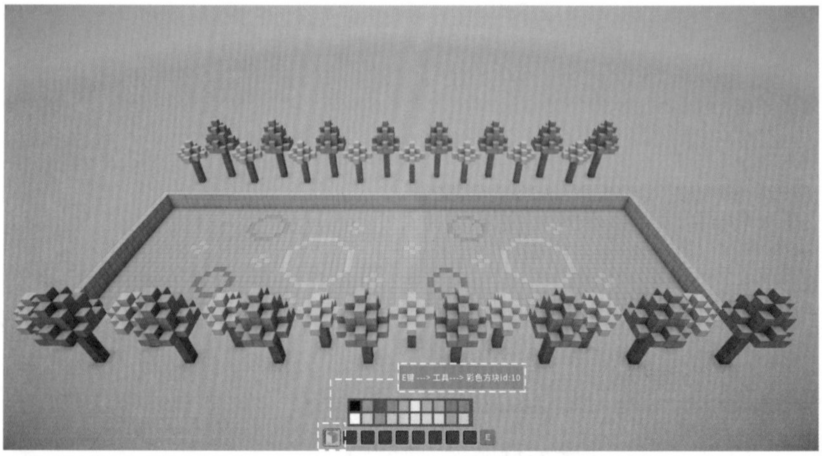

图 1.3.18

快捷键参考

- **Alt+ 右键**：用选中的方块替换世界中的单个方块。
- **Shift+ 右键**：多建造出三个相同的方块。
- 选中一个方块后按 Ctrl+A 键，则该方块区域内的方块全部被选中。

知识点：我们为泳池填满水，需要输入一个快捷指令：/flood 100，后面的数值代表半径。（人物在哪一层，输入命令后填充水的高度就在哪一层。如果想要水位再高一些，输入命令时可以按 F 键，让人物飞到高一些的位置再进行填充。）

步骤 3：添加游泳的演员和使用动作编号。

- 按 **E 键→电影→左键选择“电影方块 id：228”**后，将电影方块放置在场景中。
- **右键**选择场景中的“**电影方块**”，并编辑它。按右下角电影片段栏中的“+”号可以添加演员。
- **按键盘 2 键**，让演员**移动**，如图 1.3.19 所示。
- **按键盘 3 键**，让演员**转身**，如图 1.3.20 所示。

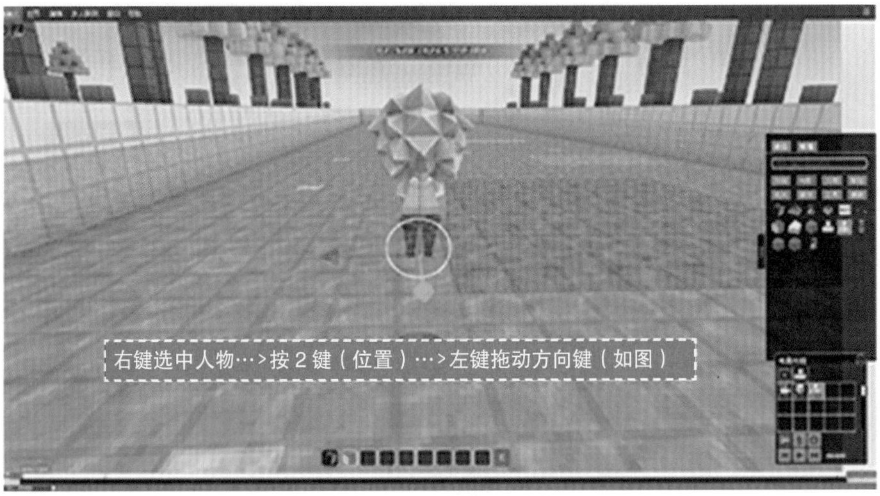

右键选中人物…>按 2 键（位置）…>左键拖动方向键（如图）

图 1.3.19

右键选中人物…>按 3 键（转身）…>左键拖动方向键（如图）

图 1.3.20

● **按键盘 4 键**，让演员**大小缩放**，如图 1.3.21 所示。

● **按键盘 1 键**，切换到人物**动作帧**，点击动作帧最右边的 + 号，添加动作编号，如游泳：42，如图 1.3.22 所示。

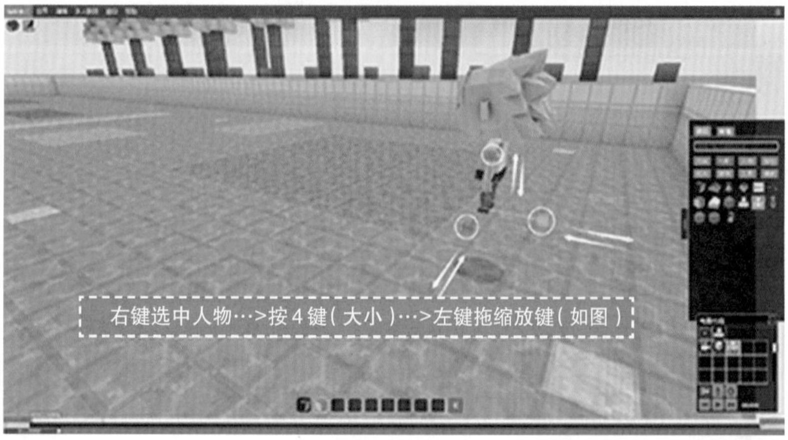

图 1.3.21

图 1.3.22

步骤 4：简单的编辑与优化并使用电影方块。

（1）完成人物在一段时间内位置的移动。

具体操作步骤

● 将时间轴上最右边的**秒数**修改为 7 秒。

● 关键帧最开始的位置需要按 K 键，添加关键帧。

● 将关键帧移动到最后的位置后开始移动演员位置，如图 1.3.23 所示。

● 演员位置调整完毕后按 K 键，添加关键帧，如图 1.3.24 所示。

图 1.3.23

（2）学会运用基本的镜头技巧。

具体操作步骤

● 右键点击 “**电影片段栏**”中的“**摄像机**”。

● 确定关键帧在最初的位置后，使用 **W、S、A、D 键**移动镜头到演员的位置。

● 按 **K 键**添加关键帧。将关键帧移动到最后的位置后开始移动演员的位置。

● 摄像机位置移动到如图 1.3.25 所示位置后按 **K 键**，添加关键帧。

步骤 5：最后播放拍摄的片段。

● **按 E 键 → 电影 → 左键选择按钮 id:105。**

● 放置**按钮**后，点击**按钮**可播放拍摄的片段。

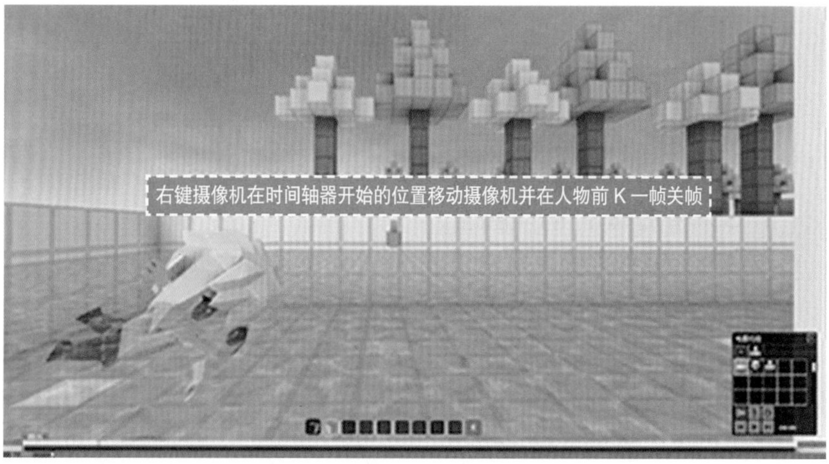

右键摄像机在时间轴器开始的位置移动摄像机并在人物前 K 一帧关帧

图 1.3.24

摄像机在时间轴结束位置 K 一帧并移动摄像机位置达到跟拍人物的效果

图 1.3.25

1.3.4 项目 8x33：制作简易动画开头

课程 ID： 8x33

简　介：如何使我们的演员做出自己想要的动作？如何熟练运用一些镜头技巧？

1. 理论

今天，我们要去看一个简短的动画片——《**美丽心灵**》，这部动画片的镜头以及动作做得都很不错，大家在观看的时候可以学习里面的一些镜头技巧。

2. 实践

● 如何使我们的演员做出自己想要的动作？

● 如何熟练运用一些镜头技巧？

基本操作快捷键参考：

- **Ctrl+ 左键**：选中。
- **Alt+ 右键**：单块换色。
- **Shift+Alt+ 右键**：批量换色。
- **Shift+ 右键**：连续创建。

步骤 1：制作人物要推的箱子 bmax（搭建 1 个即可）。

效果参考图如图 1.3.26 所示。

- 先建一个正方形平面体，上色，并依次为这个平面体加上叶子和草莓白点（图 1.3.27）。
- 全选中整个平面将其复制在旁边，中间的三轴旋转球要拉到如图 1.3.28 所示位置。
- 复制后在属性栏里按红色旋转箭头（图 1.3.29）。
- 可以利用复制粘贴命令建立平面体，完成剩下的两个面（图 1.3.30）。

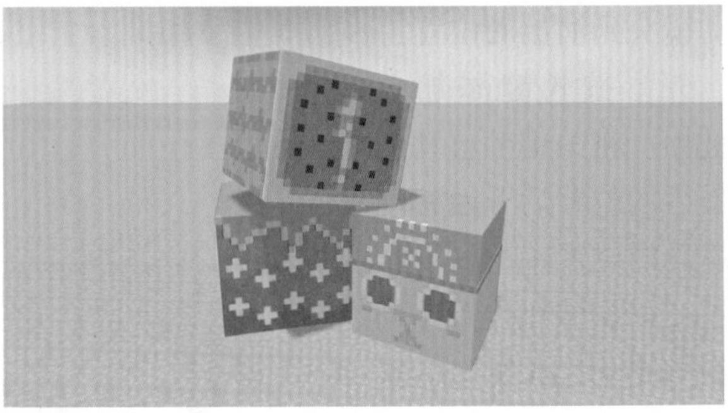

图 1.3.26

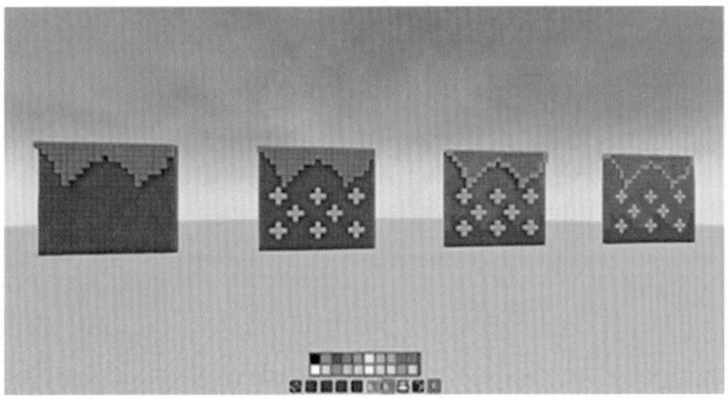

图 1.3.27

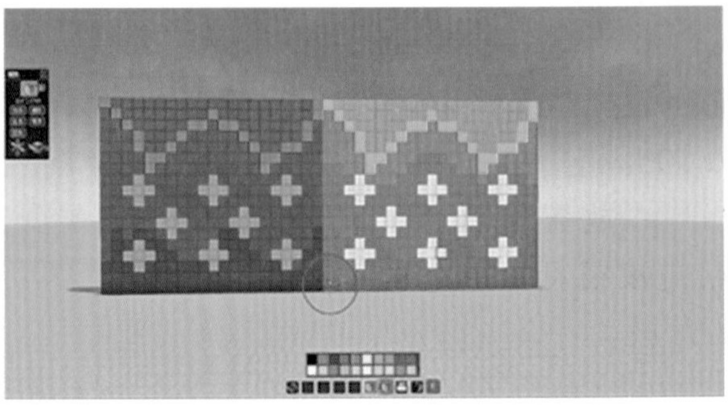

图 1.3.28

图 1.3.29

图 1.3.30

- 把整个方块的上下面做出来（图 1.3.31）。
- 至此，草莓方块就做出来了（图 1.3.32）。

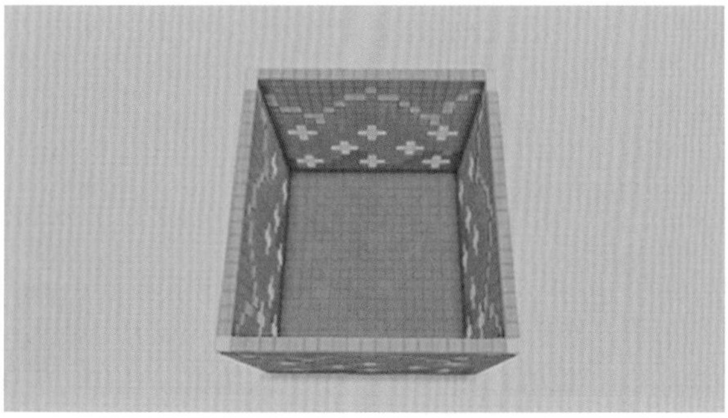

图 1.3.31

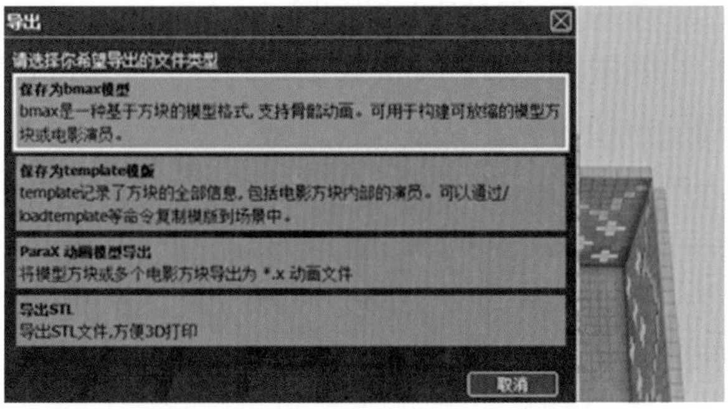

图 1.3.32

步骤 2：使用电影方块添加演员。

• 在菜单栏上选中电影方块，右键点击电影方块并将其放置在场景中。右键点击电影方块，按电影片段栏中的 + 号添加演员（图 1.3.33）。

• 右键点击电影方块，按电影片段栏中的 + 号添加一个草莓方块 bmax（图 1.3.34）。

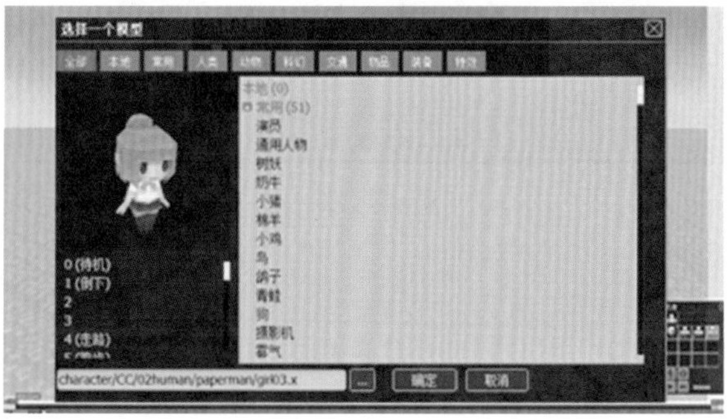

图 1.3.33

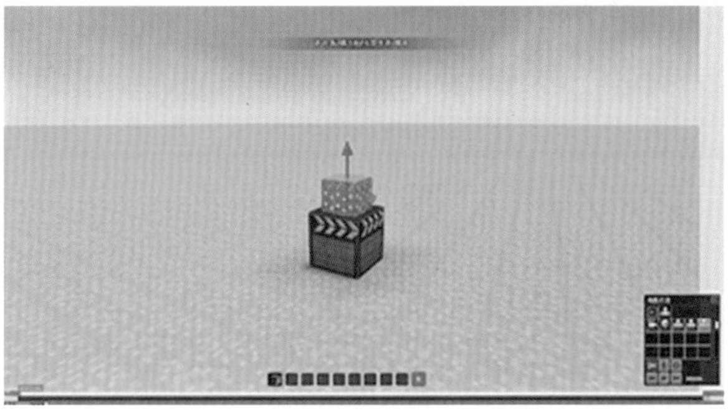

图 1.3.34

步骤 3：编辑演员。

使用“1 键动作”“1,1 键骨骼”“2 键移动”“3 键转身”“3.3 键三轴旋转”“4 键缩放”。将演员和 bmax 模型摆放到图 1.3.35 所示位置。

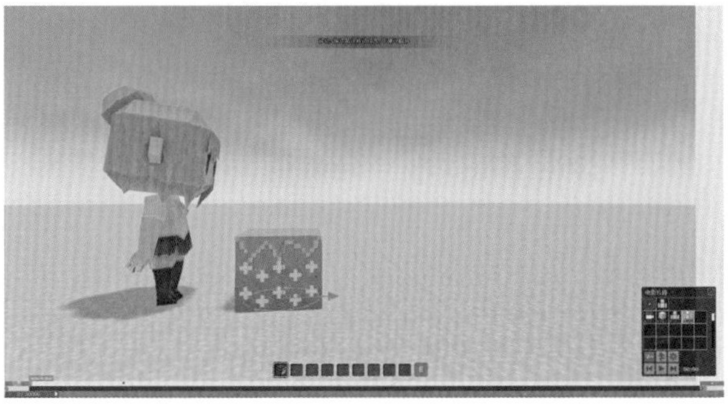

图 1.3.35

步骤 4：调整人物骨骼动作与位置。

• 调整演员的头部、腰部以及手关节，达到图 1.3.36 所示的效果。这里需要注意：腰部以上的关节均要加入关键帧，哪怕没有任何动作调整，否则会影响之后加入动作编号的动作。

• 按 1 号键切换到人物动作，并加入走路动作编号，略微调整人物手部骨骼，切换到 2 号键位置，将时间轴上的 30 秒改为 6 秒，然后把帧拖到最后，移动人物位置最后加入关键帧（图 1.3.37）。

图 1.3.36

步骤 5：调整道具的位置

道具的位置跟随人物运动轨迹，注意道具最后一帧的位置要加入关键帧，将道具对应到人物的手上。

步骤 6：镜头跟拍。

镜头摆放到图 1.3.38 所示位置，正面摆正，在时间轴最开始的位置加入关键帧。

按 D 键平移镜头达到跟拍效果，在时间轴最后的位置记得加入关键帧（图 1.3.39）。

图 1.3.37

图 1.3.38

图 1.3.39

测试题

（1）如何连续创建多个方块?

（2）在电影方块中，快捷键“1”“1,1”“2”“3”“3,3”“4”各有哪些功能？

（3）bmax 文件指的是什么?

答案

（1）连续创建：Shift+右键。

（2）1键：动作；1,1键：骨骼；2键：移动，3键：转身；3,3键三轴旋转：旋转；4键：缩放。

（3）bmax 是一种 Paracraft 专用的基于粒子 3D 静态模型的文件格式。

1.3.5 项目 8x35：简易 bmax 小吉他

课程 ID：8X35 简易 bmax 小吉他

简　介：bmax 可以用来做什么？ bmax 是怎么实现动起来的?

1. 理论

今天，我们要看一个简短的动画片——《**吃货闯红灯**》。这部动画片讲述了一个小吃货无视交通法规屡次闯红灯，最终酿成悲剧的故事。本片的演员角色与出现的汽车还有一些场景道具均用 bmax 搭建。

2. 实践

- 学会搭建静态 bmax 道具。
- 将做出的静态 bmax 道具用于电影中。

基本操作快捷键参考

- Ctrl+Z 键：撤销。
- Ctrl+Y 键：恢复。
- Ctrl+S 键：保存。
- Ctrl+ 左键：选取区域。

步骤 1：搭建吉他。

效果参考图如图 1.3.40 所示。

图 1.3.40

- 按 E 键→工具（菜单）→**左键选择彩色方块 id：10**，准备开始搭建。
- **Shift+ 右键：连续搭建三个一样的方块**，搭建出与吉他一半相反的外形。
- **Alt+ 右键：单个方块替换颜色**，选中一圈最边上的方块单个替换方块颜色，如图 1.3.41 所示。
- 同时按住 **Ctrl 和 Shift 键 + 左键点选**，可将**同一区域**里的方块全部选中。
- 在**属性**菜单中使用**镜像**功能，选中 Y 轴并用 **Alt 键 + 左键**对齐中心镜像，如图 1.3.42 所示。

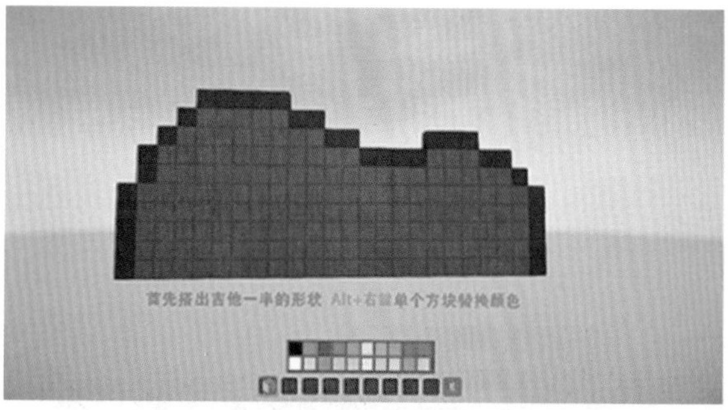

图 1.3.41

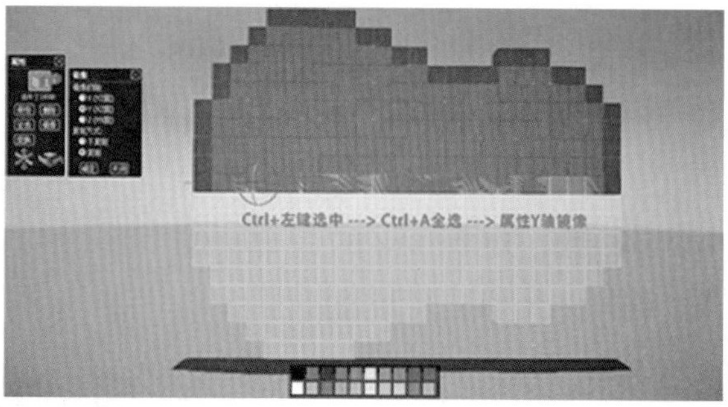

图 1.3.42

- 学会使用**方块属性栏**中的操作选项。如按住 **Shift 键**并在左侧属性面板上**同时左键单击**红色箭头进行厚度**增减效果**，如图 1.3.43 和图 1.3.44 所示。
- **Ctrl+ 左键**：选中方块。
- **Alt+ 右键点击方块**：替换颜色。
- 熟练使用调色盘里的颜色进行替换。

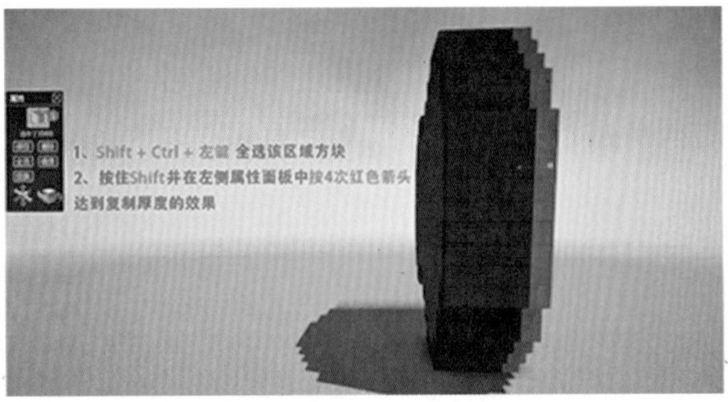

图 1.3.43

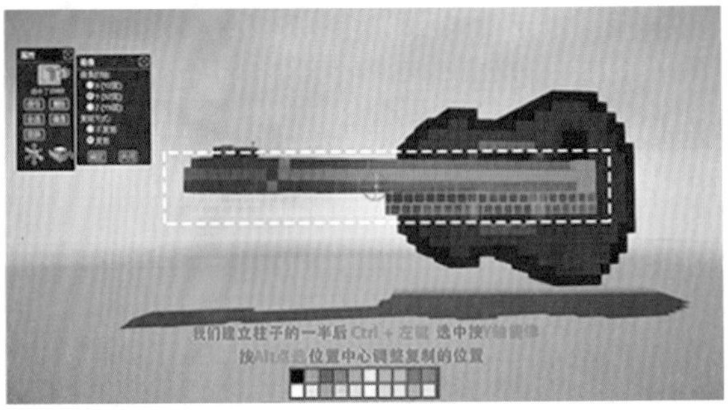

图 1.3.44

步骤 2： 保存为 bmax 模型。

- **Ctrl+shift+ 左键，**点选区域内最底部的方块。
- 在属性中选中**保存**，保存为 bmax 模型，如图 1.3.45 所示。
- 给 bmax 模型起一个**英文名字**，如图 1.3.46 所示。

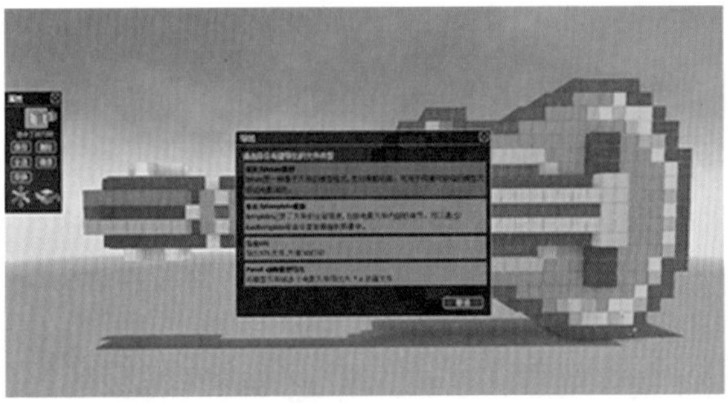

图 1.3.45

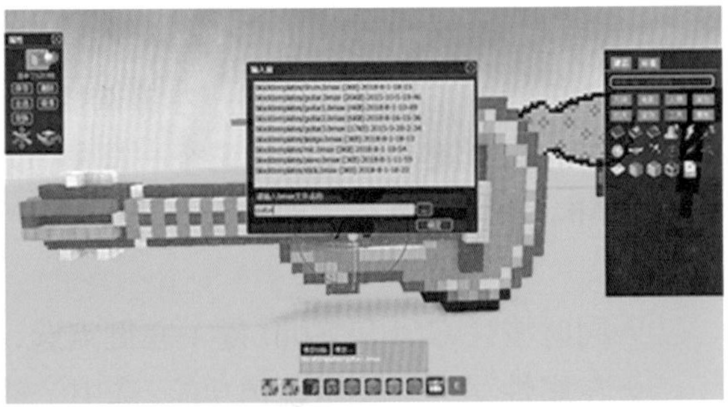

图 1.3.46

步骤 3：在电影方块中使用 bmax 模型。

- 在电影片段栏中**添加新演员**，导入 bmax 模型文件，如图 1.3.47 所示。
- 选中 bmax 模型后，分别按 **1/2/3/4 键，对 bmax 的骨骼 / 位置 / 朝向 / 大小**进行调整。
- bmax 是 Block Max 的简称，也就是方块模型。它可以帮助我们制作出精致的动静态道具、演员和角色。如果想让 bmax 制作的道具或演员角色动起来，此时需要在制作时为其加入骨骼及权重。

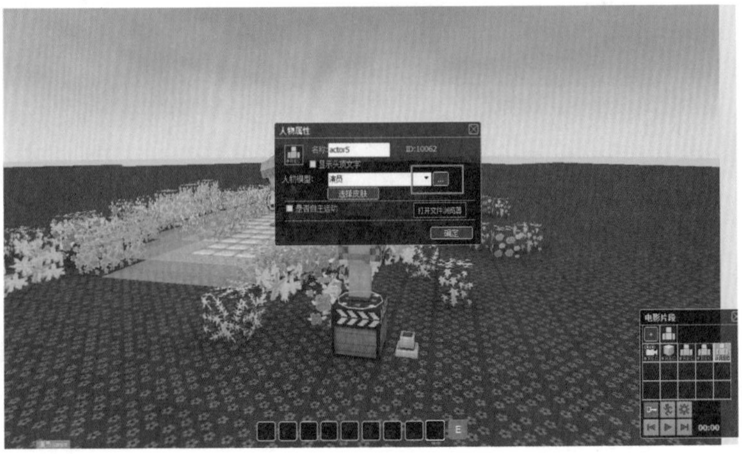

图 1.3.47

测试题

（1）撤销操作的快捷键是什么？

（2）如何拾取场景中的方块到主角手中？

（3）bmax 模型一般在什么地方使用？

答案

（1）Ctrl+Z 键。

（2）Alt+ 左键。

（3）模型/物理模型以及电影方块中均可以使用。

1.3.6　项目 8x36：简易 bmax 小动画

课程 ID： 8x36

简　介：如何让 bmax 变成演员角色？ 如何实现切镜？

1. 理论

今天，我们要看一个简短的动画片——《**小剧场**》。这部动画片讲述了动物们在森林里弱肉强食的故事。

2. 实践

导入 bmax 演员，并为它加入一些动作。

进阶命令参考

- /mode：切换模式。
- /clearbag ：清空背包。
- /home：回到出生点。
- /shader 2 ：开启光影。

补充知识

- 添加演员按 + 号，通过角色扮演录制动画按 R 键。
- 播放动画按 P 键。

具体步骤：搭建 bmax 小虫子。

效果参考图如图 1.3.48 所示。

知识点

- 按 E 键→**工具**（菜单）→**左键选择彩色方块** id:10，准备搭建。

图 1.3.48

● 利用之前所学的快捷操作，快速建造一个长方体，方块数量参考图 1.3.49。

● 我们只需要建出虫身的一半即可。

知识点

●建造虫身的尾部，这里也建一半，如图 1.3.50 所示。

知识点

● 把这一半的虫身造型加上眼睛和纹路，如图 1.3.51 所示。

● 熟练运用**镜像**功能中的操作选项，复制虫子的另一部分后保存成 bmax，如图 1.3.52 所示。

知识点

●打开**电影方块**，加入**演员角色**，导入虫子的 bmax。

图 1.3.49

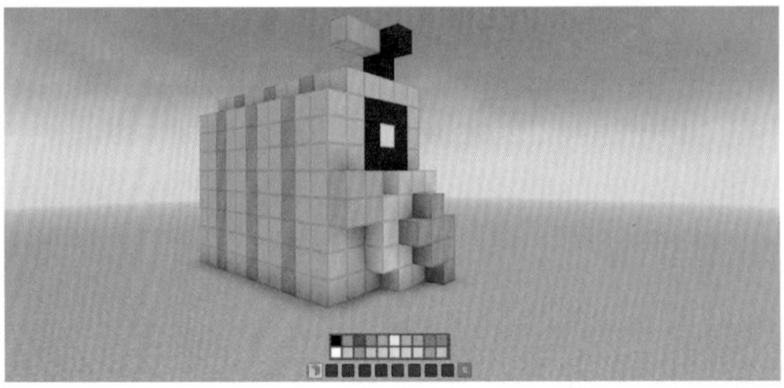

图 1.3.50

图 1.3.51

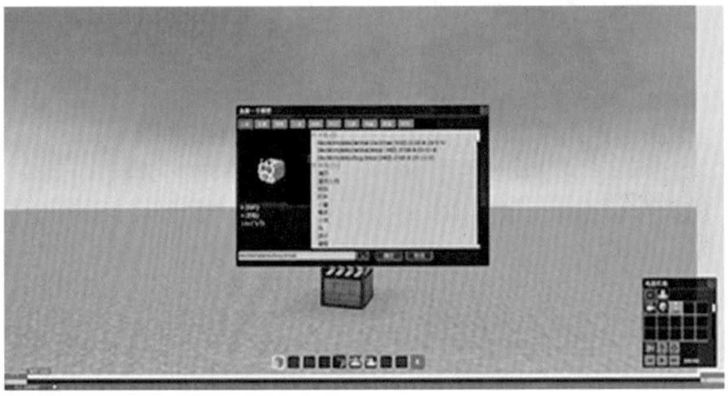

图 1.3.52

知识点

●在电影方块中熟练运用 **2\ 3\ 4 键**来调整角色的位置朝向及大小。

● **Ctrl+ 左键**：复制拖动关键帧，学习如何重复同一个运动，如：虫子蹦蹦跳跳。

● **K 位置帧**：调整动作后按 K 键，可记录当前角色的动作状态。调整时需要注意时间条上的时间设置，如图 1.3.53 和图 1.3.54 所示。

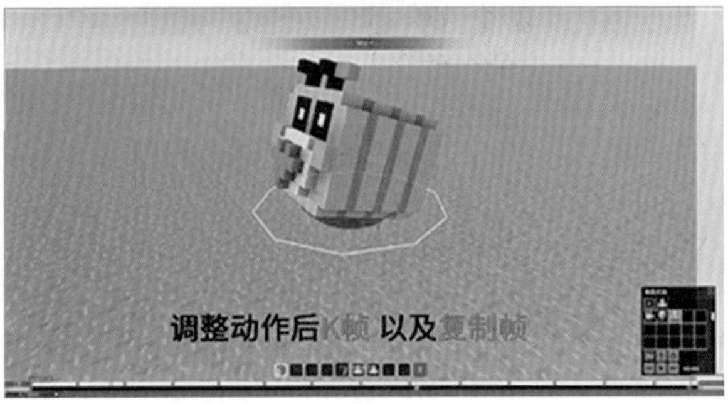

图 1.3.53

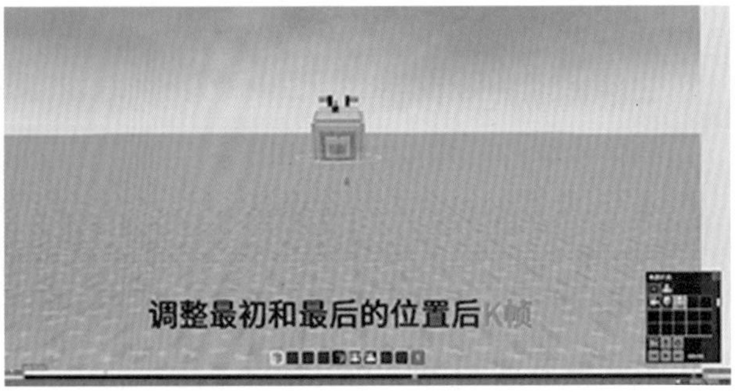

图 1.3.54

知识点

- 利用“**复制帧**”实现切镜（蒙太奇）。
- /mode：切换模式后播放电影。

1.3.7 项目 20x60：动画模型方块

课程 ID： 20x60

简　介： 了解并掌握动画模型方块，学习制造游戏机关。

1. 理论

动画模型方块可以自动识别与它相邻的方块，并自动赋予它骨骼和动画，生成 X 文件。

2. 实践

搭建一个小动物外形，利用**动画模型方块**将它运用在机关场景和动画中。

步骤 1：参考世界里的动物造型，搭建一个可爱的小动物造型。（图 1.3.55）

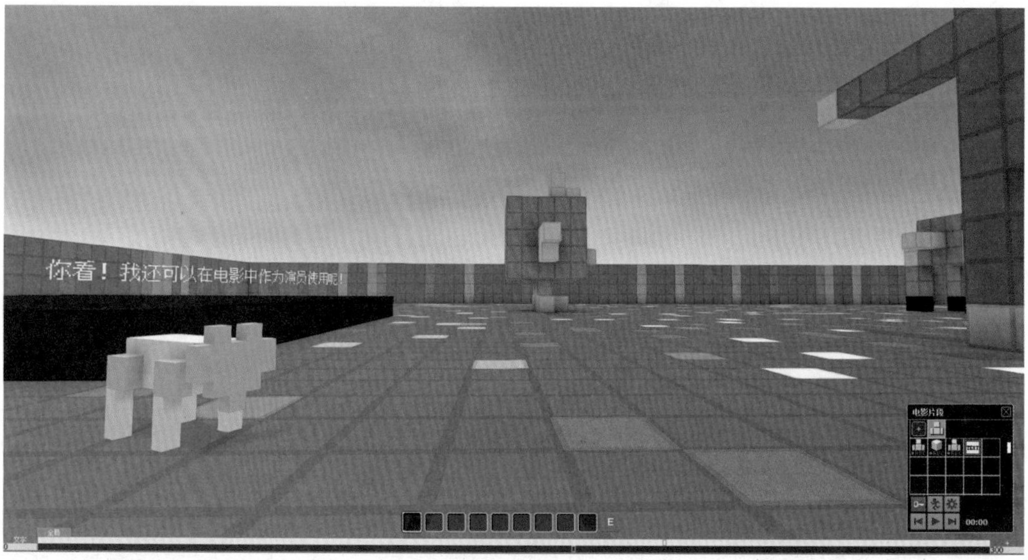

图 1.3.55

步骤 2：让这只动物变成 bmax，在电影世界中说话，并且行动起来。

步骤 3：出生点指令。

新建一个世界，在菜单栏中选择出生点，并右键放在场景中，右键选中并编辑它。

在编辑栏中选择**逻辑**，并输入以下四个指令：

/mode：切换编辑模式。

/clearbag：清空背包。

/shader 2：开启光影。

/rain 1：切换下雨天（数值越大，雨越大）。

步骤 4：按钮开关门。

创建一个**机关盒子**，我们将会在里面加入一些机关，如图 1.3.56 所示。

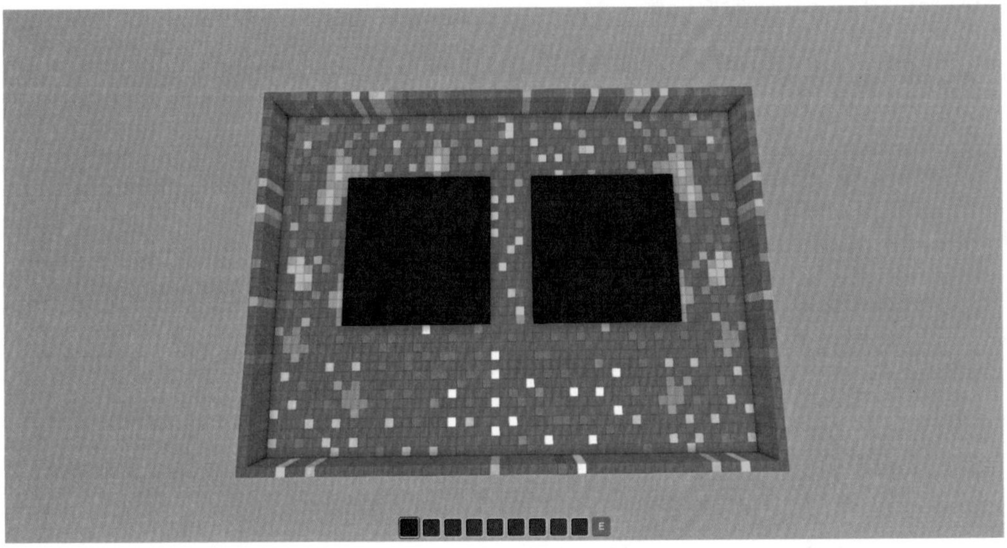

图 1.3.56

在这个机关盒子的一侧加入一扇小门，门上放置两个按钮。

Ctrl+ **左键**选择其中一个按钮→**编程**→**全选整扇门**→**记忆学习**。

学习成功后，界面会弹出相应提示，如图 1.3.57 所示。

图 1.3.57

知识点：记忆学习就是建立当前块与所有连接块之间的记忆关联。

Ctrl+ **左键**选择另外一个按钮→**编程**→**选择整扇门**→**消除**→**记忆学习**。

知识点：按消除键可以消除链接的所有方块，如图 1.3.58 所示。

图 1.3.58

完成本步骤后，我们可以按下这两个按钮，做出开 / 关门的机关效果。

步骤 5：NPC 对话。

在机关盒子的黑色空地上，我们搭建一个小动物作为里面的 NPC，如图 1.3.59 所示。

E 键打开菜单，选择并放入**命令方块**，右键编辑它，在里面输入以下命令，如图 1.3.60 所示。

图 1.3.59

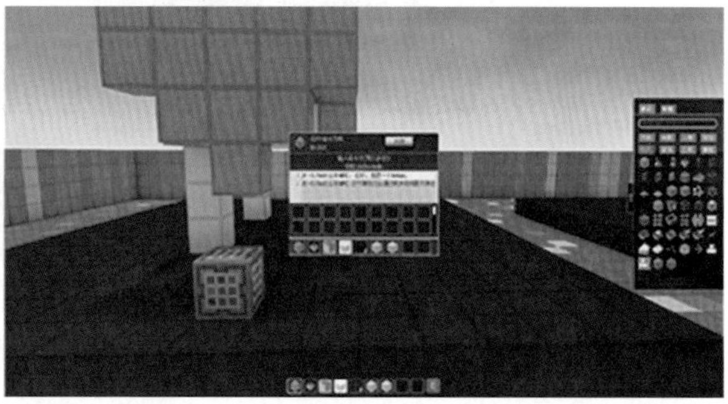

图 1.3.60

知识点：/t ~1 /text 文字 这段命令的意思是在 1 秒之后弹出对话框并述说这一句话，这里的数值代表秒数。

将**命令方块**往下挪动一格，并在它的上面放置一块踏板。人物踩踏板，即可触发设置好的聊天对话。

在该命令方块中写入 /setblock 命令，让人物角色在下次踩踏板的时候，有一个放置特定方块的效果，如图 1.3.61 和图 1.3.62 所示。

知识点：/setblock 放置方块

举例子：/setblock 19042 7 19306 266

19042 7 19306 表示坐标位置（Ctrl+T：复制坐标；Ctrl+V：粘贴坐标）

266 是动画模型方块的 ID，我们可以根据自己想要的方块填入不同的 ID 编号。

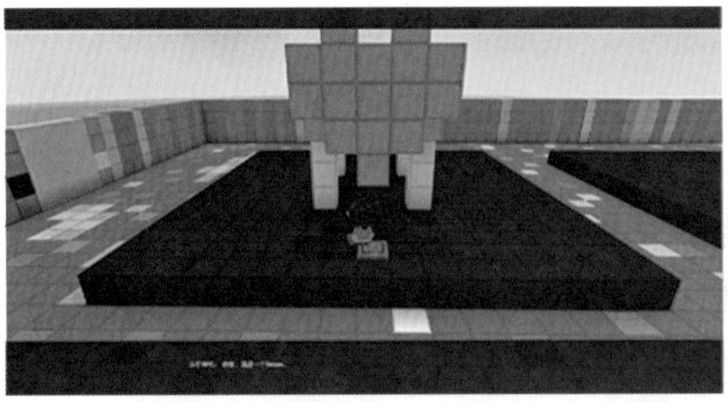

图 1.3.61

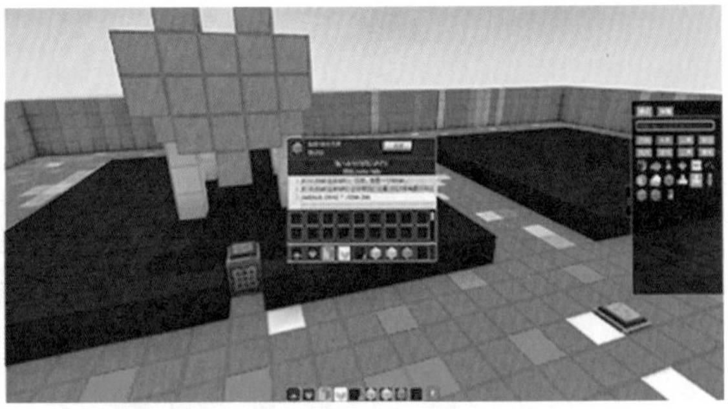

图 1.3.62

步骤 6：动画模型方块。

此时，当人物踩踏板后，NPC 对话以及**动画模型方块**都出现了，并且动画模型方块快速地识别了我们建的小山羊，出现的小山羊会动了（图 1.3.63）。

图 1.3.63

知识点：动画模型方块的主要功能是在搭建完角色模型之后，将动画模型方块放在该模型前，它会自动生成一个带有 X 文件的角色人物，该人物可用于游戏或动画，里面包含了基本动作和骨骼。

换句话说，动画模型方块可以节省出绑定骨骼的一些烦琐操作，更适用于小朋友和新手。

步骤 7：运用到电影方块中。

右键选中场景中运动的小山羊，会弹出一个“**模型另存为**”对话框，复制文件名，如图 1.3.64 所示。

图 1.3.64

打开电影方块，Shift+ 左键点击**电影片段**里的镜头图标，将摄像机删除，并将电影秒数设置为 300 秒。

在选择模型的输入框中粘贴刚刚复制的 X 文件路径，并按**确定**按钮。

选中羊，按 **4 键**放大一些，再按 **2 键**放到一个合适的位置，按 1 键动作帧，并加入 0（待机）。

此时的羊会做基本的待机动作了。我们为它加入一些对话：

在电影片段栏中选中一个空的格子，在上面按右键弹出“新建物品”对话框，选择最后一个“text”。输入以下指令后按**确定**按钮：

知识点：color("#FFFF00") 颜色参考
text（“文字文字文字”）要写的文字对话

调整文字框的朝向与位置后，可以看到以下效果（图 1.3.65 和图 1.3.66）。我们可以在后面的帧数里多加一些对话，使山羊在不同的时间说出不同的话。

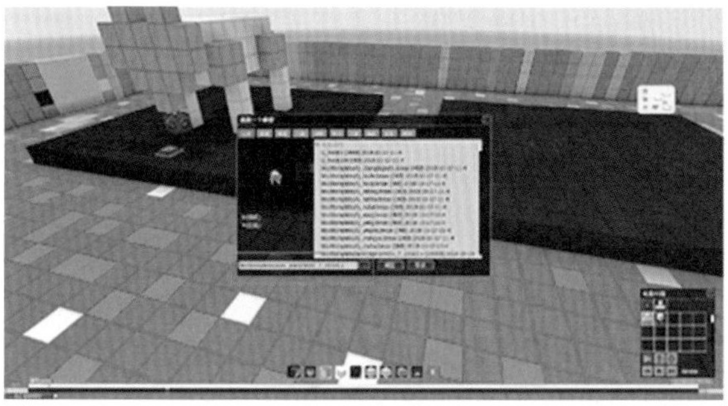

图 1.3.65

图 1.3.66

步骤 8：完整的小机关。

我们试着将刚刚做出来的一些小操作连在一块。将整个小山羊的模型选中，按 Ctrl+T 键复制坐标信息，再新建一个命令方块放在旁边。打开命令方块输入：

/setblock 复制的坐标信息 192XYZ

如此做，触发该命令方块时可以在电影方块的旁边放置一根火把，点亮火把触发电影方块。

步骤 9：触发了一开始的 NPC 对话之后，才可以触发这个命令方块。

在第二个命令方块上先放一个羊毛地毯，遮盖着它，如图 1.3.67 所示。

在一开始的命令方块中再补充一条命令：/setblock 第二个命令方块踏板坐标 266（这条命令是在第二个命令方块上生成一个踏板），如图 1.3.68 所示。

图 1.3.67

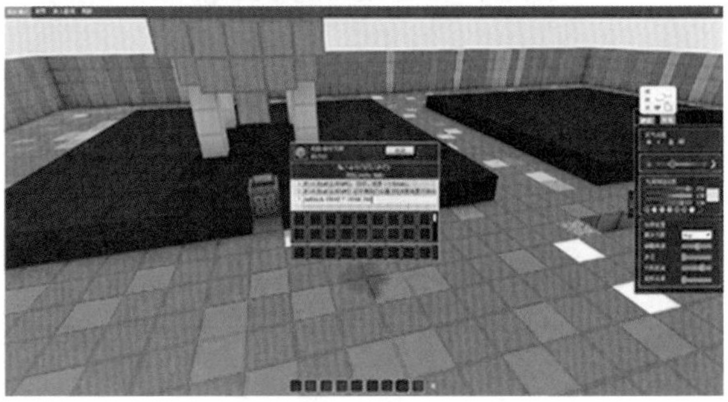

图 1.3.68

完整体验流程：按按钮机关打开门进来→踩踏第一个踏板触发 NPC 对话和动画模型方块 →开启第二个踏板触发电影人物对话。

1.3.8 项目 20x73：四足动物与镜头抖动效果

课程 ID：20x73

简　介：学习制作四足动物的走路动画以及镜头抖动的效果。

1. 理论

学习制作四足动物的简单动画片。

2. 实践

- 镜头如何做出抖动效果？
- 四足动物如何行走？

步骤 1：打开电影方块，导入一位带有骨骼的演员。

我们可以导入一头大象模型。调整位置（2 键）、朝向（3 键）及大小（4 键）。

步骤2：调整好时间轴上的时间，大概2秒左右。我们需要把2秒平均分配，来完成大象的六个动作，连贯在一起形成走路动作。

步骤 3：首先按 1，1 键，切换到人物骨骼系统。

步骤 4：在初始帧，帮这个角色摆一个走姿，每一个重要的骨骼关节均要调整好动作（K 帧）。

大象基本行走的一套动作，初步分为六步（图 1.3.69）。

图 1.3.69

步骤 5：镜头抖动。

在大象脚落地的时候，我们可以加入镜头抖动，达到因大象体型庞大而使大地震动的效果。这需要调整摄像机位置帧来完成。

测试题

（1）为使镜头抖动，我们可以调整镜头的位置帧来完成这个效果，正确吗？

（2）角色加入走路动作的时候，只需要加入脚部关键帧，其他关节无须加入关键帧，正确吗？

（3）当动物角色移动时动作出现滑步，此时应调整哪一项？

（4）本项目的角色加入了动作以后，是否能保存成 X 文件？

答案

（1）正确。

（2）错误，角色加入走路动作的时候，大部分关节都需要加入关键帧。

（3）缩短角色移动的距离。

（4）能，角色加入动作以后都能保存成 X 文件。

1.3.9　项目 20x77：密室教学

课程 ID：20x77

简　介：制作密室，学习一些常用的机关和指令。

1. 理论

利用 Paracraft 做出一个简单的小密室。

2. 实践

- 打造一个简单小密室。
- 大家有什么有趣的想法，想做什么样的机关效果呢？

3. 常见密室机关设置与命令指南

在空背包的情况下开始游戏。

在通常情况下，我们需要在初始无道具的情况下开局游戏。

确保每一次的体验在开始前均没有道具在身上，且无法编辑世界。我们需要在出生命令上做限制：

/mode game：切换播放（游戏）模式。

/clearbag：清空玩家背包。

可调整人物移动速度与观看视野。
可以使人物加快速度行走，限制人物飞行以及观看场景视野的距离。
因此，我们需要在出生命令上做限制：

/speedscale 1.3 人物行走速度　初始值为 1，数值越大，走路越快

/addrule player CanJumpInAir false 人物禁止飞行

/renderdist 100 人物视觉距离，200 为最大值

4. 关于游戏里的线索

书本读物

将一些藏有线索的书本读物放置在宝箱中，给玩家留下一些必要的线索提示。如图 1.3.70 所示，书中可以藏有一些重要的话语，使用 = **文本** = 可以将其标红。

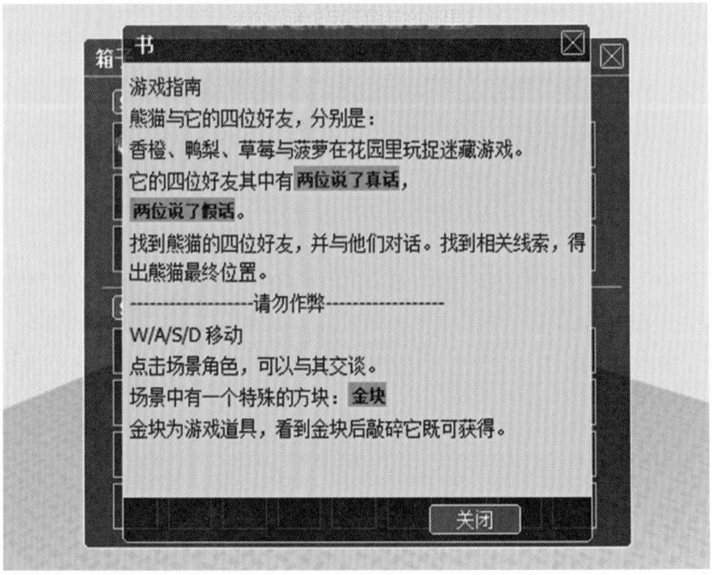

图 1.3.70

5. 常用机关道具使用方法

使用拉杆

我们可以在场景中藏好开门的拉杆，等玩家找出后开门，如图 1.3.71 所示。为了避免玩家错误使用拉杆，我们需要在出生命令上做限制：

/speedscale 1.3 人物行走速度，初始值为 1，数值越大，走路速度越快。

/addrule player CanJumpInAir false 人物禁止飞行 。

/renderdist 100 人物视觉距离，200 为最大值。

图 1.3.71

用踏板 / 按钮触发弹幕式对话

在场景中的命令方块中加入一些对话和相关文字提示，用踏板 / 按钮触发。（图 1.3.72）

/t ~1 /text **文本文本文本** 弹出对话框提示。

/tip –p **文本文本文本** 弹出弹幕提示。

图 1.3.72

6. 放置某种方块在某地触发机关

在场景的命令方块中加入以下命令，如图 1.3.73 所示。

/testblock **坐标** id

/setblock **坐标范围** 0 “0” 代表什么方块都没有，意味着删除这片区域的方块。

图 1.3.73 中 /setblock 19226 5 19151 (1 1 0) 0 表示在该坐标删除该范围区域内的所有方块。

/addrule block CanPlace 拉杆 ID 拉杆放置方块的 ID 表示拉杆只能放在这个方块上。

举例：/addrule block CanPlace 190 23 表示拉杆必须放置在红色羊毛上，其他方块无法放置。

拉杆藏在宝箱内，将宝箱放置在不明显的位置。为了提高游戏难度，我们还可以设置一些前提，例如，要触发其他机关才可以看到这个宝箱。

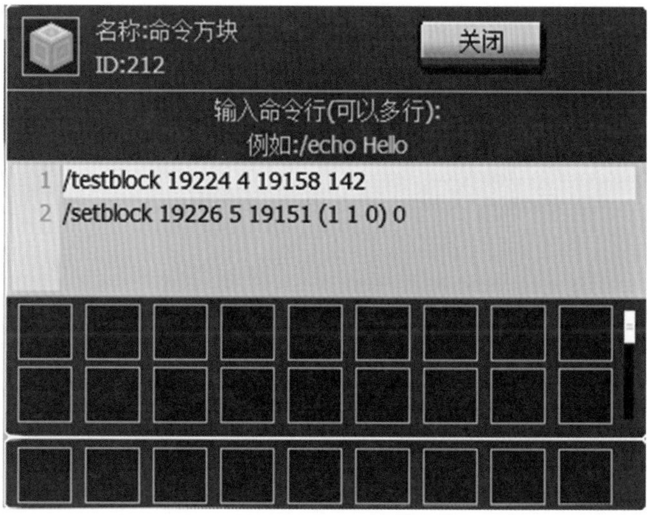

图 1.3.73

测试题

（1）清空玩家背包的命令是什么?

（2）人物视觉距离调整为 200 的命令是什么?

（3）人物禁止飞行的命令是什么?

（4）为了避免玩家错误使用拉杆，我们需要在出生命令上做限制命令：/addrule Block CanPlace 拉杆 ID 拉杆放置方块的 ID，正确吗?

（5）弹出对话框提示的命令是：/t ~秒数 /text 文本，正确吗?

答案

（1）/clearbag 清空玩家背包。

（2）/renderdist 200。

（3）/addrule Player CanJumpInAir false。

（4）正确。

（5）正确。

1.3.10 项目 20x80：bmax 简易骨骼与 X 文件应用

课程 ID： 20x80

简　介： 学习为简单的 bmax 角色添加骨骼。

1. 理论

利用 bmax 角色制作一个包含骨骼的模型，并制作简单、重复的动作，存为 X 文件。本项目内容较难，建议观看教学视频。

2. 实践

- 学习为简单的 bmax 角色放置正确的骨骼。
- 学习利用骨骼做一个完整的循环动作。
- 存成 X 文件并导入电影方块中，使用这个循环动作。
- bmax 骨骼的应用。
- X 文件的使用方法。

步骤 1：认识 bmax。

- 什么是 bmax？

bmax 就是 Block Max 方块模型，用来制作精致的静态和动态道具。无论是静态的 bmax 还是动态的 bmax，均能用于电影或场景中。静态的 bmax 可以没有骨骼，动态的 bmax 需要赋予骨骼。

- 什么是骨骼?

和人体的骨骼类似，在 Paracraft 中，骨骼是一种特殊的有方向的方块，骨骼总是指向它的上一级骨骼，并且可以控制与之相连的其他方块（类似人体的肌肉）运动，如图 1.3.74 所示。

图 1.3.74

骨骼 A 指向骨骼 B，我们称骨骼 A 为骨骼 B 的子骨骼，骨骼 B 为骨骼 A 的父骨骼。 父骨骼运动， 子骨骼也跟随运动。

模型中最上级的一个父骨骼没有指向任何其他骨骼，我们称之为根骨骼，它控制了人物整体的运动。

- 骨骼权重与彩色方块。

骨骼的位置和方向，会影响周围的普通方块（肌肉）。一个普通方块可能受到多个骨骼的影响，普通方块受到某个骨骼的影响大小称为权重。数值 1 代表某个方块完全跟随某个骨骼运动，0 代表不跟随骨骼运动。 在 bmax 中， 这个数值不是 1 就是 0, 也就是说，bmax 中的某个普通方块只会受到一个骨骼方块的影响。 此时我们也称这个方块绑定到了这个骨骼上。

指定普通方块的权重是一个很复杂的过程，我们会用到**彩色方块 id：10**。彩色方块可以有很多种不同的颜色， Paracraft 会自动将颜色相同且彼此相连的一组方块看成一个肌肉群，并将它们统一绑定到与之相连的骨骼方块上。

例如，手掌与手臂相连，手臂与肩膀相连。这时手掌和手臂最好用不同颜色的彩色方块区分开，如图 1.3.75 所示。

图 1.3.75

- 什么是 X 文件?

X 文件是 ParaX 文件的缩写，是 Paracraft 中的通用模型文件格式。X 文件是一种比 bmax 文件更加通用的模型文件格式。它不仅可以记录静态的 3D 模型和骨骼位置关系，还可以存储多组骨骼动画。

在 Paracraft 中，我们可以将一个或多个包含人物动作的电影方块保存成一个 X 文件，然后在任何其他地方重复使用它，例如，可以用作 NPC、电影人物或者场景模型。当然，也可以将其他外部软件制作的动画模型转化为 X 文件，如图 1.3.76 所示。

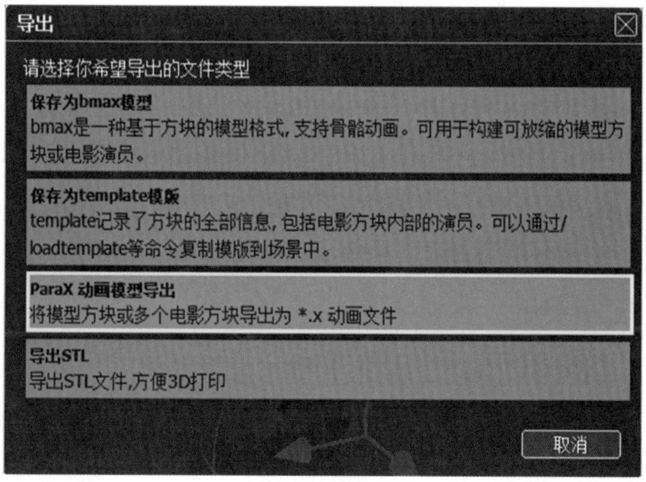

图 1.3.76

步骤 2：插入正确骨骼。

打开菜单栏（E 键）“电影分类”下的骨骼方块 id：253。

● 骨骼方块箭头的方向指向它的父骨骼，没有父骨骼的方块称为根骨骼。

● 骨骼方块会绑定与它后部及侧面相连的方块，这些方块会随骨骼一同运动。

● 建议用彩色方块搭建骨骼以外的（肌肉）方块。

注意：

● 只有正常的方块才能显示出来，半透明及非方形的方块目前还不能显示，但是可以用来连接肌肉。例如，可以用蜘蛛网连接两个悬空的区域，使它们绑定到同一根骨骼上。

● bmax 模型也可以连接到骨骼上，形成 bmax 模型的嵌套，为模型增加更多的细节。

● 最终显示时，骨骼方块本身也会变为离它最近的一个肌肉方块。

如图 1.3.77 所示，各部位的骨骼最终要指向父骨骼，即末端→中间→前端→父骨骼→根骨骼。

当父子骨骼不在同一直线上时，可添加中间骨骼进行连接。如果希望相连的方块属于不同的骨骼，则需要用颜色区分开，如图 1.3.78 中的绿色和深绿色，紫色和浅紫色。

先搭建蛇头部位，只需搭建一半，再放入骨骼，后搭建蛇身一半，放入蛇身骨骼，如图 1.3.79 所示。

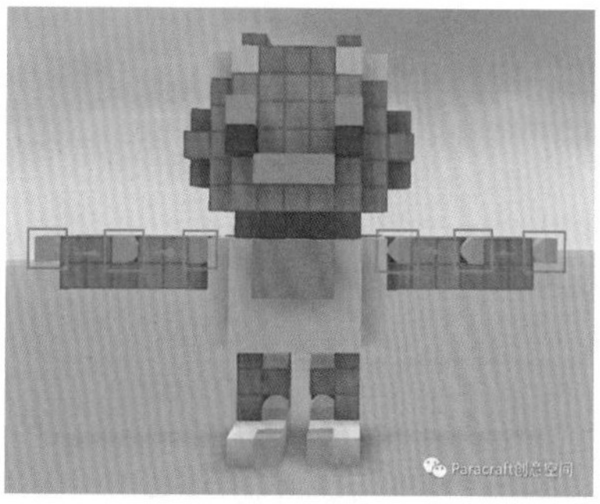
图 1.3.77

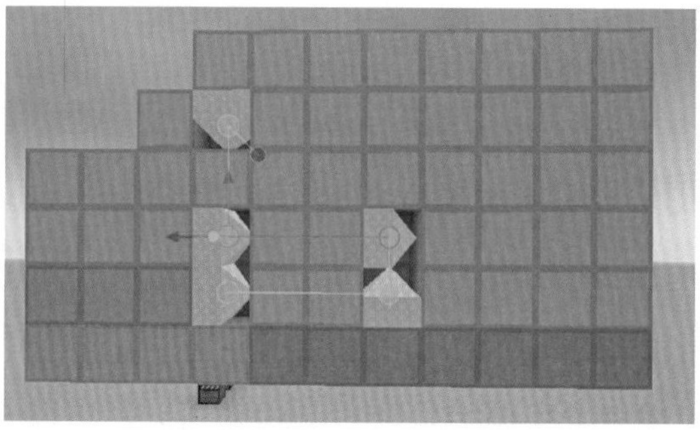
图 1.3.78

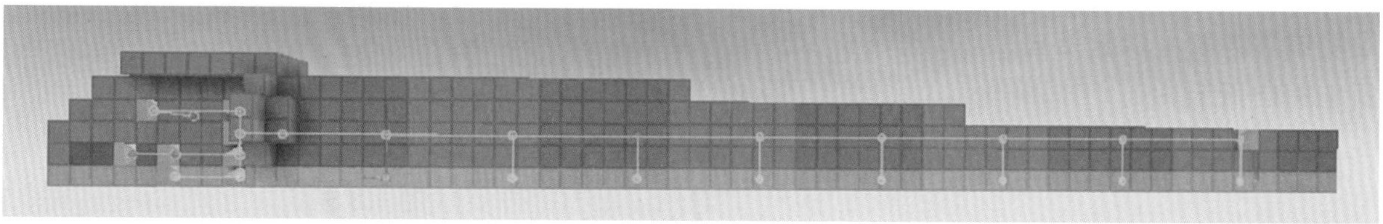
图 1.3.79

● 在绑定骨骼时，**Ctrl+ 右键**点击骨骼，会显示所有骨骼的状态和权重。

步骤 3：

● 保存为 bmax，并为各个关节加入动作关键帧（键盘 K 键）。

● **Ctrl+ 左键**全选模型，**Alt+ 左键**选择模型的中心轴进行镜像。

● **Ctrl+ 左键**选中道具进行保存，并存为 bmax 模型，如图 1.3.80 所示。

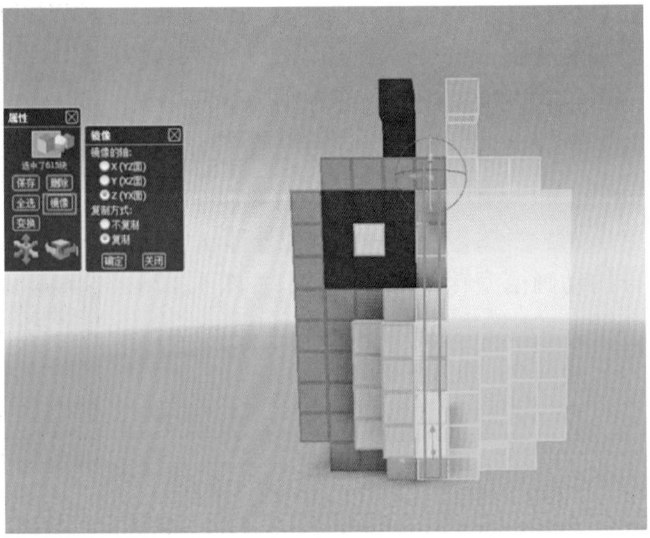

图 1.3.80

在电影方块中添加演员，点击**添加**按钮，再选择 bmax 模型的路径。

按快捷键 1,1 切换到骨骼面板后点击骨骼关节，出现该关节的三轴旋转圆环（绿色提示为该关节的名字，表示进入了该关节的专属骨骼轴），拖动红、绿、蓝圆环调整骨骼的旋转角度。

（补充：快捷键 2 切换到位置轴，快捷键 3 切换到转身轴，按两次 3 可切换到三轴旋转，快捷键 4 切换到大小轴。）

注意：

（1）在头部骨骼的初始位置按快捷键 K 键可以加入关键帧，简称 K 帧，可防止头部受编号动作的影响。

（2）按 **Esc 键**退出当前关节的专属骨骼，回到全部骨骼。

（3）若骨骼轴初始位置无关键帧，在中途位置 K 帧（添加关键帧），初始位置会自动生成相同的关键帧。

把骨骼动作完成后关闭电影方块，将该电影方块保存为 X 文件，如图 1.3.81 所示。

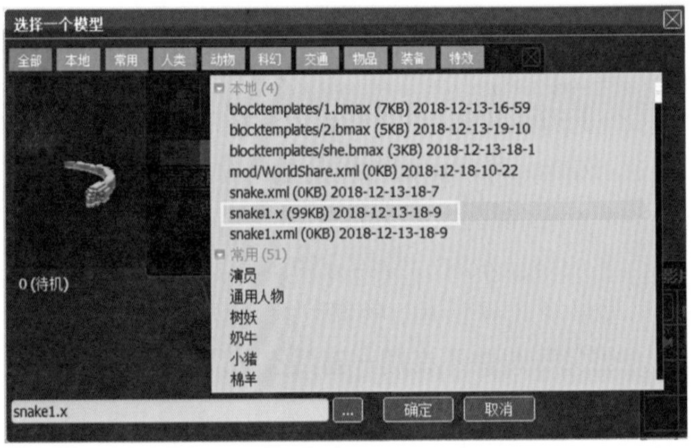

图 1.3.81

步骤 4：将 X 文件导入电影方块，在动作中插入该动作编号（默认："0 待机"），并将秒数调整为 10 秒左右，调整好小蛇的运动位置，就可以看见它循环动作了，如图 1.3.82 所示。

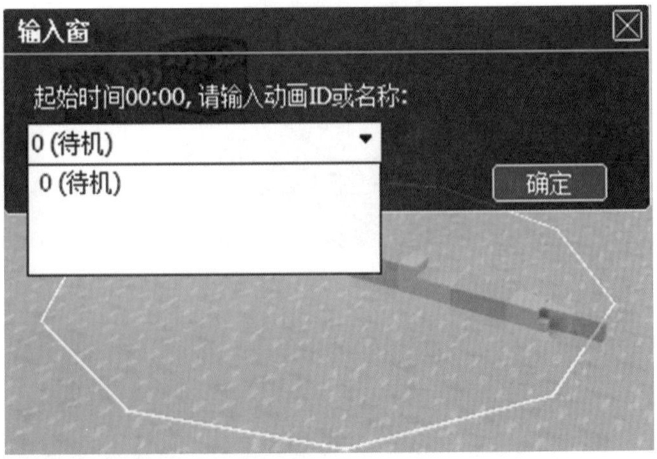

图 1.3.82

1.3.11 项目 20x105：传送石、电影地震镜头与人物表现

课程 ID： 20x105

简　介： 实现落石砸到人物的动画表现手法。

1. 理论

学习如何使用传送石以及一些基本的电影镜头表现。本项目需要观看教学视频。

2. 实践

传送石

● 用电信号激活传送石时，附近的传送石会被激活。此时人物如果站在其中一个传送石上面，就会产生连续被传送的效果。

● 如果使用记忆学习的方式激活传送石，则触发记忆学习的对象，并将其传送到传送石上方。

● 传送石上方必须空两格才能传送。

步骤 1：选择传送石，将它摆成如图 1.3.83 所示的形状。

图 1.3.83

这个形状可以自由发挥，不做限制。但要注意传送石是连接在一起的，不能上下叠加放置。

步骤 2：将传送石下沉一个单元，放到地表水平位置，并且在开始部位放一个压力板。

步骤 3：设置记忆学习，如图 1.3.84 所示。

图 1.3.84

按 Ctrl 键，鼠标左键点击压力板，松开 Ctrl 键，选择"编程"。

根据屏幕中央提示，**鼠标左键**从压力板开始位置依次点击传送石，点到结尾位置。成功后可以看到传送石均在闪烁红光。

步骤 4：点击记忆学习，屏幕中央提示"学习成功"，关闭左侧菜单"编程模式"，代表学习成功。人物在压力板上走动，即可传送。

步骤 5：放置电影方块到传送石的终点处，如图 1.3.85 所示。

图 1.3.85

步骤 6：添加人物及石头。

鼠标右键点击电影方块，添加人物，并把人物拖动到传送石前面空白位置，如图 1.3.86

所示。**2 键**：调整位置；**3 键**：朝向；**4 键**：大小。

制作一个石头模型，样式随意，添加到电影方块中，并移动到人物右上方，位置如图 1.3.87 所示。

步骤 7：添加人物动作。

调整好时间轴上的时间，大概为 3 秒左右。我们需要把 3 秒平分，用来完成人物和石头的 14 个动作，并将其连贯在一起。同时，为了体现震动镜头，除了移动人物动作和石头模型之外，摄像机的位置也会在某些时间点进行移动。

步骤 8：电影方块上放置压力板，踩踏压力板直接播放电影。

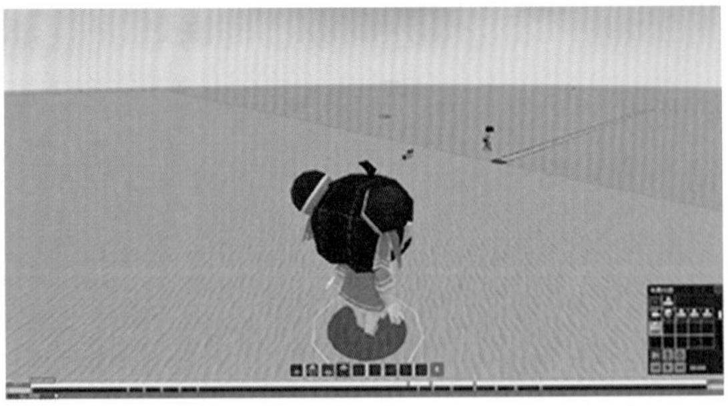

图 1.3.86

图 1.3.87

1.3.12 项目 20x121：密室开头设计

课程 ID： 20x121

简　介：学习创建解谜、密室类作品的开头设计。

1. 理论

今天我们要学习解谜密室类作品的开头设计，包括开头场景与开头动画设计，争取制作一个完整的密室解谜作品。

思考：如何打造一个简单的小密室？你有什么有趣的想法？想做什么样的机关效果？

2. 实践

步骤 1：确定密室主题。

做一个大厅，玩家进入世界后出生点就在大厅中，在大厅内观看开头文字动画后进入世界中进行体验。

如图 1.3.88 所示，在一个封闭的空间中放入密室主题，告知前来体验的用户这是一个什么作品。

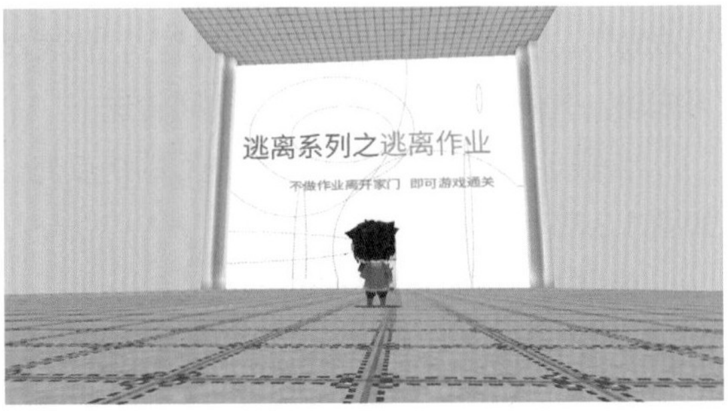

图 1.3.88

步骤 2：把自己的素材图导入世界中。

利用“工具→装饰→相册”，将相册组合成自己想要的平面大小，如图 1.3.89 和图 1.3.90 所示。

将自己的素材图放入世界目录下：\Paracraft

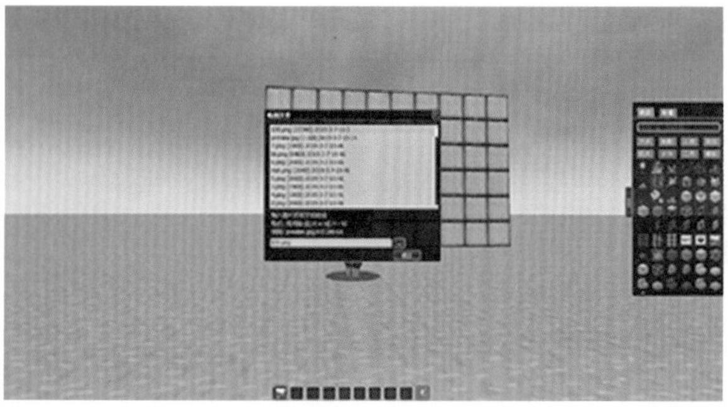

图 1.3.89

图 1.3.90

创意空间 \worlds\DesignHouse\ 世界名称。

在相册左上角处选择图片名称导入图片，如图 1.3.91 所示。

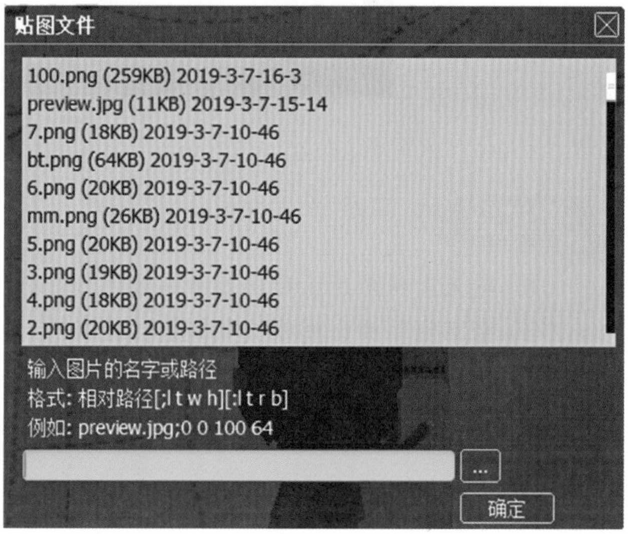

图 1.3.91

我们会看到自己想要展示的素材图片已导入到世界中，这样的素材图片可以用来作为密室开头的引导以及密室内部的线索、装饰等。

步骤 3：密室前的开头动画。

在体验密室前，为密室做一段文字动画，告诉大家故事背景是如何展开的。玩家踩踏板，踏板下放入电影方块，播放完开头动画后，在动画结尾加入 /goto 坐标命令，玩家看完故事背景后就被传送到密室里去体验效果（图 1.3.92）。

文字动画可以使用软件自带的字幕，如果想要其他文字动画效果，如文字颜色改变、从上往下移动等特效，建议导入全黑图片作为背景板，再导入文字素材。我们需要把图片素材先放到世界目录下，再在电影方块中的电影片段栏空位处按鼠标左键选择图层导入，如图 1.3.93 所示。

选择代码栏，按照输入窗中的提示格式来输入，如图 1.3.94 所示。

添加文字素材，做一些效果。

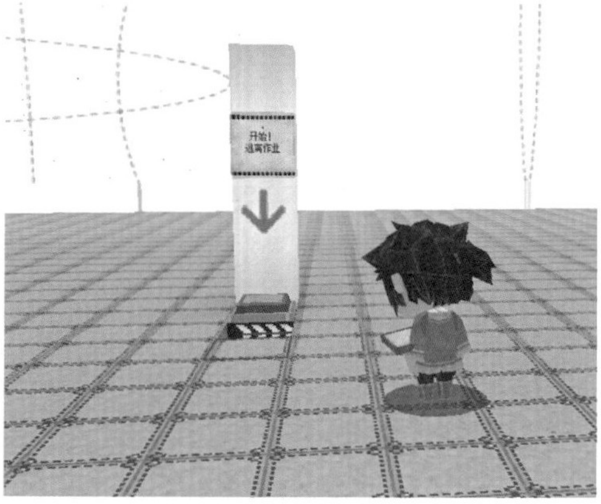

图 1.3.92

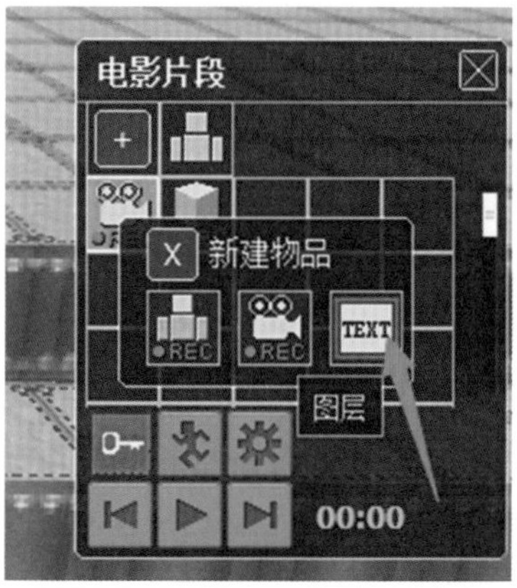

图 1.3.93

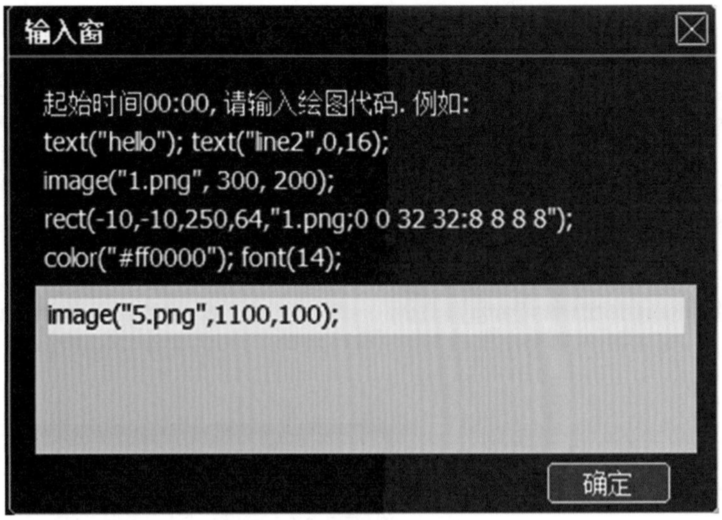

图 1.3.94

测试题

（1）导入素材图片后在场景中需要用到什么工具进行展示？

（2）密室出生地点需要放在何处比较合适？

（3）/goto 坐标 这条命令可以放在电影方块中使用吗？

答案

（1）相册。

（2）放在有“开始”按钮的旁边，使用户的体验流畅。

（3）可以。

1.4 构建我的电影世界使它可持续发展

创造动画与电影是计算机技术的一个重要研究方向。人脑的记忆其实可以看成是由很多动画片段组成的。人类的记忆一旦形成，就很难去更改它。这一点和计算机中的图像与动画很像。用计算机去操纵这些图像与动画，就如同我们的大脑可以按照某种相似的规律触发这些回忆，形成我们的思想、行为以及梦境。

学会如何用计算机去创造出动态素材，是程序员的一个必备技能。我们认为每个人都应该学会用计算机去创造一个动画短片作品。在 Paracraft 中，你可以探索成百上千的用户创作的动画作品，也可以改编它们，或者创作一个你希望表达的动画作品。

通过本节学习，希望你可以像我们的很多用户一样，随心所欲地创作动画作品，并拥有自己的代表作。

本节给出了一些和电影与动画短片相关的项目。如果你是老师，此时应该启发学生用课余时间完成一个自己的动画作品。

1.4.1 项目 20x132：电影方块与过山车

课程 ID：20x132

简　介：搭建过山车场景，在过山车经过时用电影方块播放场景动画。

1. 理论

思考：

- 打造一个简单的过山车需要用到哪些方块或者工具？
- 如何将过山车与电影方块结合？

讲授的知识点：

- 铁轨 id：103　普通铁轨，铁路矿车可以在上面缓慢行驶。（图 1.4.1）
- 探测铁轨 id: 251。（图 1.4.2）

◆ 当矿车经过时，探测铁轨正下方的方块强充能。

◆ 当矿车上无人时，经过探测铁轨周围四个方向的方块不充能，也就是无法激活四周的中继器。

图 1.4.1

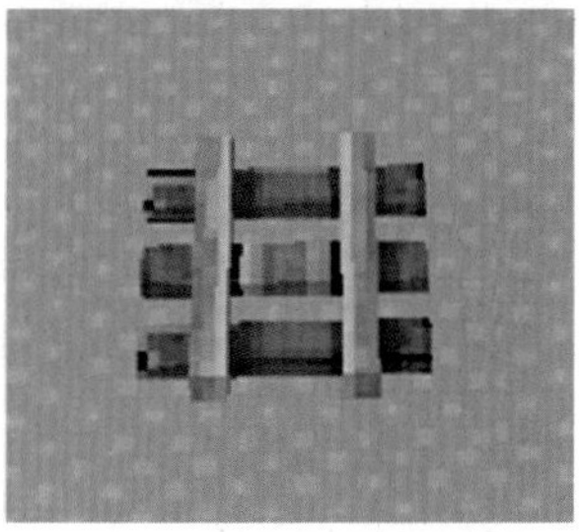

图 1.4.2

◆ 当矿车上有人时，经过探测铁轨周围四个方向的方块弱充能，可以激活四周的中继器。

我们可以在探测铁轨下加入电影方块，制作自己想要的过山车 + 电影结合的效果。注意：电影

方块上放探测铁轨才会生效，其他铁轨无效。（图 1.4.3）

● 动力铁轨 id：250，搭配能量块 id：157，可持续为矿车提供能量让其快速行驶。

没有能量的动力铁轨无法发挥出正常作用，建议搭配能量块一起使用。（图 1.4.4）

搭建装饰参考命令：

● /sphere 数值：创建一个球体。

2. 实践

步骤 1：过山车经过电影方块时的效果。

● 右键点击电影方块，Shift+ 左键点击摄像机将其删除，再导入演员中的效果。当过山车经过带有探测铁轨的电影方块时，可以触发电影方块中的特效，如图 1.4.5 所示。

步骤 2：为过山车加入对白文字（参考推荐作品“我的故事”）。

● 同样，删除摄像机，在电影方块中加入文字，也可以利用命令方块加入过山车的背景音乐，如图 1.4.6 所示。

步骤 3：为过山车加入片段动画（参考推荐作品“爷爷的宝藏”）。

● 动画片段建议不超过 10 秒，如图 1.4.7 所示。

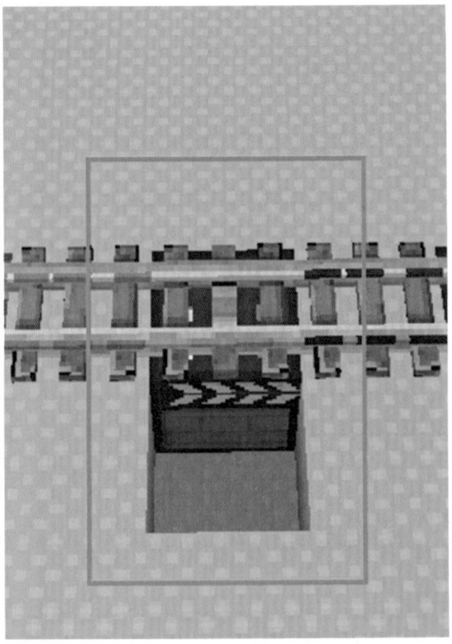

图 1.4.3

图 1.4.4

图 1.4.5

图 1.4.6

图 1.4.7

1.4.2 项目 20x134：子母电影方块

课程 ID：20x134

简　介：认识与掌握子母电影方块的功能

1. 理论

> 思考：在电影场景中如何精确地控制多个电影方块播放的次序和时间？

我们可以用一个电影方块去控制其他电影方块的播放时间和终止时间。此时控制其他电影方块的方块称为母电影方块，而被控制的电影方块称为子电影方块。我们可以在母电影方块的时间轴上添加子电影方块，达到对大量电影方块播放的精确控制，如图 1.4.8 所示。

这种方法比用中继器和导线连接多个电影方块的方法更加精确，尤其是当我们需要跨域多个电影方块去精确配音时。

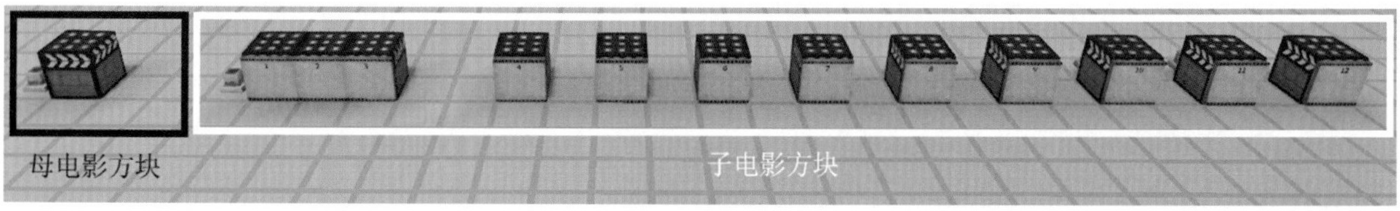

图 1.4.8

2. 实践

一般先删除母电影方块中的摄影机。

将母电影方块切换到子电影方块轴后，按 Ctrl+ 左键选中子电影方块，按 + 号添加关键帧（图 1.4.9）。

图 1.4.9

步骤 1：在场景中放入几个电影方块，分别制作里面的电影片段。

步骤 2：在母电影方块中插入背景音乐。

将母电影方块切换到背景音乐轴，按 + 号添加“xxx.mp3/ogg”。

步骤 3：通过在母电影方块中手工输入 / 修改子电影方块坐标，快速批量添加子电影方块。

在母电影方块中连续查看子电影方块：右键切换到命令序列→点击“播放 / 暂停”→右键单击时间轴的任意时刻，音乐停止（图 1.4.10）。

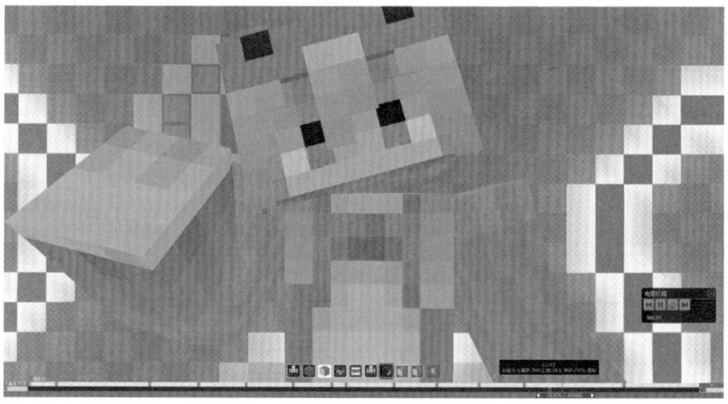

图 1.4.10

步骤 4：播放母电影方块即可看到全部子电影方块。

测试题

（1）如何在母电影方块中插入背景音乐？

（2）母电影方块可以操控多个子电影方块吗？

（3）使用子母电影方块功能时无须使用中继器和导线。这句话是正确的吗？

答案

（1）将母电影方块切换到背景音乐轴，按“+”号添加“xxx.mp3/ogg”。

（2）可以。

（3）正确。

1.5 如何赋予虚拟人物智能

前面我们已经学习了如何用计算机创造静态的 3D 场景及虚拟角色动画。从本节开始，我们将正式通过写代码的方式来控制虚拟人物的运动。

人类的大脑是一台超级计算机。而人类智能的本质其实就是通过层层的相似性去控制自己的记忆（动画）。你可以将记忆中的每个词汇、动作、概念、情绪都看成是虚拟角色。这种抽象能力是人类大脑的核心能力，也是程序员的核心能力。当我们用计算机去代替人脑解决问题时，要能够将问题抽象成虚拟角色，然后用代码控制它们，这些是你在本节要去重点体会和学习的。

本节包含了大量需要你输入代码的项目。请将你的注意力放到完成项目上，而不要对那些代码追根问底。1989 年，我在 7 岁的时候照着一本书，输入了 20 行代码，然后我看到电脑屏幕上的图形运动了起来。但是两年以后，我才能真正理解并运用那 20 行代码。所以你开始要做的仅仅是通过一个一个的项目去体验编程和打字，并争取让程序跑起来。

这就如同你小时候学习中文，开始是似懂非懂的模仿，一段时间后，你就可以自由地表达自己了。

在你至少完成了本节中的 3 个项目时，就可以跳到第 2 章去阅读一些编程的基础理论，同样你不需要完全弄懂，量力而行即可。

1.5.1 项目 6x18：代码方块教学 1

课程 ID：6x18

简　介：学会使用代码方块，并学习使用代码控制演员。

课程目标：

- 学习编程方块。
- 学习打字。

1 理论

思考：游戏是由什么组成的？

答案：游戏 = 动画 + 程序

讲授的知识点：

- 代码方块控制相邻的最近的电影方块。
- 可以多个代码方块同时控制某个电影方块。

● 代码编辑器的各个组成部分，如编译结果输出窗口等。

● 点击代码条块可以临时运行电影方块中的角色。

● 拖拽代码条块到代码编辑区自动转化成代码，也可以直接在编辑区输入代码。

● 点击代码条块说明框里的绿色小方块就可以执行其中的例子，点击左上角灰色小方块就可以一直显示该说明框。

● **编程前一定要学会打字。**

● 用电影方块可以制作电影。

● 用骨骼可以制作动作。

● 循环播放。

● 图块编程。

● 用拉杆控制代码方块。

● for 控制语句。

我们在之前的章节中已经学会用“电影方块”制作动画，下面我们学习用**代码方块**写程序。

2. 实践

代码方块在 **E 键**代码或电影分类下，id 是 219，蓝色的，如图 1.5.1 所示。

右键创建代码方块，右键单击代码方块，就进入代码方块的编辑界面。可以看到下面显示“**我们在代码方块旁边自动创建了一个电影方块，你现在可以用代码控制电影方块中的演员了！**”

点击**角色模型**，可以在这里选择一个之前做好的 bmax 模型，如图 1.5.2 所示。当然，也可以有另外一种操作方式，就是手工创建电影方块，再在旁边创建代码方块。

右键点击电影方块，点击添加演员。加好演员后，关闭电影方块。

这里要注意的是，代码方块永远控制的是离它最近的电影方块。未来我们会看到由很多代码方块组成的程序。

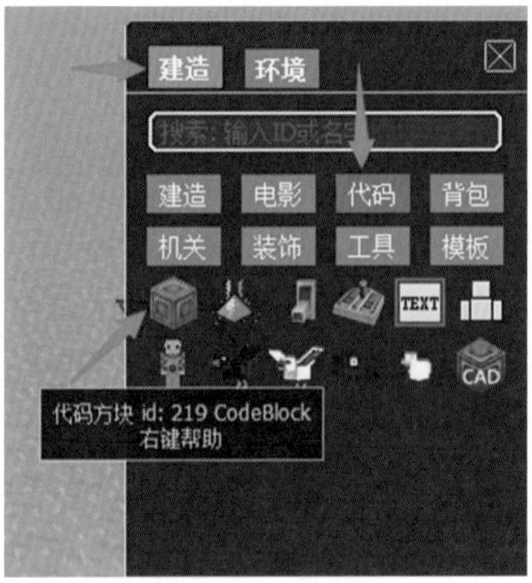

图 1.5.1

图 1.5.2

例如，图 1.5.3 所示红色框中的两个代码方块控制的是红色框中的电影方块，蓝色框中的代码方块控制的是蓝色框中的电影方块。

我们再来看这个例子，图 1.5.4 所示蓝色框中的三个代码方块控制的都是蓝色框中的电影方块，因为它们三个离电影方块最近，红色框中的代码方块控制的是红色框中的电影方块。

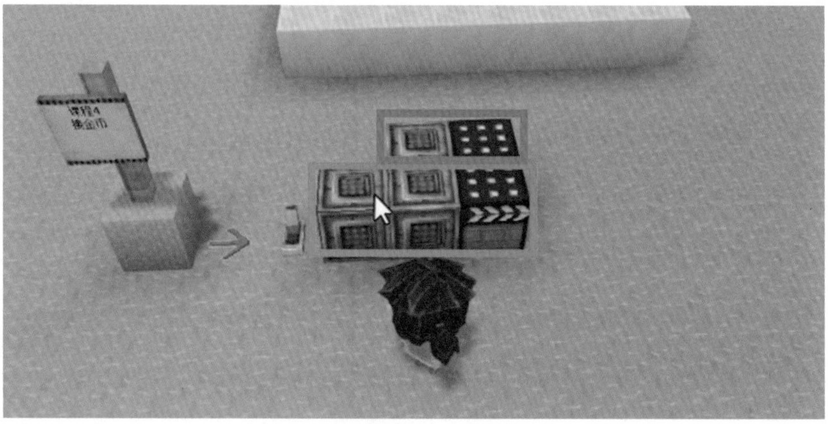

图 1.5.3

右键打开代码方块，看一下编辑界面，左上角的按钮用于运行代码，旁边是暂停，最下面是输出框，如果程序出现错误会在这里显示。

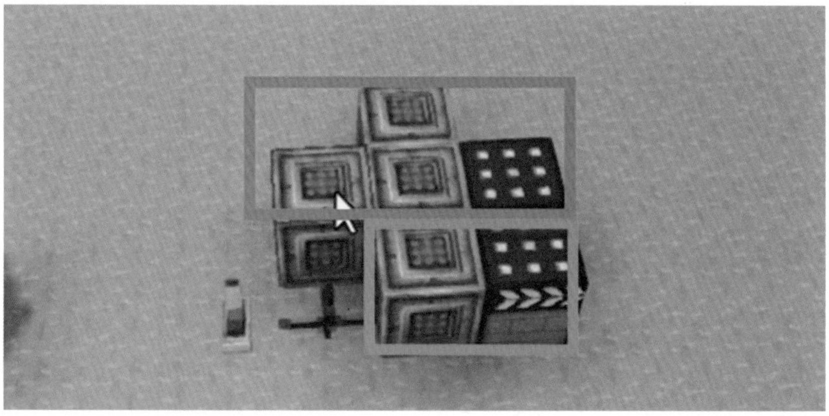

图 1.5.4

左侧区域是所有可以使用的代码。把鼠标放上去，会看到这个代码的一个例子。

moveForward(1,0.5) 代表的是演员在 0.5 秒内前进一格。如果点击这条代码，就会看到演员在 0.5 秒内前进了一格，再点击一下，它又前进了一格，每点击一下，我们都可以临时运行这个代码，如图 1.5.5 所示。

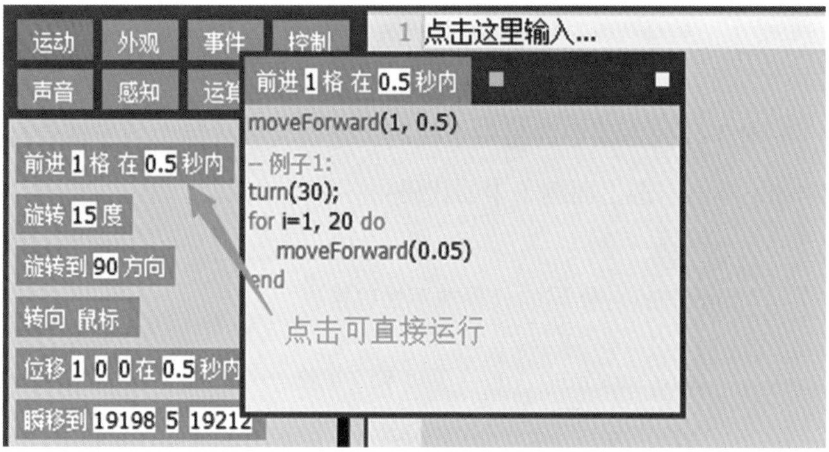

图 1.5.5

但我们现在并没有写这个代码。怎么写呢？我们可以复制粘贴代码，也可以直接将代码拖到右侧，或是采用键盘直接输入的方式，这里建议大家尽量采用键盘输入的方式。

每一个代码的下面都会附上一个或多个例子，可以点击右侧的绿色小点执行这个例子。我们可以看到演员旋转了 30° 。程序中，turn 是旋转，同时演员向前走一格；如果 moveForward 后面的括号里没有第二个参数，就是默认在 1/20 秒内前进了 0.05 格；for 是循环函数，它的意思是将 do 和 end 之间的代码执行 20 次；i 是一个变量，表示次数。

那么这段代码的实际效果就是在 1 秒内前进一格。建议大家点击右侧的灰色小点，这个帮助窗口就会一直显示在右上方，如图 1.5.6 所示。这样做的目的是方便大家在下面的代码区域照着打字。

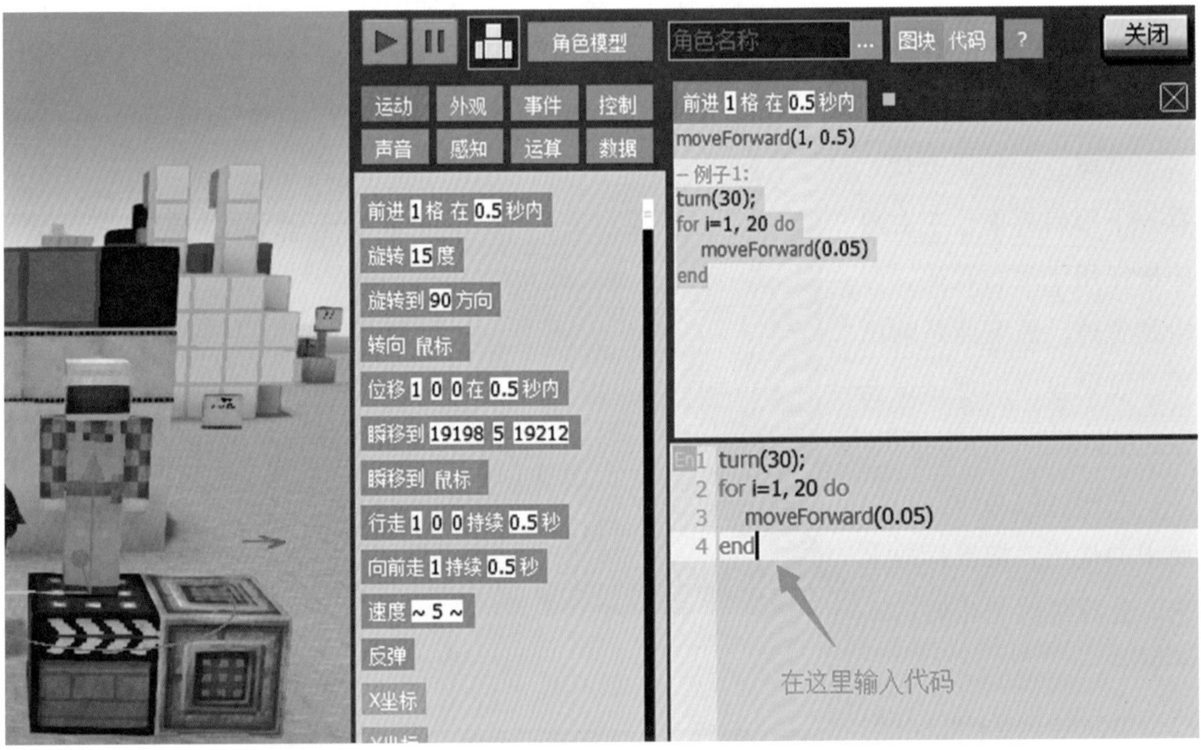

图 1.5.6

对于代码方块中的每一个代码，建议大家将每个例子都在自己下面的代码区域输入一遍。例如，输入一遍上面例子中的代码：

```
turn(30); -- 结尾的分号加不加都可以
for i=1, 20 do
    moveForward(0.05) --`Tab 键` 缩进一格
end
```

大家要多练习打字，编程一定要会打字，不会打字就没有办法成为程序员。

每行语句后面的“；”加不加都可以。Tab 键用于缩进一格，让代码更好看一些。代码写好后点击左上角的运行按钮，就可以看到演员的运动效果了。

我们再来看第三个代码“旋转到 90°”，右键单击它，它的帮助窗口同样会一直显示在右上角。直接把这个例子复制粘贴过来，并运行，如图 1.5.7 所示。

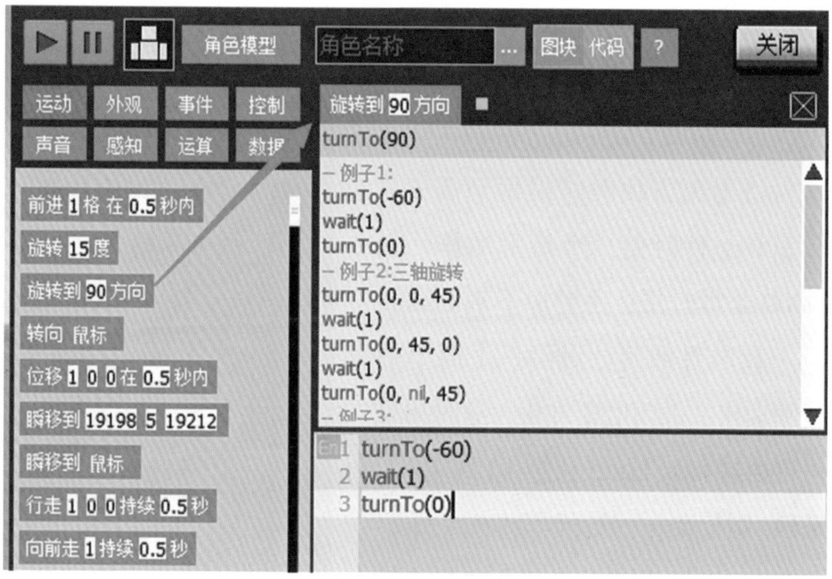

图 1.5.7

turnTo(–60) 表示演员会先转向 –60° 的位置。

wait(1) 表示先等待 1 秒，然后演员再转向 0° 的位置，运行后可以看到演员先转向 –60° 再转回来。

wait 代码在**控制**项下是有说明的，下面有两个例子，如图 1.5.8 所示。

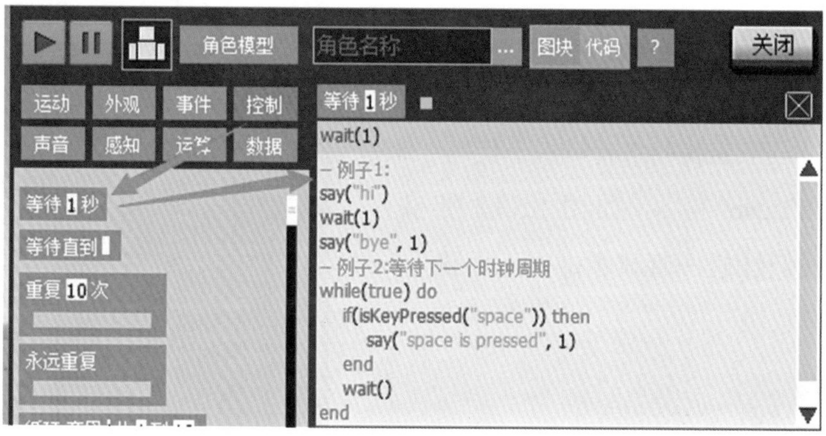

图 1.5.8

点击**外观**项，查看这条代码，**播放从第 10 到 1 000 毫秒**的电影方块中的角色动画，如图 1.5.9 所示。

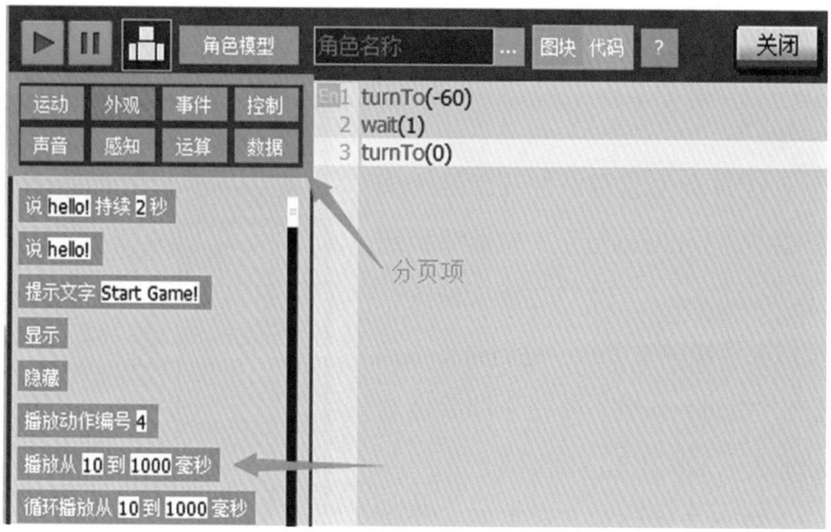

图 1.5.9

右键点击代码方块旁边的电影方块，现在我们给演员制作一个简单的动画。点击这个演员，按 1 切换到骨骼，做一个简单的招手动画，如图 1.5.10 所示。

将电影方块时长缩短到 3 秒，在 500 毫秒时做一个抬手动作，在 1 000 毫秒时再让手臂放下来。

我们看到演员做了一个简单的招手动作。关闭电影方块。这时如果运行**播放 play Loop 从第 10 到 1 000 毫秒**，则每点击一次动画会播放一次，再点击一次又播放一次。下面一个代码是**循环播放从第 10 到 1 000 毫秒**，如果没有点击它，它会一直循环播放刚才的动作，如图 1.5.11 所示。

下面我们来看第一个代码“say（"hello"）”，如图 1.5.12 所示。我们让它一直显示，在下面输入一段代码。

```
say("hello world!!")
```

say（""）中双引号之间是说的内容，大家记得一定要打英文的双引号。

这时点击运行，可看到这个演员会说“hello world”，如果我们想让“hello world”说完 2 秒后消失，可以在后面加上 2 秒，这时再点击运行，“hello world”说完 2 秒后会自动消失，如图 1.5.13 所示。

再点击**运动**项。这里有一个**位移的代码 move 在 0.5 秒内向前移动**

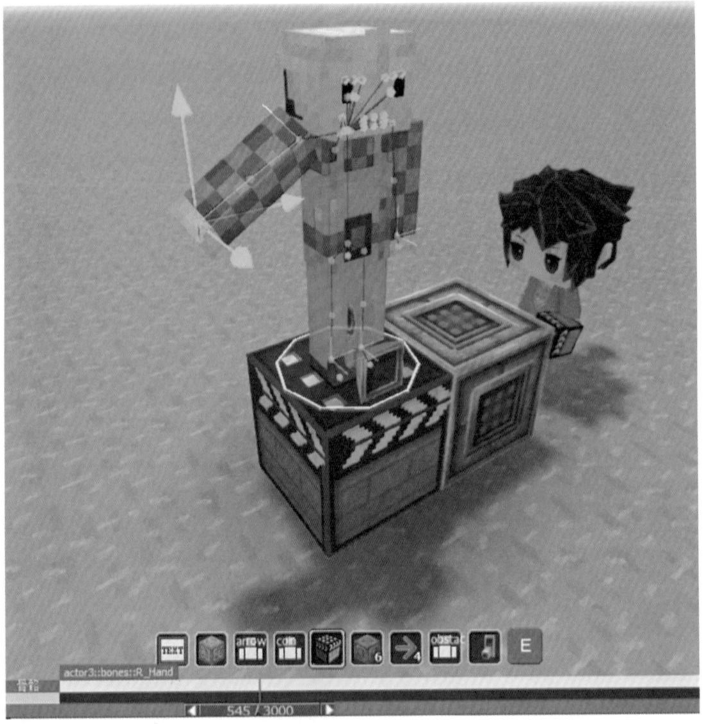

图 1.5.10

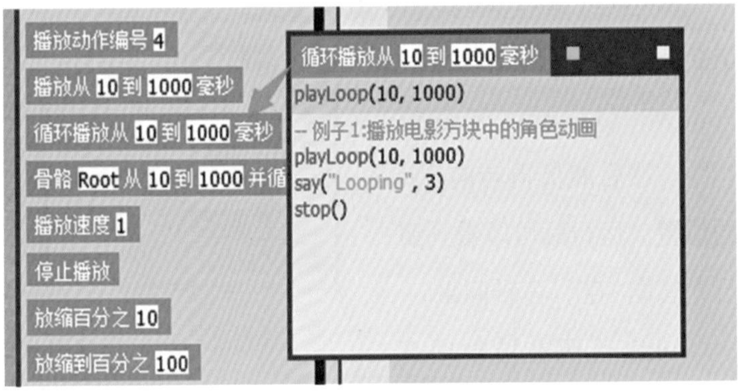

图 1.5.11

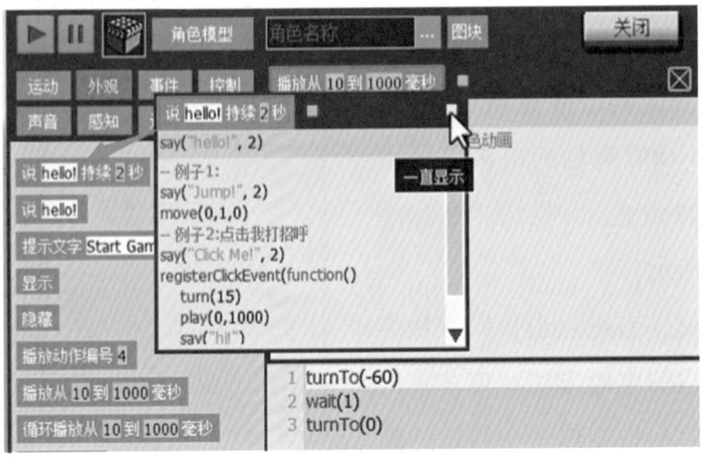

图 1.5.12

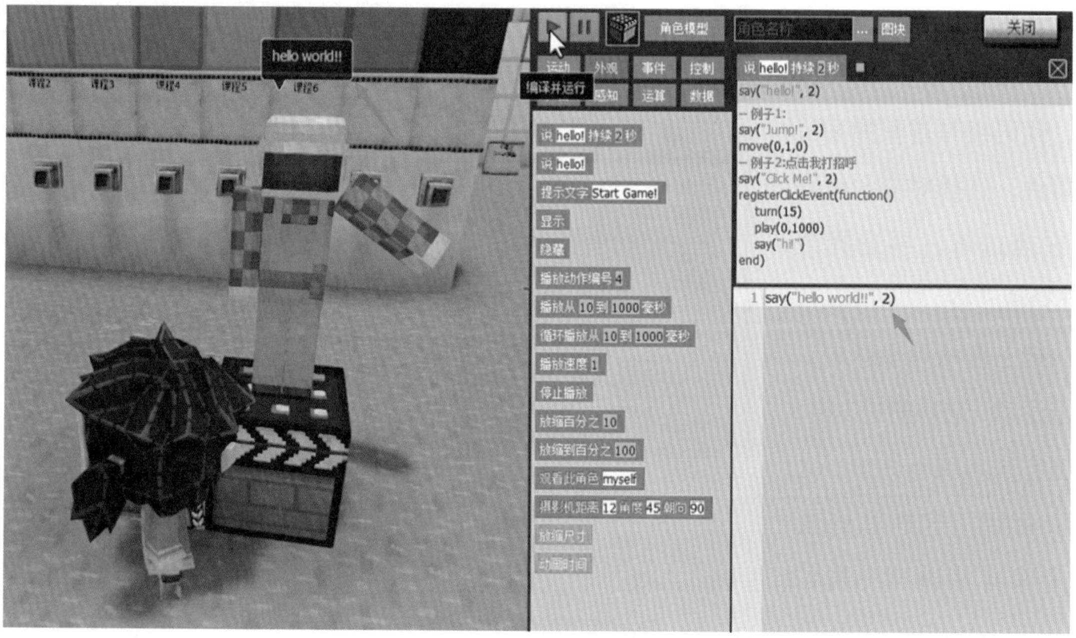

图 1.5.13

一格，将它拖过来，点击运行。演员会先说“hello world”，然后向前移动一格。

下面再来到**事件**项。**当演员被点击时**，它会执行方 function 和 end 之间的代码。先删掉之前的代码，将它拖到代码区，如图 1.5.14 所示。

```
registerClickEvent(function()
  say("hello");
end)
```

例如，当演员被点击时，演员说“hello”。

点击运行，再点击这个演员，它就说“hello”了，如图 1.5.15 所示。

下面我们来看**图块**编辑器，如图 1.5.16 所示。

图块是给低年龄层还不会打字的儿童使用的图块化编程工具。对于已经会打字的用户，我们还是建议用打

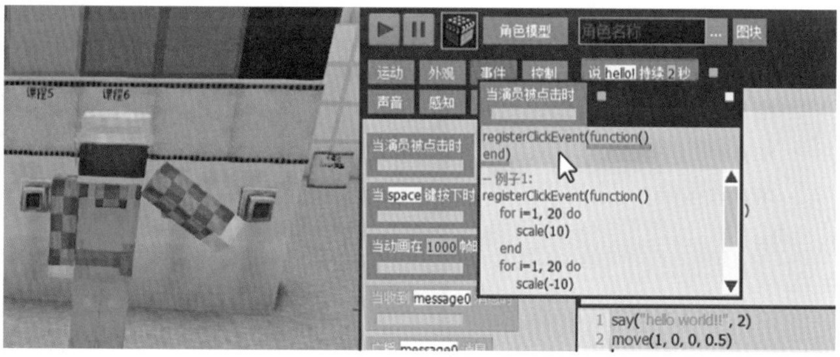

图 1.5.14

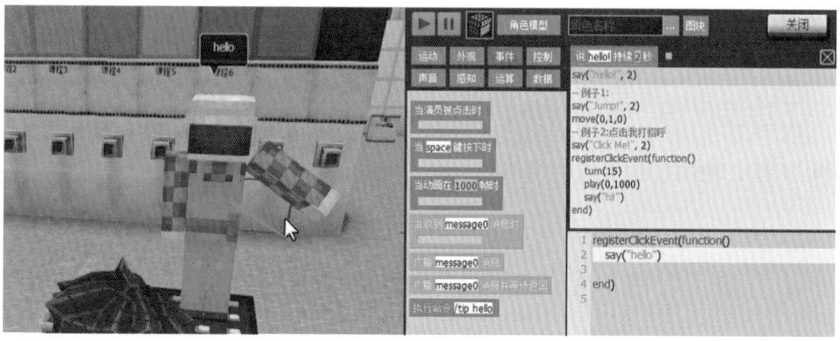

图 1.5.15

字的方式来输入代码。点击“图块”按钮，进入**图块**编辑器，代码编写过程如下：点击**事件**，选择对应的代码并把它拖过来，再选择**外观**。选择说2秒，如图1.5.17所示。把它嵌入到事件中，再点击**运动**，选择前进1格，同样把它嵌入到事件中。大家可以看到，这样就构成了一个像自然语言一样的描述。

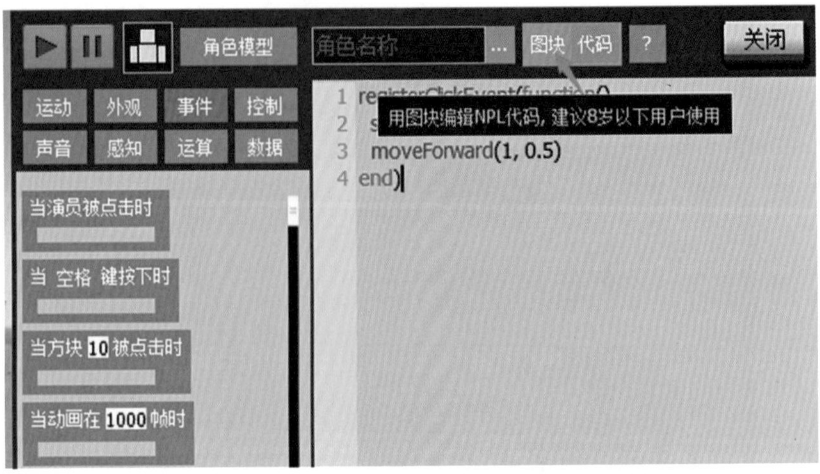

图 1.5.16

图 1.5.17

我们看到图块已经被翻译成了计算机代码，其实它和图块中的中文基本是一一对应的，其实好的代码就像自然语言一样，如图1.5.18。

```
registerClickEvent(function()
   say('hello!', 2)
   moveForward(1, 0.5)
end)
```

图 1.5.18

registerClickEvent 代表注册点击事件，当演员被点击时，他会先说“hello”2秒钟，然后在0.5秒内**向前运行1格**。我们运行一下这段代码，点击演员，他会先说“hello”并持续2秒，然后向前运行1格。

现在我们将刚才学过的内容全部连起来做一个小游戏。右键单击代码方块，大家根据刚才学过的内容，能不能猜出右侧这段代码的含义？

```
say(" 点击我 !")
turnTo(180)
registerClickEvent(function()
   turn(15)
   play(0,1000);
   say("hi~",1);
end)
```

执行第一行代码时，演员说“**点击我**”，然后旋转到180° 的位置，点击演员时他会先转15° ，然后播放从0到1 000毫秒的动画，说1秒“**hi ~**”。这里要注意的是，play这条语句执行之后会立即返回，继续执行后面的代码，但是play的播放效果会持续到1 000毫秒才停止。点击运行，我们看到人物是朝向我们的，因为他转到了180° 的位置。这时点击演员，他转了15° ，招招手说了一句“hi”，再点击他一下，可以看到同样的效果。是不是很有趣？

这样我们就用代码方块控制了电影方块中的演员和动画。这时点击“关闭”，关闭代码方块的编辑界面，那么刚才创建的演员和动画就随之消失了。

那么如何在游戏模式下，在不显示代码方块编辑界面的模式下去执行代码方块中的代码呢？

我们需要让代码方块连接一个拉杆，可以不用导线，实现直接在代码方块旁边放拉杆。拉杆在“电影”项下的最后一项，如图1.5.19所示。现在点击拉杆，看到演员出现了，再点击演员，这就是我们刚刚制作的小游戏，如图1.5.20所示。

图 1.5.19

关闭拉杆，演员就消失了。如果你的场景中有多个代码方块，则可以同时打开它们，如图1.5.21所示。

图 1.5.20

例如，左侧的拉杆是一个游戏，右侧的拉杆又是一个游戏，两个游戏可以同时存在，并且可以保存。

未来我们会用Paracraft和NPL语言制作很多游戏。游戏是由动画和程序构成的。动画如同我们的记忆，是很多小的固定的动画片段。在Paracraft中，我们用电影方块制作并存储这些动画的记忆，用代码方块来制作控制这些记忆何时播放的逻辑。

图 1.5.21

测试题

（1）在 Paracraft 里可以用什么方块来编程？

（2）一个代码方块可以控制多个电影方块吗？

答案

（1）在 Paracraft 里，你可以用代码方块来进行编程。可以选择输入代码，也可以选择已有的命令。

（2）不可以。多个代码方块可以同时控制一个电影方块，但是一个代码方块不能同时控制多个电影方块。

1.5.2 项目 6x19：代码方块教学 2

课程 ID：6x19

简　介：学会使用代码方块，并学习使用代码控制演员。

课程目标：
- 如何使用两个代码方块来写更复杂的代码？

1. 理论

讲授的知识点：

- 两个或多个代码方块放在一起。
- 多个代码方块同时运行。
- 给相邻的代码方块命名。
- 用拉杆连接不同的代码方块，同时控制多个角色形成一个大的系统。
  - ○临时断开拉杆对某代码方块进行“单元测试”。
- turn、say、play、moveForward、registerClickEvent 函数。
- while 控制语句。

2. 实践

上一节介绍了一个代码方块，本节我们来介绍两个代码方块的例子。首先点击右键创建一个新的代码方块，右键点击代码方块编辑它， 这时在代码方块旁边自动创建了一个电影方块。右键点击电影方块，演员已经自动添加好了。我们来做一段动画，时长改为 3 秒。首先做一个招手的动作，第 0 秒时让他的手臂举起来，第 500 毫秒时让手臂落下来，并敬个礼，第 1 000 毫秒时再恢复举手的动作。关闭电影方块，演员就消失了。

这时先点击运行，在没有写代码的情况下，演员也会出现。此时演员是背对我们的。点击“运动”项，将**旋转到**(turnTo)拖过来，改成 turnTo(180)，再点击运行，演员就转过来了，如图 1.5.22 所示。

图 1.5.22

我们尽量每写一行代码就点一次运行，这样如果有错误，则很容易进行修改。

下面我们让他说一句话，在“外观”项下将“**说 "hello"**”拖过来，让他说一句中文“**点击我**”。

点击代码窗口左上角的“En”按钮可切换到系统输入法，如图 1.5.23 所示，并输入中文。输入中文后一定要再次点击切回英文的输入法，因为中文的标点符号在计算机语言中无法识别，一定要使用英文的输入法，这点很重要。

然后点击运行，可以看到演员在 180° 的位置说**点击我**，然后点击“事件”项，将**当演员被点击时**这条代码拖过来，再到“运动”项下，将**旋转 15°** 拖过来，为了程序代码美观，按 Tab 键，让代码缩进一格。这时点击运行，输出框没有报错，再点击演员，演员转了 15° ，再点击它就再转 15° ，如图 1.5.24 所示。

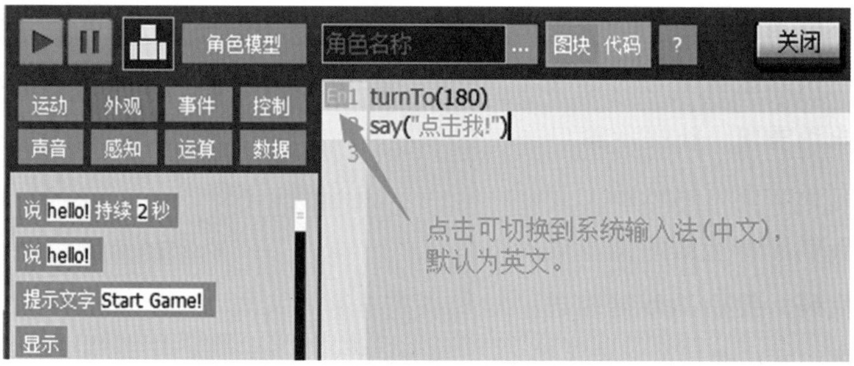

图 1.5.23

我们如何让演员不停地旋转呢？点击“控制”项，找到**永远重复** (while true do end)。我们将它拖过来，同样为了代码美观，我们将其代码缩进。

剪切“turn(15)”，粘贴到 while（true）do 与 end 的中间，同样前面也缩进一格。

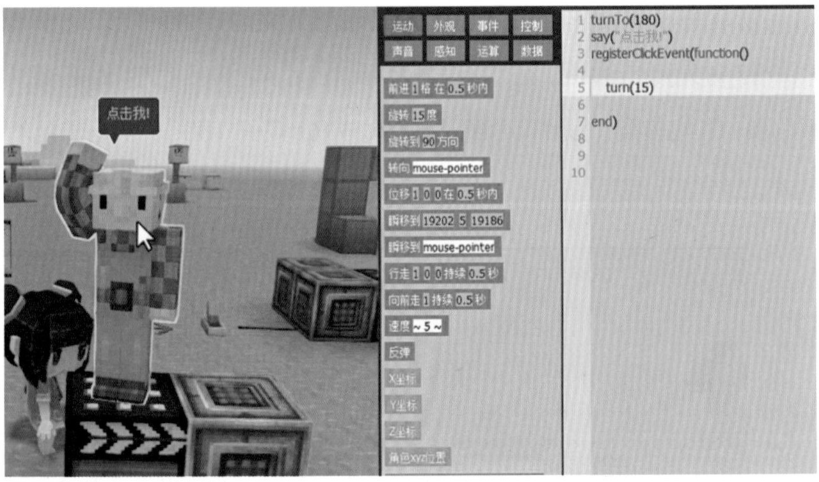

图 1.5.24

```
turnTo(180)
say(" 点击我 !")
registerClickEvent(function()
        while(true) do
            turn(15) -- 改为 turn(1) 可以变慢
        end
end)
```

这里 while 是“循环”的意思，true 是“真”的意思。while(true) 就是不停地循环，不停地执行 do 和 end 之间的代码，也就是不停地执行“turn(15)”。其效果是演员不停地旋转。我们点击“运行”，再点击演员，就可以看到演员在不停地旋转。它现在旋转得太快了，我们让它每一次只旋转 1° 。点击“运行”，再点击演员，可以看到它现在缓慢地旋转了。点击“暂停”，现在来添加第二个代码方块，如图 1.5.25 所示。

在新的代码方块中，我们仍然让演员去响应点击事件。这一次当演员被点击时，我们让它不停地往前走，同样还是使用**永远重复**。右键点击**永远重复**，让提示窗口一直显示在代码区的上方。我们照着上面的例子输入代码，使用 Tab **键**缩进。要注意应使用英文输入法。例如，要使演员向前走可使用代码“moveForward”，每次 0.01 格，在 1/20 秒内，

图 1.5.25

永远重复执行，演员就会一直向前走。

```
registerClickEvent(function()
    while(true) do
        moveForward(0.01)
    end
end)
```

为了能够查看单独执行代码方块的效果，我们先按 Ctrl+ **左键**，把第一个代码方块移走，再把第二个代码方块移过来，看一下单独执行的效果。 右键点击代码方块，再点击“运行”。程序运行后，点击演员，可以看到演员一直向前走，没有停下来，这是因为 while true 是永远重复执行的。

现在将两个代码方块重新连接在一起。两个代码方块均控制电影方块中的演员。这时可以通过右键点击任何一个代码方块来切换它们两者之中的代码。还有一种切换方式，我们可以给每一个代码方块取一个名字，例如，其中一个代码方块会让演员一直向前走，我们给它取名为“move”，此时将鼠标移至旁边的省略号，可以看到它的名字是“move”。 另外一个代码方块是**未命名**，我们点击切换过去，它会让演员一直旋转，我们给它取名为 turn。这时也可以通过点击名字右侧的 “...” 按钮方便地切换两个代码方块。(图 1.5.26)

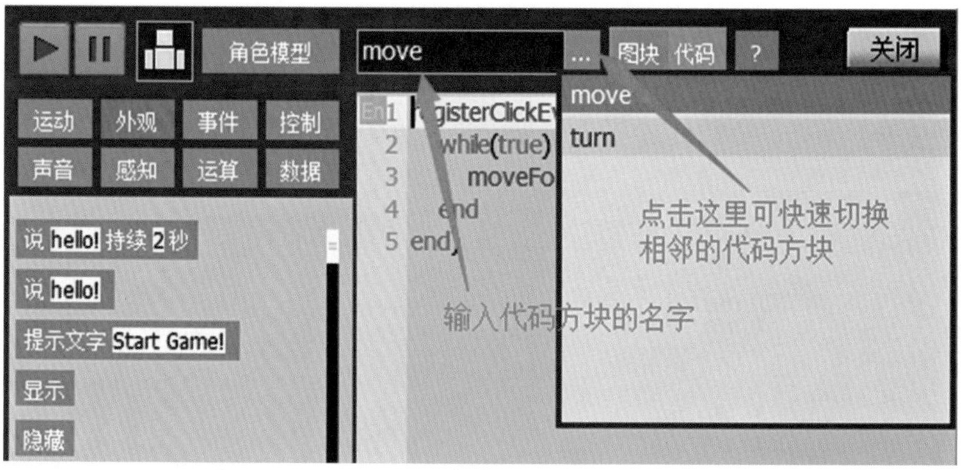

图 1.5.26

这时我们无论在哪一个代码方块的编辑界面上点击“运行”，都会同时运行和它相连的所有代码方块中的代码。点击“运行”，演员会同时执行两个代码方块中的代码，也就是点击演员后，它会边走边旋转。

点击“暂停”，回到第一个代码方块，将之前演员做招手的一段动画加入进来。点击“外观”项下的“**循环播放**”，拖入任意一个代码方块，例如，拖到第一个里面，将它放到 while 的外面，改成从 0 秒开始到第 1 000 毫秒循环播放。其效果是在点击演员时，它会先循环播放动画，再不停地旋转。

```
turnTo(180)
say(" 点击我 !")
registerClickEvent(function()
    playLoop(0, 1000);
    while(true) do
        turn(1)
    end
end)
```

playLoop 和 play 一样，执行之后立即返回，继续执行后面的代码。运行后最终的效果：点击演员后，它会循环做招手动作，同时不停地旋转。在另外一个代码方块中，演员被点击后会不停地向前走。点击“运行”，看最后的效果。点击演员，可以看到演员一边做招手的动作，一边旋转，一边往前走，三者是同时执行的。

下面来看如何在场景中同时激活两个代码方块。到“电影”项下选择拉杆，拉杆可以放在两个代码方块旁边的任何一个位置上，打开其中任意一个拉杆，可以看到两个代码方块同时亮起，表示两个代码方块都被执行了。

点击演员可以看到同时执行的效果。关闭拉杆，打开另外一个拉杆，两个代码方块仍然是同时亮起，表示两个代码方块也都被执行了，效果也是一样的，如图 1.5.27 所示。我们还可以用“电影”项下的导线连接另外一组代码方块。打开拉杆，可以看到两组代码方块也是同时执行的，如图 1.5.28 所示。

图 1.5.27

图 1.5.28

在调试程序时，我们会经常先调试一组代码方块，再调试另外一组，这在编程开发中称为**单元测试**。在 Paracraft 中，有 100 多万行 NPL 代码，它们由 6 000 多个像代码方块这样的文件组成。我们在写这样的大型程序时，经常需要每一组文件可以独立地运行和被测试。

最后我再补充一点，到现在为止，我们还没有告诉大家计算机语言的语法，因为它并不重要，重要的是大多数计算机语言都和英语很接近。越优秀的程序员，写的代码越接近英文。

人类发明了上百种自然语言，如中文、英文等，在过去的几十年中，人类也发明了上百种计算机语言。我们刚刚使用的计算机语言称为 NPL（神经元并行计算机语言），它是一款专门为人工智能、分布式计算及 3D 仿真开发的编程语言。我们所使用的 Paracraft 动画软件、魔法哈奇及我们的网站程序都是用 NPL 语言编写的。学会它，你可以写出像魔法哈奇这样复杂的大型 3D 软件或像 keepwork.com 这样的复杂网站服务器程序。青少年精通一门通用编程语言是很必要的，因为只要精通任意一门编程语言，其他语言基本都可以在几小时内学会。

NPL 语言是最佳的选择之一，因为它易于学习，功能强大，配合了 Paracraft 动画工具，并且语法和 C/C++ 语言很接近。

代码方块中的所有命令可分为两大类：

- 一类是用于做相似匹配的，例如，比较状态或响应事件。
- 另一类是用于播放动画的，例如，移动人物或播放电影方块中角色从某个时间点开始的动画。

其实如果人脑也是一台计算机，我们的思维也大概分成上面两大类。例如，当我们看到一个和苹果很像的东西时，我们会做相似匹配，并从记忆的电影库中播放一段舌头或声音的动画，在脑海中产生了苹果的发音。

测试题

（1）say("hi~",1) 里的参数“1”在这里表示什么意思？

（2）什么代码可以控制电影的播放？

（3）用什么可以激活一组代码方块？

答案

（1）持续1秒。say 函数里的第二个参数代表说的时长，其单位为秒。

（2）play 和 playLoop 都可以用来播放电影。playLoop 可以实现电影的循环播放。

（3）激活的拉杆或电线。代码方块必须一直被充电才能保持运行，当没有电流输入时，代码方块会卸载，所有的角色也会消失。

1.5.3　项目 6x20：乒乓球小游戏

课程 ID：6x20

简　介：乒乓球小游戏的制作，并根据教程自己制作这个小游戏。

课程目标：

制作乒乓球游戏。乒乓球有初始速度，碰到四周的墙壁以及球拍会反弹。球拍可以通过键盘按键实现左右移动。

- 多个代码方块控制不同角色完成一个小游戏。
- 掌握 Paracraft 里多个函数和控制语句。

1. 理论

讲授的知识点：

- 蓝色代码条块没有返回值，橙色代码条块有返回值。
- 红色代码条块表示该指令有危险性，需要谨慎使用 move、turnTo、moveForward 函数。
- bounce 函数。

- isTouching 函数。
- isKeyPressed 函数。
- focus 函数，控制摄影机的视角。
- while 控制语句实现循环执行；if 控制语句实现判断条件分支执行。
- myself 指代角色自己。

涉及的知识点：

- 彩色方块。
- 全选多个方块。
- 快速创建连续的多个方块。
- 保存创建的方块模型。
- bmax 模型。
- 编辑电影。
- 角色瞬移。
- 可以直接在代码编辑器里切换编辑不同的方块。
- 拉杆控制代码方块。
- 代码方块的命名。
- 图块方式编程。

2. 实践

首先请玩“乒乓球”这个小游戏，然后再学习如何制作这个游戏。你只需要按照以下步骤操作即可，不明白编程没有关系，我们在后面的项目里还会解释的。图块编辑器中相关参数如图 1.5.29 和图 1.5.30 所示。

球代码：

```
turnTo(45);
while(true) do
    moveForward(0.1);
    if(isTouching("block")) then
        bounce();
    elseif(isTouching("pad")) then
        bounce();
    end
end
```

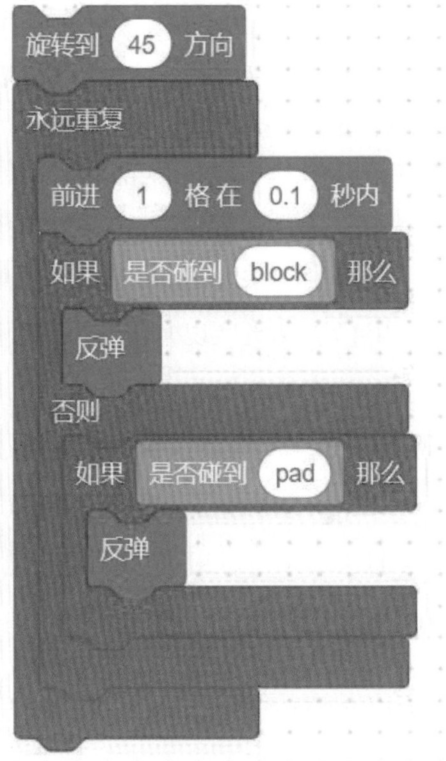

图 1.5.29

拍子（pad）代码：

```
focus()
say("press N /M key to move me!")
while(true) do
    if(isKeyPressed("n")) then
        move(0, 0.1);
        say("")
    elseif(isKeyPressed("m")) then
        move(0, -0.1);
        say("")
    end
end
```

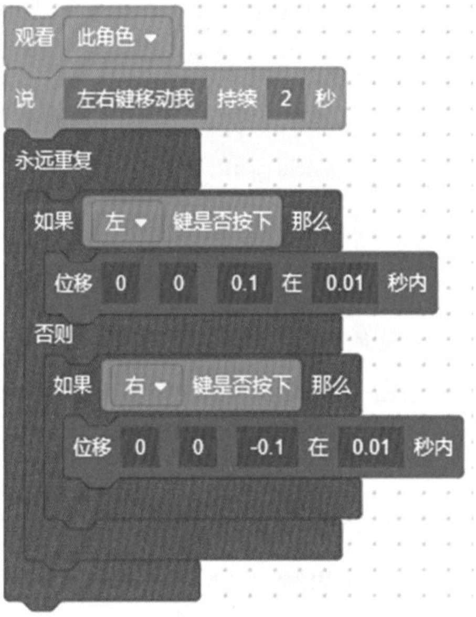

图 1.5.30

3. 分享和讨论

● 交流各自的作品，尝试编写更多的代码。

● 尝试制作一个双人对战的乒乓球游戏。

● 尝试加入积分系统。

● 如何让乒乓球碰撞球拍和墙壁的时候发出碰撞声音，并且碰球拍和碰墙壁要发出不同的声音？

● 如何让乒乓球碰撞到物体的时候显示一定轻微的变形效果，并且碰球拍和墙壁有不同的变形尺度？

测试题

（1）如何识别哪个键被按下了？

（2）实现触碰后反弹需要用到哪些函数？

（3）控制摄影机视角应该使用什么函数？

（4）如果要实现循环执行或者永久执行，需要用什么控制语句？

答案

（1）isKeyPressed。

（2）isTouching，bounce。

（3）focus。

（4）while 语句是为了实现循环控制，每次执行前需要判断一个条件，当该条件为 true，则继续执行。所以如果该条件永远为 true，就永远执行该循环，即可以用 while(true) 来实现永远执行。

1.5.4 项目 6x22：迷宫小游戏

课程 ID：6x22

简　介：玩迷宫小游戏，并根据教程自己制作这个小游戏。

课程目标：

实现一个迷宫游戏，玩家可以通过键盘控制角色在其中走动，碰到迷宫的墙壁会被弹回，成功到达目标则获胜。

- 学会让角色上、下、左、右移动。
- 学习如何检测是否接触。
- 学习如何控制摄影机的视角。
- 学习编程方块。
- 学习打字。

思考：程序员的基本技能是什么？　　答案：打字。

1. 理论

知识点：

- isKeyPressed、isTouching 函数。
- camera 函数，调整摄影机的距离、视角和方向。
- turnTo、moveForward 函数。
- exit、restart 函数。
- isTouching 函数可以接受一些参数，如方块的 id。
- if 控制语句。
- elseif。

涉及的知识点：

- while 循环控制语句。
- 熟练敲击键盘快速写代码，熟悉键盘及鼠标的各种操作，如复制、粘贴、Home、 End、Page Up,、Page Dn 等键的使用，鼠标单击、双击或三连击的点选，以及带 Ctrl、Alt 等热键的输入操作。

2. 实践

首先请玩迷宫这个小游戏，然后再学习如何制作这个游戏。你只需要按照以下步骤操作即可，不明白编程没有关系，我们在后面的项目里还会解释的。

步骤 1：制作迷宫场景。

步骤 2：代码 1。

```
while(true) do
    if(isKeyPressed("left")) then
        turnTo(-90)
        moveForward(0.2)
    elseif(isKeyPressed("right")) then
        turnTo(90)
        moveForward(0.2)
    elseif(isKeyPressed("up")) then
        turnTo(0)
        moveForward(0.2)
    elseif(isKeyPressed("down")) then
        turnTo(180)
        moveForward(0.2)
    end

    if(isTouching(10)) then
        moveForward(-0.2)
    end
    if(isTouching(142)) then
        say("You Win!", 2)
        restart()
    end
end
```

步骤 3：代码 2。

```
focus()
camera(12, 45, 0)

registerKeyPressedEvent("escape", function()
    exit()
end)

say(" 上下左右移动 , 找到金子 , Esc 键退出 ", 5)
```

打字时注意 “"” 和 “'” 的区别， 注意中英文输入法，中文的（ ） “” 和英文的 ()"" 是不同的。

3. 分享和讨论

交流各自的作品，尝试编写更多的代码，练习打字。

- 尝试设计一个逻辑更复杂的迷宫游戏。

● 你最快一分钟可以打多少个字母？

● 做个小研究，利用互联网或者你能够利用的各种资料资源，了解有哪些可以提高你打字或输入代码速度的技巧。

测试题

（1）if 控制语句可以实现根据不同的条件分支执行，请问可以分成多少个可执行的情况？

（2）moveForward 函数的参数如果是负数，是什么意思？

（3）turn 函数和 turnTo 函数的作用相同，正确吗？

答案

（1）if 可以搭配 else 或者 elseif 实现多个条件分支。如果只用 if 而不用 else 或者 elseif，那么只在 if 后面的条件成立时执行其分支内的语句。

（2）往 moveForward 函数传递正数表示在当前方向上往前走，传递负数就表示往当前方向的反方向走，即后退。

（3）turn 是相对当前方向转动一定角度，turnTo 是转到空间上的一个绝对的角度，不管角色当前是什么角度。

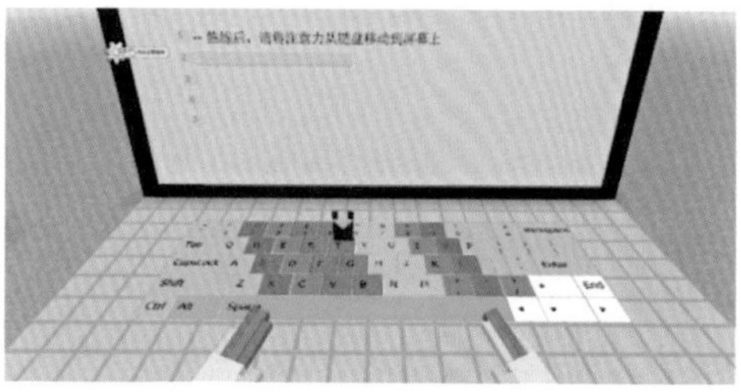

1.5.5 项目 6x109：打字练习

课程 ID：6x109

简　介：编程离不开打字，体验并制作打字练习小游戏，提高自己的打字速度。

1. 理论

学习打字是编程的基础，而打字应掌握正确的姿势。本项目包含一些打字游戏关卡，请读者用最短的时间完成挑战，然后再制作自己的游戏关卡。

2. 实践

步骤 1：首先，打字一定要先掌握正确的手部摆放姿势，如图 1.5.31 所示。

步骤 2：学会创建属于自己的打字关卡。

代码方块（**E 键 → 电影 →代码方块**）用来存储代码，可以用拉杆激活。

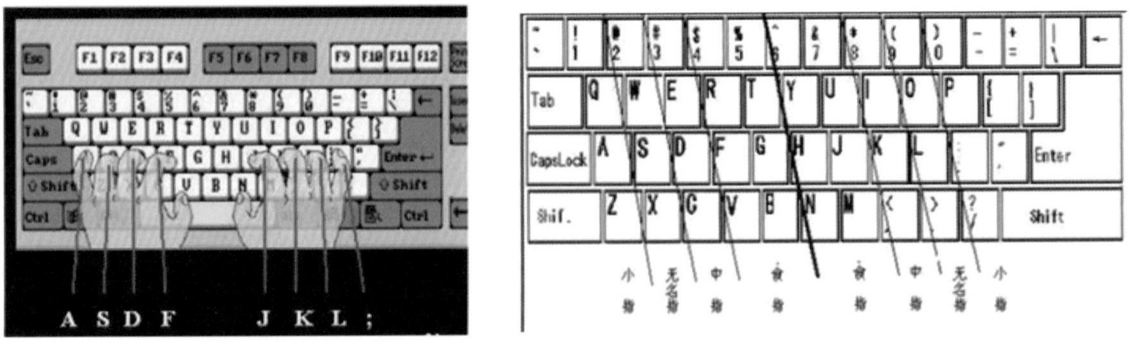

图 1.5.31

在项目世界中，**右键单击**打开代码方块，见下方代码。在代码方块的右侧输入栏中找到[[ ]]，在它们之间输入任意文字。

举例：输入 Hello World。

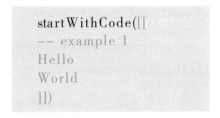

```
startWithCode([[
-- example 1
Hello
World
]])
```

这里重点介绍几个按键：

- **Shift 键**：需要输入大写字母时，如果当前输入状态是小写，可同时按下 Shift 键和**字母键切换到大写状态**。另外，当一个按键上有两个符号，打上面的符号时，也需同时按下 Shift 键。
- **Delete 键和 Backspace 键**都可以用于删除操作，**Delete 键**是往后删光标后面的内容，**Backspace 键**是往前删光标前面的内容。

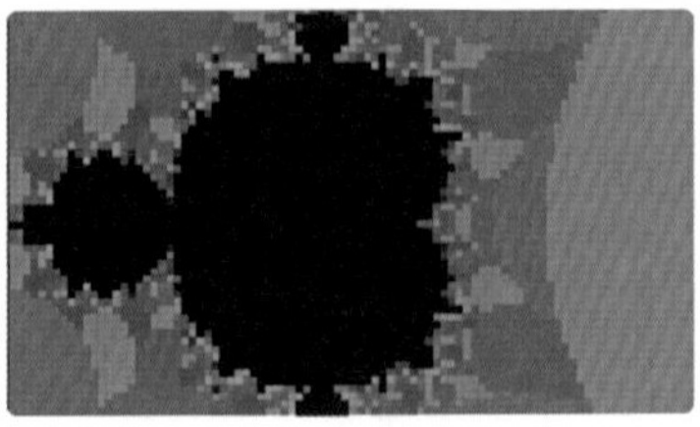

1.5.6 项目 26x100：曼德勃罗特集

课程 ID：26x100

简　介：欣赏曼德勃罗特集（Mandelbrot Set）数学之美。

1. 理论

观看曼德勃罗特集视频，并编写绘制曼德勃罗特集的核心算法代码。

思考：曼德勃罗特集有多大？

宇宙中可见恒星的数量为 1 000 000 000 000 000 000 000。

曼德勃罗特集有什么实际意义?

数学上认为分形有以下几个特点:

①具有无限精细的结构。

②比例自相似性。

③ 一般它的分数维大于它的拓扑维数。

④可以由非常简单的方法定义，并由递归、迭代产生。

分形(Fractal)一词，是曼德勃罗特创造出来的，其原意是不规则、支离破碎的意思，所以分形几何学是一门以非规则几何形态为研究对象的几何学。按照分形几何学的观点，一切复杂对象虽然看似杂乱无章，但它们具有相似性，简单地说，就是把复杂对象的某个局部进行放大，其形态和复杂程度与整体相似。

2. 实践

曼德勃罗特集是人类有史以来做出的最奇异、最瑰丽的几何图形，曾被称为“上帝的指纹”。不管你把图案放大多少倍，都能显示出更加复杂的局部。点击任意位置局部放大 2 倍，也可以放大 1 000 000 000 000 000 倍查看。

步骤 1：探索曼德勃罗特集。

● 点击任意位置可以放大局部，你能发现有何规律吗？它会重复吗?

步骤 2：进入打字游戏。

● 使用打字游戏，输入全部核心算法。

● 曼德勃罗特集是一个点的集合，均出自公式 Zn+1=(Zn)^2+C ，对于非线性迭代公式 Zn+1=(Zn)^2+C，所有使得无限迭代后的结果能保持有限数值的复数 C 的集合，构成曼德勃罗集。

● 打开旁边的代码方块，查看刚刚输入的代码， 你也可以直接在代码方块中输入下面的核心算法。

```
-- @param max: max iterations or 50
-- return number of iterations to check if c = a + ib is in Mandelbrot set
-- Fc(Z) = Z*Z+C
function  mand(Cr, Ci, max)
    local Zr, Zi = Cr, Ci;
    for t = 0, max-1 do
        local Zrq, Ziq = Zr*Zr, Zi*Zi
        if (Zrq+Zrq >4.0) then
            return t
        end
        local Zri = Zr*Zi
        Zr = Zrq - Ziq + Cr
```

```
            Zi = Zri + Zri + Ci
        end
        return  max;
end
```

```
-- create n-by-n image
-- @param n: default to 64
-- @param max: default to 50 iterations
function _G.genMandelbrotSet(xc, yc, size, n, max)
        n = n or 64
        max = max or 50
        for i = 0, n-1 do
            for j = 0, n-1 do
                local Cr = xc - size/2 + size*i/n;
                local Ci = yc - size/2 + size*j/n;
                local color = max - mand(Cr, Ci, max)
                drawBlock(i, j, color);
            end
        end
end
```

这里我们编写了一个绘制曼德勃罗特集的函数 genMandelbrotSet，它有几个输入参数。

- xc、yc 代表要绘制的中心坐标。
- size 是图案的真实宽度。
- n 是方块长度的数目。
- max 是迭代次数。一般来说放大的倍数越大，迭代次数越多。

步骤 3：绘制自己的曼德勃罗特集。

首先需要选择一个原点坐标 x、y，然后选择一个半径来绘制（图 1.5.32）。

```
_G.cx = 0.23881977848214
_G.cy = 0.54354194799816

count = 2
for i=1, 20 do
    count = count * 1.5
    _G .size = 4 / count
    genMandelbrotSet(cx,cy,size,128)
    wait(2)
end
```

图 1.5.32

测试题

（1）我们刚刚用计算机模拟出的曼德勃罗特集由多少点组成？

（2）曼德勃罗特集中每个点的颜色代表了那个点的 x、y 坐标在 mand 函数中递归的次数，正确吗？

（3）放大的倍数越多，每个点的颜色计算机需要计算更多的次数，正确吗？

答案

（1）计算机浮点数的限制，刚刚模拟曼德勃罗特集的代码可以算出超过

1 000 000 000 000 000 × 1 000 000 000 000 000

的曼德勃罗特集。

（2）正确。我们用颜色代表一个点 (x,y) 递归到它发散时调用 mand 函数的次数。

（3）正确。随着放大倍数的增加，计算机计算每个点的颜色时，需要迭代更多的次数。放大 1 倍时，每个点计算大概 50 次就可以了，放大 1 000 000 000 000 000 倍时需要计算 7 000 次左右。

1.5.7 项目 17x69：飞行的小鸟

课程 ID：17x69

简　介：玩飞行的小鸟小游戏，并根据教程自己制作这个小游戏。

1. 理论

课程目标：

- 学习编程方块。
- 学习打字。

著名的 flappy bird 横版过关游戏！

思考：游戏是由什么组成的？

2. 实践

首先请玩飞行的小鸟这个小游戏，然后再来学习如何制作这个游戏。你只需要照着以下步

骤操作即可。不明白编程没有关系，我们在后面的项目里还会解释的。

用动画方块制作一个会飞的小鸟，并控制它飞行闯关。

步骤 1： 制作一只 3D 小鸟并存为 bmax 文件。

步骤 2： 编写控制小鸟的代码。

注意初始位置 19201,8.5,19207 需要根据实际情况而定（图 1.5.33）。

精简版 (22 行语句)：

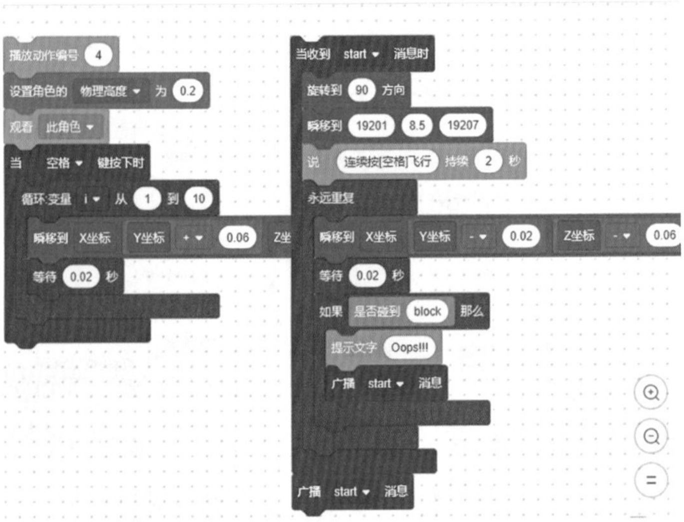

图 1.5.33

```
anim(4)
setActorValue("physicsHeight", 0.2)
focus("myself")

registerKeyPressedEvent("space", function()
    for i=0, 5 do
        moveTo(getX(), getY()+0.06, getZ())
        wait(0.02);
    end
end)

registerBroadcastEvent("start", function()
    turnTo(90)
    moveTo(19201,8.5,19207)
    say(" 连续按 [ 空格 ] 飞行 ", 2)
    while(true) do
        moveTo(getX(), getY()-0.02, getZ()-0.06)
        wait(0.02);
        if(isTouching(51)) then
            tip("Opps! ")
            broadcast("start")
        end
    end
end)

broadcast("start")
```

升级版：加入积分系统和退出按钮。

```
scaleTo(130)
anim(4)
camera(8, 10, 0)

setActorValue("physicsHeight", 0.2)
focus("myself")

registerKeyPressedEvent("x", function()
        exit()
end)

registerKeyPressedEvent("space", function()
        for i=0, 5 do
            moveTo(getX(), getY()+0.06, getZ())
            wait(0.02);
        end
end)

registerBroadcastEvent("start", function()
        turnTo(90)
        moveTo(19201,8.5,19207)
        set("dist", "1")
        say(" 连续按 [ 空格 ] 飞行 , [X] 键退出 ", 2)
        while(true) do
                moveTo(getX(), getY()-0.02, getZ()-0.06)
                wait(0.02);
                dist = dist + 0.06
                if(isTouching(51)) then
                    tip("Opps! "..dist)
                    broadcast("start")
                end
        end
end)

broadcast("start")
```

测试题

（1）如何设置代码方块中角色的物理碰撞高度？

（2）如何在代码方块中观看某个角色？

答案

（1）设置角色的属性，如 setActorValue("physicsHeight", 0.2)。

（2）focus("myself") 可以观看当前角色，也可以观看某个指定名字的角色。

1.5.8 项目 17x74：坦克大战

课程 ID：17x74

简　介：玩坦克大战小游戏，并根据教程自己制作这个小游戏。

课程目标：

- 多个编程方块的使用。
- 角色间的事件与数据通信。

1. 理论

思考：游戏角色之间如何传递数据？

2. 实践

首先请玩坦克大战这个小游戏，然后再来学习如何制作这个游戏。你只需要照着以下步骤跟着操作即可，不明白编程没有关系，我们在后面的项目里还会解释的。

步骤 1：制作两个坦克和一个炮弹 bmax 模型。

步骤 2：制作至少一个关卡，如图 1.5.34 所示。

图 1.5.34

```
while(true) do
   wait(0.02)
   if(isKeyPressed("escape")) then
      exit()
   end
   if(isKeyPressed("a")) then
      turn((-5))
   end
   if(isKeyPressed("d")) then
      turn(5)
   end
   if(isKeyPressed("w")) then
      moveForward(0.1, 0.01)
   end
   if(isTouching('block')) then
      moveForward((-0.1), 0.01)
   end
end
```

步骤 3.1：制作控制坦克的代码 1，并给角色起名为 tank，相应的示意图如图 1.5.35 所示。

步骤 3.2：制作控制坦克的代码 2 。

将坦克的代码分开，分别放入两个代码方块中。

> 在编程过程中，每个文件式代码的单元越小越好（图 1.5.36）。

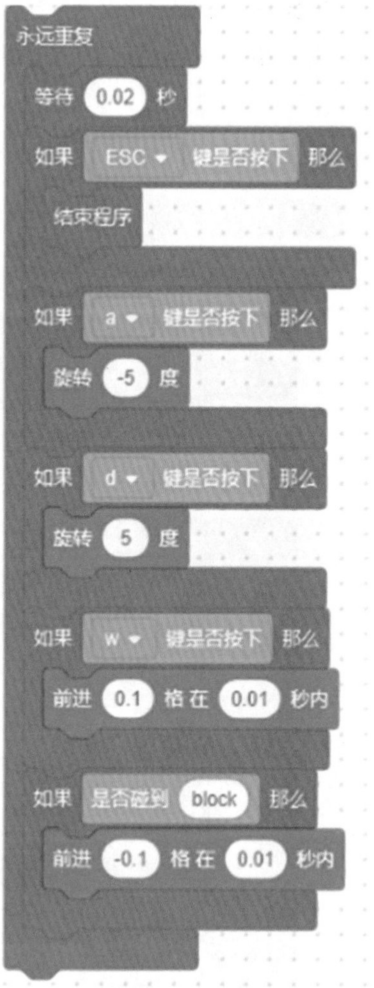

图 1.5.35

```
while(true) do
  if(isKeyPressed("s")) then
    set("t1", {})
    t1['x'] = getActorValue("x")
    t1['y'] = getActorValue("y")
    t1['z'] = getActorValue("z")
    t1['facing'] = getActorValue("facing")
    clone("bullet", '')
    wait(1)
  end
end
```

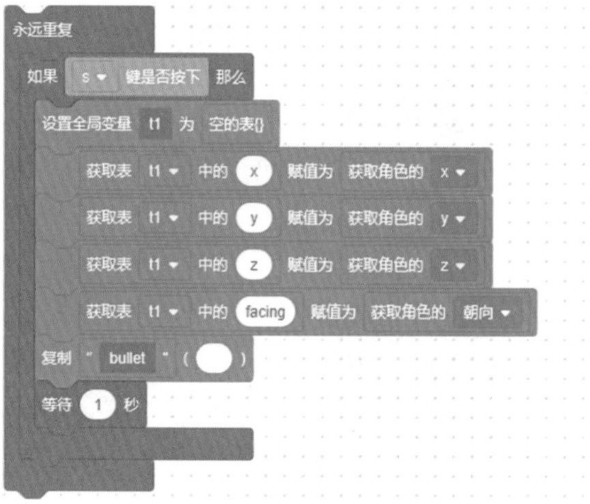

图 1.5.36

> 注意：右面的 bullet 需要与子弹的角色名字一致。

步骤 4： 子弹。

需要给子弹角色起名为 bullet。

注意：“155”是场景中的围墙，“tank”是坦克的角色名字（图 1.5.37）。

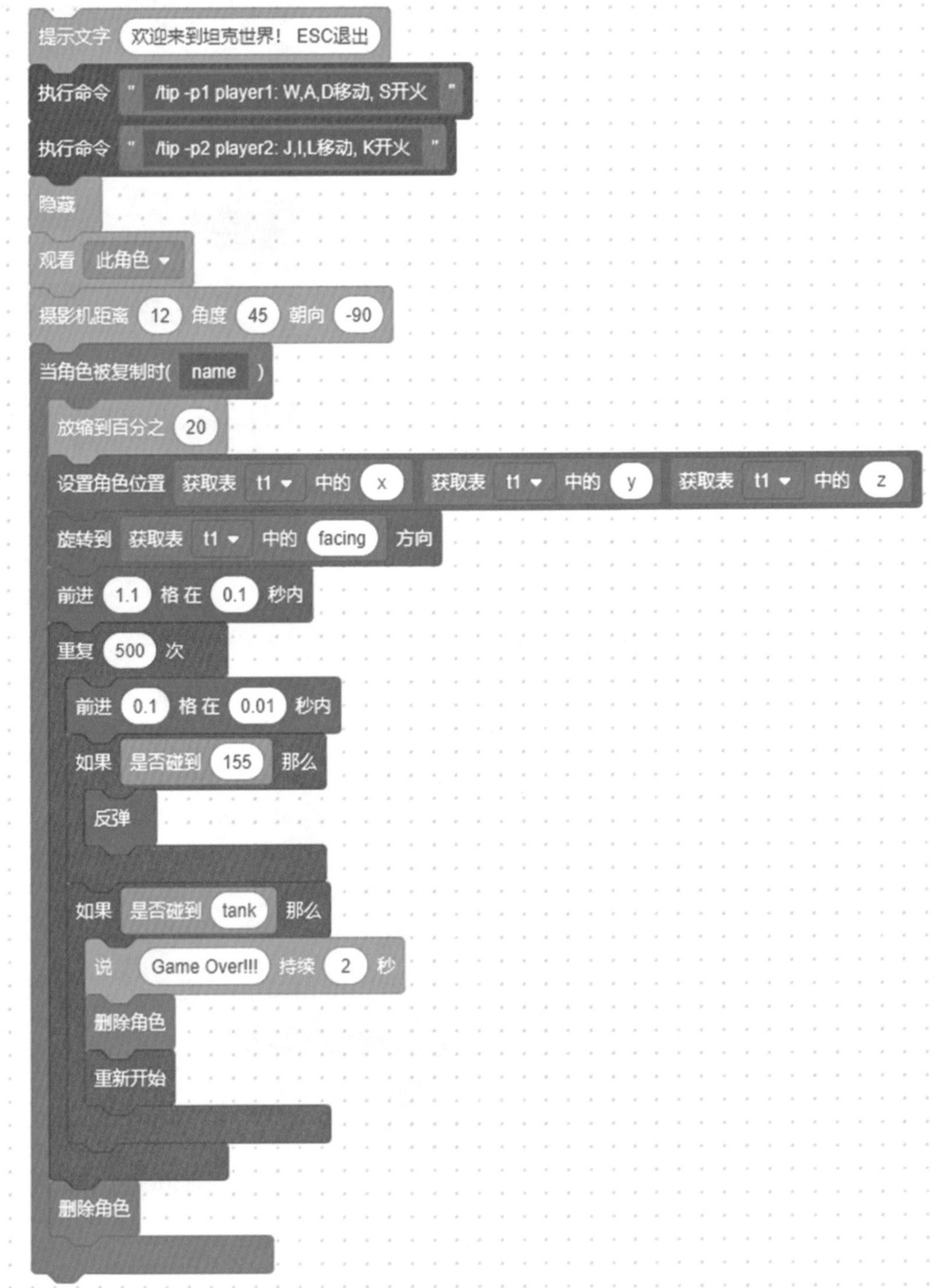

图 1.5.37

```
tip(' 欢迎来到坦克世界！ ESC 退出 ')
cmd("/tip -p1 player1: W,A,D 移动 , S 开火 ")
cmd("/tip -p2 player2: J,I,L 移动 , K 开火 ")
hide()
focus("myself")
camera(12, 45, (-90))
registerCloneEvent(function(name)
   scaleTo(20)
   setPos(t1['x'], t1['y'], t1['z'])
   turnTo(t1['facing'])
   moveForward(1.1, 0.1)
   for i=1, 500 do
      moveForward(0.1, 0.01)
      if(isTouching('155')) then
         bounce()
      end
      if(isTouching('tank')) then
         say('Game Over!!!', 2)
         delete()
         restart()
      end
   end
   delete()
end)
```

步骤 5：创建坦克 2。

- 复制坦克的电影和代码方块，创建坦克 2。
- tank2 和 tank1 唯一的区别是初始位置与模型不同，以及将 W、A、S、D 键改为 J、K、L、I 键，参考下方代码。
- 建议大家复制粘贴 tank1 的代码到 tank2，而不是用图块。我们要逐渐学会看懂代码，未来可以直接用代码编程。

代码区快捷键：

- **Ctrl+A 键：** 在代码区，全选所有代码。
- **Ctrl+C 键：** 复制。
- **Ctrl+V 键：** 粘贴。

```
while(true) do
    wait(0.02)
    if(isKeyPressed("escape")) then
        exit()
    end
    if(isKeyPressed("j")) then
        turn((–5))
    end
    if(isKeyPressed("l")) then
        turn(5)
    end
    if(isKeyPressed("i")) then
        moveForward(0.1, 0.01)
    end
    if(isTouching('block')) then
        moveForward((–0.1), 0.01)
    end
end
```

```
while(true) do
    if(isKeyPressed("k")) then
        set("t1", {})
        t1['x'] = getActorValue("x")
        t1['y'] = getActorValue("y")
        t1['z'] = getActorValue("z")
        t1['facing'] = getActorValue("facing")
        clone("bullet", '')
        wait(1)
    end
end
```

3. 分享和讨论

交流各自的作品，尝试编写更多的代码，练习打字。

思考：如何将下列内容做得更复杂？

- 增加更多的关卡。
- 更漂亮的 3D 背景。
- 设置游戏难度。
- 多个角色可选择。
- 增加音效。
- 增加游戏场景中的道具：变大、变小、加速及穿越。
- 多人游戏。

测试题

（1）如何在不同角色之间传递数据？

（2）多个代码方块可以同时控制一个电影方块中的角色，这个说法正确吗？

（3）相邻的代码方块总是同时被激活吗？

答案

（1）可以使用全局变量，但是传递参数往往是更好的方案。

（2）正确。

（3）当一个代码方块充能时，所有和它相邻的代码方块也会充能（被激活）。

1.5.9 项目 20x79：星球运动仿真教学

课程 ID： 20x79

简 介：模拟地球、月球的公转，学习为骨骼命名及电影方块中人物的放缩方法等。

1. 理论

- 为骨骼命名及电影方块中人物放缩。
- move、 wait、hide 函数。

思考：如果做一个简单的行星运动模仿，你会怎么做？需要什么样的代码？

2. 实践

- 学习为骨骼命名及电影方块中人物放缩等。
- 学习做出简单的太阳系：太阳、地球、月亮的仿真运动。
- 学习做出八大行星的仿真运动。

步骤 1：制作星球模型，并为骨骼命名。

按 **Ctrl+ 右键**点击骨骼，再次按右键后弹出命名输入框，如图 1.5.38 所示。这里采用蜘蛛网连接骨骼模型，用途与透明方块相同。用蜘蛛网把两处的骨骼模型连接起来，当蜘蛛网生成 bmax 时，骨骼模型会变成透明。

步骤 2：写代码。

行星距离参考图 1.5.39。

地球 earth 代码：

```
while(true) do
    moveTo("sun")
    turn(1)
    wait(0.01)
end
```

月球 moon 代码：

```
while(true) do
    moveTo("earth::center")
    turn(5)
    wait(0.01)
end
```

太阳 sun 代码：

```
while(true) do
    turn(1)
    wait(0.01)
end
```

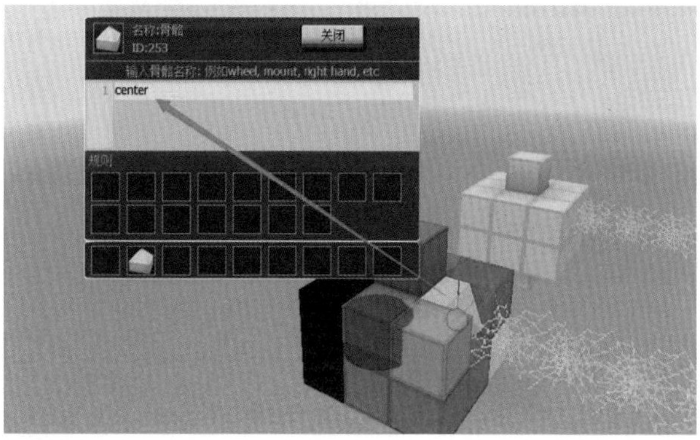

图 1.5.38

行星	赤道直径（/km）	距日平均距离（/km）	卫星数目
水星	4 878	5.8×10^{7}	0
金星	12 104	1.0×10^{8}	0
地球	12 756	1.5×10^{8}	1
火星	6 794	2.3×10^{8}	2
木星	142 000	7.8×10^{8}	16
土星	120 000	1.4×10^{9}	23
天王星	51 200	2.9×10^{9}	17
海王星	49 500	4.5×10^{9}	8
冥王星	2 284	5.9×10^{9}	1

图 1.5.39

测试题

（1）如何为骨骼命名？

（2）本项目中世界的蜘蛛网具体作用是什么？

（3）while(true) 是一个无限循环语法，正确吗？

答案

（1）按 Ctrl+ 右键点击骨骼，再次按右键后弹出命名输入框。

（2）改变 bmax 模型的原点。

（3）正确，true 的意思是真。所以 while(true) 是一个无限循环，表达式的值一直为真。

1.5.10　项目 6x24：双重机关与事件

课程 ID：6x24

简　介：实现一个密码锁和双重机关。本项目学习如何使用全局变量和如何发布广播消息和接收广播消息。

1. 理论

思考：

- 学习如何使用全局变量。
- 学习如何发布广播消息和接收广播消息。

知识点：详细内容见第 2 章。

- 压力板的功用。
- F3 键获取当前鼠标坐标。
- broadcast 和 registerBroadcastEvent 函数。
- 在代码里进行数学运算。
- % 运算操作符。
- 什么是变量。
- say, registerClickEvent 函数。
- ask 函数获取用户输入。
- get 函数 ,set 函数。
- answer 全局变量。
- turnTo，walkForward，moveTo 等函数。

2. 实践

步骤 1： 制作简单密码锁。

```
registerClickEvent(function()
    ask(" 密码是多少 ?")

    if(get("answer") == "1234") then
        say(" 答对了 !")
        moveTo(19244, 5, 19136)
        walkForward(0.2, 0.5)
        wait(5)
        restart()
    else
        say(" 答错了 !", 2)
    end
end)
```

步骤 2： 双重机关与事件

钥匙 1：key1 为当前钥匙的角度 。

```
set("key1", 0)
registerClickEvent(function()
    for i=0, 90, 5 do
        turnTo(key1+i)
        wait(0.02)
    end
    set("key1", (key1 + 90) % 360)
    broadcast("keyRotated")
end)
```

钥匙 2：key2 为当前钥匙的角度。

```
set("key2", 0)
registerClickEvent(function()
    for i=0, 90, 5 do
        turnTo(key2+i)
        wait(0.02)
    end
    set("key2", (key2 + 90) % 360)
    broadcast("keyRotated")
end)
```

看门人：当两个钥匙在特定角度时，开门。

```
moveTo(19247,5,19147)
registerBroadcastEvent("keyRotated", function()
    if(key1==180 and key2==90) then
        walkForward(3, 2)
    else
        moveTo(19247,5,19147)
    end
end)
```

测试题

关于编程中使用的变量，下面说法正确的是?

A. 在编程中使用变量来存储代表一定意义的数值，程序的执行一般会改变这个变量的值或者需要获取这个变量当前的值。

B. 变量的名字可以用一个整数来表示。

答案

A. 详细内容请见第 2 章。

1.5.11 项目 6x25：制作图形界面

课程 ID：6x25

简　介：学习制作图形界面动画和响应事件。

1. 理论

思考：
- 你都用过哪些方式和计算机交流？
- 如何制作图形界面？

知识点：详见第 2 章。

- 如何删除电影里的一个角色？（shift+left 键或者拖拽到电影编辑框外）
- 如何在电影里增加一个图层？（左键单击空格子，然后选择图层）
- setActorValue 除了可以设置角色名字（name）外，还可以设置图层的文字（text）。
- 图层字幕也是演员，可以使用控制演员的函数去控制它。
- 屏幕坐标：详见 1.6 节。
- 用代码去编写图层字幕。
- scaleTo 函数、tip 函数、 exit 函数可以退出。
- 制作多个字幕并让它们同时消失（使用广播）。

2. 实践

步骤 1：创建 3D 立体文字动画（图 1.5.40）。

代码编辑器的默认输入法是英文。如果要输入中文的话，老师需要提醒学生切换到中文输入法。

```
scaleTo(200)
setActorValue("text", " 点击我播放电影 !")

registerClickEvent(function()
   move(0, 0.4, 0, 0.3)
   move(0, -0.4, 0, 0.3)
end)

while(true) do
  turn(2)
  wait(0.01)
end
```

图 1.5.40

步骤 2：2D UI 与事件（图 1.5.41）。

代码方块 1：“开始”按钮。

```
registerClickEvent(function()
   move(0, 0, 10, 0.2)
   move(0, 0, -10, 0.2)
   broadcast("GameStart")
end)
```

图 1.5.41

```
registerClickEvent(function()
    move(0, 0, 10, 0.2)
    move(0, 0, -10, 0.2)
    broadcast("GameStart")
end)

registerBroadcastEvent("GameStart", function()
    hide()
    tip("Game Started!")
end)
```

代码方块 2：UI 图片动画。

```
registerBroadcastEvent("GameStart", function()
    hide()
end)

for i=100, 200 do
    scaleTo(i)
    wait(0.01)
end
```

步骤 3:Clone 角色与 UI。

用一个代码方块制作多个 UI 按钮，如图 1.5.42 所示。

```
registerClickEvent(function()
    move(-10, 0, 0,0.1)
    move(10, 0, 0,0.1)
    local name = getActorValue("name")
    if(name == "startGame") then
        tip("Game Started!")
        broadcast("GameStart")
    elseif(name == "authors") then
        tip(name)
    elseif(name == "exit") then
        tip(name)
        exit()
    end
end)

registerBroadcastEvent("GameStart", function()
    hide()
end)
registerCloneEvent(function(name)
    setActorValue("name", name)
    if(name == "startGame") then
        play(0)
    elseif(name == "authors") then
        play(1000)
    elseif(name == "exit") then
        play(2000)
    end
end)
hide()
clone("myself", "startGame")
clone("myself", "authors")
clone("myself", "exit")
```

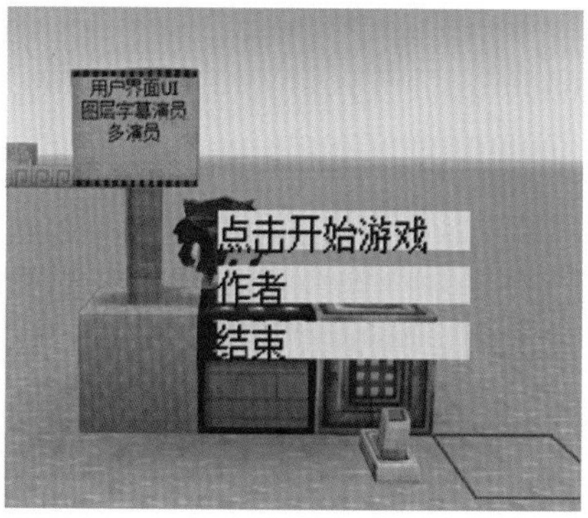

图 1.5.42

测试题

（1）如何实现一个角色的位置变化？

（2）让几个字幕出现几秒钟后自动消失，并说“Game Started!”，如何实现？

答案

（1）move 和 setPos 都可以实现角色位置的变化。move 是相对当前位置的位移，而 setPos 传递的参数是绝对坐标。

（2）可以使用 wait 函数让角色等几秒钟，然后用 broadcast 广播一个消息，让各个字幕角色接收到该消息后自动消失。当然，你也可以选择不用 broadcast 而直接让每个字幕角色各自等几秒后消失。

1.5.12　项目 6x26：代码方块的输出

课程 ID：6x26

简　介：学习如何实现代码方块的输出以及不用点击开关激活方块就可以开始游戏。

1. 理论

思考：代码方块如果可以输出信号，可以用来做什么？

讲授的知识点：

- 代码方块可以有输出：通过 setOutput 函数。
- 代码方块的输出可以通过中继器和导线控制其他电影方块或代码方块。
- setOutput 函数的第一个参数表示信号的强度；15 代表可以传递 15 格的距离；0 表示没有输出。
- setOutput(15)；wait(3)；setOutput(0) 可以构成 3 秒的脉冲信号。
- anim 函数：可以播放人物动画。
- restart 函数：可以重新启动代码方块。
- 中继器：可用来接收代码方块的输出，它与电影方块类似。

2. 实践

按照图 1.5.43 所示创建代码方块、中继器及导线，并输入下列代码。

```
anim(0)
say(" 点击我开始游戏 !")
    registerClickEvent(function()
    say("Ctrl+P 停止播放 ")
    setOutput(15)
    wait(3)
    setOutput(0)
    restart()
end)
```

图 1.5.43

进入世界时，代码方块是激活状态，所以会显示“**点击我开始游戏！**”，此时用户只要点击角色代码方块就会产生一个 3 秒的脉冲输出，刚好可以激活后面的电影方块。

注意：激活电影方块需要的是脉冲信号，而激活代码方块需要的是持续信号。

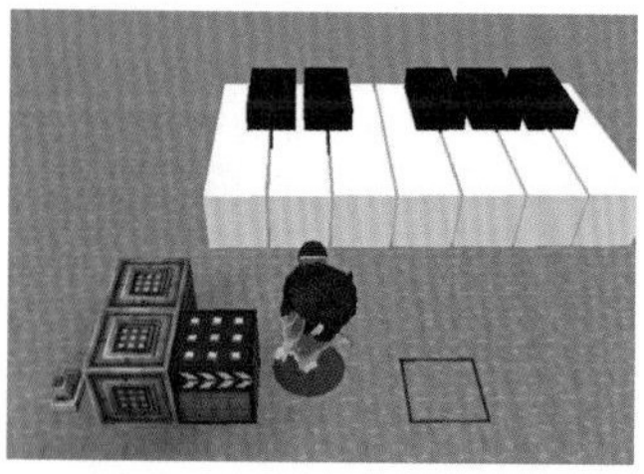

1.5.13 项目 6x21：钢琴

课程 ID：6x21

简　介：玩钢琴小游戏，并根据教程自己制作这个小游戏。

1. 理论

课程目标：实现一组琴键，当鼠标点击时可以显示被按下的效果并发出不同的音阶。
- 学习使用 clone 函数来克隆角色，实现有多个重复角色的游戏。
- 学习编程方块。
- 学习打字。

思考：如果制作一个钢琴游戏，你会怎么做？需要什么样的代码？

讲授的知识点：
- clone、registerCloneEvent、setActorValue、getActorValue 函数。
- registerClickEvent 函数。
- playNote 函数。
- move、wait、hide 函数。
- table 表。如何用 table 表来传递多个参数？

涉及的知识点：
- for 循环控制语句 。
- play 函数：用电影方块的某个帧来显示一个角色。

2. 实践

首先请玩钢琴这个小游戏，然后再学习制作这个小游戏。你只需要按照以下步骤操作即可，不明白编程没有关系，我们在后面的项目里还会解释的。

代码 1：

```
registerCloneEvent(function(i)
    move(0, 0, -i*1.05)
    setActorValue("note", i)
end)

hide()

for i=1, 7 do
    clone("myself", i)
end
```

代码 2：

```
registerClickEvent(function()
    i = getActorValue("note")
    playNote(i, 0.25)
    move(0,-0.3,0)
    wait(0.25)
    move(0,0.3,0)
end)
```

代码 1 的升级版：黑白琴键。

```
registerCloneEvent(function(msg)
    move(0, 0, -msg.i*1.05)
    setActorValue("note", msg.note)
    if(msg.isBlack) then
        play(1000)
        move(1, 0.5, 0)
    end
end)
hide()
clone("myself", {note=1, i=1 })
clone("myself", {note=2, i=1.5, isBlack=true})
clone("myself", {note=3, i=2})
clone("myself", {note=4, i=2.5, isBlack=true})
clone("myself", {note=5, i=3, })
clone("myself", {note=6, i=4, })
clone("myself", {note=7, i=4.5, isBlack=true})
clone("myself", {note=8, i=5})
clone("myself", {note=9, i=5.5, isBlack=true})
clone("myself", {note=10, i=6})
clone("myself", {note=11, i=6.5, isBlack=true})
clone("myself", {note=12, i=7})
```

3. 分享和讨论

交流各自的作品，尝试编写更多的代码，练习打字。

- clone 函数可以减少重复代码。
- clone 函数还可以用在什么地方？
- 每个 clone 出来的角色身上的属性可以不同吗？
- 钢琴的按键被按下然后弹起的动作可以用电影来制作吗？
- 如果不用 clone 函数，你如何实现这个钢琴的小游戏呢？
- 如何将升级版里的多个 clone 语句用 for 循环来实现？

测试题

（1）当游戏里有多个同样或者类似角色时，可以用什么函数来帮助实现？

（2）如果要让角色被鼠标点击后有某种响应，应该用什么函数？

（3）用哪个函数可以播放一个音阶？

答案

（1）clone 函数可以 clone 角色，同时可以传递一些参数，然后在 registerCloneEvent 里面定义被克隆角色的一些状态或行为。

（2）registerClickEvent 函数用来让角色在被鼠标点击后做些事情，例如，说"你好"、转一圈等。

（3）playNote 可以接收一个整数参数来播放某一音高的声音，并接收一个小数参数来设置播放的时长。

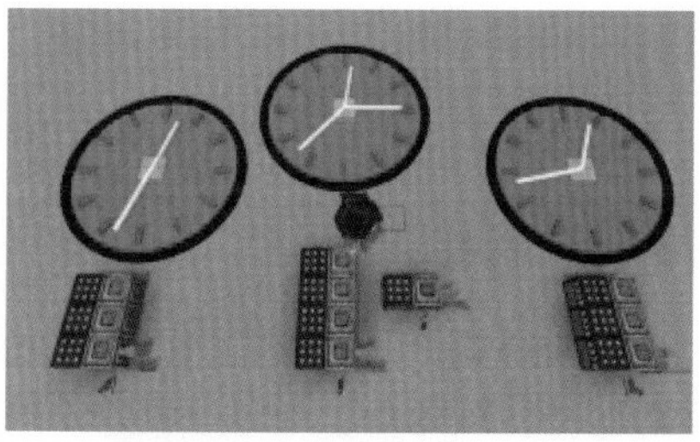

1.5.14　项目 17x120：制作钟表

课程 ID：17x120

简　介：用 CAD 指令制作钟表模型，并用代码控制指针运动。

课程目标：
- 学习 CAD 计算机辅助设计。
- 学习打字。

1. 理论

思考：钟表是如何制作出来的？

2. 实践

我们身边的大多数精密物品都是用计算机设计出来的，设计师完成设计后，计算机会再生成控制机器人的指令，最后由工厂中的机器人制造出来产品。

计算机辅助设计（Computer Aided Design，CAD）就是指上述过程。我们已经学会用方块设计物体。在 CAD 中，我们是用代码和数学来生成所需的图形的。

步骤 1：制作钟表底盘。

我们需要一个特殊的代码方块——CAD 代码方块，可以在代码或工具分类下找到它（图 1.5.44）。

将代码方块命名为 clock（图 1.5.45）。

然后点击图块，并输入图 1.5.46 所示的代码参数。

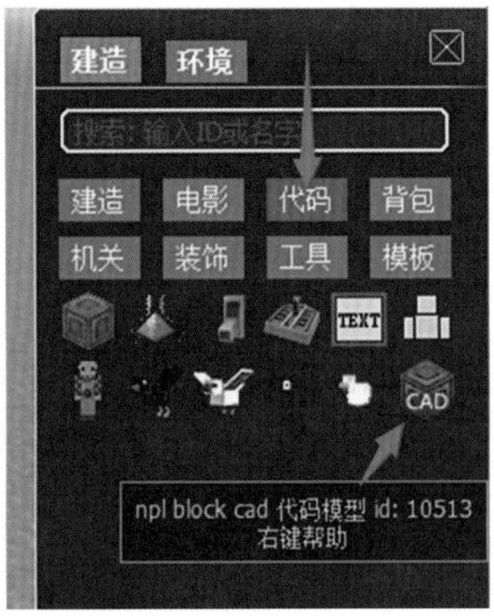

图 1.5.44

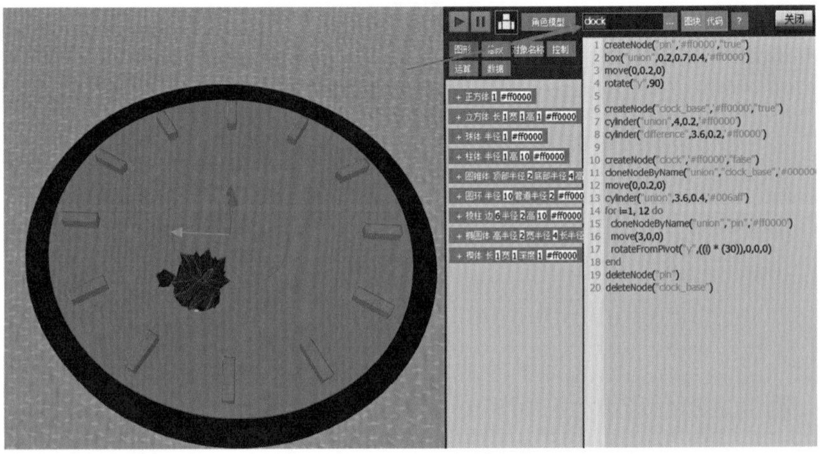

图 1.5.45

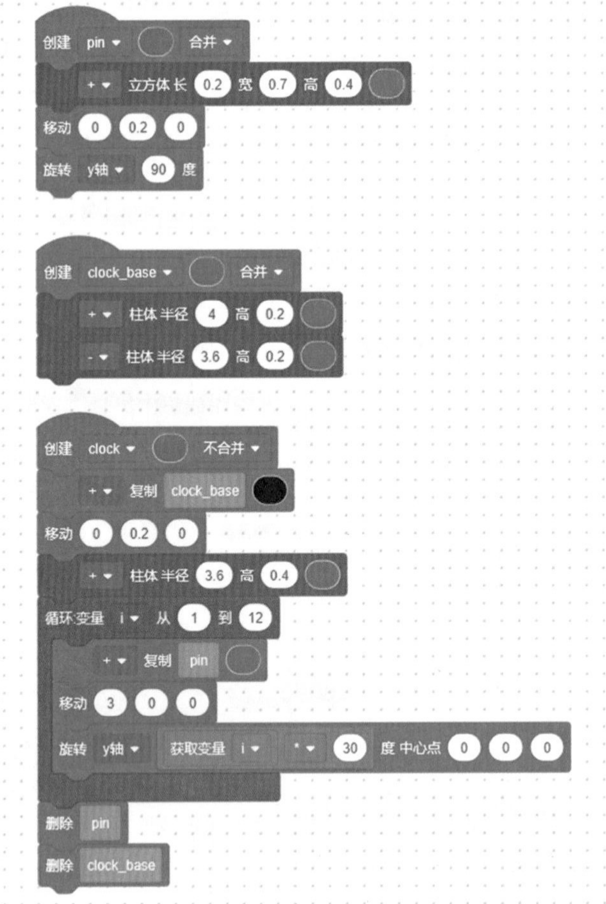

图 1.5.46

运行后会看到一个钟表底盘，其实它会自动生成模型文件 clock.x。

如果你的时间很少，也可以用图 1.5.47 所示的简易方案。

按 F4 键可以查看多边形，再按 F4 键返回，如图 1.5.48 所示。

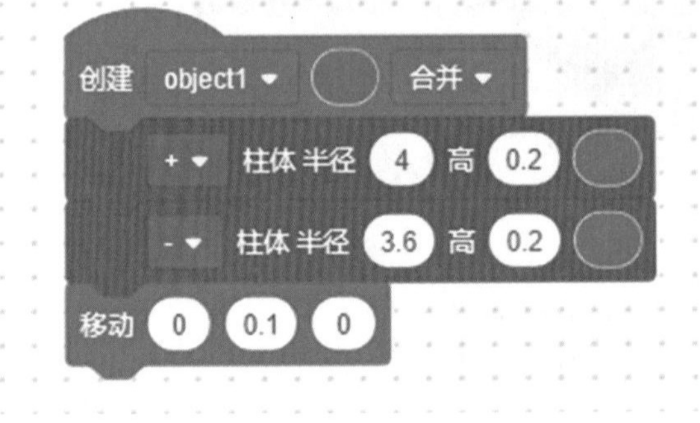

图 1.5.47

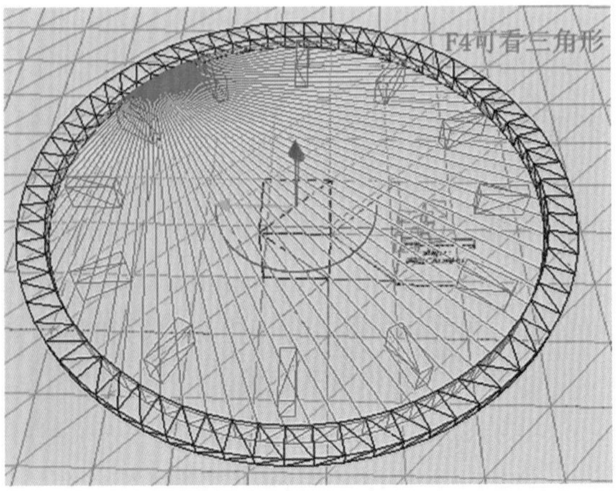

图 1.5.48

步骤 2： 制作指针。

同上，制作指针，命名为 arrow，如图 1.5.49 所示。

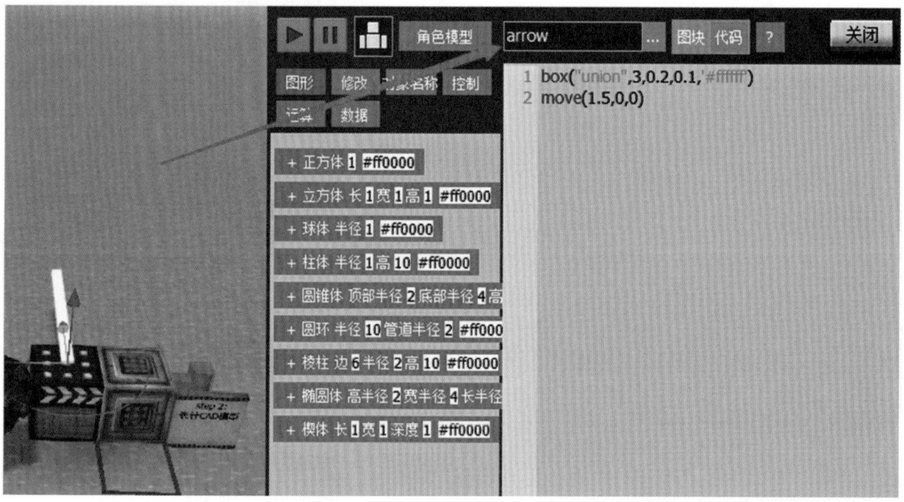

图 1.5.49

代码参数如图 1.5.50 所示。

图 1.5.50

步骤 3： 制作基本逻辑。

下面要用代码方块控制指针。我们需要 3 个代码方块，分别控制分针、时针和底盘，如图 1.5.51 所示。

先用一个特殊的方块标记原点，按 F3 键获取它的坐标，

注意：所有物体要先移动到表盘的原点，例子中为 19208,5.5,19187。

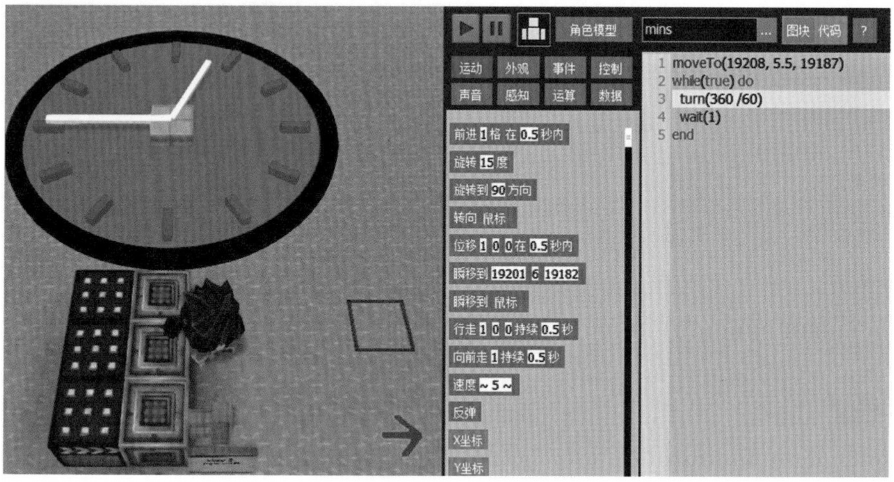

图 1.5.51

分针逻辑（图 1.5.52）：

```
moveTo(19208, 5.5, 19187)
while(true) do
    turn(360 /60)
    wait(1)
end
```

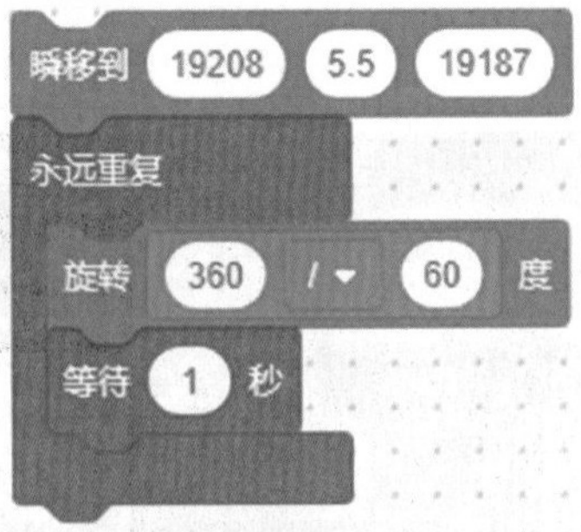

图 1.5.52

时针逻辑（图 1.5.53）：

```
moveTo(19208, 5.5, 19187)
scaleTo(80)
while(true) do
    wait(1)
    turn(360 / (60 * 12))
end
```

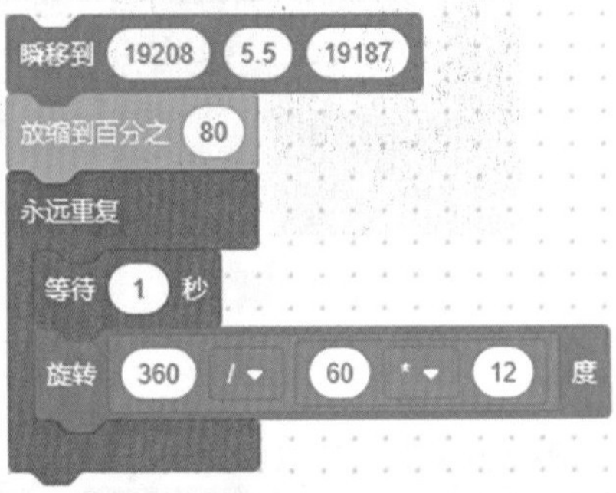

图 1.5.53

表盘逻辑：

```
moveTo(19208, 5, 19187)
```

进阶项目：手表

最后如果你还有时间，可以看下该项目中的进阶实例——一个有秒针、分针和时针的表，并且可以获取真实的时间，如图 1.5.54 所示。

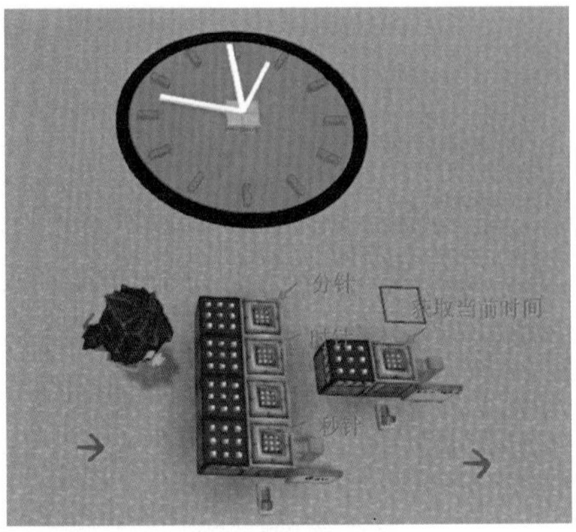

图 1.5.54

获取当前的系统时间

在一个独立的代码方块中输入下列内容：

你不需要看懂里面的代码，但是可以练习打字。

```
_G.getCurrentTime = function()
    local date, time =
    commonlib.timehelp.GetLocalTime()
    local h, m, s = time:match("(%d+)%D(%d+)%D(%d+)")
    h = tonumber(h)
    m = tonumber(m)
    s = tonumber(s)
    return h, m, s
end

_G.getCurHour = function()
    local h, m, s = getCurrentTime()
    return h
end
```

```
_G.getCurMins = function()
    local h, m, s = getCurrentTime()
    return m
end

_G.getCurSecs = function()
    local h, m, s = getCurrentTime()
    return s
end
```

- getCurHour：获取当前小时数值，0 ~ 11。
- getCurMins：获取当前分钟数值，0 ~ 59。
- getCurSecs：获取当前秒数，0 ~ 59。

秒针的代码参数如图 1.5.55 所示。

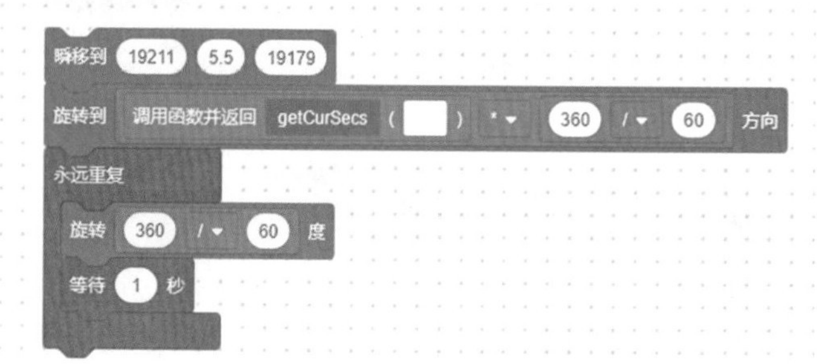

图 1.5.55

分针的代码参数如图 1.5.56 所示。

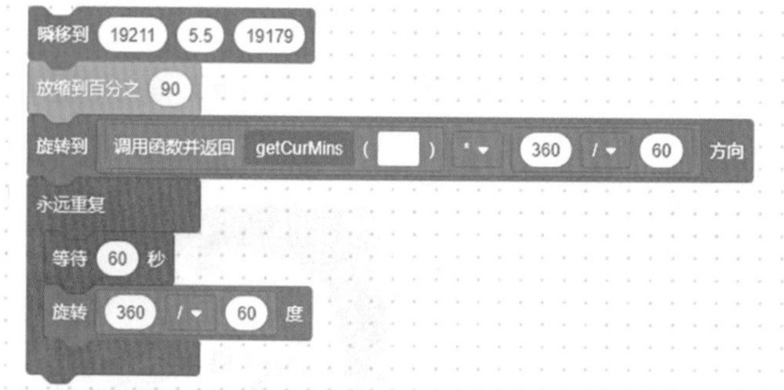

图 1.5.56

时针的代码参数如图 1.5.57 所示。

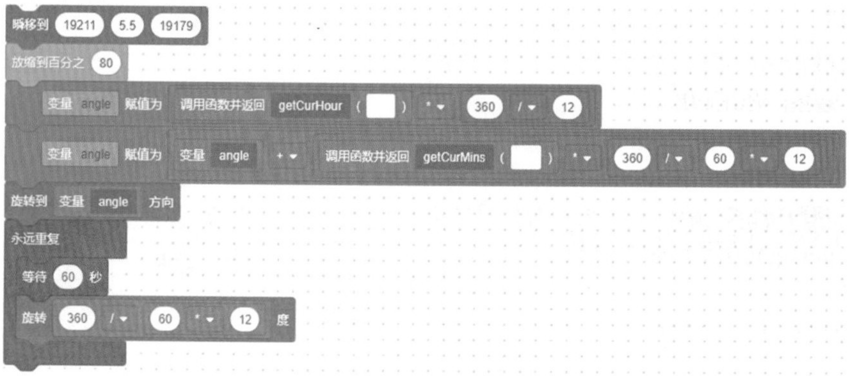

图 1.5.57

测试题

（1）什么是 CAD？

A. CAD 是计算机辅助设计

B. CAD 可以用编程的方式创建 3D 模型

C. CAD 模型可以被机器加工生产出来

（2）3D 模型是由三角形构成的吗？

答案

（1）A、B、C。大多数人类生产的产品，如汽车、飞机、计算机、手机等都需要用 CAD 建模。

（2）是。三角形可以定义一个面，多个面可以构成一个封闭的物体。

1.5.15 项目 35x130：CAD 建模“掷骰子”

课程 ID：35x130

简　介：使用 CAD 创建素材：骰子和碗，然后制作掷骰子的小游戏。

课程目标：CAD 建模与代码方块的综合运用。

1. 理论

略。

2. 实践

创建 CAD 代码模型，并命名为 dice(骰子)，如图 1.5.58 所示。

```
local height = 0.8
local radius = 0.1
local offset = 0

createNode("object1",'#ff0000',true)
cube("union",1,'#ff0000')
sphere("intersection",0.65,'#ff0000')

createNode("one",'#ff0000',true)
cylinder("union",0.1,height,'#ff0000')
move(0,0.2,0)

createNode("two",'#ff0000',true)
cylinder("union",radius,height,'#ff0000')
move(0.25,0,0)
cylinder("union",radius,height,'#ff0000')
move((-0.25),0,0)
```

图 1.5.58

```
createNode("three",'#ff0000',false)
cylinder("union",radius,height,'#10ff00')
move(0,0,0)
cylinder("union",radius,height,'#10ff00')
move(0.2,0,0.2)
cylinder("union",radius,height,'#10ff00')
move((-0.2),0,(-0.2))

createNode("four",'#ff0000',false)
cylinder("union",radius,height,'#0015ff')
move(0.2,0,(-0.2))
cylinder("union",radius,height,'#003bff')
move(0.2,0,0.2)
cylinder("union",radius,height,'#0021ff')
move((-0.2),0,(-0.2))
cylinder("union",radius,height,'#3700ff')
move((-0.2),0,0.2)

createNode("five",'#b200ff',true)
cylinder("union",radius,height,'#0015ff')
move(0.2,0,(-0.2))
cylinder("union",radius,height,'#003bff')
move(0.2,0,0.2)
cylinder("union",radius,height,'#0021ff')
move((-0.2),0,(-0.2))
cylinder("union",radius,height,'#3700ff')
 move((-0.2),0,0.2)
cylinder("union",radius,height,'#3700ff')
move(0,0,0)

createNode("six",'#b200ff',false)
cylinder("union",radius,height,'#9a9a9a')
move(0.22,0,(-0.16))
cylinder("union",radius,height,'#000000')
move(0,0,(-0.16))
cylinder("union",radius,height,'#5f5f5f')

move((-0.22),0,(-0.16))
cylinder("union",radius,height,'#9a9a9a')
move((-0.22),0,0.16)
cylinder("union",radius,height,'#000000')
move(0,0,0.16)
cylinder("union",radius,height,'#5f5f5f')
move(0.22,0,0.16)
```

```
createNode("object2",'#ffffff',true)
cloneNodeByName("union","object1",'#ff0000')
move(0,offset,0)
cloneNodeByName("difference","one",'#ff0000')
move(0,offset,0)
cloneNodeByName("difference","six",'#ff0000')
move(0,((offset) - (0.4)),0)
cloneNodeByName("difference","four",'#0090ff')
move(0,offset,0)
rotate("x",90) move(0,0,(-0.2))
cloneNodeByName("difference","two",'#ff0000')
move(0,offset,0)
rotate("x",90)
move(0,0,0.2)
cloneNodeByName("difference","three",'#ff0000')
move(0,offset,0)
rotate("z",90)
move(0.2,0,0)
cloneNodeByName("difference","five",'#ff0000')
move(0,offset,0)
rotate("z",90) move((-0.2),0,0)

createNode("object3",'#ff0000',false)
cloneNodeByName("union","object2",'#ffffff')
cube("union",0.75,'#ff0000')
move(0,offset,0)
deleteNode("one")
deleteNode("two")
deleteNode("three")
deleteNode("four")
deleteNode("five")
deleteNode("six")
deleteNode("object1")
deleteNode("object2")
```

创建 CAD 代码模型，并命名为 bowl_closed(关闭的碗)，如图 1.5.59 所示。

```
createNode("object1",'#00b6ff',true)
cylinder("union",2,0.4,'#ff0000')
cylinder("difference",1.8,0.4,'#ff0000')
move(0,0.2,0)
createNode("object2",'#735900',true)
sphere("union",1.8,'#ff0000')
box("difference",5,5,5,'#ff0000')
move(0,2.3,0)
box("difference",5,5,5,'#00b6ff')
move(0,(-3.55),0)

createNode("object3",'#ff0000',false)
sphere("union",1.8,'#00ff50')
move(0,1.9,0)
cylinder("union",1.8,2,'#00ff50')
move(0,1,0)
torus("union",1.8,0.05,'#000000')
move(0,2,0)
```

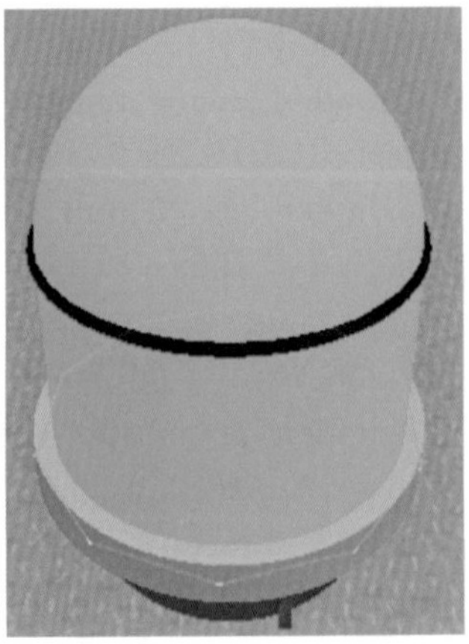

图 1.5.59

创建 CAD 代码模型，并命名为 bowl_opened(打开的碗)，如图 1.5.60 所示。

```
createNode("object1",'#00b6ff',true)
cylinder("union",2,0.4,'#ff0000')
cylinder("difference",1.8,0.4,'#ff0000')
move(0,0.2,0)
createNode("object2",'#735900',true)
sphere("union",1.8,'#ff0000')
box("difference",5,5,5,'#ff0000')
move(0,2.3,0)
box("difference",5,5,5,'#00b6ff')
move(0,(-3.55),0)
```

图 1.5.60

用代码方块，创建动画脚本 bowl_closed_motion。

```
moveTo(19218, 6, 19197)
for i=1, 10 do
    scaleTo(80)
    wait(0.2)
    scaleTo(100)
    wait(0.2)
end
wait(0.5)
broadcast("msg1")
hide()
```

用代码方块创建动画脚本 bowl_opened_motion。

```
moveTo(19218, 6, 19197)
hide()
registerBroadcastEvent("msg1", function(msg)
    show()
end)
```

用代码方块创建动画脚本 dice_motion。

```
moveTo(19218, 6.5, 19197)
hide()
registerBroadcastEvent("msg1", function(msg)
    show()
    turn(60)
end)
```

最终的运行效果如图 1.5.61 所示。

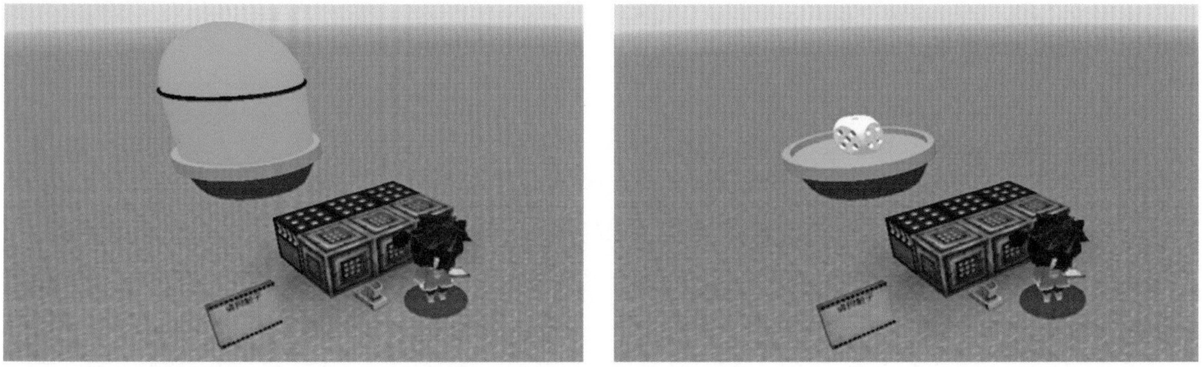

图 1.5.61

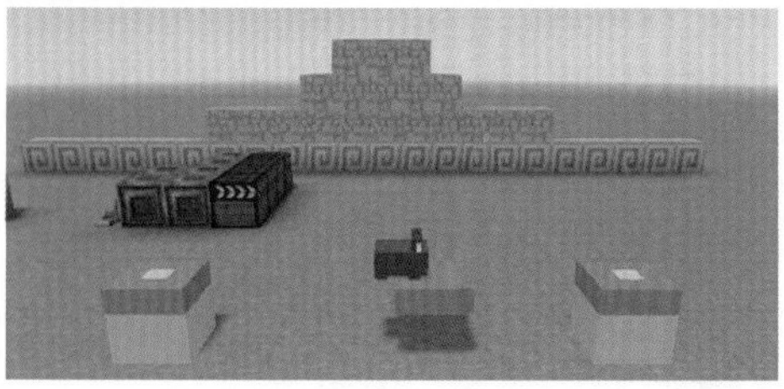

1.5.16　项目 6x37：跳一跳

课程 ID：6x37

简　介：玩跳一跳小游戏，并根据教程自己制作这个小游戏。

> 课程目标：
> 实现跳一跳小游戏。角色会感知某按键按下的时长，并以相应力度向前跳跃到前方依次出现的平台上，若掉落平台则失败。

1. 理论

通过键盘按键（如空格键）的按下和释放来控制角色（如青蛙）的向前跳跃（按键按下时间越长，则向上跳跃的高度越高，向前跳跃的速度不受按键影响）。为了游戏的生动性，制作多种不同类型的平台。在青蛙的前方随机的距离生成一个平台（随机选取某一个平台），如果青蛙能跳到该平台上，则生成下一个平台继续游戏，否则失败。

- 学习使用多个代码方块和电影方块编写较复杂的小游戏。
- 学习广播消息的大量运用。
- 练习打字。

本项目难度较高，需要已经学完前面的课程以及基本的动画课程。建议先学习本书第 2 章，再编写本项目。

讲授的知识点：

- _G 定义全局变量。
- showVariable 函数。
- setPos、getPos 函数。
- 一个函数返回多个值。
- 用 cmd 函数调用命令。
- 对摄影机的控制采用 camera yaw、camera pitch 函数。
- 如何识别一个键被按时间的长短。
- broadcastAndWait 函数。
- 用 function 关键字定义函数。
- resetTimer、 getTimer 函数。
- local 定义局部变量。
- 如何实现跳跃地上升、下降以及向前 (setPos)。

涉及的知识点：

- broadcast、wait、scaleTo 等函数。
- 基本控制语句。

2. 实践

首先请玩跳一跳这个小游戏。然后再来学习如何制作这个游戏。你只需要按照以下步骤操作即可，不明白编程没有关系，我们在后面的项目里还会解释的。

请依据你从动画项目里学到的知识制作一些平台并存成 bmax 模型供使用。

platform 平台的代码：

```
_G.bX, _G.bY, _G.bZ = 19263,5,19194
_G.distance = 0 showVariable("distance")

registerCloneEvent(function(msg)
    local model = math.random(0,2);
    play(model*1000)
    setPos(msg.x, msg.y, msg.z)
    for i=10, 130, 10 do
        scaleTo(i)
        wait(0.02)
    end
    playLoop(model*1000, model*1000+999)
end)

setPos(_G.bX, _G.bY, _G.bZ)
wait(0.1)
broadcast("startgame")
```

jumper 青蛙代码 1：

```
registerBroadcastEvent("startgame", function()
    turnTo(90)
    setPos(_G.bX, _G.bY+1+2, _G.bZ);
    focus()
    move(0, -2, 0, 0.5)
    cmd("/camerayaw 0")
    cmd("/camerapitch 0.3")
    broadcast("createNextBlock")
end)

local strength = 0;
while(true) do
    if(isKeyPressed("space")) then
        if(strength == 0) then
            play(0, 2000)
        end
        strength = strength + 1;
        wait(0.1);
    elseif(strength >0) then
        play(2000, 2100)
        broadcastAndWait("jump", strength)
        strength = 0
        play(0)
        broadcast("createNextBlock")
    else
        wait(0.1)
    end
end
```

jumper 青蛙代码 2：

```
registerBroadcastEvent("jump", function(strength)
    Jump(strength)
end)

function Jump(strength)
    resetTimer()
    local sx, sy,sz = getPos()
    local sDist = _G.distance
    while(true) do
        local t = getTimer()
        local z = sz - 4*t;
        local y = sy - 9.18*t*t + strength*t;
        _G.distance = sDist + math.floor((sz - z)+0.5)
        if(y<(sy-1)) then
            broadcast("lose")
            return
        elseif(y<sy and (bZ-0.5)<z and z<(bZ+0.5)) then
            playSound("break")
```

```
                setPos(sx, sy, z);
                return
            else
                setPos(sx, y, z);
            end
            wait(0.01)
        end
    end
```

帮助提示和全局代码：

```
say(" 长 按 space 键 跳 跃 , X 退 出 ")
registerKeyPressedEvent("x", function()
    exit()
end)

registerBroadcastEvent("lose", function()
    playSound("break")
    say("You lose!", 1)
    restart()
end)

registerBroadcastEvent("createNextBlock", function()
    _G.bZ = bZ - math.random(1.5, 4)
    clone("platform", {x = bX, y=bY, z = bZ})
end)
```

3. 分享和讨论

交流各自的作品，尝试编写更多的代码，练习打字。

- 思考：broadcastAndWait 和 broadcast 有什么区别？
- 思考：sy - 9.18*t*t + strength*t 这个计算式是什么意思？
- 思考：如果要实现退出程序时的一些特殊效果，还可以用到哪些函数？

测试题

（1）可以用什么关键字来定义函数？

（2）registerBroadcastEvent 里面有一个 function()，这里 function 定义的语句是函数吗？

（3）可以用哪些函数实现按某键时退出程序？

答案

（1）可以用 function 关键字来定义一个函数，并且给该函数命名。未命名的函数是匿名函数。

（2）function 关键字用来定义函数。未命名的函数是匿名函数。

（3）registerKeyPressedEvent 和 exit 可以用来实现当按某键时退出函数。另外，如果要实现某些效果，还可以添加 playSound、say、tip 等函数。

1.5.17 项目 36x136：台式计算机模拟

课程 ID：36x136

简　介：通过模拟计算机中的主要组成部分和操作流，学习者可以更深入地理解计算机体系结构。

1. 理论

思考：生活中有哪些计算机？它们的共同特点是什么？（更多内容请见第 4 章）

冯·诺依曼体系结构指出计算机由控制器、运算器、存储器、输入设备及输出设备五部分组成。存储器存储程序和数据，控制器控制程序走向，运算器完成各种逻辑计算，这样计算机就有了智能。而后输入设备把外部信息传给计算机，输出设备把计算机的反馈信息输出，这样计算机就可以和外部交互了。冯·诺依曼体系结构是现代计算机的基础，现代的所有计算机都包含了这几个主要组成部分，它们之间的关系如图 1.5.62 所示。

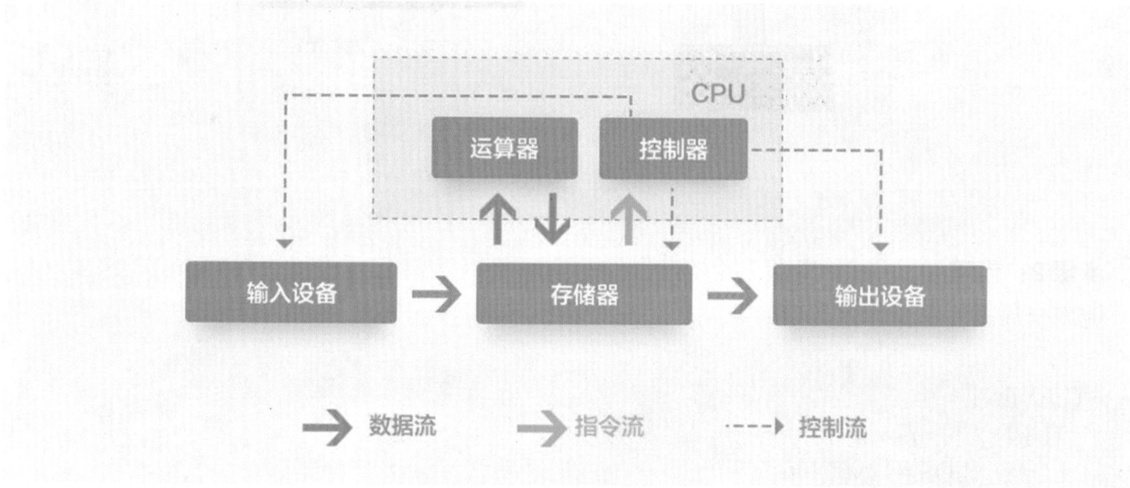

图 1.5.62

对应到我们常用的家用台式机，运算器和控制器构成 CPU，存储器则是由主板上的只读存储（ROM）、随机存储（RAM）及外部硬盘组成，输入设备有键盘、鼠标等，输出设备有显示器、音响等。当我们开机的时候，计算机会先运行主板提供的只读程序 BIOS，再从硬盘中加载操作系统到内存，而后进入可交互状态。开机后我们可以通过键盘或者鼠标来操作计算机，而计算机也会通过显示器或音响将信息反馈给我们。

2. 实践

我们用一个简单的程序来模拟计算器启动流程及计算机如何处理输入输出，即把输入的字符串以逆序输出。

操作流程分为以下几步：

（1）加载 BIOS。

（2）加载操作系统程序。

（3）点击键盘，输入数据。

（4）显示器输出逆序结果。

步骤 1：制作模型。

制作 CPU、内部存储、外部存储、键盘和显示器的模型。另外，为了模拟操作流，我们还需要制作几个代表 0、1 字节的小人，可以用不同的颜色代表不同类型的流。橙色小人代表数据流，绿色小人代表指令流，蓝色小人代表控制流。制作完模型后，我们将主要组件排布好，如图 1.5.63 所示。

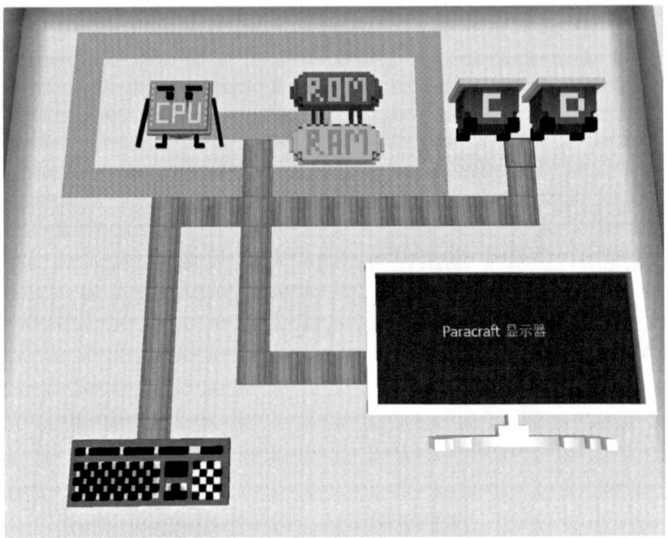

图 1.5.63

步骤 2：代码。

梳理全局事件和操作流类型如下：

```
_G.EVENT = {
    TURN_ON = "turn_on",
    LOAD_BIOS = "load_bios",
    BIOS_LOADED = "bios_loaded",
    LOAD_OS = "load_operating_system",
    OS_LOADED = "operating_system_loaded",
    ENABLE_KEYBOARD = "enable_keyboard",
    PROCESS_INPUT = "process_input",
    PROCESSING = "processing",
    PROCESSED = "processed",
    DISPLAY_OUTPUT = "display_output",
}

_G.BYTE_TYPE = {
    CONTROL = 'cByte',
    DATA = 'dByte',
    COMMAND = 'cmdByte'
}
```

为了控制小人可以在模拟布局中自动地按照我们的要求走动，我们在图上标记了一些关键点，如图 1.5.64 所示。

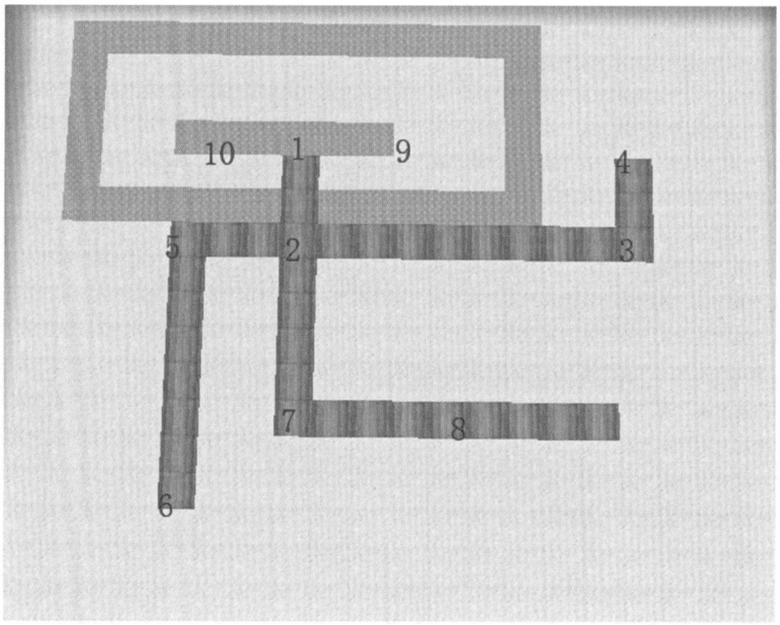

图 1.5.64

模拟 CPU 处理的代码：

```
local reverse = string.reverse
registerBroadcastEvent(EVENT.TURN_ON, function()
    say(" 开工咯 !", 1)
    sendByte(BYTE_TYPE.CONTROL, {
        path = {10, 9},
        event = EVENT.LOAD_BIOS
    })
end)

registerBroadcastEvent(EVENT.BIOS_LOADED, function()
    sendByte(BYTE_TYPE.CONTROL, {
        path = {10, 1, 2, 3, 4},
        event = EVENT.LOAD_OS
    })
    say(" 加载操作系统 ", 3)
end)

registerBroadcastEvent(EVENT.PROCESSING, function(msg)
    sendByte(BYTE_TYPE.DATA, {
        path = {10, 9},
        event = EVENT.PROCESSED,
        eventData = reverse(msg)
    })
    say("!!!", 1)
end)
```

模拟内部存储处理的代码：

```
registerBroadcastEvent(EVENT.LOAD_BIOS, function(fromName)
    say("从 ROM 中加载 BIOS.    ", 1)
    sendByte(BYTE_TYPE.COMMAND, {
        path = {9, 10},
        event = EVENT.BIOS_LOADED
    })
    say("BIOS 加载成功 ", 2)
end)

registerBroadcastEvent(EVENT.OS_LOADED, function()
    say("操作系统加载完毕 ~", 1)
    sendByte(BYTE_TYPE.DATA, {
        path = {1, 7, 8},
        event = EVENT.DISPLAY_OUTPUT,
        eventData = "我会复读哦 ~ 只是 ~~"
    })
    wait(0.5)
    sendByte(BYTE_TYPE.DATA, {
        path = {1, 2, 5, 6},
        event = EVENT.ENABLE_KEYBOARD,
    })
 end)

registerBroadcastEvent(EVENT.PROCESS_INPUT, function(msg)
    sendByte(BYTE_TYPE.COMMAND, {
        path = {9, 10},
        event = EVENT.PROCESSING,
        eventData = msg
    })
    say("运算中……", 1)
end)

registerBroadcastEvent(EVENT.PROCESSED, function(msg)
    sendByte(BYTE_TYPE.DATA, {
        path = {1, 7, 8},
        event = EVENT.DISPLAY_OUTPUT,
        eventData = msg
    })
    say("运算结束……", 1)
end)
```

硬盘事件处理：

```
registerBroadcastEvent(_G.EVENT.LOAD_OS, function()
    sendByte(BYTE_TYPE.DATA, {
        path = {4, 3, 2, 1, 9},
        event = _G.EVENT.OS_LOADED
    })
    say("开始加载 ...", 3)
end)
```

模拟键盘事件处理的代码：

```
local enabled = false
    registerClickEvent(function()
        if enabled then
            local result = ask(" 请输入吧 ?")
            sendByte(BYTE_TYPE.DATA, {
                path = {6,5,2,1,9},
                event = _G.EVENT.PROCESS_INPUT,
                eventData = result,
            })
        else
            say(" 你好，计算机还在启动中，请一会再输入！ ", 2)
        end
end)

registerBroadcastEvent(_G.EVENT.ENABLE_KEYBOARD, function()
    enabled = true
    say("Yes! 计算机准备好了！ ", 2)
end)
```

模拟显示器事件处理的代码：

我们用 3D UI 来模拟显示器显示，也就是在显示器模型上加一层 3D UI。

```
registerBroadcastEvent(_G.EVENT.DISPLAY_OUTPUT, function(data)
    setActorValue("rendercode", 'font(18);text("'.. data ..'")' )
end)
```

测试题

（1）计算机的主要组成部分有哪些？

（2）列举一些常用的计算机输入设备。

答案

（1）控制器、运算器、存储器、输入设备及输出设备。

（2）鼠标、键盘及显示器。

1.5.18 项目 36x135：狗狗陪护机器人模拟

课程 ID：36x135

简　介：通过狗狗陪护机器人模拟的具体实践，学习者理解如何用状态机来模拟智能家居以及其他各类智能机器。

1. 理论

思考：生活中有哪些智能机器设备？它们有多少种工作状态？这些状态之间是如何切换的？它们在每个状态下是如何工作的？

状态机模型是一种用来进行对象行为建模的工具，主要作用是描述对象在它的生命周期内所经历的状态序列，以及如何响应来自外界的各种事件。它的基本原理是分析事物的状态，并把它们进行分类，层层递进，直到能够描述这个对象的所有已知行为。一旦我们划分清楚状态和引发状态转换的外部事件或者内部逻辑，剩下的事情就是实现具体状态下的对象行为模拟了。由此可知，状态机有三大要素：状态、事件和行为。梳理出这三大要素内容，我们就可以开始实现对一个具体对象的仿真了。

2. 实践

以狗狗陪伴机器人为例，我们可以这样整理它的状态：

起初，我们可以简单地认为陪护机器人只包含玩游戏或者暂停歇息两个状态。暂停歇息的时候什么事都不做，而游戏的时候就和狗有各种互动。但是玩抛球游戏的过程比较复杂，因此可以将该过程划分出很多状态，如图 1.5.65 所示。

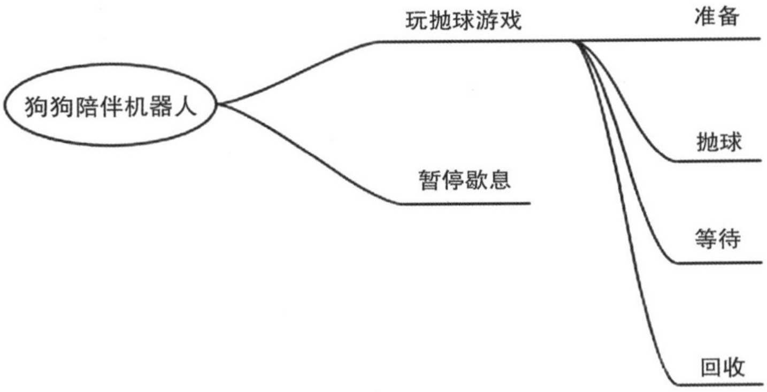

图 1.5.65

（1）准备抛球状态。机器人需要先做好抛球准备，例如，发出声音吸引狗的注意力，将球举起，让狗知道要抛球了。

（2）抛球状态。当狗做好准备时，机器人开始抛球，它会找个角度，用某个力度去抛球。在这个过程中它也可能与狗进行简单互动。

（3）等待状态。球抛出去后，机器人开始等待狗把球捡回来，如果狗很久都没能把球捡回来，可能需要主动去捡球。在捡球的过程中，机器人可以给狗狗鼓励。

（4）回收状态。狗捡到球后会将它叼回来放到地上，机器人开始做回收动作：找到球，把球收好，重新准备抛球。

我们可以用图 1.5.66 来描述这一过程。

注：为什么只能从准备状态跳到暂停状态呢？因为实际中，我们希望机器人把球收起来后再结束游戏，而不是扔了球就不管了。

为了完善流程，除了机器人，我们还需要模拟一只狗，同样地，狗狗也有它自己的状态。

根据图 1.5.66，我们确定好机器人和狗各自的五种状态。另外，还总结出引起状态发生改变的事件：

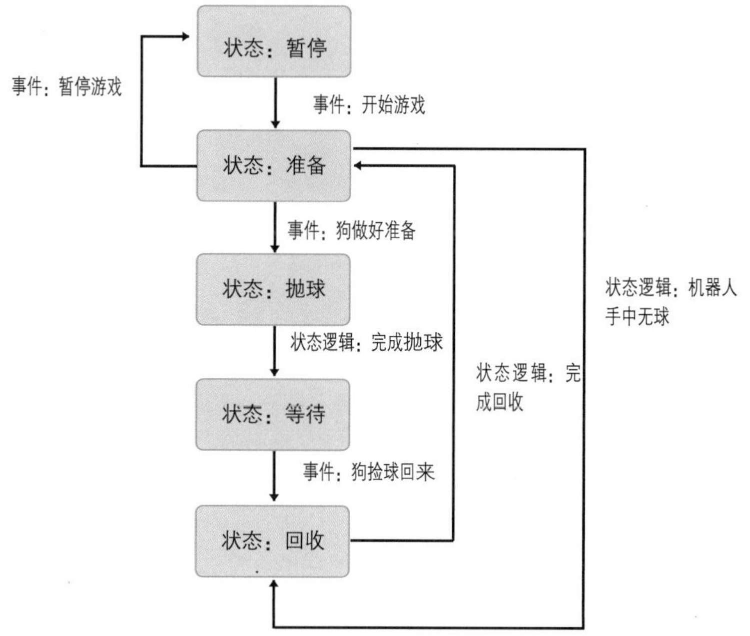

图 1.5.66

（1）开始游戏。

（2）结束游戏。

（3）狗做好准备。

（4）球收回。

（5）球抛出。

（6）狗捡到球。

（7）狗送回球。

我们把这些作为全局信息都放在一个总控制器里，对应代码如下：

```
_G.EVENT = {
    GAME_START = "game_start",
    GAME_STOP = "game_stop",
    DOG_READY = "dog_ready",
    BALL_LOADED = "ball_loaded",
    BALL_THROWED = "ball_throwed",
    BALL_CATCHED = "ball_catched",
    DOG_BACK = "dog_back",
}

-- 开始游戏
registerKeyPressedEvent("y", function(msg)
    broadcast(EVENT.GAME_START)
end)

-- 结束游戏
registerKeyPressedEvent("n", function(msg)
    broadcast(EVENT.GAME_STOP)
end)
```

根据状态机，完成机器人核心代码如下：

```
local STATE = {
    STOP = 1,
    READY = 2,
    THROW = 3,
    WAITING = 4,
    PICK_UP = 5,
}
local state = STATE.STOP
localpendingStop = false-- 记录结束游戏事件，当状态为 READY 时，跳转到 STOP
local dogIsReady = false
local hasBall = false

registerBroadcastEvent(EVENT.GAME_START, function()
    state = STATE.READY
    pendingStop = false
end)
registerBroadcastEvent(EVENT.GAME_STOP, function()
    pendingStop = true
end)

registerBroadcastEvent(EVENT.DOG_READY, function()
    dogIsReady = true
end)

registerBroadcastEvent(EVENT.DOG_BACK, function()
    state = STATE.PICK_UP
end)


while(true) do
    if state == STATE.STOP then
        say(" 你好，我是狗狗陪伴机器人！按 Y 键开始抛球游戏，按 N 键停止游戏 !", 3)
    elseif state == STATE.READY then
        if pendingStop then
            state = STATE.STOP
            say(" 游戏结束，下次再玩 ", 2)
        elseif hasBall == false then
            state = STATE.PICK_UP
        elseif dogIsReady then
            state = STATE.THROW
            dogIsReady = false
        end
    elseif state == STATE.THROW then
        say(" 准备扔了哟 ~~~", 1.5)
        throwBall() -- 扔 球
    elseif state == STATE.WAITING then
        turnTo('dog')
        if rand(10) >5 and distanceTo("dog") >= 10 then say(" 快呀快呀 ", 2) end
    elseif state == STATE.PICK_UP then
        pickBall() -- 回收球
    end
end
```

狗的核心代码如下：

```
local STATE = {
    WANDER = 1,
    PREPARE = 2,
    READY = 3,
    CATCHING = 4,
    BACKING = 5,
}

local state = STATE.WANDER
local gaming = false


registerBroadcastEvent(EVENT.GAME_START, function()
    gaming = true
end)

registerBroadcastEvent(EVENT.GAME_STOP, function()
    gaming = false
end)

registerBroadcastEvent(EVENT.BALL_THROWED, function()
    state = STATE.CATCHING
end)

while (true) do
    if state == STATE.WANDER then
        if gaming then
            state = STATE.PREPARE
        else
            wandering() -- 晃悠
        end
    elseif state == STATE.PREPARE then
        if gaming then
            preparing() -- 准备
        else
            state = STATE.WANDER
        end
    elseif state == STATE.READY then
        turnTo("robot")
        if rand(1, 10) >5 then say("球！球！球！", 1) end
    elseif state == STATE.CATCHING then
        catching() -- 捡球
    elseif state == STATE.BACKING then
        goBack() -- 送球
    end
end
```

为了实现完整模拟逻辑，我们还需要处理球的飞行路线，并实现一些具体的行为函数，例如，狗是怎么捡球的，请自行补全程序代码。

测试题

状态机有哪几个重要元素？

答案

状态、事件及行为。

1.6 编程中的抽象建模

用方块构建 3D 世界是一种基于粒子的建模方式。相似地，编程也是一种抽象的用代码去建模的方式。本节通过一些项目和对之前编程项目的回顾，培养你的抽象建模能力。其实学习任何知识，都应该具有这种能力。本节中前面的项目你需要按顺序阅读，并且建议你在阅读本节的项目前，先阅读第 2 章的编程理论。

在编程领域有一个最常用的建模方法称为**面向对象**的建模。Paracraft 中的方块、人物、图形界面都可以看成是对象，对象的内部还可以有其他对象。**克里斯多夫・亚历山大**在 1960 ~ 1970 年提出模式语言，直接催生了对象化编程和设计模式的发展，但是他本人更希望将软件看成是生命体，每个生命体由很多“**生命中心**”构成。

原子、分子、蛋白质、细胞、器官、生命体（人）、社会、地球、太阳系、银河系及宇宙都可以看成是不同层级下的“**生命中心**”。其中生命体（人）是自然界中最复杂和最有序的形态。生命的结构与软件的结构具有相似性。生命的进化与软件的开发过程也具有相似性。作为编程的入门教程，我们不强调“**面向对象**”的编程方法，而强调的是希望读者在一开始就能“**将写代码看成是一个创造生命的过程**”。本节沿用**克里斯多夫亚历山大**的说法，将它称之为寻找和建立**生命中心**，**生命中心**大概等同于其他计算机书籍中的**对象**。你创作的程序，可能只是一个单细胞生物，也可能是一个庞然大物，但是你创造它的过程需要让它时刻保持**活力**。

1.6.1 项目 28x107：电梯调度算法

课程 ID：28x107

简　介：通过电梯调度算法小游戏了解电梯调度的简单算法。

1. 理论

了解电梯调度算法这个小游戏的几个简单算法，思考什么是编程。

大家回忆平时自己坐的电梯是怎样运行的，或者实地观察一下，注意电梯是怎样被调度的，例如，电梯去各个楼层的顺序、楼层指示灯是怎么亮的等。有没有让你感觉比较奇怪的现象，或者说你感觉电梯的调度可以做更好的设计。思考如果你来写控制电梯运行的算法，如何让电梯运行得更高效？

2. 实践

电梯调度算法小游戏的设计思路参考了这个小游戏：http://play.elevatorsaga.com/，点击“Apply”按钮可以运行这个游戏。你可以先玩玩这个小游戏体会一下。

我们用 Paracraft 实现了这个游戏的 3D 版。你可以试着玩这个游戏，看能过几关。

在每关里，你的电梯算法只要在规定时间里运送完规定的人数，就算过关。电梯乘客的平均等待时间和最长等待时间越短，则得分越高。

●平均等待时间：某乘客的等待时间即从乘客在电梯外按下电梯按钮到该乘客到达目的楼层的时间，平均等待时间是所有乘客等待时间的平均值。

● 最长等待时间：等待时间最长的那个乘客的等待时间。

在代码方块里用**自定义的代码方块**实现电梯算法（图 1.6.1）。我们看一下有哪些指令可以供我们来编写调度电梯的算法。

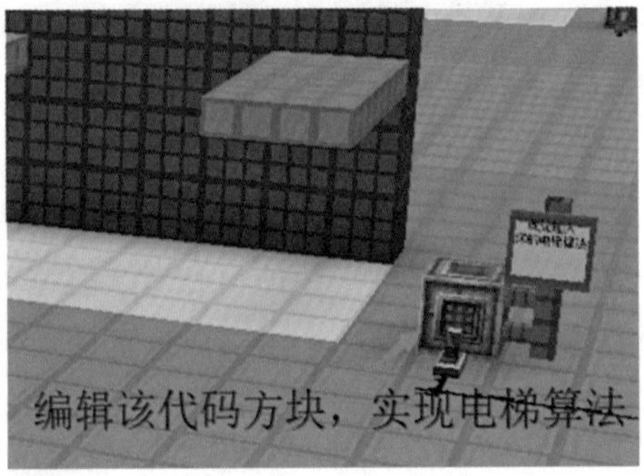

图 1.6.1

● 在事件下面（图 1.6.2（a）），我们看到有两个事件是可以响应的：

○当某楼层的电梯外按钮被按下时。这是发生在电梯外面的事件，是在某楼层等候电梯的人按下了电梯按钮所触发的事件。

○电梯内当楼层按钮被按下时。这是发生在电梯内的事件，是进入电梯内的人按下要去楼层的按钮。

● “运动”的指令（图 1.6.2（b））里我们看到只有一个指令，就是让电梯去某个楼层。

● “控制”的指令（图 1.6.2（c））里有我们熟悉的控制指令执行顺序的控制语句。

● “运算”（图 1.6.2（d））里有些简单的计算操作。

● “数据”（图 1.6.2（e））下面要注意一些跟列表相关的操作指令。

大家需要用这些指令来编写程序以实现对电梯的调度。下面介绍几个比较简单的算法，大家可以体会一下如何控制电梯的调度。希望你在这个小游戏里尝试运行这些代码并观察电梯运行的规律，思考这些代码的含义。在方案 1 和方案 2 的代码里，请尝试找出其中的变量。你可以把变量看作是存储数据的容器。

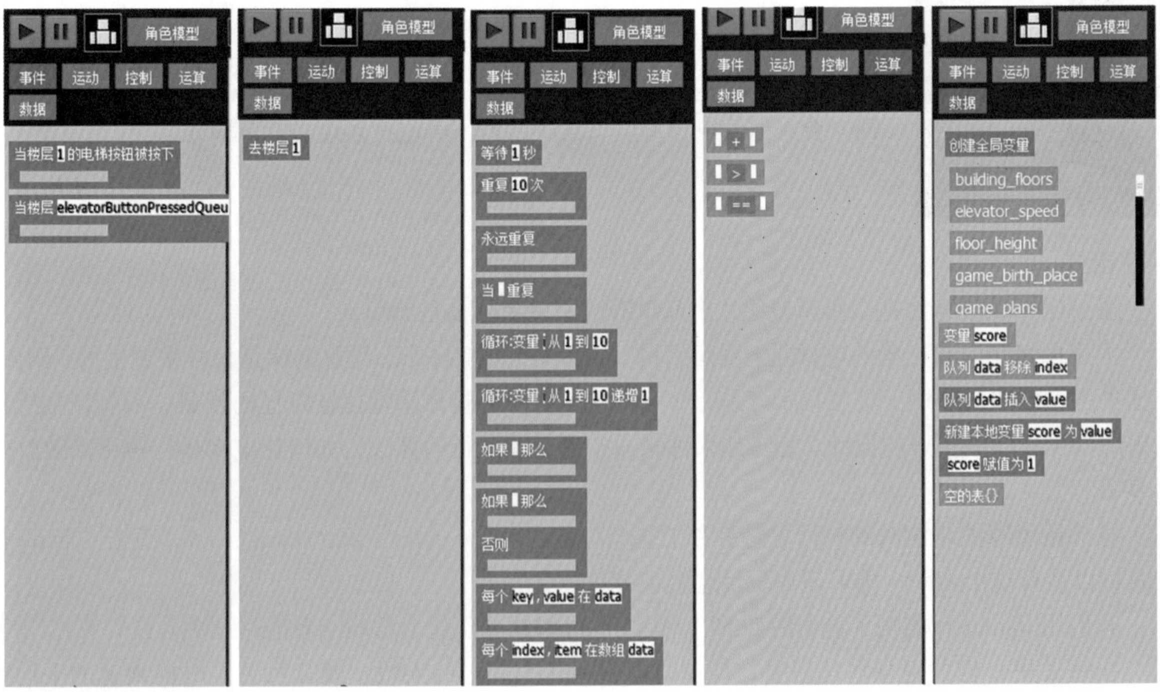

（a）（b）（c）（d）（e）

图 1.6.2

方案 1

电梯上行时，每层楼都停，然后到一楼，不断重复（图 1.6.3）。

```
-- building_floors 是一栋楼的楼层数
-- moveToFloor 函数是电梯去某个楼层

while(true) do
    for i = 1, building_floors do
        moveToFloor(i);
    end
end
```

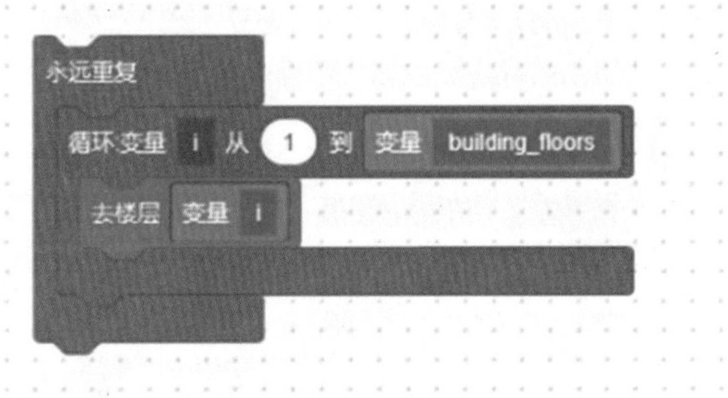

图 1.6.3

方案 2

电梯先上行，每层楼都停，然后下行，每层楼都停，不断重复。

```
while(true) do
    for i = 1, building_floors do
        moveToFloor(i);
    end
    for j = building_floors, 1, -1 do
        moveToFloor(j);
    end
end
```

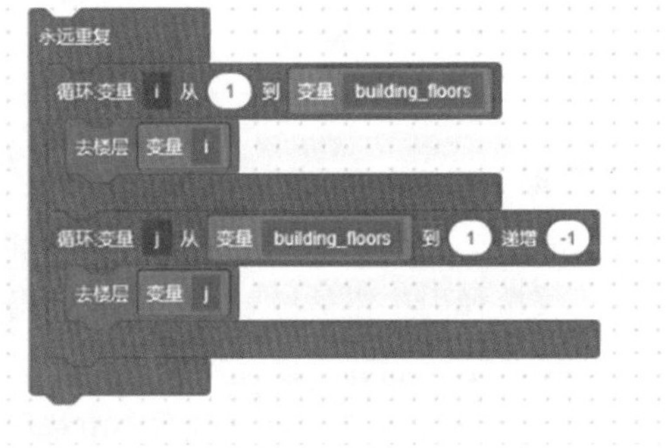

图 1.6.4

方案 3

基于事件响应，单纯地响应电梯外和电梯内的按钮被按下。使用队列，事件被放入队列，然后按照放入的顺序依次访问（图 1.6.5）。

```
queue = {}

buttonPressed(function(floor_num)
    table.insert(queue, floor_num);
end)

-- elevatoButtonPressedQueue 参数是电梯内被按下的楼层数组成的队列

floorButtonPressed(function(elevatorButtonPressedQueue)
    while #elevatorButtonPressedQueue >0 do
        floor_num = table.remove(elevatorButtonPressedQueue, 1)
        table.insert(queue, floor_num);
    end
end)
```

```
while(true) do
    if #queue >0 then
        floor_num = table.remove(queue, 1)
        moveToFloor(floor_num);
    end
end
```

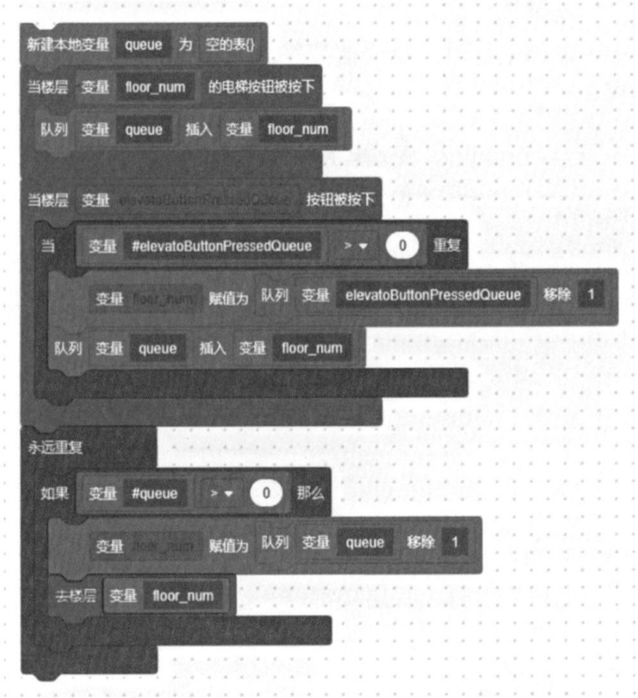

图 1.6.5

方案 4

使用队列，共有两组队列：上行队列和下行队列。仍然采用事件响应的方式。但与方案 3 不同，当电梯外或电梯内按钮被按下时，相应楼层数被分别放入上行或下行队列并重新排序。电梯根据当前方向上的队列依次取数去该楼层。

这个算法比较符合大家日常乘坐电梯的体验。

```
_G.down_queue = {}

function_G.rebuildQueues(current_floor_num)
    local t = {}
    for i, n in pairs(_G.up_queue) do
        -- also remove current floor num from the queue
        if not has_value(t, n) and n~=current_floor_num then
            table.insert(t, n)
        end
    end
    for j, m inpairs(_G.down_queue) do
        if not has_value(t, m) and m~=current_floor_num then
            table.insert(t, m)
        end
    end
    _G.up_queue = {}
    _G.down_queue = {}
    for k, x inpairs(t) do
        addToQueues(x)
```

```
        end
        table.sort(_G.up_queue)
        table.sort(_G.down_queue, reverse)
end

function_G.addToQueues(floor_num)
        if (floor_num~=nil) then
                if (floor_num >_G.current_floor) then
                        if not has_value(_G.up_queue,floor_num) then
                                table.insert(_G.up_queue, floor_num)
                                table.sort(_G.up_queue)
                        end
                else
                        if not has_value(_G.down_queue, floor_num) then
                                table.insert(_G.down_queue, floor_num)
                                table.sort(_G.down_queue, reverse)
                        end
                end
        end
end

buttonPressed(function(floor_num)
        addToQueues(floor_num)
end)

floorButtonPressed(function(elevatoButtonPressedQueue)
                while #elevatoButtonPressedQueue >0 do
                        floorNum = table.remove(elevatoButtonPressedQueue, 1)
                        addToQueues(floorNum)
                end
end)

registerBroadcastEvent("stopped_at_floor", function(floor_num)
        rebuildQueues(floor_num)
end)

while(true) do
        if (_G.status == "upwards") then
                if #_G.up_queue >0 then
                        goto_floor = table.remove(_G.up_queue, 1)
                        moveToFloor(goto_floor)
                elseif #_G.down_queue >0 then
                        _G.status = "downwards"
                else
                        _G.status = "idle"
                end
        elseif (_G.status == "downwards") then
                if #_G.down_queue >0 then
                        goto_floor = table.remove(_G.down_queue, 1)
```

```
                moveToFloor(goto_floor)
            elseif #_G.up_queue >0 then
                _G.status = "upwards"
            else
                _G.status = "idle"
            end
        else
            if #_G.up_queue >0 then
                _G.status = "upwards"
                goto_floor = table.remove(_G.up_queue, 1)
                moveToFloor(goto_floor)
            elseif #_G.down_queue >0 then
                _G.status = "downwards"
                goto_floor = table.remove(_G.down_queue, 1)
                moveToFloor(goto_floor)
            else
                --if _G.current_floor ~= 1 then
                    -- moveToFloor(1)
                --end
            end
        end
    end
```

测试题

在方案 1 和方案 2 的代码中，哪些是变量？

答案

building_floors, i, j。

1.6.2 项目 28x108：由电梯调度算法了解编程思维

课程 ID：28x108

简　介：通过电梯调度的简单算法，我们来学习什么是抽象模型以及编程是什么样的抽象模型。

1. 理论

我们在上一个项目里玩了电梯调度算法这个小游戏。电梯是我们日常生活中经常接触的，其内部就有程序在控制电梯的运行。我们现在通过电梯调度这个小游戏来学习了解编程思维是怎么样的。

抽象建模：如何理解编程？

大家每天都在学习新的知识。知识就是我们大脑对这个世界的各种认识的抽象模型。编程是对世界本质的思考，所以编程也可以看成是我们的大脑在抽象建模。编程中的抽象建模是可被计算机检验的，并且可以在全世界被成千上万的人反复使用。这也是我们为什么可以通过学习编程去更好地认识这个世界，以及为什么各种软件在不断进入更多的领域和更深的层次，来改变我们的生活。

所以首先我们要了解什么是抽象模型。

抽象模型：算术

大家都学过算术。算术是我们对数字认识的一个模型。例如，自然数以及加、减、乘、除就构成一个模型，如图 1.6.6 所示。

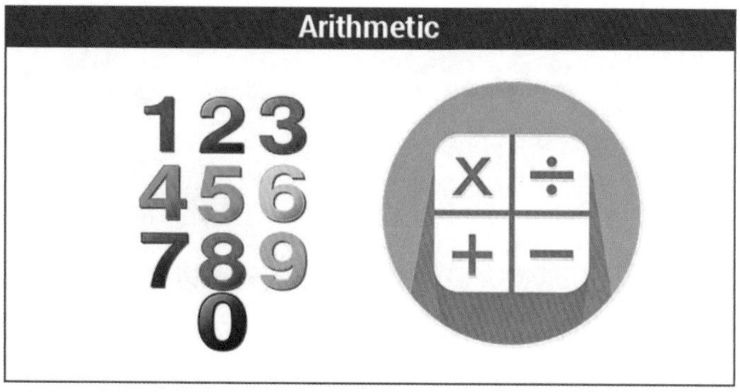

图 1.6.6

自然数是 1,2,3,4,5,6，…，顾名思义，就是自然世界里有的数字。我们可以对这些数字进行加、减、乘、除运算，在我们的生活中经常需要对这些数字进行这些运算。

但是当你用一个较小的数减去一个较大的数时，例如，2–6，就不够减了。为了让我们的算术模型更加完善，我们引入负数，这样就有 2–6=–4。负数可能就没有自然数这么自然了，它更像是我们头脑里的一个抽象概念。

当你用一个自然数除以另外一个自然数的时候，你很可能得不到一个自然数。为了让算术模型更完善，我们引入分数或者小数这个更加抽象的概念。

引入负数和分数以后，我们看到这个算术模型就比较完整了。

抽象模型：拼音

汉字拼音也是一个模型。你可以用 26 个字母拼出所有的汉字（图 1.6.7）。

对于拼音模型（图 1.6.7），26 个字母只是其最基本的单元，字母之上，还有更高层次的结构，如声母、韵母。另外汉语拼音还有 4 个音调。

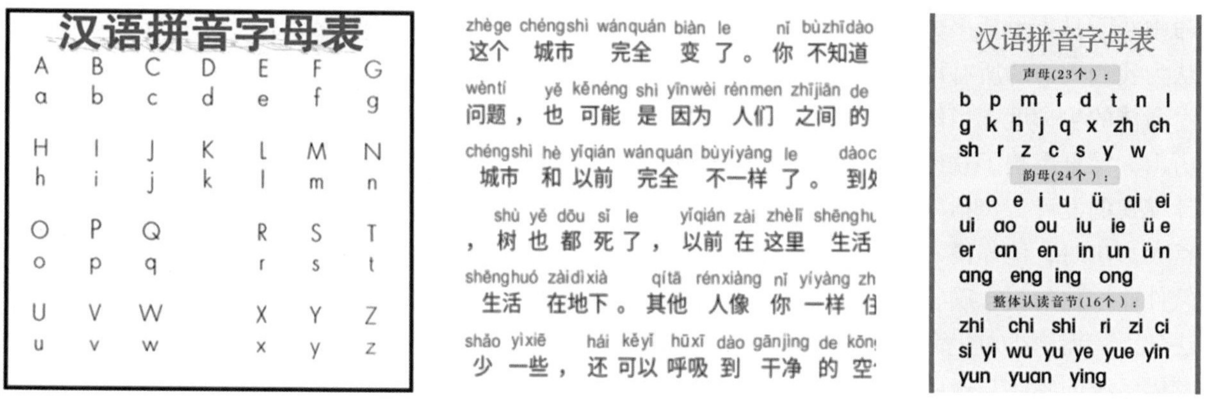

图 1.6.7

知识也是抽象模型

总结一下上面讲述的抽象模型：知识是我们大脑里的模型，代表了我们对这个世界的认识。这个模型是建立在我们生活中经历过的其他**重要**的感官**体验**基础上的（我们称之为**重要体验**）。因此死记硬背是无法真正学会知识的，我们必须用双眼、双手去体验，找到事物间的相似之处，建立起抽象模型。

大脑中的知识是建立在我们重要体验的基础上的，它代表了我们对这个世界的认识的抽象模型，可以帮助我们更好地理解我们所处的世界。

学习就是抽象建模的过程（学习是探索并建立各个领域的知识模型），编程也是抽象建模的过程（编程也是找到各个领域的知识模型并将其数字化，也就是说这个模型必须能够运行，还要被很多人使用来接受检验）。所以编程是在思考事物的本质。

上面我们通过算术模型和拼音模型大概体会到建模其实可以包含非常丰富的内容，例如，如何完善我们的模型，对比较复杂的模型如何分层等。我们将在后面的章节具体去学习这些内容。

下面我们以一个常见的建模例子来说明上面的道理。

图 1.6.8 中是什么?

如果你说是火箭，但这并不是真的火箭。那为什么你要说这是火箭呢？是不是因为它满足了你大脑里关于火箭的模型呢？例如，有尖尖的头、圆柱形的身体及几个作为支架的脚。这个可能是我们大脑里关于火箭的模型。正是因为有这样一个模型，我们看到这种图片就可以识别出火箭。

图 1.6.8

这个例子说明，抽象建模在我们生活中是无处不在的。抽象建模就是我们俗称的“知识”。编程这种建模是可被验证的，因为程序必须能够执行，并且要被很多人使用。

生命中心

这里我们引入“生命中心”的概念。简单地讲，我们能够识别出火箭这个模型，是因为上面这个模型里包含了几个构成火箭模型的生命中心，如尖头、身体及支架。有了这几个生命中心，我们就可以识别出火箭这个生命体。在算术模型里，自然数和加、减、乘、除就是算术模型的生命中心。在拼音模型里，26 个字母是最基本的生命中心，在其之上的声母、韵母是更大的生命中心。“生命中心”是克里斯多夫・亚历山大在其著作 *Nature of Order* 里提出的概念。克里斯多夫・亚历山大认为我们周遭的所有可以识别的东西都有生命，包含多个生命中心，其生命中心的组成结构决定了生命体的生命度。当然，克里斯多夫・亚历山大主要是把这些概念用在建筑学上。克里斯多夫・亚历山大深刻影响了软件业的发展，他在 1960 ~ 1970 年提出模式语言，直接催生了对象化编程和设计模式的发展，包括后来的敏捷编程。但当他在一次公众演讲中被问及如何看待他自己在软件业的巨大影响时，他却说，软件从业者在很大程度上并没能正确理解他所说的概念。简单地说，他认为软件业用他的概念确实有利于软件人士彼此思想的沟通，但是目前的使用仅停留在简单的工具和方法学上，而缺少对生命本质的理解，从而无法从整体上去连接一切，无法在各个层面、各个领域做整体系统的阐述与运用。

本书中所使用软件编程的抽象建模的分析方法，与软件行业使用的不少方法有类似或相通的地方，但又有所不同。我们希望通过本书的学习，能够建立起软件业需要的对克里斯多夫・亚历山大的理论正确的理解。如克里斯多夫・亚历山大在 Nature of Order 里所说，传统西方科学自笛卡尔以来，刻意追求主客体分离，不让主观去影响客观的观察。但主观其实也是客观的，客观本质也是主观的。科学的进一步发展，就是要突破这种机械的对立。这种对立在软件业的发展中也有很多的体现，简单地说，为什么编程对普罗大众来说这么难学难懂，就是这种机械对立的一个结果。而我们在本书里所介绍的方法，就是在生命体系各个层次的建立上，有（创造性的）人的主动参与，去感知在每个层面需要建立的生命中心，去构建一个富有生命的生命体。软件编程里需要学习的方法，和其他各个行业，只要是面对复杂系统的，都是一样的。我们希望通过对"生命中心"概念的正确运用，能够把软件编程真正普及开来。

根据相似性原理（见第五章），表面复杂的系统都是由最简单的基本单元组成的。例如，生物体除了病毒，都是由细胞组成的，不管它们的形态和生命特征多么不同。再如，整个宇宙的组成其实就是一些基本粒子。我们所看到的一切，就是来自于这些简单的基本单元的不断变化和组合。我们需要的是找到这些最基本的单元以及它们组合与变化的规律。而这些基本的单元以及其上的、大的单元，就是我们要寻找的生命中心。

同样，基于相似性原理，所有的事物都是相连的，例如，知识是广泛相连的。正是因为生命中心不停地变化组合成不同的事物，才形成了各种事物之间的相似性。

更重要的，通过生命中心的位置，主次和层次关系所勾勒出来的空间逻辑，正是万事万物间的逻辑相似性。相似性原理是可以运用于诸多不同的学科领域包括人文与艺术的普遍性原理。

我们将在后面的章节里让大家逐渐掌握在抽象建模中如何一层层地识别出各层的生命中心，直至能够转化成指令代码的细节。

编程的抽象模型

编程作为我们建模的数字化工具，其本身又有其抽象模型。那么编程又是怎样的抽象模型呢？

编程其实就是抽象建模。大家学习编程就是学习如何给不同的事情抽象建模。下面我们以电梯调度为例说明最简版本的关于编程的抽象模型。

（1）程序是由指令构成的。3D 世界里的指令很多是与 3D 世界里的角色有关，例如，角色向前走或者说话等。在这个电梯调度小游戏里则更简单，玩家只需考虑电梯的一个动作 moveToFloor，去往某个楼层即可（图 1.6.9）。

注：指令跟函数基本上是一个东西。

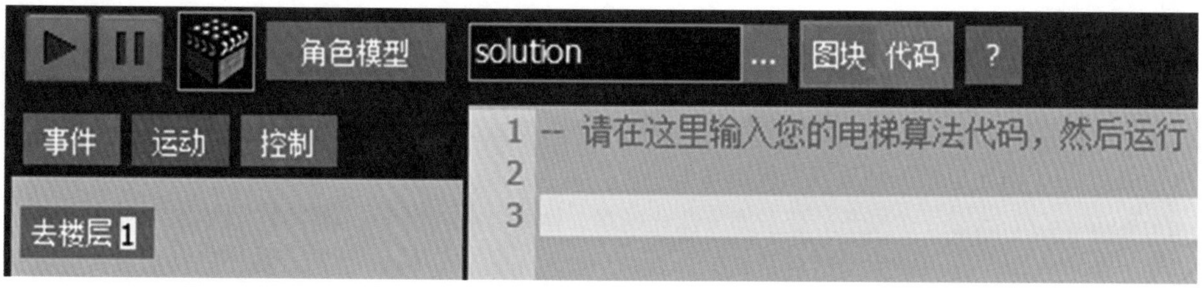

图 1.6.9

（2）程序经常需要响应外部的一些**事件**，例如，按下鼠标或键盘的某键，在电梯调度小游戏里的事件很简单，就是电梯外的按钮被按下以及电梯内的按钮（表示要去的楼层）被按下（图 1.6.10）。

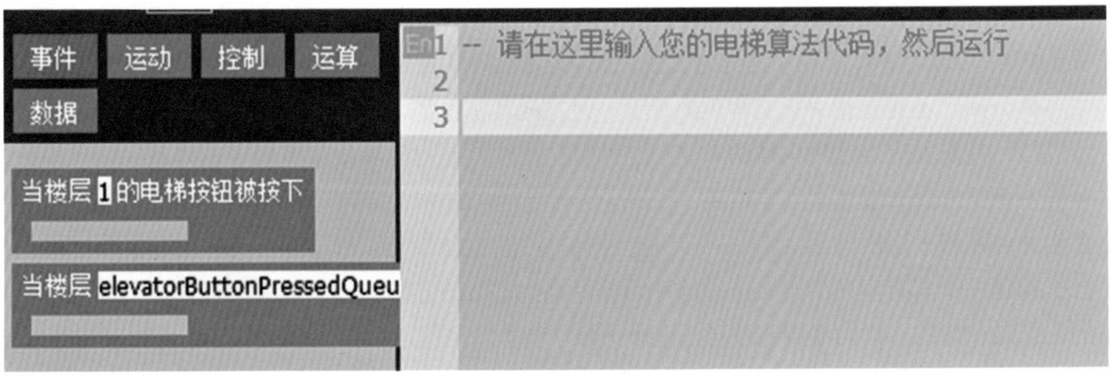

图 1.6.10

（3）其他就是这些指令运行的**顺序**了。最简单的就是一条条指令顺序执行，也可以重复或循环执行。或者是有分支的进行（例如“如果…那么…”语句），这又称为条件语句。

以上可以说是最简版本的、关于编程的抽象模型介绍了。下面我们就看这个抽象模型如何用来编写电梯的调度算法。以上节课列举的几个典型算法为例。

抽象模型运用于电梯调度编程

方案 1：电梯上行时，每层楼都停，然后到一楼，再上行，如此不断重复。电梯在每层楼停时，电梯门都会打开，要上电梯的人可以上电梯，要下电梯的人可以下电梯。这是一个很简单的算法，但是它可以完成电梯运送乘客的任务。

方案 2：该方案和方案 1 类似，区别只是电梯下行的时候每层楼都停。

这两个方案很简单，到这里可以说我们把编程这个抽象模型运用在了电梯调度上。**怎么把上述方案转化成代码呢？**代码不过是**一种语言**，现在常用的高级语言是接近人类自然语言的，如 Lua、NPL 语言。和学习人类语言一样，我们需要熟悉这个语言的一些基本词汇和用法。

我们来看看方案是如何转换成代码的。

方案 1

电梯上行时，每层楼都停，然后到一楼，再上行，不断重复。

```
-- building_floors 是一栋楼的楼层数，moveToFloor 函数是电梯去某个楼层
while(true) do
    for i = 1, building_floors do
        moveToFloor(i);
    end
end
```

在 3D 世界里，我们经常需要让角色一直在做些事情，就要用到 while(true) 语句，这是一种重复执行语句。for 语句也是一种重复执行语句。

building_floors 是一个变量，变量即会变化的量，你可以把它当作一个容器，让它装不同的东西，如数字或字符串，这一般称为给变量赋值。在这里变量 building_floors 表示一栋楼的楼层数，例如，在电梯调度小游戏里第一关有 3 层楼，第二关有 4 层楼，第三关有 9 层楼，我们就可以在程序里用 building_floors 这个变量来表示，然后在每关里给这个变量赋不同的值，如（3，4，9）。

其实 for 语句里的 i 也是个变量，从 1 到 building_floors 的值（3, 4 或者 9）变化数值，例如，i 值按 1，2，3 变化。moveToFloor(i) 这个语句里就使用了 i 这个变量。

方案 2

电梯上行，每层楼都停；然后下行，每层楼都停。不断重复。

```
-- building_floors 是一栋楼的楼层数，moveToFloor 函数是电梯去某个楼层
while(true) do
    for i = 1, building_floors do
        moveToFloor(i);
    end
    for j = building_floors, 1, -1 do
        moveToFloor(j);
    end
end
```

方案 2 和方案 1 很类似，这里有两个 for 语句。

注：具体的关于 while 语句和 for 语句的用法，请参考第 2 章的内容。

上面两个方案很简单直接，如果楼层数不高，例如，只有 3 层或 4 层，这个调度算法还是可以的。但是楼层高了以后，例如，十几层甚至二十几层，这个算法每层楼都要停，效率就很低了。

这时我们可以考虑一下响应事件的方式。一个简单的思路就是当电梯外的按钮或电梯内的按钮被按下时，让电梯就去该楼层。例如，一楼电梯外的人按了电梯按钮，电梯就去一楼，如果电梯内的人按了三楼，就去三楼。执行的顺序可以按按钮被按下的时间顺序。这个思路也很直接和简单，实现出来应该是下面这样的代码：

```
buttonPressed(function(floorNum)
    moveToFloor(floorNum)
end)

floorButtonPressed(function(floorNum)
    moveToFloor(floorNum)
end)
```

注意：以下内容比较难，如果看不懂没有关系。关于事件响应，大家前面玩过的项目编程里面有响应角色被鼠标点击的事件 registerClickEvent，就是事件响应的一个例子。

但是运行这段代码，却产生错误，这是为什么呢？

这是 3D 世界里事件处理的一个特点，即当来自同一个角色的很多事件同时发生时，只处理最近的一个事件，其余的就丢掉了。为什么要这样处理呢？因为用户在 3D 世界里会产生大量的事件，如鼠标移动、键盘按键等，3D 世界需要有即时响应。如果每个事件都处理，必然有极大的延时，效果会很差。而实际上对 3D 世界里的用户交互体验来说，一般用户同时触发多个事件时，用户只要看到最后一个事件被响应即可。

正是因为 3D 世界的这种特点，3D 世界里的事件响应倾向于快速响应，但很多事件会被自动丢掉。像电梯调度这种例子，我们其实是不希望电梯按钮被按下这种事件被丢掉的，这样就必须自己做个队

列来放这些事件。队列的长度要足够放所发生的事件。队列就是编程里的数据结构。你可以把队列当作一组东西，可以是一组数，也可以是一组字符串，或者是一组数和字符串，或者是一组数据结构。队列是软件编程里最常用的数据结构,熟练掌握队列的操作往往是编程学习需要经历的一个重要阶段。

方案3里我们就是用一个队列来放这些事件。

方案3

基于事件响应，单纯地响应电梯外和电梯内的按钮被按下。使用队列，事件被放入队列，然后按照放入的顺序依次访问事件。

```
-- building_floors 是一栋楼的楼层数 , moveToFloor 函数是电梯去某个楼层
_G.queue = {}

-- 处理电梯外按钮被按下的事件
buttonPressed(function(floor_num)
    -- 队列操作，把 floor_num 插入到队列 queue 的末尾
    table.insert(queue, floor_num);
end)

-- 处理电梯内按钮被按下的事件
-- elevatoButtonPressedQueue 参数是电梯内被按下的楼层数组成的队列
floorButtonPressed(function(elevatorButtonPressedQueue)
        while #elevatorButtonPressedQueue >0 do
            -- 从队列 elevatorButtonPressedQueue 的头部一次出一个数，并赋值给变量 floor_num
            floor_num = table.remove(elevatorButtonPressedQueue, 1)
            table.insert(queue, floor_num);
        end
end)

while(true) do
    if #_G.queue >0 then
        floor_num = table.remove(_G.queue, 1)
        moveToFloor(floor_num);
    end
end
```

这里我们看到使用了一个队列 queue。当电梯外的按钮被按下时，table.insert(queue, floor_num) 这一语句把被按下的楼层放入了该队列。当电梯内的按钮被按下时，同样把目的楼层放入了队列。不过大家可以看到，处理电梯内按钮被按下事件的这个函数 floorButtonPressed 里传递的参数是一个队列。为什么前面那个处理电梯外按钮按下事件的 buttonPressed 里是一个数，而这里是一个队列呢？因为电梯外的人的出现是系统设定每隔几秒出现的，这样不会短时间有大量的电梯外按钮被按下的事件，所以我们无须特殊处理。但是某层楼等待的人进入电梯时很可能是多个人一起进入电梯，然后差不多同时按下目的楼层按钮。这样就同时有了多个事件，所以这些事件我们预先将其放入一个队列里，处理这个事件的函数也用来处理这个队列。

以上因为3D世界的特殊性，我们做了一些特殊的工作，这部分内容可能会比较难懂，对一般程序员来说也算比较深的知识。所以这部分内容如果不理解没有关系，只要明白我们可以用响应事件的方式来编程即可。Paracraft 里的大部分编程不会需要这种特殊的事件处理方式。

方案 3 的效率其实并不高，因为它是按照按钮被按下的时间顺序来响应的。方案 4 我们进行了改进，对这个队列里的事件进行排序，按照当前电梯运行方向上的先后顺序进行排序，如果是反方向上的就放到另一个队列里。大家看看上个项目里方案 4 的代码，这个算法是和大家平时坐电梯的体验基本一致的。

小结： 编程需要按照一定顺序去编写一些指令，程序可以响应一些事件，在编程中我们可以使用变量让编程更简单，队列这个数据结构很强大，这可以说是一个最简的编程模型了。具体内容则需要去了解 3D 世界里有哪些控制角色或者控制整个世界的指令，包括对摄影机的控制；有哪些可以响应的事件，不仅是外部事件，如键盘按下，也有 3D 世界内部的事件，如角色碰撞等；控制程序执行顺序的语句有哪些（注意这些控制语句在各个编程语言里是很通用的）；队列除了插入和移除外还有哪些更多的操作（如排序）。这样大家可以使这个编程模型更加丰富起来，以后面对的各种编程就是要学会如何熟练运用这个编程模型去对各个领域建模。

编程的工匠属性

除了上面说的大家在编程时候使用编程模型为各领域建模的逻辑化、结构化和体系化思维外，编程也有其工匠属性。像其他行业的工匠一样，如画家、玉雕师等，程序员需要熟练掌握编程工具。其中最基本的就是对键盘的使用，也是我们一直跟大家强调的“打字”。此外，程序员还需要掌握编辑器等软件工具。

除了对工具的熟练掌握外，编程的过程也和其他工匠行业一样，离不开尝试和不断的迭代，并且在这个过程中不断地去感知和改进。

编程也需要良好的审美感，需要像其他行业的工匠一样多看好的作品甚至是其他行业的艺术作品，以吸收美的元素。

编程需要会讲故事，编程中的故事侧重于清晰有意义的表达，不需要悬念，生动性也不重要。编写复杂的软件则需要有讲述复杂故事的能力，能层次分明地把每层故事讲清楚。

除此之外，编程还有着其他工匠行业的各种特点，甚至和其他工匠一样需要能够忍受孤独。当然，对于工匠，最重要的就是自己的作品。

编程同时也有工程属性，大的项目需要多人协作完成。有的工匠行业其实也是有工程性质的，比如漆匠。

总结： 希望这个项目能让大家对编程有一个最粗略的全局的了解，先建立起一个基本的框架。大家在后续的学习中需要对这个框架不断地做具体的填充。希望这个框架对大家后续的学习起到事半功倍的效用。

我们下面会讲 3D 世界的编程模型是怎么样的，会具体介绍 3D 世界里的指令、事件等。至于控制指令执行顺序的语句和各种数据结构在各种计算机环境及计算机语言里都是差不多的。

你在了解了 3D 世界的编程模型后，就可以通过很多小游戏的编程来掌握编程建模的各种方法。这些方法在你以后学习其他领域的编程时，如操作系统编程、网站编程及手机应用编程等，都是通用的方法，你只需要额外学习一下操作系统、网站、手机应用的模型就可以了。

2. 实践

回顾前面玩过并完成制作的小游戏，结合本项目的知识尝试对每个项目进行探索和建模。

测试题

（1）电梯调度小游戏里都有哪些事件?

（2）本项目里所讲的编程的抽象模型包括哪些要素?

答案

（1）电梯外的按钮被按下以及电梯内的按钮被按下。

（2）指令、事件及执行顺序。

1.6.3 项目 28x110：3D 世界的编程模型

课程 ID： 28x110

简　介： 3D 世界本身也是一个抽象模型，因为我们要编程的指令和事件都是这个 3D 世界里的指令和事件，所以若在 3D 世界里编程，就需要了解 3D 世界这个抽象模型的要素。

1. 理论

学习编程就是要逐渐掌握抽象建模的过程和方法。

前面我们介绍过编程的抽象模型，包括指令、事件、控制指令执行顺序的控制语句，还有数据结构。这个模型可以说是编程的最简模型。不管你是学习哪些编程语言，也不管你是直接面对机器编程还是面对操作系统，或是面对一个虚拟环境，如一个 3D 世界，这个抽象模型都是适用的。

而 3D 世界本身也是一个抽象模型，所以若在 3D 世界里编程，就需要了解 3D 世界这个抽象模型的要素。

想一想：3D 世界里面应该有什么？（结合自己积累的对 Paracraft 世界的体验。）

3D 世界是一个三维空间。

3D 世界，顾名思义，和 2D 世界是不同的，它是一个三维空间。3D 世界里的运动或者位置变化往往表现为三维坐标的变化。我们可以获取角色的坐标、场景里某个方块的坐标，并通过改变这个坐标的方式来控制角色或方块。对于机关类方块，我们甚至可以直接触发在某个位置的机关。

例如，在钢琴小游戏里，我们通过坐标的变化来实现琴键按下再弹回原来位置的效果。

```
move(0,-0.3,0)
wait(0.25)
move(0,0.3,0)
```

例如，在乒乓球小游戏里，我们要让乒乓球不停地运动，就在永远重复语句里加一句“moveForward(0.1)”。

请大家回顾前面学过的项目，看看其中的坐标都是怎么运用的，自己做一个汇总。

3D 世界里有角色

顾名思义，“世界”里会有很多东西，包括不会动的东西，如场景等，还有会动的东西，如角色等。

角色包括人物、动物、物品（如在电梯调度小游戏里的电梯，是我们自己搭建的一个角色），如图 1.6.11 所示。

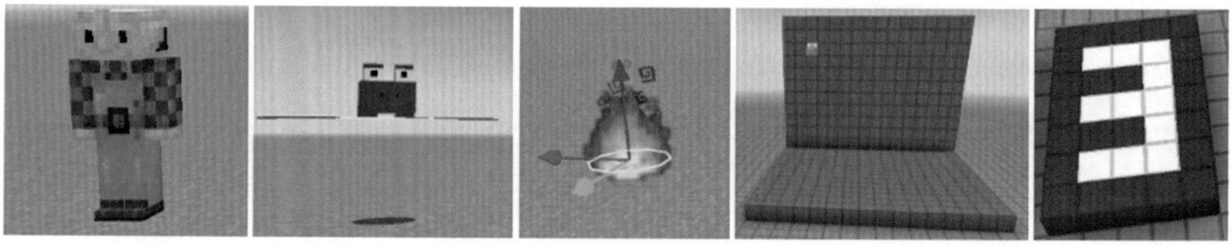

图 1.6.11

除了角色，3D 世界里还有场景，甚至机关，它们都是由各种方块构成的。对 3D 世界的掌握也包括对这些方块的掌握。

3D 世界默认是有主角的，你通过键盘鼠标默认控制的是这个主角，包括控制主角的走动、飞行、转身、转换视角等。我们是通过这个主角的视角去看这个 3D 世界的。

镜头默认是跟随主角的，所以在 3D 世界里我们除了跟着主角到处走和看外，也能看到主角。我们也可以用鼠标或命令控制镜头，如控制镜头的远近等。在编辑电影方块的时候，我们也可以编辑电影方块播放时镜头的位置、动作等。例如，在迷宫小游戏里我们对镜头进行如下控制：

```
camera(12, 45, 0)
```

角色可以做动作，程序中也有控制这些动作的指令。例如，人物角色可以向前走、说话、转身，这些都有相应的指令。我们可以通过这些指令控制角色做这些动作。

镜头的各种动作，也有相关的指令，如远近、转角、仰角等。

在 3D 世界里，除了搭建场景、设置机关外，最重要的工作就是控制角色。通过对角色的控制我们可以做动画电影，也可以编游戏。对角色的控制是通过代码方块和电影方块来完成的。每个角色都有控制它的代码（使用代码方块）以及代表电影片段的电影方块。简单的动作可以用电影方块来完成，而比较复杂的动作尤其是逻辑比较复杂的动作，就需要编程来完成。

3D 世界里的指令除了用于控制角色外，也有与整个 3D 世界乃至系统相关的（exit：退出运行；restart：重新开始）。

3D 世界里的事件

外部事件

- 鼠标的点击或键盘的按下
- 演员被点击
- 某方块被点击

内部事件

- 碰到方块
- 动画播放到某一帧

消息

角色间也可以主动发消息。Paracraft 里都是广播消息。通过消息，角色间可以对话，像现实世界里人和人对话一样。例如，跳一跳小游戏里用到的广播消息。

```
broadcast("startgame")
broadcast("createNextBlock")
broadcastAndWait("jump", strength)

registerBroadcastEvent("jump", function(strength)
    Jump(strength)
end)

registerBroadcastEvent("createNextBlock", function()
    _G.bZ = bZ - math.random(1.5, 4)
    clone("platform", {x = bX, y=bY, z = bZ})
end)
```

其他

以上是基本的 3D 世界的抽象模型，这些模型具有 3D 世界特有的指令和事件。而控制指令执行顺序的控制语句其实和其他领域的编程相似。

在这个基本的 3D 世界抽象模型的基础上，大家还可以根据自己在 3D 世界里玩游戏或者做动画编程的经验，进一步丰富这个抽象模型。

例如，**3D 世界里的很多事情是永远执行的**，所以我们经常需要使用 while(true) 这个语句，如图 1.6.12 所示；我们经常需要**很多同样的或类似的角色**，如钢琴小游戏里制作的琴键（图 1.6.13），这就需要用到角色复制以及对被复制角色的控制。

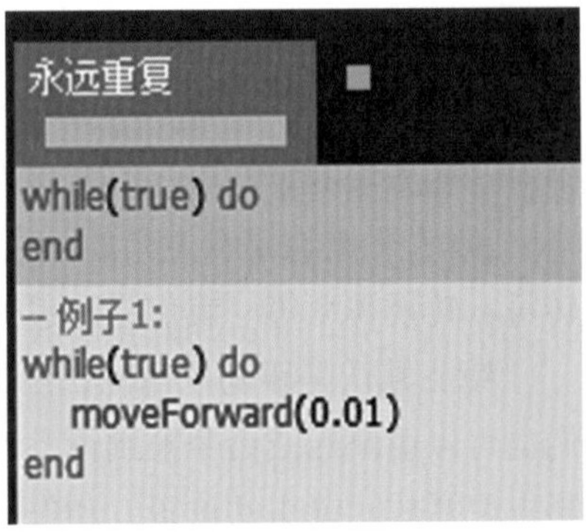

图 1.6.12

```
-- 对被克隆的角色进行控制和属性设置
registerCloneEvent(function(msg)
    move(0, 0, -msg.i*1.05)
    setActorValue("note", msg.note)
    if(msg.isBlack) then
        play(1000)
        move(1, 0.5, 0)
    end
end)

hide()

-- 克隆角色，并传递参数
clone("myself", {note=1, i=1 })
clone("myself", {note=2, i=1.5, isBlack=true})
```

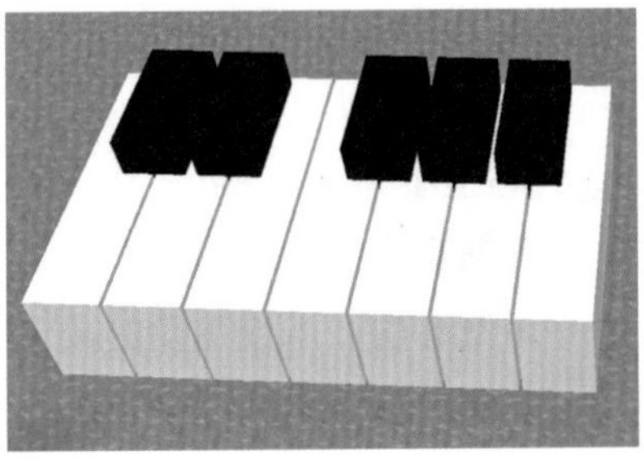

图 1.6.13

```
clone("myself", {note=3, i=2})
clone("myself", {note=4, i=2.5, isBlack=true})
clone("myself", {note=5, i=3, })
clone("myself", {note=6, i=4, })
clone("myself", {note=7, i=4.5, isBlack=true})
clone("myself", {note=8, i=5})
clone("myself", {note=9, i=5.5, isBlack=true})
clone("myself", {note=10, i=6})
clone("myself", {note=11, i=6.5, isBlack=true})
clone("myself", {note=12, i=7})
```

Paracraft 的代码方块 + 电影方块的模型

前面给大家介绍了 Paracraft 的代码方块和电影方块，包括代码方块控制相邻的电影方块等，这些也是大家在 Paracraft 编程过程中把模型转化成代码时需要考虑的。

进阶：数据结构

有了以上基础，在进阶阶段，需要大家了解数据结构的使用方法。其实关于数据结构的内容，在前面项目里也有涉及，**最常见的数据结构有表和队列（一般称为列表，但暂时称为队列也可以）**。例如，钢琴小游戏里复制琴键角色时传递的参数 clone("myself", {note=7, i=4.5, isBlack=true})

这里的 { note=7，i=4.5，isblack=true } 就是使用了一个称为 table(表) 的数据结构。

在电梯调度编程里我们使用了列表（有的称为数组）这个数据结构。

2. 实践

回顾之前的所有项目，根据本项目的内容总结 3D 世界的编程模型是怎样的。本项目介绍的只是大体的基本框架，更丰富的内容希望大家自己学会去总结。

测试题

（1）在 Paracraft 里，如果有多个相同或类似的角色，在编程里应如何处理?

（2）三维空间有几个方向的坐标?

（3）列举你知道的 Paracraft 3D 世界里的事件。

（4）3D 世界里我们可以使用系统已有的角色，也可以自己搭建角色，正确吗?

答案

（1）我们可以使用克隆 clone 函数，然后在响应 clone 的函数里定义每个被克隆的角色应该有什么行为。

（2）三个方向，一般我们命名为 x，y，z。

（3）鼠标或键盘的按下、演员被点击、某方块被点击等。

（4）正确。

1.6.4 项目 28x112：编程中的建模过程——乒乓球小游戏

课程 ID：28x112

简　介：用抽象建模的方法来制作乒乓球小游戏。

1. 理论

编程的抽象模型虽然比较简单，但是需要大量的训练。如何运用这个抽象模型在不同的领域建模，也是职业程序员的主要工作和面临的最大挑战之一。我们以之前玩过并完成过的项目为例，介绍编程时如何运用抽象模型。

2. 实践

乒乓球游戏描述

我们已经玩过这个小游戏，现在尝试用最简的语言来描述这个小游戏：

乒乓球有初始速度，碰到四周的墙壁及球拍会反弹。球拍可以通过键盘按键来左右移动。

按照抽象建模的方法，首先需要找大的生命中心。在3D世界的编程中，这些中心就是角色。

找角色

乒乓球游戏里有两个主要角色，一个是乒乓球，一个是球拍。当然，我们还需要围墙这个不会动的场景，这样乒乓球撞到围墙会弹回。

描述角色，建立模型

找到角色后，需要进一步“**描述**”角色。我们需要**用最简单的语言完整地抓取这些角色的特点**，即对这些角色进行“本质性”描述，在这里要结合我们讲过的3D世界的编程模型来描述（因为3D世界的编程模型是这些小游戏底层的知识模型，也就是所谓的“本质”的东西）。例如：

乒乓球：有初始速度，碰到四周的墙壁及球拍会反弹。

球拍：可以通过键盘按键来左右移动。

有了这些描述，相当于我们有了初步的整体模型。现在来看如何用编程语言把这个模型表达出来。这里运用学过的编程的抽象模型。

模型转化成代码

现在**我们用 NPL 语言来表达**建立起来的乒乓球小游戏模型。

● **乒乓球**

首先，我们在学习3D世界的抽象模型时说过，3D世界里很多东西是永远执行的。这里乒乓球就应该是永远在运动的。所以肯定有一个 while(true) 永远重复控制语句。

那么在3D世界里怎么实现乒乓球自己运动呢？我们可以先看看运动的指令，看看有没有现成的指令可以直接使用。运动指令有现成的指令可以直接使用——“**前进**”（moveForward）。我们通过调整其参数可以调整乒乓球的运动速度。

如何实现反弹呢？我们先看看现成的指令，运动指令有“**反弹**”这个指令可以直接使用。

但是反弹是要在碰到围墙或者球拍的时候才有效。同上事件或者感知里有“**是否碰到**”这个函数可以直接使用。

好了，乒乓球这个模型基本上可以用代码表达出来了。

● **球代码（图 1.6.14）：**

```
turnTo(45);
while(true) do
    moveForward(0.1);
    if(isTouching("block")) then
        bounce();
    elseif(isTouching("pad")) then
        bounce();
    end
end
```

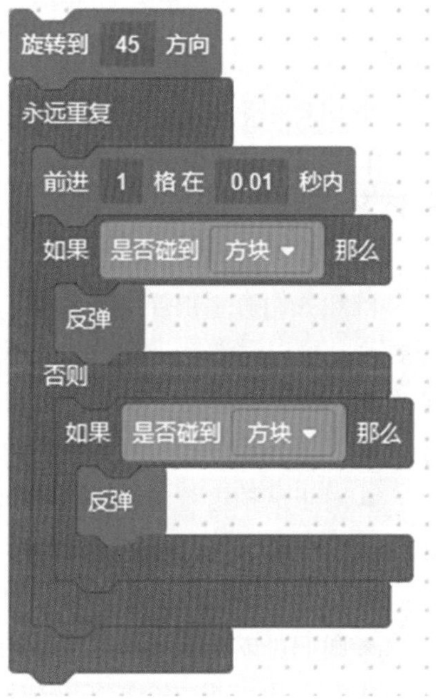

图 1.6.14

● **球拍 (pad)**

下面我们来看球拍这个角色。

球拍需要响应键盘的按键，这属于事件，事件或感知里有“**键是否按下**”这样一个函数。

然后就是在响应键盘这个事件的“**键是否按下**”这个函数里实现球拍的左右移动。这里首先要识别是哪个键被按下，决定是向左还是向右运动，所以需要一个**条件语句**来控制，我们可以用到“**如果……那么**”控制语句。

球拍的向左或向右移动如何实现呢？“**运动**”指令里有“**位移**”指令，这个指令通过传递坐标作为参数，可以实现在 3D 世界里任意方向上的移动。要控制球拍向左或向右运动，只需要一个方向上的坐标变化即可。

我们希望球拍是可以一直响应键盘按键的，所以这里也有一个**永远重复**的循环。

这样球拍这个模型基本上就可以用代码表达出来了。

● **拍子 (pad) 代码（图 1.6.15）：**

```
focus()
say("press N /M key to move me!")
while(true) do
    if(isKeyPressed("n")) then
        move(0, 0.1);
        say("")
    elseif(isKeyPressed("m")) then
        move(0, -0.1);
        say("")
    end
end
```

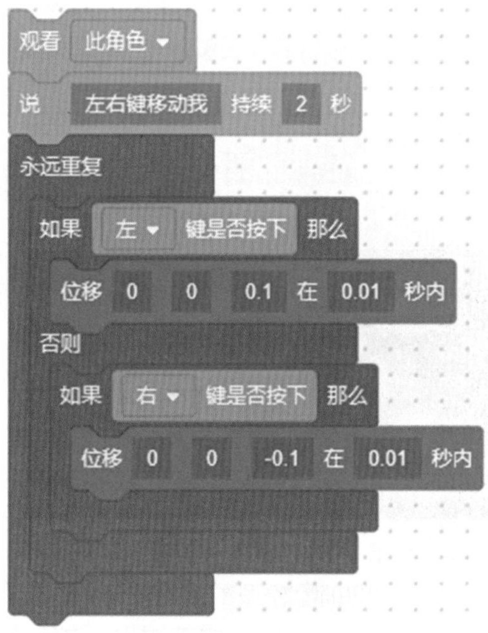

图 1.6.15

为了让小游戏更加生动、友好，我们可以调整镜头，还可以给玩家一些游戏提示。这样一个完整的小游戏就制作出来了。

当然以上只是代码部分。因为 3D 世界里没有现成的乒乓球和球拍角色，我们需要把乒乓球和球拍用方块搭建出来，存成模型，然后在电影方块里添加它，如图1.6.16所示。

图 1.6.16

本项目里的乒乓球用小鸡来代替，不过你可以用Paracraft做一个乒乓球出来。

3. 练习

改变模型，再编程

既然我们有了很详细的模型，就可以在不同的层次对模型进行更改，可以对游戏进行改进、升级，甚至做出不同的游戏。具体来说，我们可以改变某个层次的某个中心，或者增加一些新的中心，或者改变中心间的交互。

- 对于乒乓球小游戏，我们可以改变乒乓球这个中心，例如，改变乒乓球的初始速度。
- 对于球拍这个中心，我们可以让球拍向前或向后运动。同时改变乒乓球和球拍两个中心的交互，让乒乓球碰到球拍后还会改变速度。
- 对于场景这个中心，我们可以做得更复杂，有曲线、有棱角，增加难度。
- 我们可以增加记分这个新的中心。
- 我们可以把一个拍子变成两个拍子，分别由不同的按键控制，这样实现两个玩家的对弈，像打乒乓球比赛一样，只是在这里我们往墙壁上打。
- 当然我们也可以增加游戏的音效，让游戏更加生动。

请你按照这样的方法，改变或者丰富我们的模型，创造出一个新的更好玩的游戏。

测试题

本项目里有哪些角色是我们用方块自己搭建出来的？

答案

球拍。我们也可以用方块搭建一个乒乓球。

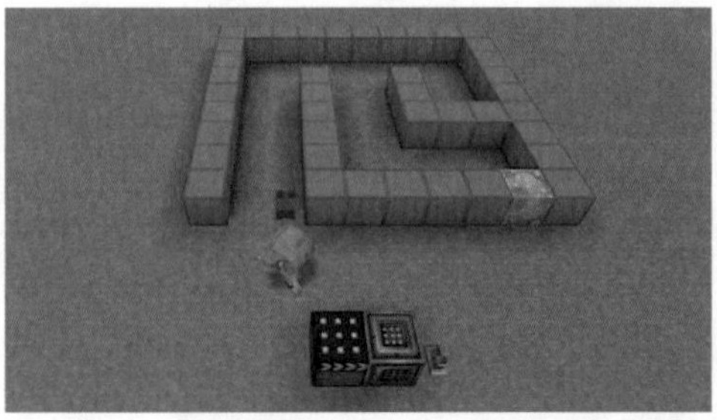

1.6.5 项目28x114：编程中的建模过程——迷宫小游戏

课程ID：28x114

简　介：用抽象建模的方法来学习迷宫小游戏的制作。

1. 理论

编程的抽象模型虽然比较简单，但是需要大量的训练。如何运用这个抽象模型在不同的领域建模，也是职业程序员的主要工作和面临的最大挑战之一。下面以我们之前玩过并完成过的项目为例，介绍编程时如何运用抽象模型。

2. 实践

迷宫游戏描述

我们已经玩过这个小游戏，现在尝试用最简的语言来描述这个小游戏。

玩家可以通过键盘控制角色在其中走动，角色碰到迷宫的墙壁会被弹回；角色成功到达目标则获胜。

按照抽象建模的方法，首先需要找大的生命中心。在3D世界的编程中，这些中心就是角色。

找角色

迷宫游戏里有一个主要角色，即在迷宫里行走的角色，这里我们使用了小青蛙。而不会动的迷宫我们可以作为场景来搭建。

描述角色，建立模型

找到角色后需要进一步“描述”角色。我们需要用最简单的语言完整地抓取这些角色的特点，即对这些角色进行“本质性”描述，例如，玩家可以通过键盘控制角色在其中走动，角色碰到迷宫的墙壁会被略微回退；角色成功到达目标则获胜。

有了这个描述，相当于有了初步的整体模型。现在来看如何用编程语言把这个模型表达出来。

模型转化成代码

现在用NPL语言来表达我们建立起来的迷宫小游戏模型。

● **青蛙**

首先，我们在学习3D世界的抽象模型时讲过，3D世界里很多东西是永远执行的。青蛙需要能够一直响应我们的控制，所以肯定有一个while(true)永远重复地控制语句。

● **控制青蛙上、下、左、右移动**

青蛙能够响应我们的键盘按键来上、下、左、右移动，这与乒乓球小游戏里移动球拍类似，但不同的是，青蛙是一个自然行走的状态，而不是像球拍那样只是在一个方向上移动。青蛙需要转身，在当前方向上向前走，所以我们用转身(turnTo)和向前走(moveForward)函数来建模会更合适。

● **碰到墙壁后略微回退**

青蛙碰到墙壁是事件，事件或者感知里有“**是否碰到**”这个函数，可以直接使用这个函数。

“**略微回退**”是指让青蛙在原方向上往后退一点，也就是说在向前走(moveForward)这个函数里传递一个负数。

● **到达终点获胜**

青蛙到达终点时宣布选手获胜。我们可以用一个特殊方块来表示终点，青蛙碰到这个终点时，就宣布获胜。所以这里可以用到上面的“**是否碰到**”函数及**说（say）**函数。

这个模型基本上就可以用代码表达出来了。

```
while(true) do
    if(isKeyPressed("left")) then
        turnTo(-90)
        moveForward(0.2)
    elseif(isKeyPressed("right")) then
        turnTo(90)
        moveForward(0.2)
```

```
    elseif(isKeyPressed("up")) then
        turnTo(0)
        moveForward(0.2)
    elseif(isKeyPressed("down")) then
        turnTo(180)
        moveForward(0.2)
    end

    if(isTouching(10)) then
        moveForward(-0.2)
    end

    if(isTouching(142)) then
        say("You Win!", 2)
        restart()
    end
end
```

3. 思考和练习

思考

对 3D 世界已经有一定经验的人来说，在编写这个迷宫游戏时，可能会想到用键盘是否按下这个事件。如果使用这个事件响应的话，其实就可以去掉 while(true) 这个永远重复的控制语句。

改变模型，再编程

既然我们有了很详细的模型，就可以在不同层次对模型进行更改，即对游戏进行改进、升级，甚至做出不同的游戏。具体方法：可以改变某个层次的某个中心，或者增加一些新的中心，或者改变中心间的交互。

例如，我们可以把青蛙变成赛车，让赛车可以加速也可以刹车，并且增加一个角色，变成两个赛车的比赛。请按照这样的方法改变我们的模型，创造出一个新的更好玩的游戏。

测试题

（1）在迷宫小游戏里，需要响应键盘的按键来控制青蛙的前进，这里的响应键盘的按键在编程模型里称为什么？

（2）在迷宫小游戏里，角色碰到墙壁时需要向后退一点，我们用了向前走（moveForward）这个函数。如何用这个函数实现向后退呢？

（3）我们经常需要在游戏结束后重新开始游戏，这时可以用哪一个指令？

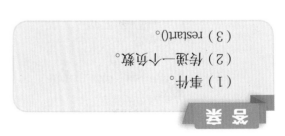

答案

（1）事件。

（2）传递一个负数。

（3）restart()。

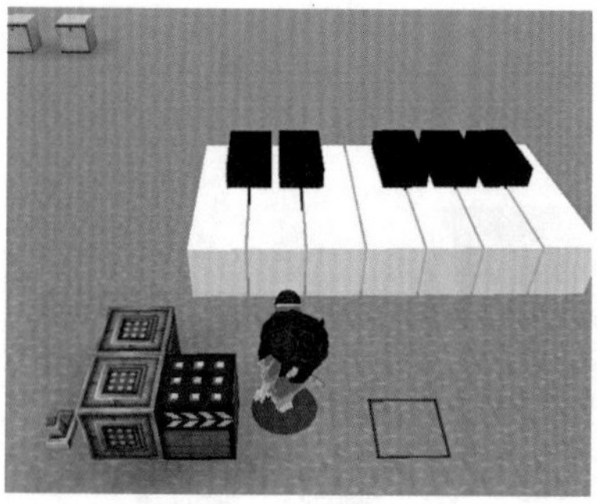

1.6.6 项目 28x115：编程中的建模过程——钢琴

课程 ID：28x115

简　介：用抽象建模的方法来学习制作钢琴小游戏。

1. 理论

编程的抽象模型虽然比较简单，但是需要大量的训练。如何运用这个抽象模型在不同的领域建模，也是职业程序员的主要工作和面临的最大的挑战之一。下面以之前玩过并完成过的项目为例，介绍编程时如何运用抽象模型。

2. 实践

钢琴描述

我们已经玩过这个小游戏，现在尝试用最简的语言来描述这个小游戏。

实现一组琴键，当鼠标点击它时可以显示被按下的效果，并发出不同音阶。

按照抽象建模的方法，首先需要找大的生命中心。在 3D 世界的编程中，这些中心就是角色。

找角色

钢琴游戏里有一个主要角色，即琴键。

描述角色，建立模型

找到角色后需要进一步“**描述**”角色。我们需要用**最简单的语言完整地抓取这些角色的特点**，即对这些角色进行“本质性”描述。例如：

一组琴键，当鼠标点击它时可以显示被按下的效果，并发出不同音阶。

有了这个描述，相当于有了初步的整体模型，但还需要进一步细化。

钢琴

- 一组角色

首先需要实现一组琴键。当需要一组同样或类似的角色的时候，使用克隆 (clone) 函数。

- 琴键按下效果

这是一个鼠标点击事件，可以使用 registerClickEvent 函数。

现在来具体化琴键被按下的效果，这个效果应该是当鼠标点击时，琴键会往下走，鼠标放开后，琴键恢复到原来的位置。由于 3D 世界里重要的是三维空间坐标，所以琴键按下又弹起的效果可以用坐标上的移动（move）函数来实现。

- 琴键发声

使用 playNote 函数，可以使琴键发出一定的声音。不同音高的键按下去，应该发出不同的音，这就需要给 playNote 传递不同的参数。也就是说，琴键应该有不同的属性，这个属性需要在克隆时进行设置。

- 模型转化成代码

以上对模型的描述已经细化到指令级别了。现在用我们的编程语言来表达建立起来的模型（图 1.6.17）。

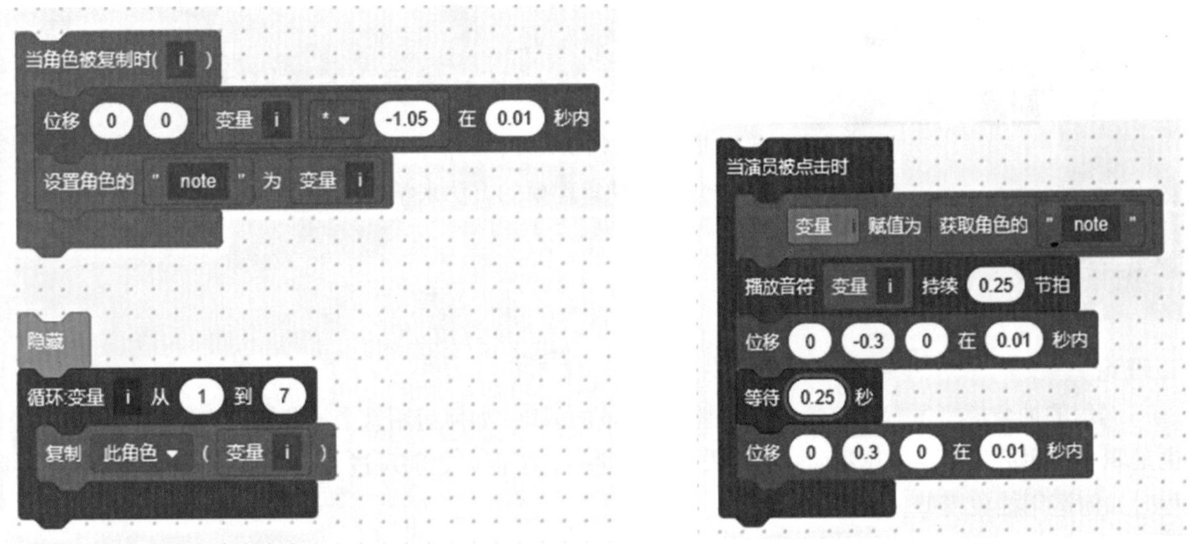

图 1.6.17

```
registerCloneEvent(function(i)
    move(0, 0, -i*1.05)
    setActorValue("note", i)
end)

hide()
for i=1, 7 do
    clone("myself", i)
end

registerClickEvent(function()
    i = getActorValue("note")
    playNote(i, 0.25)
    move(0,-0.3,0)
    wait(0.25)
    move(0,0.3,0)
end)
```

3. 练习

改变模型，再编程

既然我们有了很详细的模型，就可以在不同的层次对模型进行更改，即对游戏进行改进、升级，甚至做出不同的游戏。具体方法：可以改变某个层次的某个中心，或者增加一些新的中心，或者改变中心间的交互。

例如，我们可以不用鼠标点击琴键，而通过键盘来控制琴键，键盘上的一个键对应钢琴上的一个键，这样就可以在键盘上像弹钢琴一样进行演奏。请按照这样的方法改变我们的模型，创造出一个新的更好玩的游戏。

测试题

（1）本项目需要响应鼠标点击，这在编程模型里称为什么？

（2）本项目需要有多个琴键，每个琴键都有相似的行为（如鼠标点击后显示按下状态，然后恢复至原位置的效果，并发出一定音高的音），这样就会有多个相同或相似的角色，在 Paracraft 的 3D 世界编程模型里，我们怎么实现它？

（3）琴键按下后恢复至原位置的行为，在本项目里是用代码来实现的。在 Paracraft 里，还可以用什么方法来实现它？

答案

（1）事件。

（2）使用克隆函数。

（3）可以用电影方块制作一个动画片段，然后通过播放指令（play）来播放这个动画片段。

1.6.7 项目 28x125：编程中的建模过程——飞行的小鸟

课程 ID：28x125

简　介：用抽象建模的方法学习飞行的小鸟小游戏的制作。

1. 理论

编程的抽象模型比较简单，但是需要大量的训练。如何运用这个抽象模型在不同的领域建模，也是职业程序员的主要工作和面临的最大挑战之一。

我们以之前玩过并完成过的项目为例，介绍编程时如何运用抽象模型。

2. 实践

飞行的小鸟编程建模

我们已经玩过这个小游戏，现在尝试用最简的语言来描述这个小游戏。

控制小鸟在一定的空间里飞行，碰到障碍物则失败。

找角色

在不动的场景下可以自己搭建一些场景，因为碰到障碍会失败，所以地形在很大程度上决定了这个游戏的难度。

角色上，我们可以识别出一个角色：**小鸟**。

描述角色，建立模型

找到了角色后进一步“**描述**”角色。我们需要**用最简单的语言完整地抓取这些角色的特点**，即对这些角色进行“本质性”描述。

我们对整个游戏的描述，已经包含了对角色的基本行为的描述，这里做进一步的细化。

在前面的描述里有些还是比较模糊的。例如，“一定的空间”是怎样的空间，“飞行”是怎样的飞行。不一样的空间，不一样的飞行方式，能制作出不同的游戏。

我们都玩过这个游戏，下面通过观察来进一步细化模型。

空间是仅有一个方块厚度的类似隧道的空间，而飞行是默认向前，有恒定速度，会以恒定速度下降，但是如果按下键盘的某键，小鸟会向上飞行。如果描述得足够细，就可以转化成代码了。

模型转化成代码

碰到障碍是一个事件，其在 Paracraft 里可以用不断感知的方式来实现。感知碰撞用 isTouching 函数。响应键盘按键向上飞，也是一个事件。

一直保持飞行，肯定需要有一个永远重复的循环。飞行可以用瞬移指令（moveTo），其坐标可以通过当前坐标进行某些方向上的加减来获得，每次循环的时候等待一个很短的时间（如 0.02 秒）来获得一定的速度。默认的恒定向前飞行是 Z 轴或 X 轴上的坐标变化（取决于飞行通道的朝向），因为只是在一个轴的方向上飞行，所以建模比较简单。而飞行中默认的自动下降则是 Y 轴上的坐标变化。

根据我们对 Paracraft 3D 世界指令的掌握，将模型转化成代码。

```
anim(4)
setActorValue("physicsHeight", 0.2)
focus("myself")

registerKeyPressedEvent("space", function()
    for i=0, 5 do
        moveTo(getX(), getY()+0.06, getZ())
        wait(0.02);
    end
end)

registerBroadcastEvent("start", function()
    turnTo(90)
    moveTo(19201,8.5,19207)
    say(" 连续按 [ 空格 ] 飞行 ", 2)
    while(true) do
        moveTo(getX(), getY()-0.02, getZ()-0.06)
        wait(0.02);
        if(isTouching(51)) then
            tip("Opps! ")
            broadcast("start")
        end
    end
end)
broadcast("start")
```

测试题

（1）根据对这个游戏的建模，你觉得对本游戏可以做哪些改进？

（2）在这个小游戏里，需要用响应键盘的按键来控制小鸟的飞行，响应键盘的按键在编程模型里称为什么？

答案

（1）以下或其他符合要求的改进都可以：把隧道变成真正的三维空间，让小鸟除了上、下飞行外，还可以左、右飞行；小鸟可以碰到某些东西后加速或减速，变大或者变小；增加流弹或炮弹，若被打中则失败。

（2）事件。

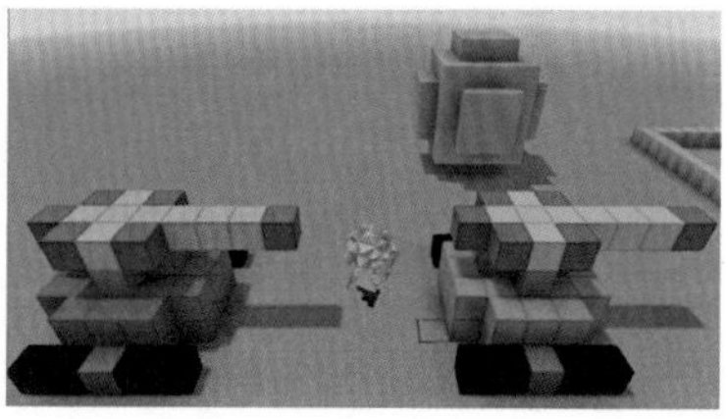

1.6.8　项目 28x126：编程中的建模过程——坦克大战

课程 ID：28x126

简　介：用抽象建模的方法学习坦克大战游戏的制作方法。

1. 理论

编程的抽象模型虽然比较简单，但是需要大量的训练。如何运用这个抽象模型在不同的领域建模，也是职业程序员的主要工作和面临的最大挑战之一。下面以之前玩过并完成过的项目为例，介绍编程时如何运用抽象模型。

2. 实践

坦克大战描述

我们已经玩过这个小游戏，现在尝试用最简的语言来描述这个小游戏。

在一定场景里的两个坦克分别由两个玩家控制，可以前进、左转或右转，也可以发射炮弹，如果被炮弹打中（不管是被对方的炮弹还是自己的炮弹打中），则失败（GameOver!）。

按照抽象建模的方法，首先需要找大的生命中心。在 3D 世界的编程中，这些中心就是角色。

找角色

在不动的场景中搭建一些场景，相当于在战场上建工事，用于掩护坦克。这些场景相当于战场的地形，好的地形可以让整个游戏更好玩。

在角色上，我们可以识别出两个角色：坦克和炮弹。

描述角色，建立模型

找到角色后进一步“**描述**”角色。我们需要**用最简单的语言完整地抓取这些角色的特点**，即对这些角色进行“本质性”描述。

对整个游戏的描述已经包含了我们对角色的基本行为的描述，这里做进一步的细化。

坦克： 可以用键盘按键控制坦克的前进、左转和右转。坦克若被炮弹打中（不管是哪方的），就失败。

炮弹： 按下某个键就可以发射炮弹，炮弹向前飞行，如果碰到墙壁则反弹，如果碰到坦克则该坦克失败。如果描述得足够细，就可以直接转化成代码了。

对坦克的描述，应该说转化成 Paracraft 的指令没有问题了。但在炮弹的行为里，往前飞，“往前”还需要进一步细化。

炮弹往前： 炮弹的飞行方向是由坦克当前的朝向决定的。在 Paracraft 里，getFacing 指令用来获得角色当前的朝向。

另外，炮弹是有很多的，所以这里涉及角色的克隆。我们需要在克隆函数里编写炮弹的逻辑，因此在克隆时把被克隆的炮弹角色的初始位置和方向参数都传递给克隆函数。可以用 setPos 指令来设置初始位置，用 turnTo 指令来设置朝向，用 moveForward 指令实现现有方向上的前进。

当然，炮弹碰到墙或者坦克，自然是事件响应。如果游戏里用的是感知，则需要一直循环，不停地检测是否有碰撞。

模型转化成代码

以上描述已经具体到可以用 Paracraft 的指令来实现了，请尝试自行完成这些代码。

3. 练习

改变模型，再编程

我们既然有了很详细的模型，就可以在不同的层次中对模型进行更改，即对游戏进行改进、升级，甚至做出不同的游戏。具体方法：可以改变某个层次的某个中心，或者增加一些新的中心，或者改变中心间的交互。

请按照这样的方法改变我们的模型，创造出一个新的更好玩的游戏。

> 思考：如果要识别对方的炮弹，只有被对方的炮弹打中才会失败，你应该如何实现？

测试题

本项目中，我们克隆了哪个角色？为什么？

答案

克隆了炮弹。因为有多个炮弹角色，并且它们的行为是一样的。

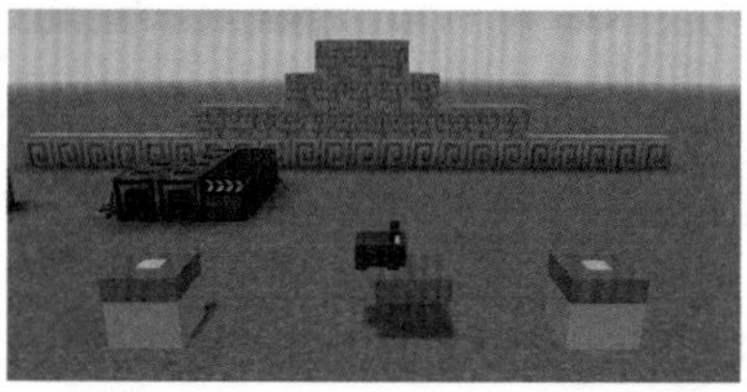

1.6.9 项目 28x116：编程中的建模过程——跳一跳

课程 ID：28x116

简　介：用抽象建模的方法学习跳一跳小游戏的制作方法。

1. 理论

编程的抽象模型虽然比较简单，但是需要大量的训练。如何运用这个抽象模型在不同的领域建模，也是职业程序员的主要工作和面临的最大挑战之一。下面以之前玩过并完成过的项目为例，介绍编程时如何运用抽象模型。

2. 实践

跳一跳游戏描述

我们已经玩过这个小游戏，现在尝试用最简的语言来描述这个小游戏。

角色会感知某按键按下的时长，并以相应力度向前跳跃到前方依次出现的平台上；如果角色掉落到平台之外，则失败。

按照抽象建模的方法，首先需要找大的生命中心。在 3D 世界的编程中，这些中心就是角色。

找角色

跳一跳游戏里有两个主要角色：青蛙和平台。

描述角色，建立模型

找到角色后进一步"**描述**"角色。我们需要**用最简单的语言完整地抓取这些角色的特点**，即对这些角色进行"本质性"描述。

这个游戏比我们前面做的小游戏要更复杂一些。对于比较复杂的事物建模，我们需要学会如何去拆解，如何从大的方面到细节方面，或者说如何从大的中心到小的中心。

我们对游戏进行整体描述后，发现有平台和青蛙两个角色。

● 平台：多种不同类型的平台。在青蛙的前方随机的距离生成一个平台（随机选取某一个平台）。如果青蛙能跳到该平台上，则生成下一个平台继续游戏，否则失败。

● 青蛙：通过键盘按键（如空格键）的按下和释放来控制青蛙向前跳跃的距离（按键按下时间越长，则向上跳跃的高度越高，向前跳跃的速度不受按键影响）。

有了这个描述，相当于我们有了初步的整体模型。这个过程就是**讲故事**的过程。对于比较复杂的模型，我们需要能够清晰地把每个层面的故事都讲出来。我们目前已经讲了两层的故事。下面针对每个角色再深入地讲故事。

现在我们来看如何用编程语言把这个模型表达出来。这里需运用我们学过的抽象模型。

模型转化成代码

现在用 NPL 语言来表达我们建立起来的模型。

平台

因为涉及多个平台，所以这里可以使用克隆（clone）函数，当需要显示一个平台时再克隆，然后把该平台放在青蛙前方的位置。

我们看看在克隆的时候需要做什么：

● 不同形状的平台：因为这个角色有不同的形状，一般在 Paracraft 里，实现的方式是在一个电影方块里把这几个不同形状的方块放在不同的时间帧上，例如，0 ms，1 000 ms, 2 000 ms，然后使用播放（play）函数播放哪一帧就可以显现哪个形状的平台。

● 选取某个形状的平台：对于不同形状的平台，我们可以按一定的顺序去生成下一个平台，也可以随机选取。在本项目中，我们选择了随机的方法，所以使用 math.random 函数。

● 平台放置的位置：生成下一个平台的位置也就是在青蛙前方的一定范围内的随机位置，所以这里也需要使用 math.random 函数。

● 为了更加生动，我们在生成平台的时候可以增加逐渐放大的效果，这时使用 scaleTo 函数，并通过一个循环来依次传入更大的参数。

现在我们已经有了一个可以转化成代码的具体模型了。

```
-- 设置第一个平台的三维坐标。我们只变化 Z 轴来一个个放置下面的方块
_G.bX, _G.bY, _G.bZ = 19263,5,19194

registerCloneEvent(function(msg)
    local model = math.random(0,2);
    -- 显示某个形状的平台
    play(model*1000)
    -- 平台放在前方某个位置
    setPos(bX, bY, bZ + math.random(1.5, 4))
    -- 逐渐放大
    for i=10, 130, 10 do
        scaleTo(i)
        wait(0.02)
    end
    playLoop(model*1000, model*1000+999)
end)
```

思考：这段代码里面平台放置的位置参数是通过外部调用的语句传进来的，我们是不是也可以直接用 math.random 来获取一个前方的随机的位置呢？

青蛙

● **响应键盘**

首先青蛙要能够响应键盘按键（如空格键）的事件，可以使用 isKeyPressed 函数。

● **跳跃高度**

如何实现随按键时间的长短调整青蛙向上跳的高度呢？

我们在玩这个游戏的时候仔细观察这个动作，当按空格键并保持按下而不释放时，青蛙是不动的，但明显随着按下的时长，应该增加一个值。当释放该键时，青蛙应该根据这个值的大小进行跳跃。如果没有按下这个键，则青蛙一直保持不动。注意，这些逻辑是自游戏一开始到游戏结束（失败或者过关）都存在运行的，所以应该一直检测这几种情况，根据不同的情况进行不同的处理，这里需要用到我们学过的根据条件执行控制语句的知识。

```
strength = 0;
while(true) do
    if(isKeyPressed("space")) then
        strength = strength + 1;
        wait(0.1);
    elseif(strength >0) then
        jump(strength)
        strength = 0
        broadcast("createNextBlock")
    else
        wait(0.1)
    end
end
```

● 跳跃

如何实现跳跃这个动作呢？首先看有没有跳跃这样的现成指令，如果没有，则需要自己去实现这个动作。

我们知道在3D世界的编程模型里，位置变化是通过三维坐标来实现的。所以可以考虑通过改变三维坐标的方式来实现跳跃动作，这里可以使用设置位置（setPos）函数。

我们可以设置**运动的距离 = 速度 × 时间**，向前的速度不变，但是向上的初始速度取决于strength(强度)这个变量。但是如果有加速度，则需要加上加速度乘以时间的平方，即

运动的距离 = 速度 × 时间 + 加速度 × 时间 × 时间

因为这里有一个重力加速度，而且方向是向下的，所以有 -9.81 这个加速度。

当然，这里需要用getTimer函数来获得当前时间。

```
-- 秒表重启
resetTimer()
-- 获得青蛙当前位置
sx, sy,sz = getPos()
-- 读取秒表计时
t = getTimer()
-- 计算 z 轴方向运动距离，并转换成 z 轴坐标
z = sz + 4*t;
--  计算 y 轴方向运动距离，并转换成 y 轴坐标
y = sy - 9.81*t*t + strength*t;
```

● 跳跃的结果

根据青蛙落下时的位置（是否跳到平台上），我们需要判断玩家输赢。可以根据青蛙的高度进行判断，若高度低于平台高度的一定程度，则失败。如果青蛙刚刚低于平台高度，但是在前进方向（这里用的Z轴）上、平台前后边缘的范围内，则也属于成功跳到平台上；否则，判断青蛙还是在跳跃的过程中，只需要不断地用setPos函数来设置青蛙位置即可。

```
-- sx, sy, sz, bZ, x, y, z 等变量见上面代码里的定义
if(y<(sy-1)) then
    -- 失败，这里写失败后要做的事的相关代码
elseif(y<sy and (bZ-0.5)<z and z<(bZ+0.5)) then
    -- 成功，这里写成功后要做的事的相关代码
else
    -- 跳跃过程中，只需设置青蛙当前位置即可
    setPos(sx, y, z);
end
```

● 消息

青蛙成功跳到下一个平台后，需要告诉平台角色去生成下一个方块。我们可以使用消息来实现角色间的信息传递：

```
broadcast("createNextBlock")
```

● 青蛙静止和跳跃的动画表现

为了让游戏更加生动，我们希望青蛙在静止和跳跃的时候有不同的动画。我们可以用电影方块来制作青蛙静止和青蛙跳跃的动画，并通过play函数进行播放。

```
-- 静止时动画
play(0, 2000)
-- 跳跃时动画
play(2000, 2100)
```

● **完整代码**

平台代码：

```
_G.bX, _G.bY, _G.bZ = 19263,5,19194
_G.distance = 0
showVariable("distance")

registerCloneEvent(function(msg)
    local model = math.random(0,2);
    play(model*1000)
    setPos(msg.x, msg.y, msg.z)
    for i=10, 130, 10 do
        scaleTo(i)
        wait(0.02)
    end
    playLoop(model*1000, model*1000+999)
end)

setPos(_G.bX, _G.bY, _G.bZ)
wait(0.1)
broadcast("startgame")
```

青蛙代码 1：

```
registerBroadcastEvent("startgame", function()
    turnTo(90)
    setPos(_G.bX, _G.bY+1+2, _G.bZ);
    focus()
    move(0, -2, 0, 0.5)
    cmd("/camerayaw 0")
    cmd("/camerapitch 0.3")
    broadcast("createNextBlock")
end)

local strength = 0;
while(true) do
    if(isKeyPressed("space")) then
        if(strength == 0) then
            play(0, 2000)
        end
        strength = strength + 1;
        wait(0.1);
    elseif(strength >0) then
        play(2000, 2100)
        broadcastAndWait("jump", strength)
        strength = 0
        play(0)
        broadcast("createNextBlock")
    else
        wait(0.1)
    end
end
```

青蛙代码 2：

```
registerBroadcastEvent("jump", function(strength)
    Jump(strength)
end)

functionJump(strength)
    resetTimer()
    local sx, sy,sz = getPos()
    local sDist = _G.distance
    while(true) do
        local t = getTimer()
        local z = sz - 4*t;
        local y = sy - 9.18*t*t + strength*t;
        _G.distance = sDist + math.floor((sz - z)+0.5)
        if(y<(sy-1)) then
            broadcast("lose")
            return
        elseif(y<sy and (bZ-0.5)<z and z<(bZ+0.5)) then
            playSound("break")
            setPos(sx, sy, z);
            return
        else
            setPos(sx, y, z);
        end
        wait(0.01)
    end
end
```

帮助提示和其他代码：

```
say(" 长 按 Space 键 跳 跃 , 按 X 键 退 出 ")
registerKeyPressedEvent("x", function()
    exit()
end)

registerBroadcastEvent("lose", function()
    playSound("break")
    say("You lose!", 1)
    restart()
end)

registerBroadcastEvent("createNextBlock", function()
    _G.bZ = bZ - math.random(1.5, 4)
    clone("platform", {x = bX, y=bY, z = bZ})
end)
```

3. 思考

建模的方法：从简单到复杂

本项目和前面的 3 个项目不同，前 3 个项目是比较简单的模型，而本项目则是相对复杂得多的模型。

对复杂模型进行建模时，首先需要分层，先把握住大的方面，或者说找出大的中心，然后进入每个中心再看其中是否包含了其他中心，相当于模型里面又有模型。我们尽量用最简单、最清晰的文字对每个中心或者模型进行描述，就像讲故事一样，需要在每一层都讲出有意义的故事，直至能够转化成代码的细节。

所以在跳一跳这个比较复杂的小游戏里，我们看到从最上层对整体的描述到最底层最细节的代码，一共有好几层。编程的建模过程就需要这样一层层地去建模。

以上是面对复杂模型建模的最基本的思路和方法。在后面会以更多的例子让大家学习这种建模方法。

学会了这种建模方法以后，面对各个领域的编程，不仅是3D世界的编程，还包括嵌入式编程、操作系统编程、互联网编程、CAD编程等，都可以将这些建模的方法运用到相关领域中，在掌握好那些领域模型的基础上，不断进行建模和编程。

4. 练习

改变模型，再编程

既然我们有了很详细的模型，就可以在不同的层次对模型进行更改，可以对游戏进行改进、升级，甚至做出不同的游戏。具体来说，可以改变某个层次的某个中心，或者增加一些新的中心，或者改变中心间的交互。

请按照这样的方法改变我们的模型，创造出一个新的更好玩的游戏，并编程实现这个游戏。

测试题

本项目里我们把不同的平台都放到了一个电影方块里，将它们放在不同的时间帧上，然后通过播放指令来显示这些平台角色。我们是否也可以不把它们放到各个时间帧上，而是让一个电影方块有多个角色，然后通过代码显示各个角色？

答案

可以。同样可以用放缩指令（scaleTo）来实现放大的动画效果。

1.6.10 项目28x117：复杂编程中的建模过程——电梯调度算法小游戏

课程ID：28x117

简　介：学习制作电梯调度算法小游戏，了解编程中面对比较复杂模型的抽象建模的过程和方法。

1. 理论

在前面的项目里我们玩了电梯调度算法这个小游戏。这个游戏比乒乓球、迷宫等小游戏更复杂些。现在我们以这个项目为例，来学习如何编写一个比较复杂的游戏。

复杂系统建模过程

编程的本质是抽象建模。我们在前面了解到在Paracraft 3D世界里建模的过程，这里总结一下：

（1）找生命中心（以下简称中心），在3D世界里，就是找场景和角色。

（2）描述中心，用最简洁的文字准确地描述角色的行为特征。

找到角色后进一步“**描述**”角色。我们需要**用最简单的语言完整地抓取这些角色的特点**，即对这些角色进行“本质性”描述。

使用代码前可以用文字描述建立起角色的模型。 在这个过程中，需要能够用简单的文字讲出有意义的**故事**。

（3）对于比较复杂的中心，可以通过分层的方式先确立大的中心，再确立大中心里面的小中心，逐层深入，一直到建立的模型细节可以转化成代码为止。

（4）模型转化成代码。

当层层深入，直到可以具体到每个指令的时候，我们的模型就可以转化成代码了。这时只需根据3D 世界提供的指令，将模型转化成代码即可。

从图 1.6.18 中可以看到，一个大的生命中心里可以有几个小的生命中心。例如，我们可以把最大的蓝圈看作是要制作的小游戏，例如乒乓球小游戏。而其中的三个小蓝圈可以看作是这个小游戏里的几个大的生命中心，包括作为场景的围墙、作为角色的乒乓球和球拍。而两个小红圈可以看作是乒乓球这个角色的两个生命中心：初始的运动（速度和朝向），撞到墙或者球拍弹回这个行为。

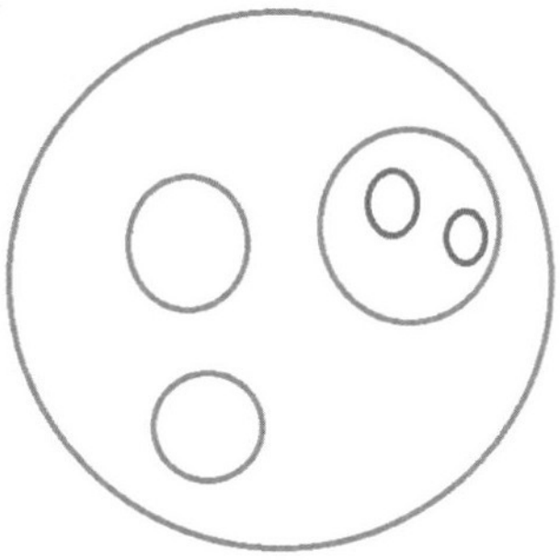

图 1.6.18

在面对复杂领域时，有效的建模方法是首先识别大的生命中心，大的生命中心往往离我们比较近。在编程里的大的生命中心离人类比较近，而人类作为生命体本身是善于识别生命中心的，例如，对于能够吸引我们注意力的小游戏，我们能很快找到这些富有生命的小游戏的几个大的中心，然后再对这几个大的生命中心做更细致的观察，通过对它们的简单描述来进一步感知其中的小生命中心。这就是逐层深入的方法，我们需在每个层面寻找相应的“生命中心”。

人脑对于复杂模型的识别，就是基于这样分层的生命中心的识别，表现出来如图 1.6.19 所示。一个现实中与之相似的例子是互联网的 7 层协议模型，如图 1.6.20 所示。

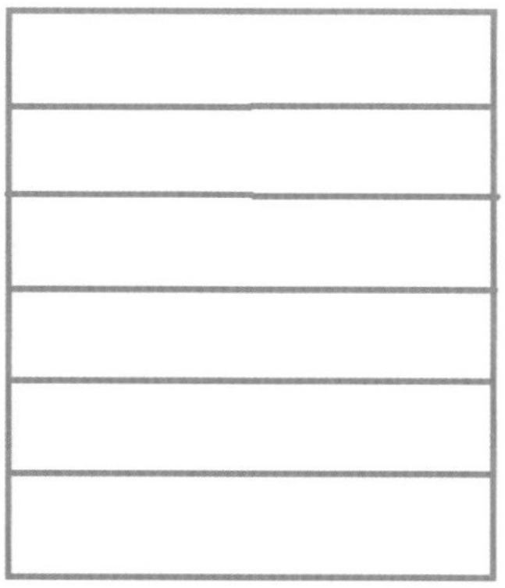

图 1.6.19

在我们熟悉的汉语拼音模型(图 1.6.21)里，也有相似的分层。

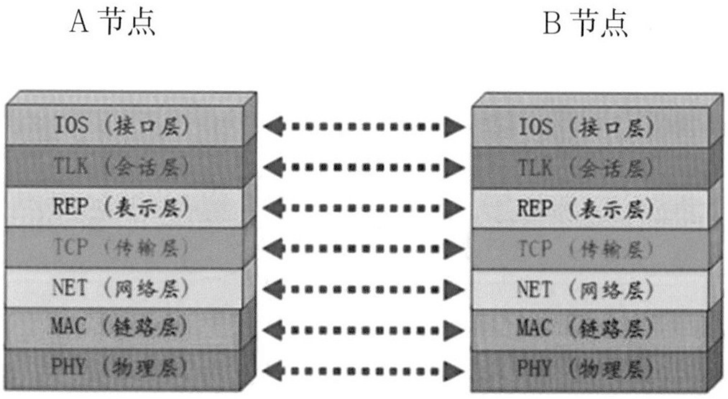

图 1.6.20

- 声母、韵母是更大的中心，或者说上层的中心。
- 26 个字母是更小的中心，或者说底层的中心。

图 1.6.21

以上是简单的建模方法。在面对非常复杂的领域时，如创新程度非常高的互联网应用，还需要用代码 / 软件作为工具，先开发出比较简单的软件让用户使用，再通过用户的使用来了解之前不清晰的东西，最后通过多次迭代逐渐达到一个比较完善成熟的软件。

敏捷方法

敏捷方法是软件工程中常用的方法，尤其是开发复杂的软件。

当模型比较简单的时候，如乒乓球游戏、迷宫游戏等，建模的过程比较清晰，可以自上而下一层层地细化。但对比较复杂的系统进行建模时，会有很多的不确定性。

这时候需要像一个工匠或者艺术家一样，学会在这一层层的中心中穿梭，有时候需要对某个层次的某个中心先做些试验，如写一些代码并执行它；有时候需要孤军深入，把某一块从上到下都先弄明白；有时候需要以迭代的方式递进，即先把基本的层和基本的中心找到，找到最小可用模型，先让一个初步的程序 / 软件运行起来，然后再通过这个程序 / 软件的运行来进一步获得建模需要了解的细节。这里的方法很多，也很灵活，你需要像工匠或艺术家一样实时地审视和感知自己的作品，使其不断成型和优化。

写程序如同创造生命，要让它时刻保持活力（可以运行）。

这是一个美妙的艺术过程，是艺术和工程的结合，希望你也学会享受这个过程。对这个过程的良好体验和掌握，也将帮助你在面对多人协作的大项目时知道如何去协作完成。

2. 实践

电梯调度游戏的建模过程

在阅读以下内容之前，请先自行思考一下，如果你来制作电梯调度算法这个小游戏，会如何制作？如何编程？

- 不会动的场景

我们需要搭建一座高楼，电梯可以在其中上下运行，也可以搭建更具现代感的写字楼，但因为目标用户是低年龄的小朋友，所以这里用砖块搭建了普通的楼房，其和 Paracraft 默认主角的衣服搭配也比较好。这里只搭了一面墙，更多地突出电梯的运行和人员上下电梯的行为。

编程部分

（1）找角色。

会动的物体都可能是我们要求的角色。

- 乘坐电梯的人员。
- 电梯。
- 电梯内的楼层指示灯。

当然，我们也可以用电梯外在每个楼层的指示灯，显示楼梯的当前楼层。我们的小游戏里没有做这个，你可以尝试一下。

（2）描述角色：用最简洁的文字准确地描述角色的行为特征。

人员

我们先来描述人员的行为。我们让人员按照一定的计划依次出现在某个楼层上，同时自动触发电梯外的按钮。当电梯停在某楼层时，在电梯外的人员自动进入电梯，并按照事先的计划自动按下目的楼层的按钮；同时，到达目的楼层的电梯内的人员自动走下电梯。

注意：这段描述里我们用了很多次“自动”这个词，因为这是一个电梯调度小游戏，核心是编写电梯的调度算法来最高效地控制电梯运行并完成运送人员的任务，所以人员的出现以及上下电梯需要做成自动的。

电梯

以我们日常生活的经验，电梯的行为是：可以到某个楼层，停在某个楼层，可以响应电梯外按钮的按下，也可以响应电梯内按钮的按下。

电梯内的楼层指示灯

当进入电梯的人员（自动）按下目标楼层的按钮时，显示该楼层数字的指示灯应该亮起来。当电梯到达该楼层时，该数字指示灯应该暗下来。

（3）逐层深入，直至可以转化成代码。

人员

- 人员按照一定的计划依次出现在某个楼层上。

  ○按照一定计划：可以从一个事先写好的列表里读取人员的初始楼层和目标楼层，每隔几秒从该列表里取一次数。

  ○出现在某个楼层上：可以通过角色的克隆，通过设置被克隆角色的位置来实现。
- 自动触发电梯外的按钮。

  ○可以使用消息机制，发布一个触发某楼层电梯的广播消息。可以把消息理解为用户可以自己定义的事件。
- 当电梯停在某楼层时，在电梯外的人员自动进入电梯。

  ○当电梯停在某楼层时：可以是响应一个“电梯停在某楼层”的广播消息。

  ○自动进入电梯：可以通过瞬移指令(moveTo)或者设置位置指令（setPos）来实现。
- 按照事先的计划自动按下目的楼层的按钮。

  ○按照事先的计划：事先的计划仍然是事先存在列表里的人员的初始楼层和目标楼层，在克隆的时候就可以把读取的初始楼层和目标楼层写到该角色的属性里，人员进入电梯后就可以读取该属性获得该人员的目标楼层。

○按下目的楼层的按钮：可以发布一个“按下目的楼层按钮”的广播消息。

● 到达目的楼层的电梯内的人员自动走下电梯。

○这是当电梯停在某楼层时发生的事情，也是在响应一个“电梯停在某楼层”的广播消息。走下电梯也可以通过瞬移指令 (moveTo) 或者设置位置指令（setPos）来实现。

电梯内的楼层指示灯

首先，电梯里有多个楼层数字的指示灯，所以可以考虑克隆角色。但是 Paracraft 指令中并不能给一个角色换数字，因此可以用指令给角色贴不同的图。在这个游戏里，我们采用每个数字指示灯做一个角色的办法，并且把亮灯的角色和暗灯的角色通过电影方块做到一个角色的电影方块里，然后通过播放指令来显示这两个状态（相当于是同一个角色的两种状态）。所以你可以看到指示灯的电影方块里有很多角色。

● 当进入电梯的人员（自动）按下目标楼层的按钮时：如前所述，这是人员角色发布的一个广播消息，我们需要响应这个消息。

● 该数字的指示灯应该亮起来：如上所述，只需要数字指示灯角色响应上述消息时确认是否是自己这个数字，若是，然后显示亮灯那个角色即可。

● 当电梯到达该楼层时：如人员角色的分析一样，这里可以响应一个“电梯停在某楼层”的广播消息。

● 数字暗下来：如灯亮时一样，只是这里显示暗灯那个角色。

另外，指示灯需要跟随电梯一起运动。我们是通过骨骼方块来做到这一点的。我们在电梯的 bmax 模型里藏了一块骨骼，然后让指示灯不停地移动到那个骨骼所在的位置上去（在 Paracraft 里，每个角色的骨骼都是有名字的），这样就实现了跟随行为。具体请研究代码。

电梯

电梯是需要通过编程来调度的。我们已经知道编程的抽象模型里有几大要素：

● 指令。

● 事件。

● 控制指令的执行顺序。

● 数据结构。

所以这里需要考虑我们应该提供哪些指令、事件及数据结构给玩家。控制指令的执行顺序其实都相仿。

① 指令：从上面对电梯行为的描述，很明显，我们需要电梯去某个楼层的指令。

② 事件：从上面对电梯行为的描述，很明显，有“电梯外的按钮被按下”“电梯内按钮被按下”这样两个事件。但这只是**封装**好的提供给玩家的编程环境，我们制作这个游戏则需要实现这些指令及事件。

● 电梯去某个楼层的指令：我们知道 3D 世界里有瞬移指令可以使用，但是需要把目标楼层变换成电梯从当前楼层需要向上或向下位移的距离，这用一个数学公式就可以实现。但到达某楼层时，根据前面对其他角色的分析，我们知道需要发布一个“电梯停在某楼层”的广播消息。

● “电梯外的按钮被按下”“电梯内按钮被按下”事件：用广播消息封装成一个事件即可。

Paracraft 提供了可以自定义代码方块中代码区指令的功能。我们就是用这个功能封装了新的指令和事件，提供了一个新的编程环境（自定义的代码方块）供玩家编程。

③ 数据结构：因为电梯的各楼层是一组数，所以列表这个数据结构在这里能够发挥很大的威力，可以把列表的常用操作也放到可拖拽的条块里。

（4）转化成代码。

以上通过找中心并逐层深入的方法，已经细化到了每个指令。接下来就是将它们转化成代码，包括添加控制语句来控制指令的执行顺序。

测试题

本项目里用到一个编程中常用的数据结构，是什么？

答案

列表。

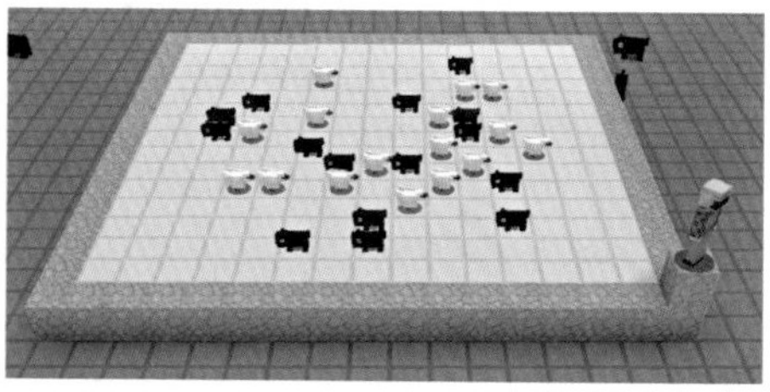

1.6.11　项目 34x123：生命游戏

课程 ID：34x123

简　介：生命游戏是英国数学家约翰·何顿·康威在 1970 年发明的细胞自动机。这里把它改编成了可以两人对弈的棋盘游戏。

1. 理论

关于生命游戏

康威生命游戏（Conway's Game of Life），又称康威生命棋，是英国数学家约翰·何顿·康威在 1970 年发明的细胞自动机。它最初于 1970 年 10 月在《科学美国人》杂志的马丁·葛登能的“数学游戏”专栏上出现。

生命游戏是一个二维矩形世界，世界中的每个方格居住着一个活着的或死了的细胞。一个细胞在下一个时刻的生死取决于相邻八个方格中活着的或死了的细胞的数量。

- 如果相邻方格活着的细胞数量过多，这个细胞会因为资源匮乏而在下一个时刻死去（模拟人口过于拥挤）。
- 相反，如果周围活细胞过少，这个细胞会因太孤单而死去（模拟人口过于贫瘠）。

具体来讲，在生命游戏中，对于任意细胞，规则如下：

每个细胞有两种状态：存活或死亡，每个细胞与以自身为中心的周围八格细胞产生互动（黑色为存活，白色为死亡）。

- 当前细胞为存活状态时，当周围的存活细胞低于 2 个时（不包含 2 个），该细胞变成死亡状态（模拟生命数量稀少）。
- 当前细胞为存活状态时，当周围有 2 个或 3 个存活细胞时，该细胞保持原样。

● 当前细胞为存活状态时，当周围有超过 3 个存活细胞时，该细胞变成死亡状态（模拟生命数量过多）。

● 当前细胞为死亡状态时，当周围有 3 个存活细胞时，该细胞变成存活状态（模拟繁殖）。

可以把最初的细胞存活状态图定义为种子，当所有种子中的细胞同时被以上规则处理后，可以得到第一代细胞图。按规则继续处理当前的细胞图，可以得到下一代细胞图，周而复始。

实际中，玩家可以设定周围活细胞的数目为怎样时才适宜该细胞的生存。如果这个数目设定过高，世界中的大部分细胞会因为找不到太多活的邻居而死去，直到整个世界都没有生命；如果这个数目设定过低，世界又会被生命充满而没有什么变化。这个数目一般选取 2 或者 3，这样整个生命世界才不至于太过荒凉或拥挤，而是处于一种动态的平衡。因此， 游戏的规则是：当一个方格周围有 2 个或 3 个活细胞时，方格中的活细胞在下一个时刻继续存活；即使这个时刻方格中没有活细胞，在下一个时刻也会“诞生”活细胞。

在游戏的进行中，杂乱无序的细胞会逐渐演化出各种精致、有形的结构。这些结构往往有很好的对称性，而且每一代都在变化形状；一些形状已经锁定，不会逐代变化；有时，一些已经成形的结构会因为一些无序细胞的“入侵”而被破坏，但是形状和秩序经常能从杂乱中产生出来。

图 1.6.22 中，这个结构会永远保持这个状态。你可以按生命游戏的规则算一下，看看是不是这样？

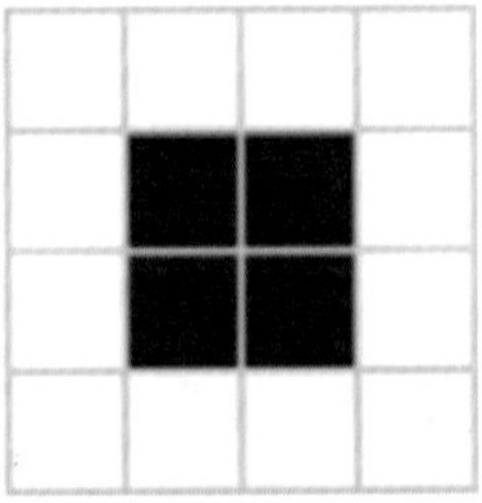

图 1.6.22

图 1.6.23 中，这个结构会不断地在两个图案间变化。你可以按生命游戏的规则算一下，看看是不是这样？动图参见：

http://www.conwaylife.com/wiki/File:Blinker.gif

另外一个比较稳定的结构参见： http://www.conwaylife.com/wiki/File:Glider.gif
http://www.conwaylife.com/wiki/File:Pulsar.png

关于生命游戏的更详细介绍，可以看维基百科（https://zh.wikipedia.org/wiki/康威生命游戏）， 英文版有更多的图片（https://en.wikipedia.org/wiki/Conway's_Game_of_Life）。因为都是动图，请读者在以上这些网站浏览。

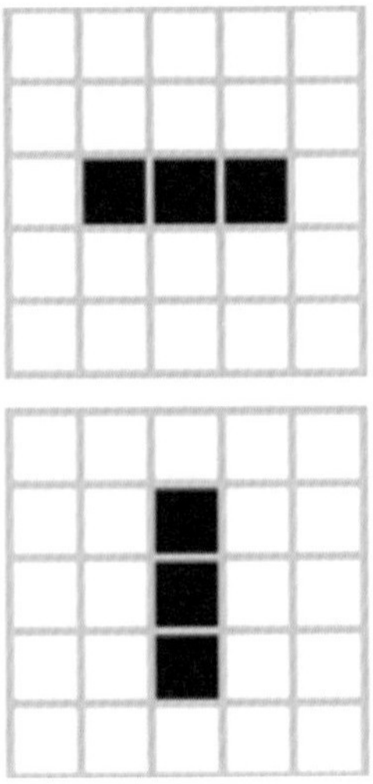

图 1.6.23

把生命游戏变成双人对弈的棋盘游戏

在 Paracraft 中，我们基于生命游戏构建了一个双人对弈的棋盘游戏，不过对规则做出些许的变化，结合围棋与生命游戏，呈现出一些有意思的变化。

● **玩法。**

在固定大小的棋盘下，两个玩家依次置放自己的生命（一黑 一白），一个空间只能放置一个。玩家建立自己的初始生命群，启动生命世界的模拟对战。

● **生命的变化规则。**

一个活着的生命体，如果周围生命个数（无论是对手的还是自己的）大于 3 或者小于 2，生命在下一个时刻会死亡；否则继续存活。

一个死亡的生命体，如果周围的生命个数（无论是对手的还是自己的）有 3 个，则该生命体在下一时刻会复活，被同化成 3 个生命中个数占多一方的生命；否则依然死亡。

● **胜负。**

在设定的演化代数之后：存活生命数量最多的玩家获胜； 如果生命数量相同，则平局；如果最终两方的生命都消失，则存活代数较长的玩家获胜。

关于细胞自动机

细胞自动机的计算机框架大多是图灵在 20 世纪 30 年代奠定的，但是首要工作是约翰·冯·诺伊曼（John von Neumann）在 40 年代完成的。冯·诺伊曼设计细胞自动机的初衷就是为自然界的自我复制和生物发展提供一个简化理论。冯·诺伊曼最初设计的是一个离散的二维系统。他的细胞自动机也是首个可被称为通用计算机的离散并行计算模型。

细胞自动机对于生物现象的最大影射在于，生命的起源更像是一种相变，而进化则像是秩序和混沌之间的挣扎。冯· 诺伊曼的追随者们感到它对生命的解释有着非凡的意义。在这个大背景下，康威在 1970 年提出了细胞自动机的最佳样本——生命游戏。从严格意义上讲，它并不是一种游戏，因为在这个游戏里没有任何玩家。康威说它是一种“0 玩家且永不结束”的游戏。

纪录片《史蒂芬·霍金之大设计》（*Stephen Hawking's Grand Design*）曾经这样介绍它：“像生命游戏这样规则简单的东西能够创造出高度复杂的特征，智慧甚至可能从中诞生。这个游戏需要数百万的格子，但是这并没什么奇怪的，我们的脑中就有数千亿的细胞。”

和冯·诺伊曼采用的含有 29 个不同状态的复杂动力系统不同，康威设定的基因定律简单而优美。其基本思想是：

- 棋盘代表了一个世界，这个世界的空间是无限的。
- 每个格子里最多可以生长一个细胞（生命体）。
- 每个细胞与周边九宫格内 8 个细胞相邻，其中 4 个处在上下左右，另外 4 个处在对角的位置。
- 这些初始生命体会一代代地生长、死亡和繁衍。

康威在挑选这些基本规则的时候花了很大的力气，还进行了很长时间的实验。他的目的是让整个群体的行为变得无法预测。

康威曾经说：“坐在电脑屏幕前观看这些图案的变化真是不可思议的事。”他一语成偈——生命游戏是世界上被玩得最多的电脑游戏之一。

生命游戏的风靡正赶上新一代微型电脑的出现。当时有很多人让电脑在晚上空闲的时候运行生命游戏。美国军方的一份报告称，因为在工作时间偷偷观察生命游戏而造成的损失总计高达数百万美元。还有一份报告称，在 20 世纪 70 年代生命游戏风靡的时候，全世界大约有 1/4 的电脑都在运行这个游戏。从某种意义上讲，生命游戏甚至引领了后来计算机生成的分形的热潮。

实际上科学家们已经发现像生命游戏这样的细胞自动机是生物界普遍的现象，可以解释生物界里各种漂亮的模式， 如贝壳的螺纹，就是贝壳的细胞按照类似于生命游戏里的激活或抑制的规则来分泌色素的；玫瑰的花瓣及斑马身上的条纹也是由细胞自动机生成的；植物的呼气吸气也是通过细胞自动机的机制进行的。很多化学反应也符合细胞自动机的机制。细胞自动机也被用来制造新型的计算机处理器。

有不少科学家甚至提出整个宇宙都是由细胞自动机生成的，例如著有《一种新科学》的 Stephen Wolfram（也是著名软件 Mathematics 的作者）。

关于这些，大家可以阅读维基百科上关于细胞自动机的词条：https://en.wikipedia.org/wiki/Cellular_automaton。

康威的生命游戏是一个零玩家游戏。但我们用 Paracraft 把生命游戏变成一个两个玩家对弈的棋牌游戏。双方各在棋盘上放一定数量的黑子和白子进行“生命布局”。

布局完后，棋盘就根据生命游戏的规则自行演化，看最后哪个玩家剩下的棋子多。玩家可通过这个游戏去掌握康威生命游戏的一些特点和规则，体会生命演变的现象。

2. 实践

有了上述的理论知识，你可以再玩玩我们的生命游戏，仔细观察生命的变化。

测试题

根据本项目的内容，说明玫瑰的花瓣及斑马身上的条纹是利用哪些机制形成的？

答案

细胞自动机。

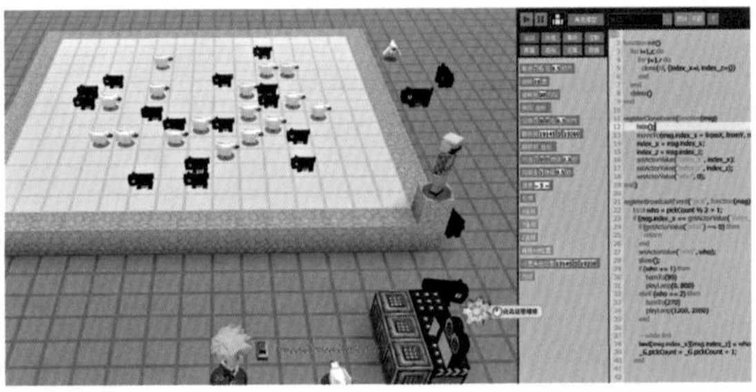

1.6.12 项目 34x124：复杂编程中的建模过程——生命游戏的制作

课程 ID：34x124

简　介：学习生命游戏的制作方法。

1. 理论

前面我们了解了生命游戏这个历史上曾经最热门的游戏以及在 Paracraft 里把生命游戏变成两人对弈的棋盘游戏。这里我们来学习如何制作这个游戏。

在阅读以下内容之前，请先自行思考一下，如果你来制作生命游戏这个小游戏，你会如何制作？如何编程？这是一个稍微复杂的项目。我们用抽象建模的方法来思考如何编程实现。

2. 实践

首先我们找大的**生命中心**。相信你能很快地识别出两个大的中心：

- 生命游戏的规则本身，即根据邻居的数量决定生死。
- 两人对弈的实现。

生命游戏的游戏规则

我们来看第一个中心——生命游戏的规则。关于生命游戏规则的描述，从上个项目可以知道，改进后双方对弈时生命的变化规则为：

- 一个活着的生命体，如果周围生命个数（无论是对手的还是自己的）大于 3 或者小于 2，生命在下一个时刻会死亡；否则就继续存活。
- 一个死亡的生命体，如果周围的生命个数（无论是对手的还是自己的）有 3 个，则该生命体下一时刻会复活，被同化成 3 个生命中个数占多的生命；否则依然死亡。

棋盘一般可以用二维矩阵来表示，在编程中可以使用二维列表这个数据结构，也就是列表里的每个元素均是一个相等长度的列表。可以通过查看每个格子周边的格子状态来决定该格子的下一个状态。分析到这一层，我们应该对第一个大的中心比较清晰了。

我们再来看第二个中心：两人的对弈。下面来细化这个中心。

两人对弈

- **轮流放子。**

两人对弈，在3D世界里可以通过鼠标点击棋盘的某个位置来实现。在非联机情况下，没有两个主角，那么怎么知道是哪个选手放的棋子呢？我们可以记录每次放棋子的次数，然后根据次数的奇偶来判断是哪个对手放的棋子。例如，第1,3,5,7,…轮放棋子的，我们就认为是黑子；第2,4,6,…轮放棋子的，我们就认为是白子。

- **放棋子的动画实现。**

因为每个棋子都是一样的，我们很快就能够根据对Paracraft 3D世界编程模型的掌握知道可以使用克隆函数来克隆多个角色。因为是两个棋手对弈，如围棋一样，我们只需要有两个不同颜色的角色就可以了。（其实也可以只制作一个角色，然后通过改变颜色来实现两个角色。请自行去查找一下Paracraft有没有这样的指令。）

若某个位置要放棋子，则需要把克隆的相应角色放在那个位置上，可以用“瞬移到某坐标”（moveTo）这个指令来实现。在上述二维矩阵里计算每个方格的细胞是死还是活，如果活则显示该角色，否则不显示（这里需要把二维矩阵里的一个方格转换成棋牌上相应方格的坐标）。这里有两种做法：一是计算完成后复制一个角色，然后把该角色移到该位置，但因为棋盘的格数比较多，可能每次需要更新几个方格，如果每次都要复制一个角色然后位移，效率会很低。所以我们采取了另外一个方案，即先复制跟棋盘的格数一样多的角色，分别移到棋盘的每个格子的位置上（注意：代表两个选手的棋子的两个角色都需要这样操作）。然后隐藏这些角色（使用hide函数）。在每轮计算后，如果该位置的细胞是活的，就显示相应的角色。

以上我们只引导大家去思考生命游戏这个两人对弈棋盘游戏的设计思路。相信大家到这里已经有了思路，可以自己动手去实现了。碰到问题的时候可以参看这个小游戏里的代码进行学习。

- **游戏的其他相关制作。**

为了让游戏更生动好玩，我们经常需要调节摄影机，增加一些视觉或听觉效果。

  - **摄影机。**

作为双人对弈的棋盘游戏，把摄影机固定在面向棋盘中间且保持一定俯角比较好。请参看相关代码，学习相关指令。

  - **场景。**

场景虽然不会动，不需要编程，但是好的场景能为一款游戏增色不少。在这个游戏里，我们在棋盘的后面做了一个牌坊，把棋盘变得像是天下第一比武大会的擂台。

另外，添加了很多随机走动的双方角色，呈现双方对战的势态，仿佛是两个生命族群或部落的对战，以增加游戏的生动性和紧张感。

还有什么场景元素你觉得可以添加，让游戏的效果更好呢？

  - **声效。**

你觉得我们可以增加什么样的音效？你可以在自己的棋盘游戏里实现。

测试题

（1）在生命游戏的实现中，我们使用了按棋格数克隆相同数目的角色，然后先隐藏这些角色的方式，而不是每代演化的时候再克隆角色，为什么？

（2）在本项目里需要有多个棋子，每个棋子都有相似的行为。在 Paracraft 3D 世界编程模型里，如何实现多个相同或相似的角色？

答案

（1）为了提高代码执行的效率。

（2）使用克隆（clone）。

1.6.13 项目 24x84：BlockBot 小游戏介绍

课程 ID：24x84

简　介：通过 BlockBot 小游戏训练编程思维。

1. 理论

BlockBot 的原型是 lightbot (http://lightbot.com)，来自于编程推广活动 Hour of Code。在 BlockBot 中，你是一个星空的探索者，在深邃的宇宙中寻找星座的秘密。 在每一个星星的探索中，你要控制自己的飞船，收集所有散落的星星碎片，点亮这颗星星。 当点亮星座中所有的星星时，星座的秘密就会呈现出来。

每一个星星都有自己的地形，你可以通过**前进、跳跃、左转、右转、收集、子程序**来控制飞船，去收集所有星星。

BlockBot 是通过游戏的方式来训练编程思维，主要是如何控制指令的执行顺序，包括我们熟悉的循环执行和根据条件分支执行。

游戏说明

- 飞船的头部和尾部（图 1.6.24）。
- 点击可以使用的指令来放置指令（图 1.6.25）。

图 1.6.24

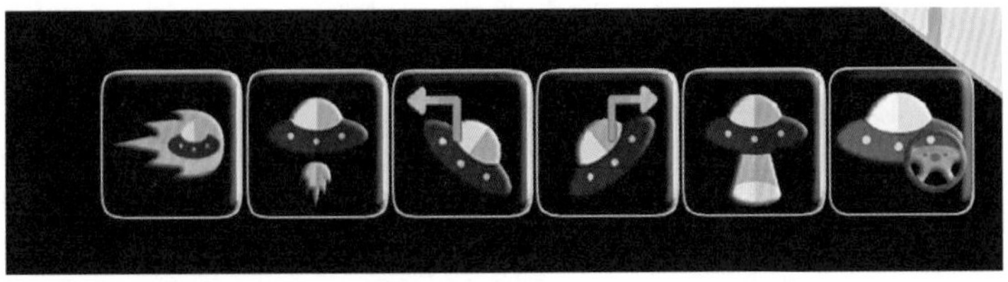

图 1.6.25

● 再点击框中的指令来消除指令（图 1.6.26）。

● 方向盘可以利用子程序调用，HlockBot 里有 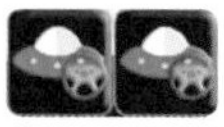 两个方向盘指令可以使用，分别是红色和蓝色，也就是说可以实现两级调用。

● 点击指令输入框来选中某个输入框，选中的输入框边框呈黄色（图 1.6.27）。

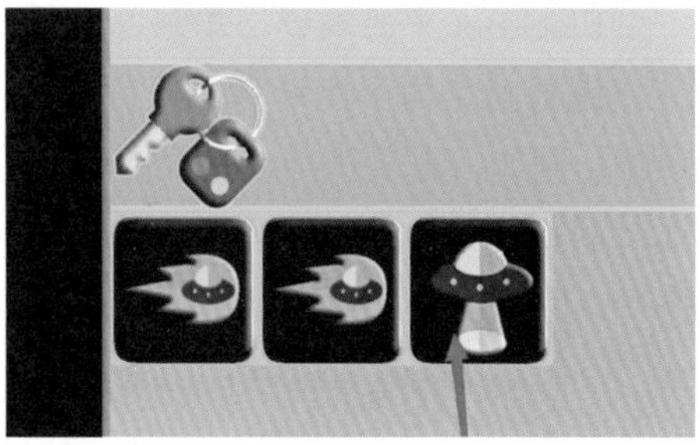

图 1.6.26

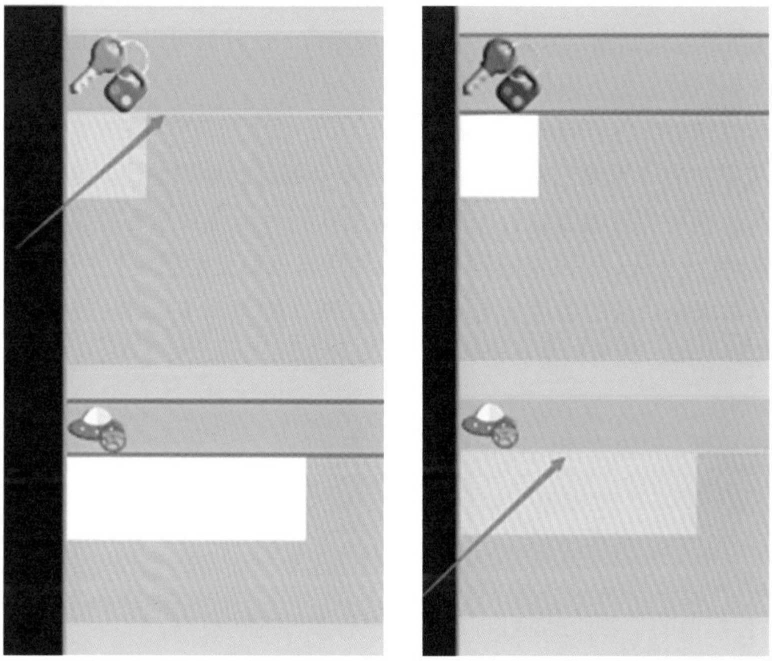

（a）上面的输入框被选中　　(b) 下面的输入框被选中

图 1.6.27

完整示意图如图 1.6.28 所示。

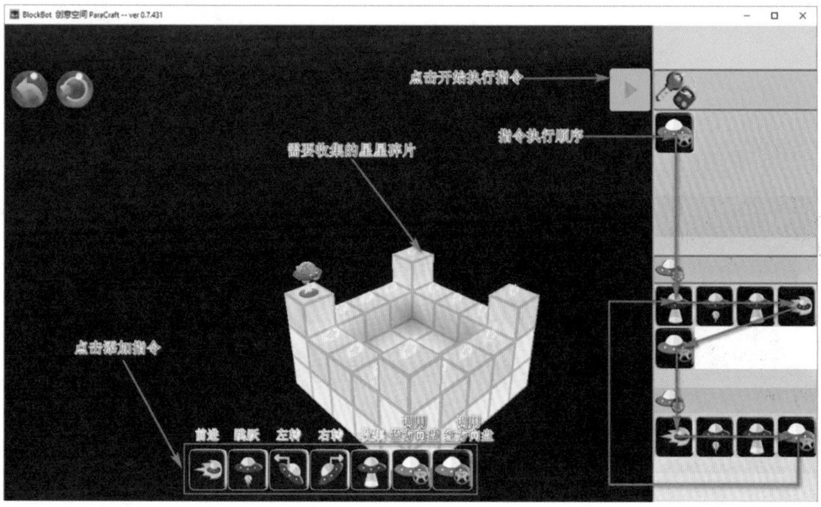

图 1.6.28

BlockBot 中的编程思维训练

编程就是为了让计算机执行各种指令。我们需要用编程语言的控制语句去控制这些指令的执行顺序，例如，重复执行或者根据条件分支执行。

我们知道 Paracraft 里的指令有运动类的，包括向前走等。指令的执行最简单的是按顺序一条条执行，除此之外还可以通过一些控制语句如“永远重复”来实现循环重复执行，或者“如果……那么……”等来实现根据条件的分支执行。

在 BlockBot 小游戏中，我们需要控制飞船按地形去收集星星，需要使用的指令有**前进、跳跃、左转、右转及收集**。

BlockBot 小游戏中并没有给出类似 Paracraft 的循环和条件执行的控制语句。但是 BlockBot 中可以调用子程序（子程序可以理解为自己编程来实现一个指令或函数），并且可以实现两级的调用，即：

- 调用蓝方向盘，开始执行蓝色方向盘中的指令。
- 调用红方向盘，开始执行红色方向盘中的指令。

当我们发现地形和星星位置有重复的模式时，可以把重复部分的地形的访问放到一个子程序里面，当子程序调用自己时，就可实现重复执行。BlockBot 的执行环境会在所有星星都被收集后判断任务成功并终止指令执造词行，所以程序的执行不会因为调用自己而无限循环下去。

BlockBot 游戏中没有对指令执行的条件分支控制。想一想，如果对 BlockBot 游戏进行改进，让玩家可以训练条件分支控制思维，你可以怎么设计？

2. 实践

了解 BlockBot 的工作原理，现在去 BlockBot 游戏闯关吧。

测试题

（1）根据前面对编程模型的学习，BlockBot 的指令里有事件的响应吗？

（2）编程需要控制指令的执行顺序，在 BlockBot 小游戏里，我们可以顺序执行，也可以循环重复执行，但缺少一种控制，是哪种控制？

答案

（1）没有。

（2）根据条件判断分支执行控制。

1.6.14 项目 24x95：复杂编程中的建模过程——BlockBot 核心部分的制作

课程 ID：24x95

简　介：用抽象建模的方法来学习 BlockBot 小游戏核心部分的制作方法。

1. 理论

在上一个项目里，我们给大家介绍了 BlockBot 这个小游戏，希望你已经通关了或者玩了大部分的关卡。这里我们要引导你思考如何制作这个小游戏。我们只介绍本项目最核心的部分，即当你编好指令的执行顺序后，飞船（bot）是怎么运动的。这里先不考虑选关的问题，也不考虑把相关指令拖到面板上的实现。也就是说，这里讨论如何实现不同的地形和飞船依据指令能够前进、跳跃、左转、右转或收集。同时需要判断是否成功。

下面将运用抽象建模的方法来给这个游戏建模。

2. 实践

这个游戏相对比较复杂，先来识别大的生命中心（以下简称中心）：

- 我们知道地形。
- 飞船的前进、跳跃等动作。
- 成功或失败的判断。

可以用找场景和角色的方法。

在面对复杂的系统进行建模时，一定要善于识别那些最大的中心。

场景

当然，这里不动的场景就是地形。我们有不同的地形，需要在每一关都生成一个新的地形。生成地形有以下两种方式：

（1）用代码直接在各个位置放置方块。

（2）事先制作好地形，并把地形存成模板，然后用指令加载这些模板即可。

在本游戏里我们采用的是第二种方法。

角色

（1）找角色。

- 飞船。
- 星星碎片。

（2）描述角色：用最简洁的文字准确地描述角色的行为特征。

星星碎片的行为很简单，就是被飞船吸走以后消失。我们用隐藏角色指令（hide）即可。关于飞船角色可进一步细化。

依据先前的描述，飞船需要能够做几个动作：前进、跳跃、左转、右转及收集。

这里需要仔细观察在BlockBot这个游戏中前进、跳跃各有什么具体的特点。相信你在玩这个游戏的过程中已经有一些体会。下面我们来做一个总结：

分类	具体	描　　述
前进 step	前进一步 step_forward	当前方是平地可以行走，bot可以前进一步
前进 step	原地前进 step_here	当前方是墙/下台阶，bot无法前进，只能在原地行走
跳跃 jump	上楼梯跳跃 jump_up	当前方是上台阶，bot可以上一层台阶

续表

分类	具体	描　述
跳跃 jump	下楼梯跳跃 jump_down	当前方是下台阶，bot可以下一层台阶
跳跃 jump	原地跳跃 jump_here	当前方是平地/墙，bot只能在原地跳跃
左转 turn_left	左转 turn_left	旋转不涉及地形，随时可以旋转
右转 turn_right	右转 turn_right	旋转不涉及地形，随时可以旋转
拾取 act	拾取 act	在任何位置都可以拾取，不过只有在星星碎片的位置才会拾取到

这些动作指令执行后，具体的情况还需要视地形的情况来确定。前方是墙，就是指有两个以上（包括两个）方块，这种情况飞船是跳不上去的。

按照上面的描述发现，飞船的动作其实与地形相关，进一步发现只与前方的地形相关。前方的地形有四种情况：平地、墙、上台阶及下台阶。

所以在执行每一步动作前需要先检测前方的地形。

从上面的描述里我们对飞船角色识别出几个更细化的中心：

- 识别前方。
- 检测前方地形。
- 相应动作。

3. 逐层深入

我们需要进一步细化上面识别出来的几个中心。

识别飞船朝向

我们只有知道飞船当前的朝向，才知道哪个方向是前方。

玩这个游戏的时候，我们注意到地形是以方块搭建的，而飞船的动作除了前进、跳跃外只有两个转身，分别是向右转和向左转。也就是说，其实我们只需要考虑四个方向就足够了，分别是0° 方向、90° 方向、180° 方向和 360° 方向。

Paracraft 里有一个 getFacing 函数可以获得当前角色的朝向。

检测前方地形

我们知道了飞船朝向，只需要检测前面一个方块位置上有没有方块、有什么方块即可。Paracraft 提供 getBlock 方法，探测相应位置的方块，它还会探测到其对应的颜色。

动作

上表中的动作拆解可以通过电影方块里制作的动画加上编程中的坐标移动来实现。这里我们讨论坐标移动。

我们已经知道了飞船朝向，那么根据前进、跳跃并结合地形可以确定其动作完成后应该处于的位置。可以使用位移指令（move），也可以使用瞬移指令（moveTo），或者设置角色位置指令（setPos），除了 move 指令使用的是相对坐标，另外两个指令使用的都是绝对坐标。如果使用绝对坐标，我们只需要与初始的坐标做加减即可。

成功或失败的检测

● **成功**

成功即吸取所有星星碎片。我们注意到游戏中星星被吸取后，方块的颜色会变化。所以如果地图中不存在星星碎片的颜色，则表明 bot 已经收集了所有碎片，说明已经通过关卡。

● **失败**

失败并不代表没有收集完碎片，因为收集碎片需要多次尝试，每次都需要玩家修正自己的指令。

游戏中的失败代表着在地图的边界，不小心跳跃并坠落出了地图，迷失在宇宙中，这同样可以通过检测方块来实现。

程序执行状态

根据成功或者失败，我们需要向玩家给出不同的提示，在 UI 上有相应的表现。这部分我们在下面再详细讲解。

以上通过对中心的层次分析，不断细化各个中心，在细化过程中不断在更细的层次中寻找新的中心。一个复杂系统往往层次比较多，但是通过我们的方法，可以顺利地将复杂系统中各个层次的中心找出来，直至可以转化成代码的细节。而在这个过程中，我们有些时候可能对某些中心不太确定，则需要做一定的试验来确认，这些都是我们面对复杂系统的方法。

复杂系统很常见，你长大后从事的工作可能就是处理复杂系统的工作，如医生、建筑师、律师、管理者等。

测试题

（1）在飞船的动作拆解里可以看到，飞船会自动根据前方的不同地形来完成不同的动作。如果这个步骤也需要玩家通过指令来编程完成，即玩家需要根据前方的地形来指导飞船具体的动作，则需要用到哪种控制程序执行顺序的控制语句？

（2）位移（move）、瞬移（moveTo）、设置角色位置（setPos）等指令都可以改变角色的坐标位置，除了 move 函数使用的是相对坐标，另外两个指令使用的都是绝对坐标。这种说法正确吗？

答案

（1）需要根据条件执行的控制语句，例如，如果……那么……。

（2）正确。

1.6.15 项目 24x93：BlockBot 小游戏——3D UI

课程 ID：24x93

简　介：BlockBot 小游戏里有很好的用户界面的选关设计。本项目学习关于 3D UI 的知识。

1. 理论

3D UI（User Interface），也就是三维空间中的图形界面 UI 元素。

UI 是什么

突然出现一个新名词——3D UI，很多同学不清楚它是什么。

其实它也是电影方块中的人物，不过是一种特殊的人物。

之前我们遇到的电影方块人物，很像是现实生活中的人或一个 3D 模型，可以移动、旋转等。相比之下，3D UI 更像是一张图片，同样地，它也可以在 3D 世界里有任何位置、角度及大小。在 3D 世界中呈现 2D 的事物。

BlockBot 中用来选择关卡的星座墙就是用 3D UI 来实现的。其实它就是按位置和顺序堆叠在一起的几张图片。这里要学习如何制作这样的游戏关卡。

认识 3D UI

下面我们来正式认识一下 3D UI。

- **创建**

我们先来创建一个简单的 3D UI。

在电影方块中创建人物，选择 TEXT 图标，如图 1.6.29 所示。

3D UI 人物默认显示是一个黄色边框的矩形，如图 1.6.30 所示。

这样就创建了一个 3D UI 人物。

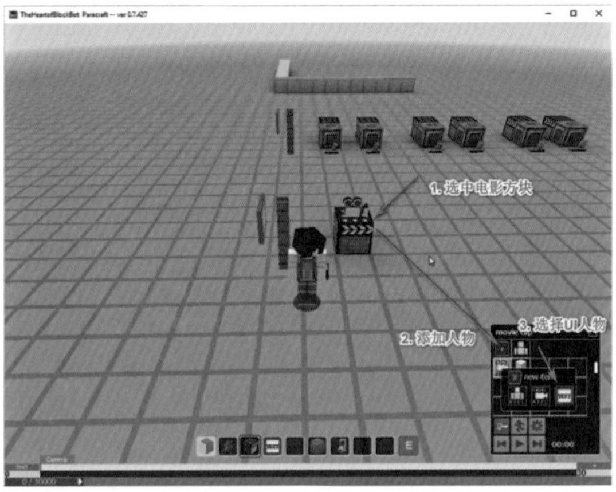

图 1.6.29

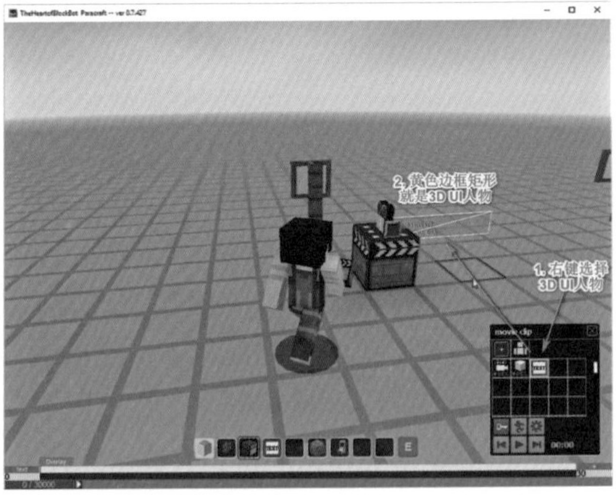

图 1.6.30

- **加载图片**

在探索加载图片之前，我们先来看已有的图片资源。就像声音文件一样，同样将图片文件放到项目的根目录下。

图片文件都放在 image\ 路径下，如图 1.6.31 所示。

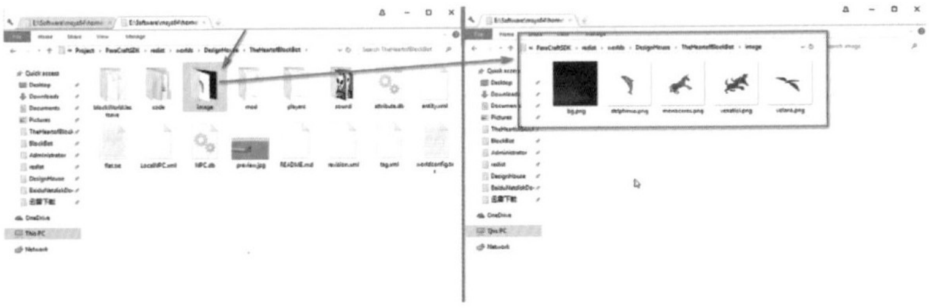

图 1.6.31

下面我们尝试将 bg.png 的星空图案加载到 3D UI 中。

先切换到电影方块中的代码 code 子属性，如图 1.6.32 所示。

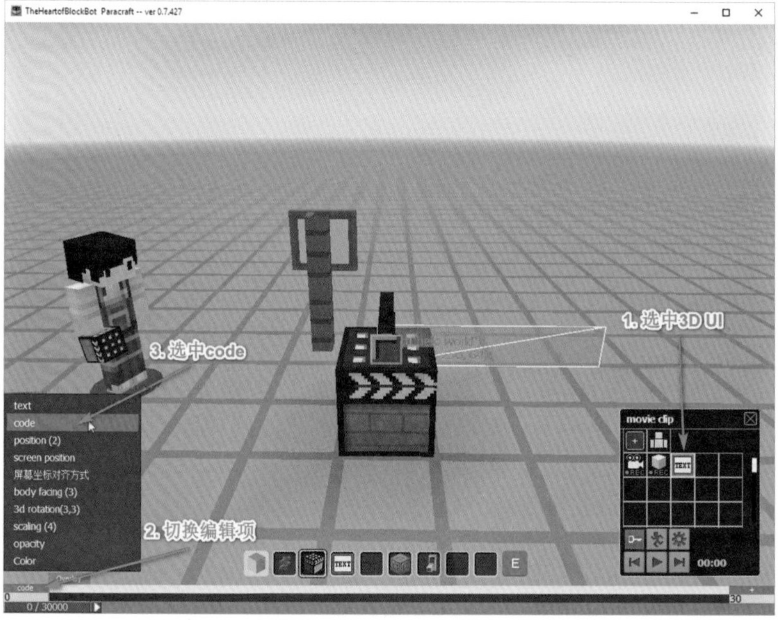

图 1.6.32

插入关键帧，其中有一些代码示例，我们使用 image 函数，输入：

其中：

```
image("image\bg.png", 300, 100);
```

- "image\bg.png" 是要加载的图片的路径，因为我们的图片在 image 目录下，所以路径是 image\bg.png。
- 300 是图片呈现的宽度。
- 100 是图片呈现的高度。

确定之后，我们就看到星空图片被加载进来，3D UI 已经不是默认的黄色矩形了，如图 1.6.33 所示。

图 1.6.33

- **大小**

如何控制图片的大小？

在使用加载图片代码的时候，后面的数字参数设置了宽度和高度，也就是图片的大小。

我们注意到，电影方块的角色子属性中有一项scale，可以用来设置图片的放缩比例，如图1.6.34所示。

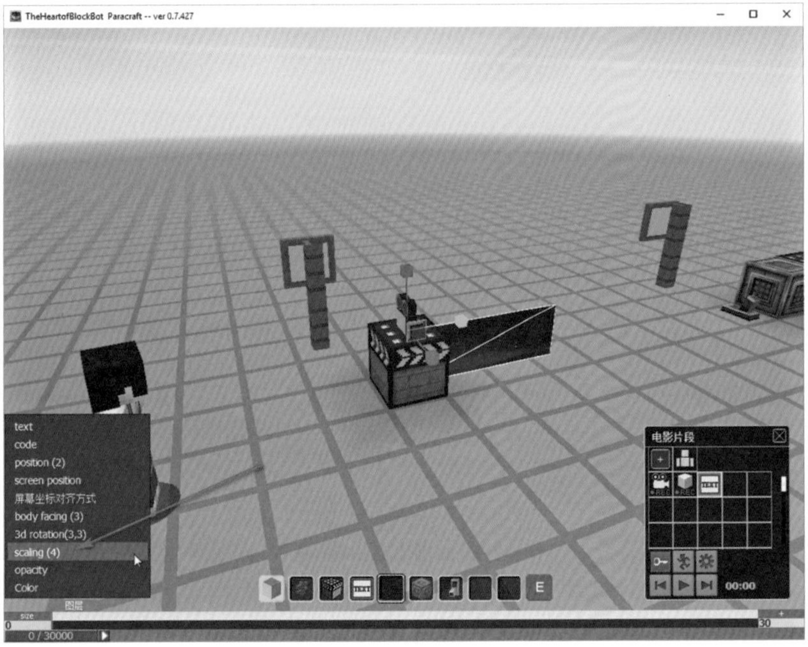

图 1.6.34

在这里不推荐使用它来设置3D UI的大小，原因是它只能等比例放大或缩小，不能修改宽高比例。

● **位置**

3D UI既然是3D的，那么它的位置也可以是空间中的任何位置。

我们可以在电影方块中通过位置position子属性调整3D UI的位置，就像调整普通人物的位置一样，如图1.6.35所示。

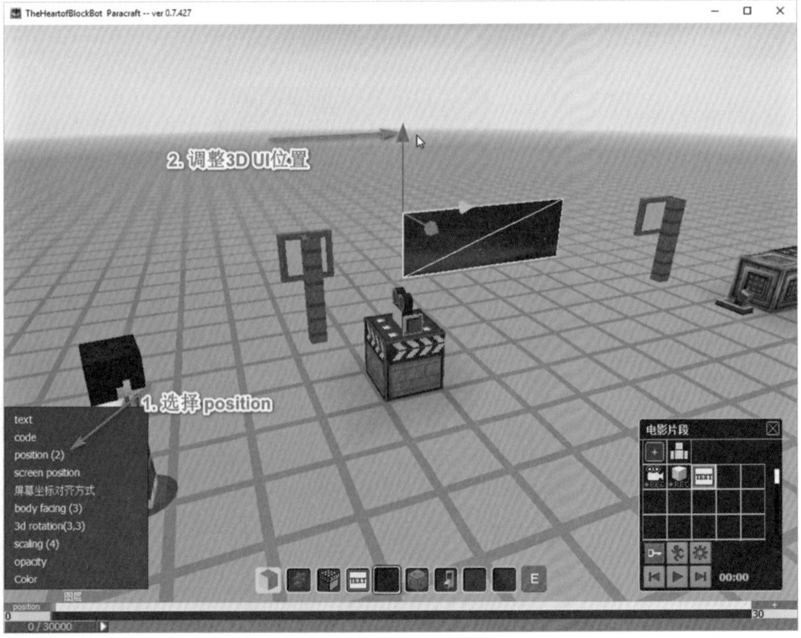

图 1.6.35

● 方向

对于我们的星空墙来说，理论上可以加载图片、调整位置和大小就足够了，为什么还要来讨论角度呢？

虽然不是完全必要，但是如果可以调整角度，我们在加载图片时调整墙面位置就有更大的自由度，如图 1.6.36 所示；如果不能调整角度，加载的图片则始终朝向一个方向，非常无趣。

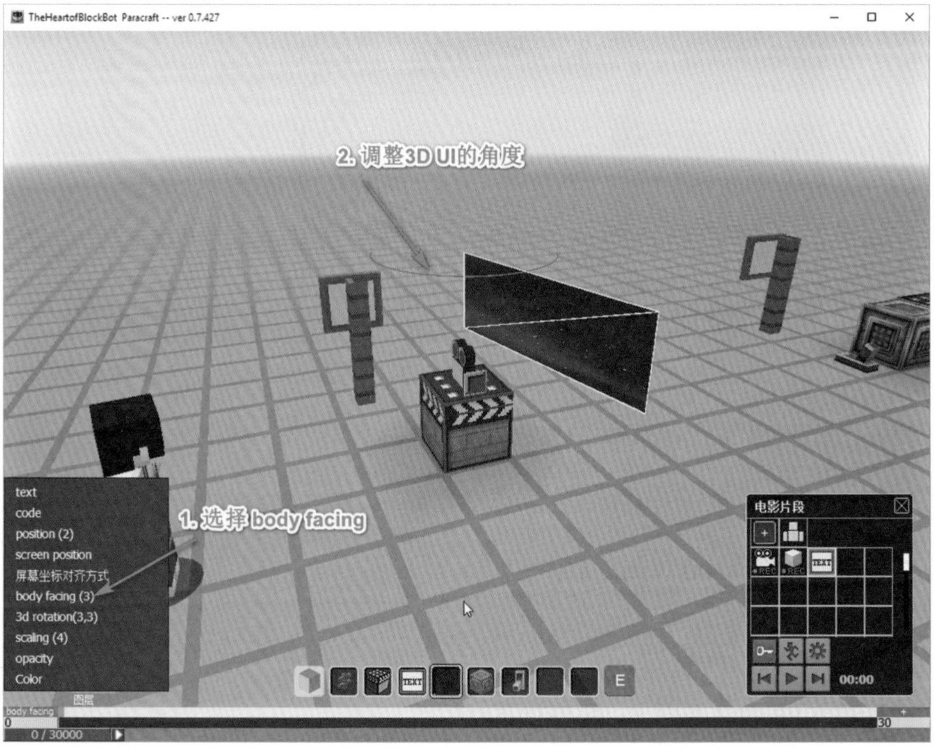

图 1.6.36

● 代码控制

上面讨论了 3D UI 以及相关的设置，理论上已经足够构造星空墙了。

在进一步探讨之前，你可能有这样的问题：电影方块已经可以控制 3D UI 元素，为什么还要讨论如何用代码控制 3D UI？

这是因为代码控制更容易修改，例如，调整位置和大小，只需要调整代码一个参数就可以了；如果使用电影方块，就要选择电影方块，找到关键帧，修改参数，非常麻烦。

● 加载图片

在电影方块中，加载图片使用的是代码 code 子属性，在代码方块中，它有一个更清晰的名字——**绘图代码**。绘图代码是角色的一个属性，键值为 rendercode，如图 1.6.37 所示。

在这个前提下，加载图片就等同于设置绘图代码。我们使用 setActorValue 函数来加载图片。

```
setActorValue("rendercode", 'image("image/bg.png", 300, 100)');
```

代码执行之后，会发现电影方块中的人物已经加载了图片 bg.png。

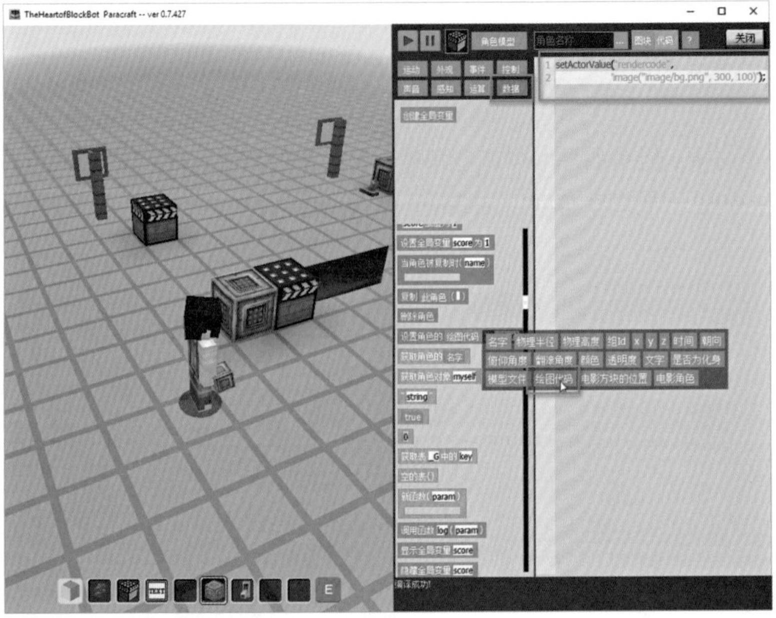

图 1.6.37

● **大小**

前面提到过，推荐使用绘图代码中的参数来修改图片大小，所以修改图片大小就变得很简单了。

```
setActorValue("rendercode", 'image("image/bg.png", 300, 100)');
```

有针对性地修改 300，100 这两个值即可。

● **位置**

修改位置相当于设置角色的 x、 y 、z 值。 x 、y、 z 唯一确定了空间中的一个位置。

代码中提供 setPos 函数来调整人物的位置。

下面的电影方块位置是 19213, 5, 19181，我们设置的 3D UI 元素比它高 3 格，如图 1.6.38 所示。

```
setActorValue("rendercode", 'image("image/bg.png", 300, 100)');
-- 设置位置
setPos(19213, 8, 19181)
```

图 1.6.38

● **方向**

调整 3D UI 的方向很简单。和控制普通人物一样，使用 turnTo 函数即可，如图 1.6.39 所示。

```
-- 旋转到 45 度方向
turnTo(45)
```

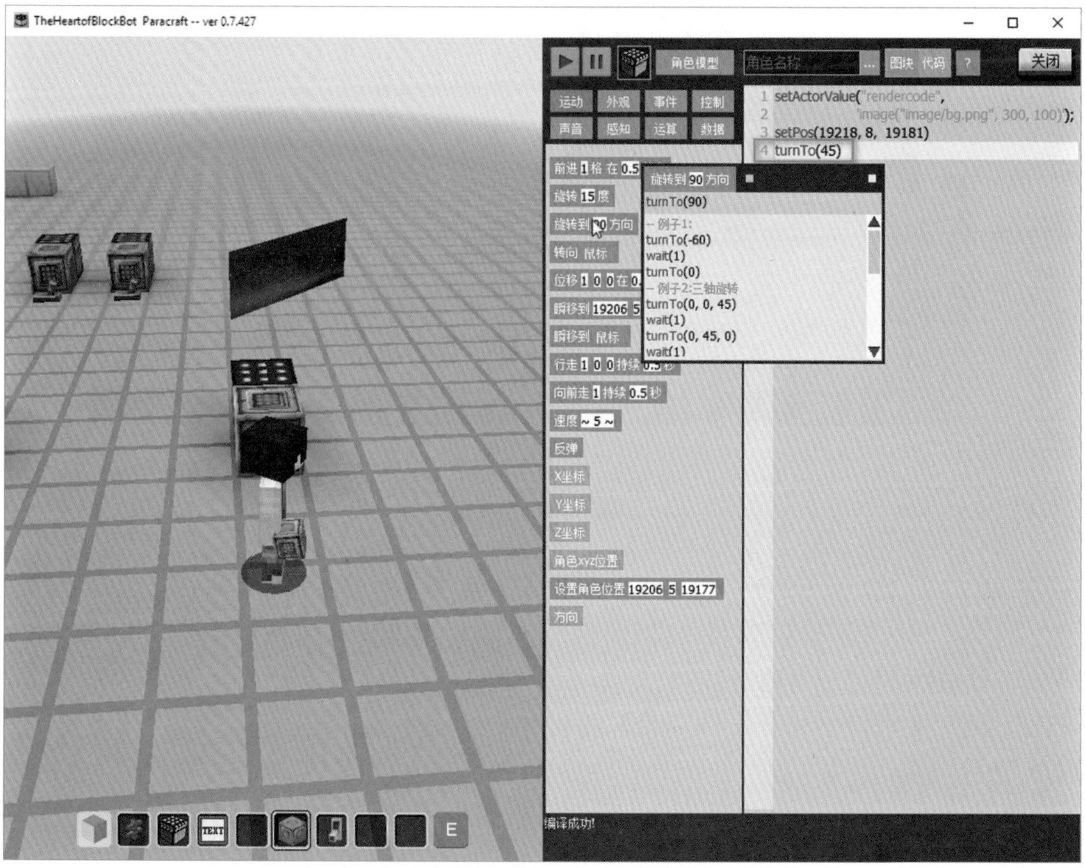

图 1.6.39

2. 实践

设计星座墙

上面我们讨论了与 3D UI 相关的属性和代码的控制方法，并对比了两种方法。 目前我们学到的内容已经足够实现星座墙了。

在开始之前，我们先做一个大致的分析：

- 星座墙一共由五张图片叠加在一起。
- 背景是星空图，比其他四个星座图要大，点击星空图没有效果。
- 前景是星座图，相比背景要小，呈现在前面，星座图可以点击，触发选择星座的事件。

因为两者有不同的功能，我们用两个电影方块来实现，每个电影方块配置一个 3D UI 人物，对应的代码也在两个代码方块中。

星空背景

设置星空背景的方法很简单，我们只需要加载图片作为背景，并调整它的大小和位置即可。

如图 1.6.40 所示，可以看到我们使用了 include 指令加载外部代码。将其中的代码显示在下面。

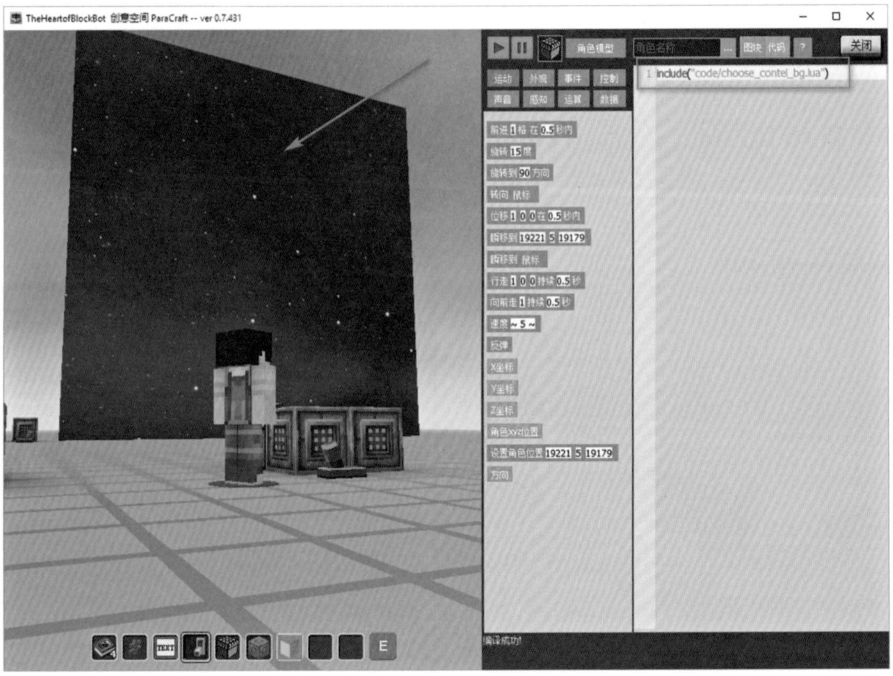

图 1.6.40

后续所有的代码方块都会使用 include 的方式，但是其中关键的代码放在课程相应的地方。如果大家需要查看完整的项目代码，可以在对应的路径下找到代码文件并查看。

```
-- 加载背景图
setActorValue("rendercode", 'image("image/bg.png", 1000, 1000)');
-- 调整位置
setPos(19220, 15, 19185)
-- 调整方向
turnTo(90)
```

4 个星座

因为有 4 个星座，所以使用 clone 方法生成 4 个 UI 角色，每个角色都有相对应的点击事件，如图 1.6.41 所示。

代码有一点长，但是逻辑非常清晰，其中添加了明显的注释。你可以把它当成一次阅读代码的挑战。

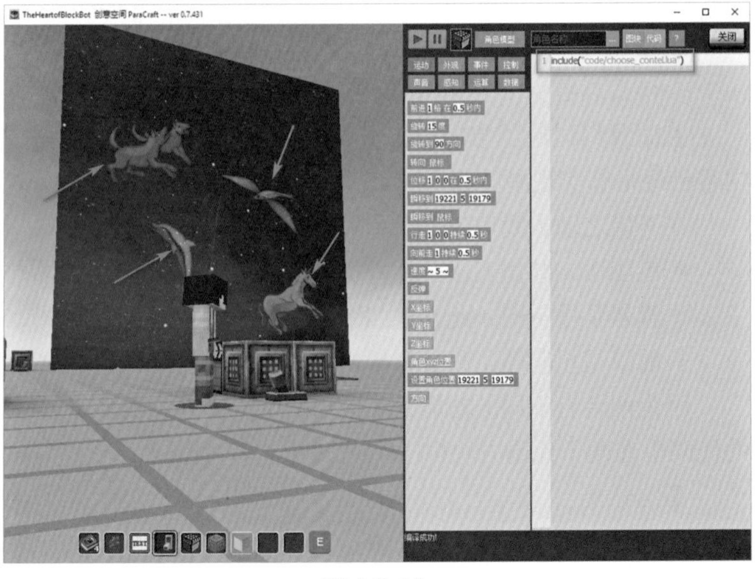

图 1.6.41

```
-- 使用数组，定义 4 个星座，数组顺序 1、2、3、4 表明了每个星座代表的数字索引
local contellations = {
    -- 猎犬座，海豚座，飞鱼座，麒麟座
    "venatici", "delphinus", "volans", "monoceros"
}

-- 定义每个星座的位置，位置顺序和星座定义中的顺序对应
local contel_positions = {
    -- venatici 猎犬座
    {19220, 14, 19184.9},
    -- delphinus 海豚座
    {19221, 11, 19184.9},
    -- volans 飞鱼座
    {19224, 13, 19184.9},
    -- monoceros 麒麟座
    {19225, 10, 19184.9},
}

-- 定义每个星座的大小（宽度 x 高度），依次对应四个星座
local contel_sizes = {
    -- venatici 猎犬座
    {500, 500},
    -- delphinus 海豚座
    {500, 500},
    -- volans 飞鱼座
    {500, 500},
    -- monoceros 麒麟座
    {500, 500},
}

-- 定义如何 clone
registerCloneEvent(function(event)
    -- 获取星座索引
    local contel = event.contel

    -- 将数据存储到 UI 元素自身，为后续的点击事件做准备
    setActorValue("contel", contel)

    -- 调整方向
    turnTo(90)

    -- 获取星座位置
    local pos = contel_positions[contel]

    -- 设置位置
    setPos(pos[1], pos[2], pos[3])
    -- 由索引找到星座名称
    local contel_name = contellations[contel]
    -- 由星座名称到相应的图片路径
    local fileName = "image/" .. contel_name .. ".png"
```

```
        -- 获取星座的大小
        local size = contel_sizes[contel]
        -- 加载星座图片
        setActorValue("rendercode", "image('" .. fileName .. "', "
            .. size[1] .. "," .. size[2] .. ")")

        -- 显示星座
        show()
    end)

    -- 定义点击事件
    registerClickEvent(function()
        -- 获取 UI 元素存储的数据
        local contel = getActorValue("contel")

        -- 发送消息，选择了哪一个星座
        broadcast("choose_contel", {
            contel = contel,
        })
    end)

    -- 将默认的 UI 隐藏起来，因为我们克隆了 4 个，连带自身就有 5 个
    -- 它自身是不需要使用的，hide()

    -- 从星座的定义中，克隆 4 个星座元素
    for contel_index, _ in pairs(contellations) do
        clone("myself", {
            contel = contel_index,
        })
    end
```

可以看到，点击事件发送了 choose_contel 事件，并附带星座的索引。

保持状态

到这里，星座墙就已经设计完成了！非常简单的第一步。

我们给相应的代码方块加上拉杆开关，并打开它，就可以随时看到星座墙，而且它将一直显示在这里，如图 1.6.42 所示。

即使退出世界，再进入世界，只要拉杆是开着的，星座墙就会存在，相当于我们创造出了世界中永远存在、不会消失的东西，除非你关掉了开关。

图 1.6.42

1.6.16 项目 24x94：BlockBot 小游戏——2D UI

课程 ID：24x94

简　介：BlockBot 小游戏中有很好的选关设计。本项目学习关于 2D UI 的知识。

1. 理论

看到这里，大家不禁会有疑问：

- 3D 空间不是包含 2D 空间吗？
- 3D UI 不能解决 2D UI 的问题吗？
- 2D UI 是必要的吗？

2D UI 和 3D UI 有很多相似点，课程中也会从其相似之处对比地讲解 2D UI。但是由于它们各自独有的性质，导致它们无法完全取代彼此。本项目我们会探讨这两种 UI 的差异。最后，我们会使用 2D UI 实现在星座选择星星的功能。

2D UI 是什么

3D UI 是空间中的 UI 元素，而 2D UI 是平面上的 UI 元素，具体来讲，就是只活跃在屏幕上的 UI 元素。

我们看一下对比，如图 1.6.43 所示。

图 1.6.43

UI	存在于	随世界内视角变化	用途
3D UI	3D世界中	是	3D世界中的图片
2D UI	屏幕上	否	控制面板，说明性标识

通过对比可知两者之间的区别以及不能用 3D UI 来取代 2D UI 的原因。

因为它们作用在不同的空间。

认识 2D UI

与 3D UI 类似，我们使用相同的认知流程。

创建

在 3D UI 中，我们已经会创建 UI 元素。

2D UI 中创建 UI 元素还需要额外的步骤，给予 UI 元素一个屏幕坐标，它就会变成一个 2D UI 元素，如图 1.6.44 所示。也就是说，只要存在**屏幕坐标**帧，电影方块中的 UI 元素就会成为 2D UI，如图 1.6.45 所示。

建议在第 0 帧建立一个**屏幕坐标**帧。

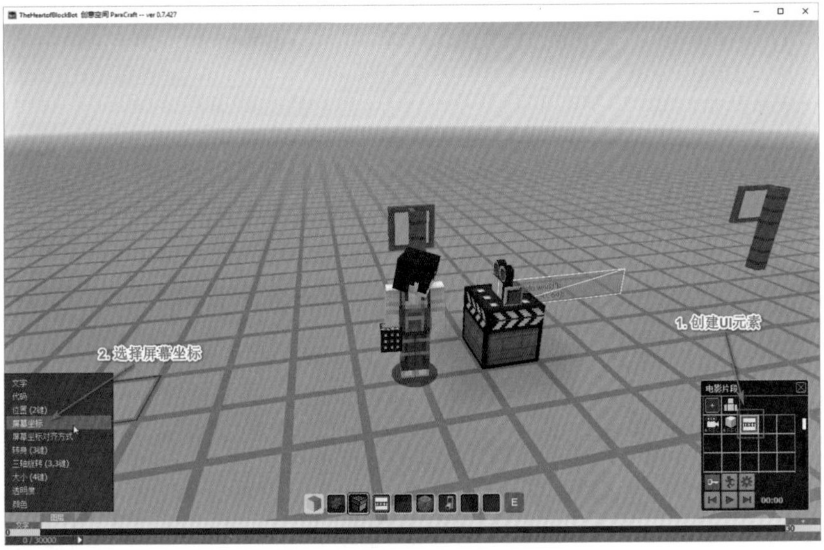

图 1.6.44

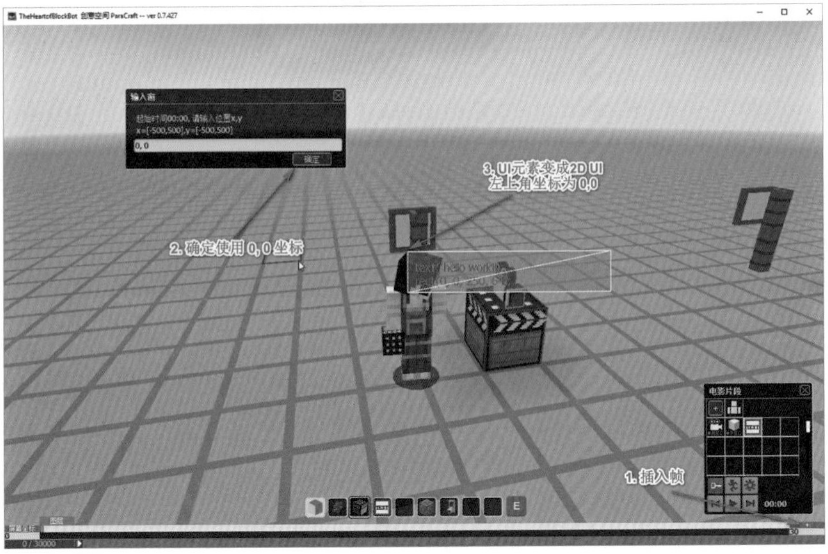

图 1.6.45

● 加载图片

与 3D UI 相同，插入代码关键帧即可，如图 1.6.46 所示。

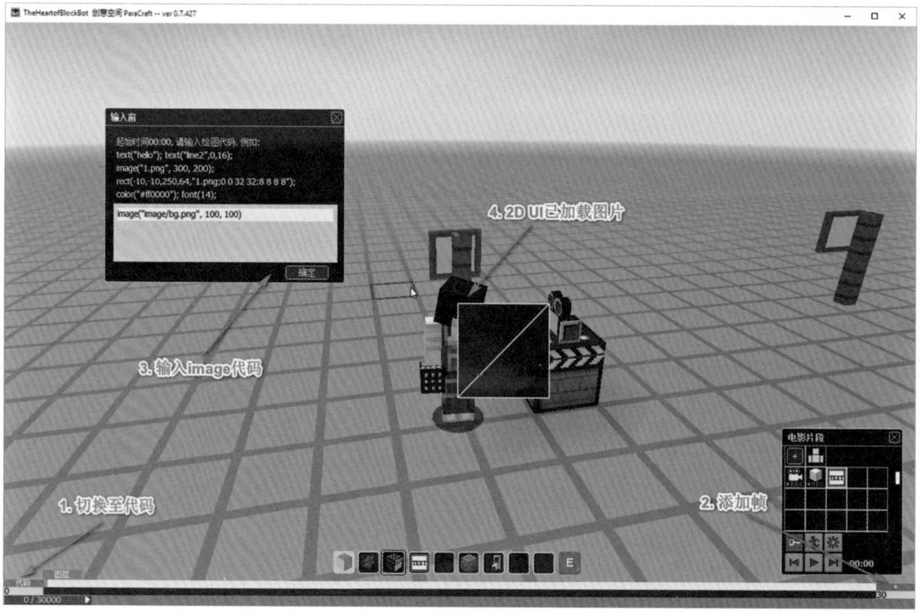

图 1.6.46

大小

与 3D UI 相同，这里使用绘图代码的参数来调整图片大小。

例如：image("image/bg.png",300,200)。

位置

3D UI 使用的是空间位置，而 2D UI 只能使用屏幕位置，也就是屏幕坐标（二维坐标）。

方向

因为 2D UI 没有在 3D 空间，所以没有可以用来旋转的维度。它的方向始终面向屏幕。

2D UI 中的坐标系

在具体讨论代码之前，对 2D UI 坐标系的讨论是必要的，它能精确地帮助我们知道 UI 元素在哪里。

图 1.6.47 清晰地讲解了 2D UI 中的坐标设定：

其中 UI 元素的绘图代码为 image("image/bg.png",100,100) 。

我们可以看到这个坐标系的特点：

- 横方向为 X 轴，竖方向为 Y 轴。
- 中心点坐标为 (0, 0)。
- 不管软件窗口大小如何变化，屏幕最右侧 X 值总是 500，最左侧总是 –500。
- 屏幕坐标 X、Y 的单位长度是一样的，1 单位的 X 和 1 单位的 Y 距离相等。
- 因为屏幕比较宽，所以 Y 轴坐标的 500 就落在了软件窗口之外。
- 屏幕坐标的单位长度和绘图代码中的图片尺寸的单位长度是相同的，图 1.6.46 中图片大小为 100 × 100，因此占据了 (0,0) → (100,–100) 的区域；
- 2D UI 的坐标是 UI 元素左上角的坐标，如图 1.6.47 中的 (0,0)。

有了对坐标系的了解，我们对 2D UI 的位置也就更加清晰了。

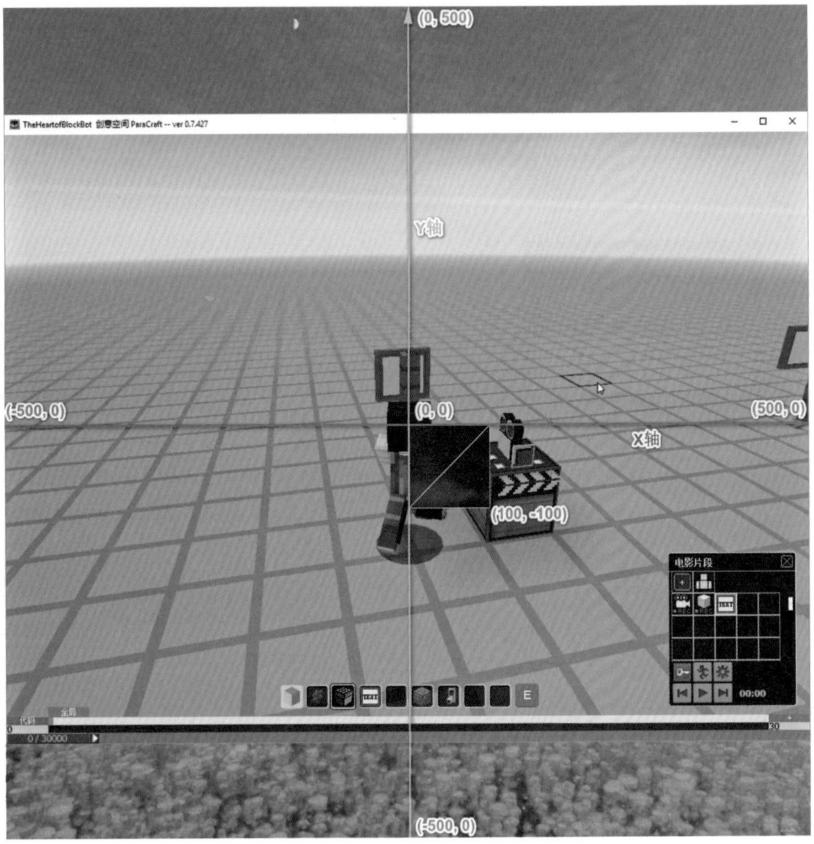

图 1.6.47

代码控制

下面来介绍如何用代码控制 2D UI 的图片大小、位置等。

加载图片

和 3D UI 相同，我们只需要设置人物的绘图代码。

```
setActorValue("rendercode", 'image("image/bg.png", 100, 100)')
```

大小

和 3D UI 相同，调整绘图代码中的参数大小。

```
setActorValue("rendercode", 'image("image/bg.png", 300, 100)')
```

位置

这一点和 3D UI 有所区别：

（1）坐标系不同，上面已经讨论了 2D UI 的坐标系。

（2）使用函数不同，3D UI 使用 setPos 函数，2D UI 使用 moveTo 函数。

```
setActorValue("rendercode", 'image("image/bg.png", 300, 100)')
moveTo(400, 0)
```

因为图片大小为 100×100，坐标为 (400,0)，400+100=500，图片右侧刚好贴在可视屏幕的最右边，如图 1.6.48 所示。

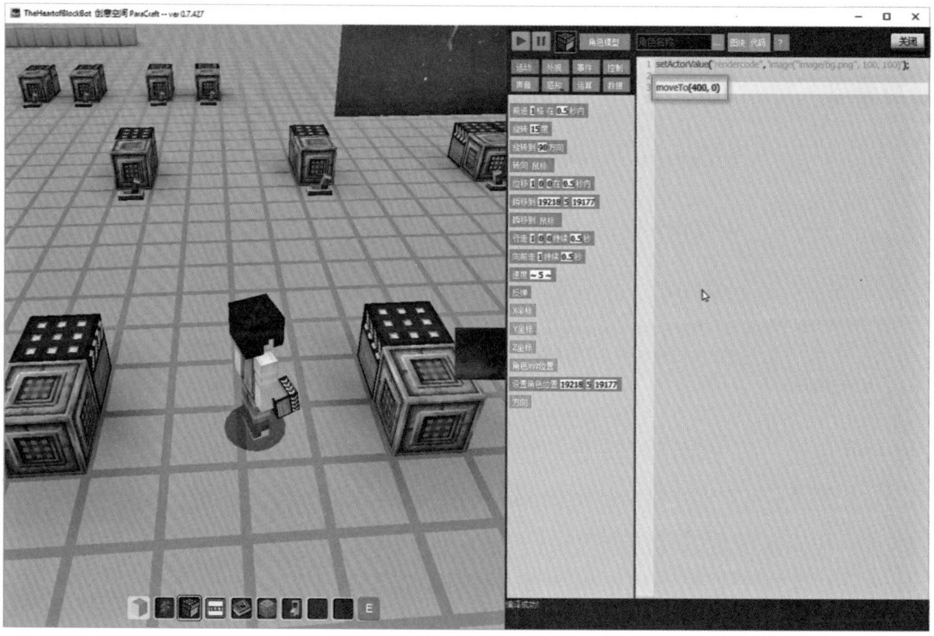

图 1.6.48

方向

如果需要，你可以用 turnTo 或 turn 函数旋转 2D UI。大多数情况下，我们很少旋转 2D UI。

2. 实践

星座中选择星星

通过上面的讨论，我们可以着手实现星座中选择星星的功能。

关卡设计

整理一下图片素材，如图 1.6.49 所示。

- 四张星座背景图。
- 一张星星图。
- 一张返回按钮图。

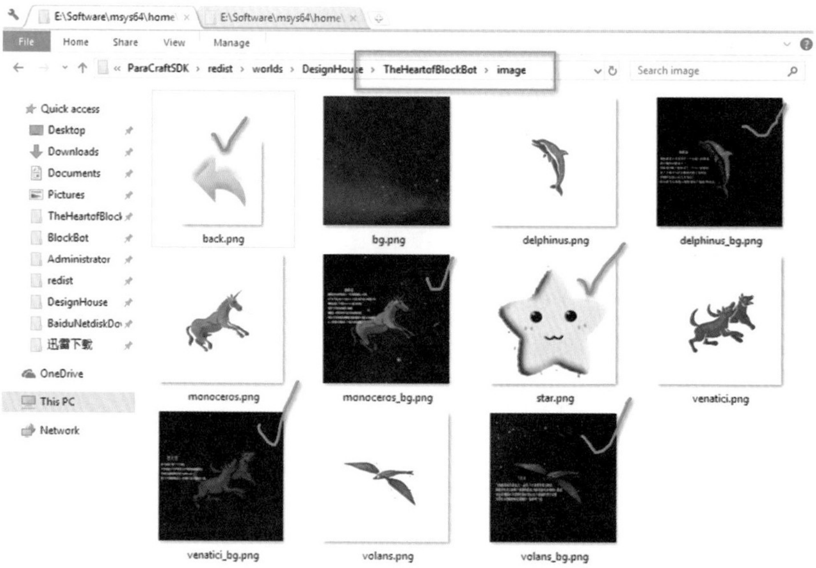

图 1.6.49

每个星座的名称和星星的个数如下所示：

星座索引	英文名	中文名	连线星（关卡）个数
1	venatici	猎犬座	2
2	delphinus	海豚座	5
3	volans	飞鱼座	6
4	monoceros	麒麟座	7

每个星座有一些星星，每个星星对应于一个关卡。

问题分析

现在来具体分析我们要实现的功能和效果：

- 首先它接收从星座墙发来的选择星座消息，然后呈现星星、星座图与返回按钮。
- 点击星星，会触发选择星星的消息。
- 点击返回按钮，退出选择星星界面。
- 点击星座，没有事件。

代码实现

- **如何拆分代码**

在讨论具体代码之前，我们先来介绍代码的组织方式。

从功能上来看，我们需要 3 种 UI，分别对应背景、星星及返回按钮。

这种分类和 3D UI 中实现星座墙类似，星座墙中有背景和星座图两类。

所以分为 3 类 UI，放入 3 个（代码 + 电影）方块，这是一种合理的分解方法。

但是下面我们要引入另一种方法，只用一个（代码 + 电影）方块来控制这 3 类 UI 元素。

可能有人要问，上面的拆分很合理，分工明确，代码耦合更小，为什么不使用这种拆分方式?

因为这里涉及一个 2D UI 的限制，我来说明一下。

在 3D UI 中，如果要实现多个 UI 元素的叠加，呈现出前后的层次， 只需要调整相应的坐标值，使之在 3D 空间中有一点前后的区别就可以了。

但是在 2D UI 中不能这样做，因为它是平面的，没有第 3 个调节前后的维度。

那么 2D UI 如何决定元素的前后顺序，谁叠加在谁上面呢?

答案是**按照初始化顺序**，先创建的 UI 元素处于界面的下层。

例如，初始化顺序为 A → B → C，则 B 处于 A 的上层，C 处于 A、B 的上层，如图 1.6.50 所示。

图 1.6.50

对应我们的问题，星星和返回按钮必须处于背景的上面，因为它们没有明确的先后关系，所以必须先创建背景，后创建星星和返回按钮。

但是之前我们讨论过，多个代码方块执行

是并行的，没有明确的先后关系，如果使用 3 个方块来放置相应的 UI 元素，就需要在 3 个方块间控制相应 UI 元素创建的先后顺序，这是非常烦琐的。所以我们在这里尝试使用单个方块来创建与管理所有的 UI 元素。

代码

在复制克隆生成 UI 元素的时候添加了一个类型值 type，在所有相关的代码中都用它来区分背景、星星和返回按钮这 3 种类型的 UI 元素。

同时，我们生成元素的顺序也按照上面分析的顺序，即先创建背景，后创建星星和返回按钮。

```
-- 星座名称
local contellations = {
    -- 猎犬座，海豚座，飞鱼座，麒麟座
    "venatici", "delphinus", "volans", "monoceros"
}

-- 星星大小
local star_size = {50, 50}

-- 星星位置
-- 4 个分块对应 4 个星座
-- 每个星座中星星数量为 2、5 、6 、7
localstar_positions = {
    {
        {46, 110},
        {187, 172},
    },
    {
        {-123, 160},
        {-85, 109},
        {-41, 149},
        {-15, 87},
        {40, -73},
    },
    {
        {-248, 109},
        {-99, 137},
        {-27, 35},
        {48, -136},
        {170, -72},
        {169, 36},
    },
    {
        {-175, -163},
        {-299, -50},
        {-49, -2},
        {160, 92},
        {227, 56},
        {140, -115},
        {203, -101},
    },
}

-- 返回按钮的大小
local back_button_size = {50, 50}
-- 返回按钮的位置
local back_button_position = {-480, 240}

-- 背景图片的大小
local bg_size = {1000, 1000}
-- 背景图片的位置
local bg_position = {-500, 500}

-- 加载图片
function_load_image(name, size)
  setActorValue("rendercode", "image('image/"
        .. name .. ".png', " .. size[1] .. "," .. size[2] .. ")")
end

-- 接收退出选择星星的消息
registerBroadcastEvent("exit_choose_star", function(event)
  hide()
end)

-- 接收选择星座的消息
registerBroadcastEvent("choose_contel", function(event)
    local contel = event.contel

-- 读取当前元素类型，不同的类型有不同的行为
    local t = getActorValue("type")

-- 背景
    if t == "bg" then
        local c = getActorValue("contel")
```

```
        if c == contel then
            show()
        end
    end

    -- 返回按钮
    if t == "back" then
        show()
    end


    -- 星星
    if t == "star" then
        local c = getActorValue("contel")

        if c == contel then
            show()
        end
    end
end)

-- 点击事件
registerClickEvent(function(event)
    -- 获取类型
    local t = getActorValue("type")

    -- 背景没有点击事件
    if t == "bg" then
        do return end
    end

    -- 返回按钮，退出选择星星
    if t == "back" then
        broadcast("exit_choose_star")
    end

    -- 星星
    if t == "star" then
        local contel = getActorValue("contel")
        local star = getActorValue("star")

        -- 发送选择星星消息
        broadcast("choose_star", {
                    contel = contel,
                    star = star,
        })
        -- 同时退出选择星星
        broadcast("exit_choose_star")
    end
end)

-- 如何克隆 UI 元素
registerCloneEvent(function(event)
    -- 存储元素类型
    local t = event.type
    setActorValue("type", t)

    if t == "bg" then
        local pos = bg_position
        local size = bg_size
        local contel = event.contel
        local contel_name = contellations[contel]

        -- 存储星座索引
        setActorValue("contel", contel)

        -- 加载图片
        _load_image(contel_name .. "_bg", size)
        -- 移动位置
        moveTo(pos[1], pos[2])
    end

    if t == "back" then
        local pos = back_button_position
        local size = back_button_size

        moveTo(pos[1], pos[2])
        _load_image("back", size)
    end

    if t == "star" then
        local contel = event.contel
        local star = event.star
        local pos = star_positions[contel][star]
        local size = star_size

        setActorValue("contel", contel)
        setActorValue("star", star)

        moveTo(pos[1], pos[2])
        _load_image("star", size)
    end
```

```
        hide()
    end)

    hide()

    -- 克隆星座背景，使用类型 bg
    for contel_index, _ in pairs(contellations) do
        clone("myself", {
            type = "bg",
            contel = contel_index,
        })
    end

    -- 克隆返回按钮，使用类型 back
    clone("myself", {
        type = "back",
    })

    -- 克隆星星，使用类型 star
    for contel_index, positions in pairs(star_positions) do
        for star_index, _ in pairs(positions) do
            clone("myself", {
                type="star",
                contel = contel_index,
                star = star_index,
            })
        end
    end
```

3D UI 和 2D UI

本项目也可以用 3D UI 来制作。只是如果使用 3D UI，则玩家可能通过鼠标来调节摄像头的距离、角度等，其实我们并不希望玩家这样做。我们使用 2D UI，排除了玩家这么做的可能性。

当然星座墙也可以用 2D UI 来制作，并且用 2D UI 来制作是更合适的，因为可以避免玩家通过鼠标来调节摄像头的距离及角度。

1.6.17 项目 24x96：BlockBot 小游戏——复杂 UI 设计

课程 ID：24x96

简　介：BlockBot 小游戏里有很好的选关设计，本项目通过 BlockBot 里的指令面板学习如何设计复杂的 UI。

1. 理论

什么是复杂的 UI 设计？

前面我们已经讨论了 2D UI 和 3D UI，并用它们实现了相应的功能。

可能大家会有疑问：为什么还要再介绍 UI？难道还有新的 UI 元素要介绍吗？

其实并不是这样的，本项目只涉及 2D UI 的内容，但是和前面的区别在于，这里使用了很多 2D UI 元素，组成了一个复杂的控制面板。我们需要一种方法来管理这种复杂度，这也是我们称为复杂环境下 UI 的原因。

从技术上讲，本项目内容涉及的还是 2D UI 本身，只不过使用了不同的管理方式。后面我们会看到这种管理方式更加优雅，也更不容易出错。

2. 实践

功能目标

在介绍控制面板之前，我们先分析它有哪些元素，如何安排位置元素，有什么样的功能。

元素位置

在控制面板中需要以下元素，如图 1.6.51 所示。

- 返回按钮、重新开始按钮、执行指令按钮。
- 添加指令区。
- 存储指令区，分为存储指令和存储指令区标题。

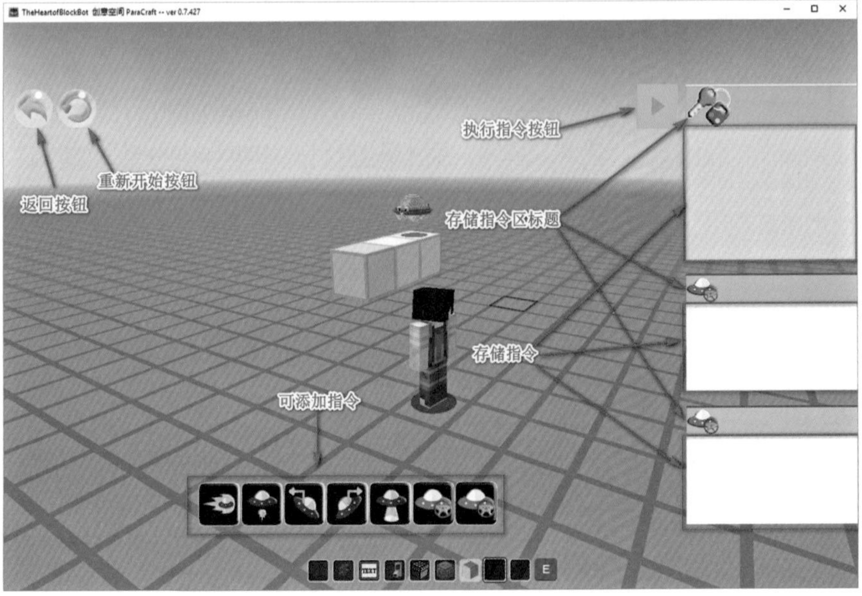

图 1.6.51

之前我们已经介绍了 2D UI 中的坐标系统，这里将指令的大小设定为 50 × 50，以此为基础安排其他元素的位置。

所有元素的位置已经非常清晰，在项目代码中可以看到它们具体的位置坐标。有了明确的位置坐标，元素的初始化就变得非常简单，如图 1.6.52 所示。

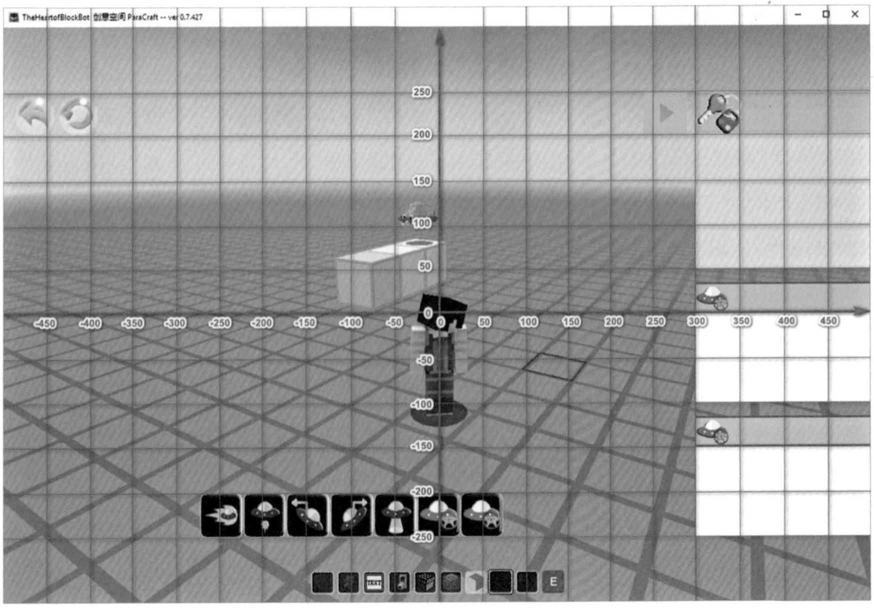

图 1.6.52

点击元素

控制面板的 UI 元素主要用来控制指令的设定与指令的执行，它是游戏内主要与用户交互的地方。其中每个元素都承载了相应的功能，而用户与它们的交互方式则很简单，就是单纯地点击。

什么是当前存储区？

在点击添加指令的时候有 3 个存储区，需要选定一个区作为当前接收指令的存储区。当前存储区可以通过点击存储区标题进行切换。

图 1.6.53 清晰地描述了点击相应的元素时对应的功能。

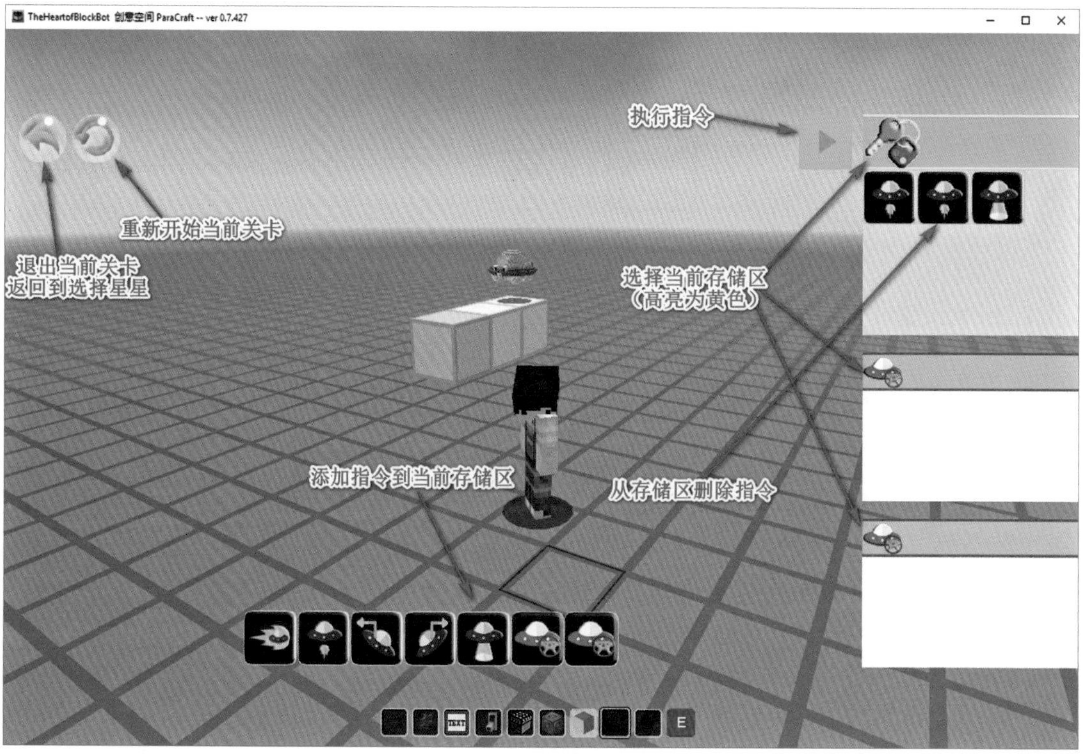

图 1.6.53

编辑指令

控制面板提供的最主要的功能就是编辑指令，即在哪些存储区放置哪些指令。这里来讨论应如何设计它。

UI 元素和数据

在开始之前，先引入 UI 和数据的概念。

仔细思考：UI 元素存在的目的是什么？

假如一个程序什么都不需要表达，自然也不需要 UI 元素。

所以 UI 是为了表现某种东西，而这种东西就是这个程序内部的数据。（当然也不否认有单纯装饰性的 UI 元素，但是这里讨论与功能性相关的 UI。）

所以在某种程度上，UI 元素是数据的一种呈现方式。

图 1.6.54 所示为世界范围内 PM2.5 的当前情况，颜色的深浅很清晰地呈现了空气质量的相对情况。

UI 元素是一种表象，它真实地反映了内部相关数据的情况。

事实上，数据可视化是一个蓬勃发展、非常有创造性的领域。

交互

用户添加指令与删除指令，都是与 UI 元素的一种交互。

例如，点击添加指令，自然期望被点击的指令添加在存储区；点击删除指令，自然期望被点击的指令从存储区消失。

如果我们的程序要做到这一点，则可以有两类做法，如图 1.6.55 所示。

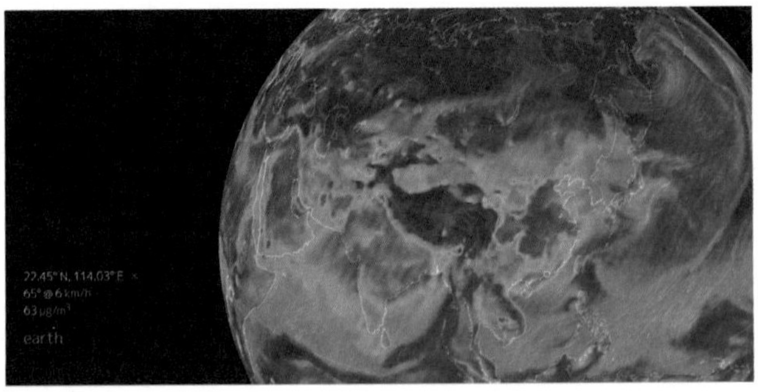

图 1.6.54

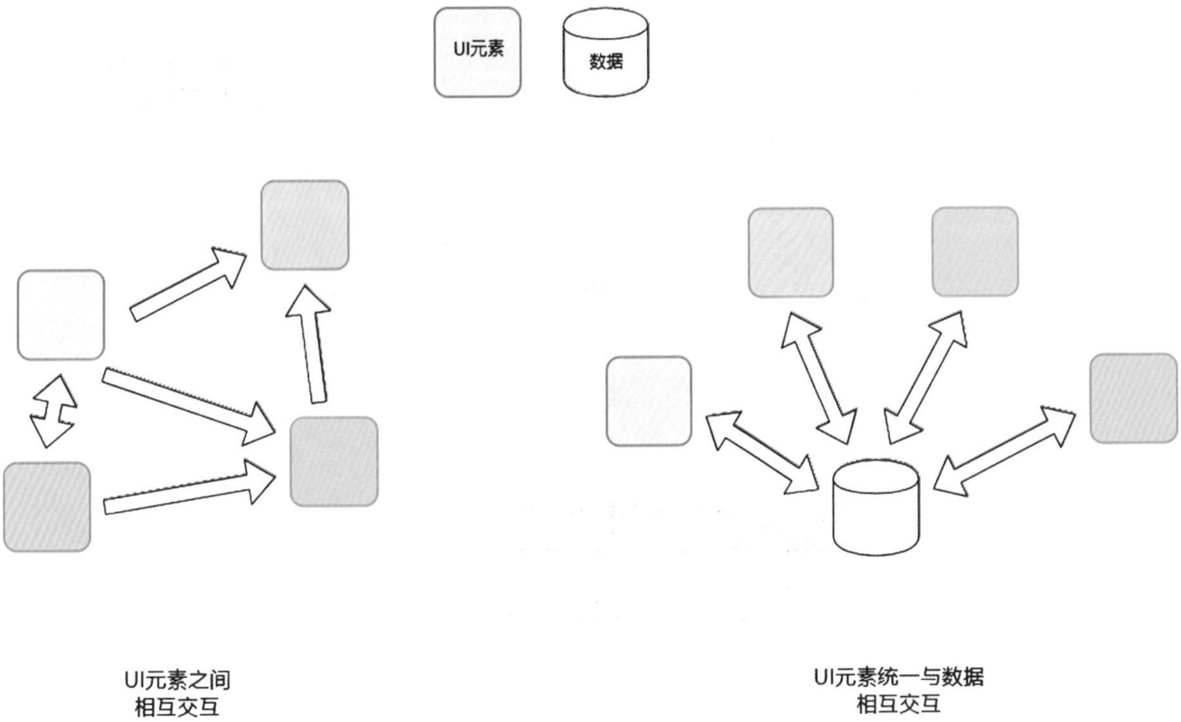

图 1.6.55

- UI 元素之间相互交互。
- UI 元素统一与数据相互交互。

怎么理解这两种做法的区别呢？我们来看下面的对比。

UI 元素之间相互交互（低效的做法）

如果用户要添加指令，我们的程序则：

（1）判断它点击了哪个 UI 元素，从中读取它的图片文件。

（2）遍历所有的 UI 元素，根据是否高亮找到当前存储区。

（3）遍历存储区中所有存储指令的 UI 元素，找到要添加的指令空位。

（4）将这个空位设置为被点击指令的图片。

如果用户要删除指令，我们的程序则：

（1）判断它点击了哪个 UI 元素，从中读取它所在的存储区和索引值。

（2）遍历所有存储区索引值之后的 UI 元素，将它们逐个设置为后一个 UI 元素的图片。

可以看到这种方法可行，但是复杂度很高，每个 UI 元素几乎和周围的所有 UI 元素产生了联系，不容易编写代码，容易出错且效率很低。

UI 元素统一与数据相互交互（高效的做法）

我们先建立必要的数据，这些数据记录了以下内容：

- 当前存储区是什么。
- 当前 3 个存储区分别有什么样的指令。

可见，数据表达了 UI 元素中所要表达的核心信息。

如果用户要添加指令，我们的程序则：

（1）判断它点击了哪个 UI 元素，从中读取它代表的指令。

（2）从数据读取当前存储区是什么。

（3）从相应的指令存储区读取其中已经存储的指令，将要添加的指令加到最后，更新指令存储区。

（4）由数据统一更新 UI 元素。

如果用户要删除指令，我们的程序则：

（1）判断它点击了哪个 UI 元素，从中读取它所在的存储区和索引值。

（2）从相应的指令存储区读取其中已经存储的指令，删除对应索引的指令，更新指令存储区。

（3）由数据统一更新 UI 元素。

你会发现一切变得非常清晰，每个 UI 元素只需修改相应的数据，至于 UI 元素后续如何变化，是添加了新的图片还是删除了原有的图片，都不需要关心，因为 UI 元素的变化全部由数据统一更新 UI 这个过程来处理。而这个过程就是本项目的核心，它将我们管理大量 UI 元素的复杂度降低。

本项目正是利用了这样的设计方法，稍后在解析代码的时候会有明确的解释。

按钮功能

本项目介绍编辑指令以外的 3 个按钮的功能。

退出关卡

退出关卡其实非常简单，它是选择星星进入关卡的逆过程，对应模块消息图中的 exit_star， 需要退出的模块在收到消息后各自处理自己退出的过程。

重新开始关卡

```
function _exit()
    broadcast("exit_star")
end
```

重新开始关卡也非常简单，它和进入关卡的处理过程是一样的，即触发 choose_star 消息，剩下的过程初始化全部交给 bot 执行。

```
function _restart()
    broadcast("choose_star", {
        contel = _G.current_contel,
        star = _G.current_star,
    })
end
```

执行指令

这是一个非常有趣的话题，我们在下面有详细的解释。它用来修改 bot 的状态，这里它只需要触发 next_bot_state 消息。

```
function _play()
    broadcast("next_bot_state")
end
```

代码实现

上面讨论的知识已经足够我们开始梳理实现控制面板的代码 ui.lua 。

初始化

从单个文件管理所有的 UI 元素。

所以初始化的过程就是复制 clone 对象的过程，并将它们移到我们设计的位置上。

所有 UI 元素的定义与相关位置。

```
-- 指令区定义
-- 分为 CMD 添加指令区
-- 和 A、B、C 存储指令区
local command_contexts = {"CMD", "A", "B", "C"}
local command_size = {50, 50}
local command_positions = {
        CMD = {
                {-275, -200},
                {-225, -200},
                {-175, -200},
                {-125, -200},
                {-75 , -200},
                {-25 , -200},
                { 25 , -200},


        },
        A = {
                {300, 200},
                {350, 200},
                {400, 200},
                {450, 200},
                {300, 150},
                {350, 150},
                {400, 150},
                {450, 150},
                {300, 100},
                {350, 100},
                {400, 100},
                {450, 100},
        },
        B = {
                {300, 0 },
                {350, 0 },
                {400, 0 },
                {450, 0 },
                {300, -50},
                {350, -50},
                {400, -50},
                {450, -50},
        },
        C = {
                {300, -150},
                {350, -150},
                {400, -150},
                {450, -150},
                {300, -200},
                {350, -200},
                {400, -200},
                {450, -200},
        },
}

-- 存储指令区标题定义
local title_contexts = {"A", "B", "C"}
local title_size = {200, 50}
local title_positions = {
        A = {300, 250},
        B = {300,  50},
        C = {300, -100},
}

-- 功能按钮定义
local controls = {"back", "restart", "play"}
local control_size = {50, 50} local control_positions = {
        back = {-490, 250},
        restart = {-440, 250},
        play = { 240, 250},
}
```

克隆生成所有的 UI 元素。

```
-- 生成所有指令 UI
for context_index, context inpairs(command_contexts) do
    for cmd_index, _ inpairs(command_positions[context]) do
        clone("myself", {
            type = "command",
            context = context,
            index = cmd_index,
        })
    end
end

-- 生成存储区标题 UI
for _, title_context inpairs(title_contexts) do
    clone("myself", {
            type = "title",
            context = title_context,
    })
end

-- 生成功能按钮 UI
for _, func inpairs(controls) do
    clone("myself", {
            type = "control",
            func = func,
    })
end
```

在克隆元素的时候，将相应数据存储在 UI 元素中，并且移动到指定位置。

```
registerCloneEvent(function(event)
            local t = event.type

            if t == "command" then
                    local context = event.context
                    local index = event.index
                    local pos = command_positions[context][index]

                    setActorValue("type", t)
                    setActorValue("context", context)
                    setActorValue("index", index)

                    moveTo(pos[1], pos[2])
            end
```

```
            if t == "title" then
                local context = event.context
                local pos = title_positions[context]

                setActorValue("type", t)
                setActorValue("context", context)

                moveTo(pos[1], pos[2])
            end

            if t == "control" then
                local func = event.func
                local pos = control_positions[func]

                setActorValue("type", t)
                setActorValue("func", func)

                moveTo(pos[1], pos[2])
            end

            hide()
end)
```

注意：在这里和 2D UI 有一点不同，它没有立刻设置 UI 元素对应的图片，因为这个过程交给了数据更新 UI 来统一处理。

数据定义

在前面提到，UI 交互过程有两个关键点：

（1）数据。

（2）数据更新 UI 元素的过程。

先来看数据的定义，我们需要记录当前存储区和指令存储区的指令。当前存储区用一个变量来标识。

```
-- 当前存储区
_G.current_context = "A"
```

指令存储区的指令用数组存储各自区域有哪些指令。

（出于组织代码的原因，下面的代码在 bot.lua 中）

```
-- 所有可用的指令
_G.command = {
```

```
        step = "s",
        jump = "j",
        turn_left = "l",
        turn_right = "r",
        act = "a",
        call_B = "B",
        call_C = "C",
}

-- 指令存储区
_G.commands = {

        CMD = command.step .. command.jump ..
command.turn_left ..
        command.turn_right .. command.act .. command.
call_B ..
      command.call_C,
        A = "",
        B = "",
        C = "",
}
```

数据更新 UI

这个过程其实非常简单，所有 UI 元素都注册接收 update_ui 的消息，在收到消息后，读取数据，各自判断自己应该加载什么样的图片资源，当所有 UI 元素都这样做了之后，就可以呈现一种动态的交互效果。

所以每一次对数据的修改都伴随着对 UI 的更新。

```
-- 数据更新 UI
registerBroadcastEvent("update_ui", function(event)
    local t = getActorValue("type")

    -- 不处理默认 UI 元素
    if t == "default" then
        do return end
    end

    -- 指令
    if t == "command" then
        local current_context = _G.current_context
        local context = getActorValue("context")
        local index = getActorValue("index")
        local size = command_size
        local cmds = _G.commands[context]
```

```
        local cmd = _get_cmd(cmds, index)

        if cmd then
            -- 指令对应的名称
            local cmd_name = _G.command_name[cmd]

            -- 加载指令对应的图片
            -- 如果指令是当前执行到的指令，则进行 0.4 s 的高亮
            if context == _G.current_exe_ctx and index == current_exe_cmd_index then
                _load_image(cmd_name .. "_ing", size)
                wait(0.4)
            end
             _load_image(cmd_name, size)

        else
            -- 如果在当前存储区，则使用黄色
            -- 否则使用白色
            if context == current_context then
                _load_image("no_cmd_ing", size)
            else
               _load_image("no_cmd", size)
            end
        end
end

-- 存储区标题
if t == "title" then
    local current_context = _G.current_context
    local context = getActorValue("context")
    local size = title_size

    -- 加载图片
    -- 如果在当前存储区，则使用高亮图片
    if context == current_context then
         _load_image("title_" .. context .. "_ing", size)
    else
         _load_image("title_" .. context, size)
    end
end

    -- 控制按钮
    if t == "control" then
        local func = getActorValue("func")
        local size = control_size

        -- 加载图片
```

```
        if func == "back"or func == "restart" then
            _load_image(func, size)
        end

        -- 按钮随 bot 的状态进行变化
        if func == "play" then
            _load_image(_G.bot_state, size)
        end
    end

    show()
end)
```

修改数据

有了数据更新 UI 的过程，只剩下修改数据的过程。和数据定义相对应的修改数据有：

（1）更改当前存储区。

（2）添加指令。

（3）删除指令。

明确了数据的定义之后，修改这些数据就很简单了。

```
-- 处理 UI 点击
registerClickEvent(function()
    local t = getActorValue("type")

    if t == "command"then
        local context = getActorValue("context")
        local index = getActorValue("index")

        -- 更改当前存储区
        if context ~= "CMD"then
            _change_context(context)
        end

        if context == "CMD"then
            local cmds = _G.commands["CMD"]
            local cmd = _get_cmd(cmds, index)
            local current_context = _G.current_context

            -- 添加指令
            _add_cmd(current_context, cmd)
        else
            -- 删除指令
            _del_cmd(context, index)
        end
    end

    -- 更改当前存储区
    if t == "title"then
        local context = getActorValue("context")

        _change_context(context)
    end

    -- 功能按钮的功能
    if t == "control"then
        local func = getActorValue("func")

        if func == "back" then
            _exit()
        end
        if func == "restart" then
            _restart()
        end
        if func == "play" then
            _play()
        end
    end
end)
```

相对应的修改数据的函数非常简单，只需修改变量（当前存储区）和数组中的元素（指令存储区的指令）即可。

```
-- 更改当前存储区
function _change_context(context)
    local current_context = _G.current_context

    if context == current_context then
        return
    end

    _G.current_context = context
    -- 更新 UI
    broadcast("update_ui")
end

-- 添加指令（到当前存储区）
function _add_cmd(context, cmd)
    local cmds = _G.commands[context]
    local limit = _G.commands_limit[context]
    local cmds_len = #cmds

    if cmds_len >= limit then
        -- 超过指令区的数量限制
        return
    else
        -- 添加到数组的最后
        _G.commands[context] = _G.commands[context] .. cmd
        -- 更新 UI
        broadcast("update_ui")
    end
end

-- 删除指令
function _del_cmd(context, index)
    local cmds = _G.commands[context]
    -- 从数组中间删除相应指令
    local new_cmds = string.sub(cmds, 1, index-1) .. string.sub(cmds, index+1)

    _G.commands[context] = new_cmds
    -- 更新 UI
    broadcast("update_ui")
end
```

测试题

面对如本项目如此复杂的模型建模时，我们可以采取什么样的步骤?

答案

面对复杂系统时，我们可以使用逐层深入的方法，先确定最大的生命中心，然后针对每个生命中心逐层细化，找出大的中心里又可以分成哪几个中心，一层层进去，直至可以转化成代码。

1.6.18 项目 33x122：人力资源游戏

课程 ID： 33x122

简　介： 这个游戏是 ios 教育排行榜第一的人力资源游戏的 Paracraft 版。通过玩这个游戏，学习程序指令的执行顺序的控制以及最常用的数据结构列表的各种操作。

1. 理论

人力资源游戏曾经是 ios（也就是指 iPhone, iPad）教育排行榜上排行第一的游戏。它有很多关卡，每个关卡的目标就是通过编程将左侧的箱子按照要求运到右侧。我们用Paracraft实现了这个游戏。请先玩这个游戏，体会一下。

这个游戏可以锻炼编程思维，如：

- 如何控制指令的执行顺序。
- 如何操作列表。
- 一些数学计算。

我们不必太在意其中的一点数学计算的成分，下面重点看看前面两项技能。

指令的执行顺序

编程就是为了让计算机执行各种指令。我们需要用编程语言的控制语句去控制这些指令的执行顺序，例如，重复执行或者根据条件分支执行。

在 Paracraft 里，我们知道的指令有运动类的向前走等，而控制语句有“永远重复”“如果……那么……”等。

在人力资源游戏里，指令有“从 inbox 里取数据”“放到 outbox 里去”“copyfrom 一个缓存区域复制”“copyto 复制到一个缓存区域”“add 相加”“sub 相减”等。这些都是对列表操作的一些基本的指令。列表是最常用的数据结构，inbox 和 outbox 均是一组数据组成的列表。

在人力资源游戏里对指令执行顺序的控制语句，大体也是循环和根据条件分支执行语句，但都是通过跳转 (jump) 指令来实现的，这和 Paracraft 稍有不同。

虽然有这些不同，但不管是什么编程语言或编程环境，都有指令和对指令执行顺序的控制。

列表操作

这些关卡里对列表的操作如图 1.6.56 所示。

图 1.6.56

首先从列表的头部获得一个数值。这里用 inbox 这个指令可以完成。

我们也可以把一个数放到一个列表里去。大多数编程语言里都有把一个数放到列表尾部的操作。人力资源游戏里没有特别注明两个列表哪边是头哪边是尾。

拿到这个数后，游戏里的这个职员手里就有了一个数。我们可以把这个职员理解为编程中的一个变量，职员手里的这个数就代表对这个变量进行赋值。

我们看到第一关是简单的列表操作，就是从一个列表里取数，然后放到另外一个列表里。

但在其他关里，我们经常需要对取出来的数做些操作，例如，前后两个数相加或相减，或者乘以某个倍数，如 3 或 8 等，这时我们需要有个地方暂时放手中的数，游戏里中间那块蓝色的方格区域就是暂时存放数值的区域。其实这个区域也是一个列表，对这个列表可以进行下标操作，即可以设定要放到第几个方格中或者从第几个方格中取数。

理解了以上内容，人力资源游戏的各个关卡不过就是训练对列表的各种操作。列表是编程中最常用的数据结构，所以对列表的操作是编程的基础技能。

2. 实践

对人力资源游戏掌握了上述的理论知识后，再去闯关人力资源游戏，这次的表现会更好些。请思考人力资源游戏训练了哪部分的编程思维？

测试题

（1）人力资源游戏是训练对哪个重要数据结构的操作？

（2）人力资源游戏里的编程包含了哪些对指令执行顺序的控制？

答案

（1）列表。

（2）顺序执行，循环重复执行，根据条件分支执行。

1.7 保存并分享你的作品

教育的本质就是让人保持思考和一直有事可做。

因此，我们还为 Paracraft 开发了一个学习平台——KeepWork 网站。其官网是：https://keepwork.com。

KeepWork 有两个字面意思：

- 保持 (keep) 有事可做 (work): 人不能放弃工作和创作，这是教育的本质。
- 保存 (keep) 作品 (work): 我们保存了你的所有作品和更改历史。作品是未来教育的重要评估方式。

当你有了自己的项目或作品，要做的是公开分享它。 开源和公开是互联网的本质，只有开放的内容才能被搜索引擎检索，才能彼此建立超链接，才能传承下去，让更多的人参与其中。 本项目将介绍如何通过个人网站和网页去分享你的作品。你将体验下列内容：

- 使用 MarkDown 语言创建网页。
- 创建超链接。
- 引用你的 Paracraft 作品。
- 创建课程。

1.7.1 项目 29x118：制作个人网站

课程 ID：29x118

简　介：了解网站编辑器的基本操作，学习如何搭建自己的个人网站。

KeepWork 提供了一款免费的网站编辑工具——网站编辑器。人们可以使用它创建自己的个人网站，展示自己的作品。

进入 KeepWork 网站（ https://keepwork.com ），登录后，在顶部导航栏上点击“工具”菜单，选择“网站编辑器”（图 1.7.1）。

进入网站编辑器（图 1.7.2）后，左侧显示创建的网站和参与的网站，右侧有一块区域，采用图文的形式展示了网站编辑器的一些小技巧，大家可以观看了解一下。右下角有一个“帮助”按钮，这

图 1.7.1

图 1.7.2

是 KeepWork 的帮助中心，记录了很多关于编辑器使用和 KeepWork 使用的一些方法，可以根据需要进行查看。

1. 新建网站

如图 1.7.3 所示，设定网站的访问地址。

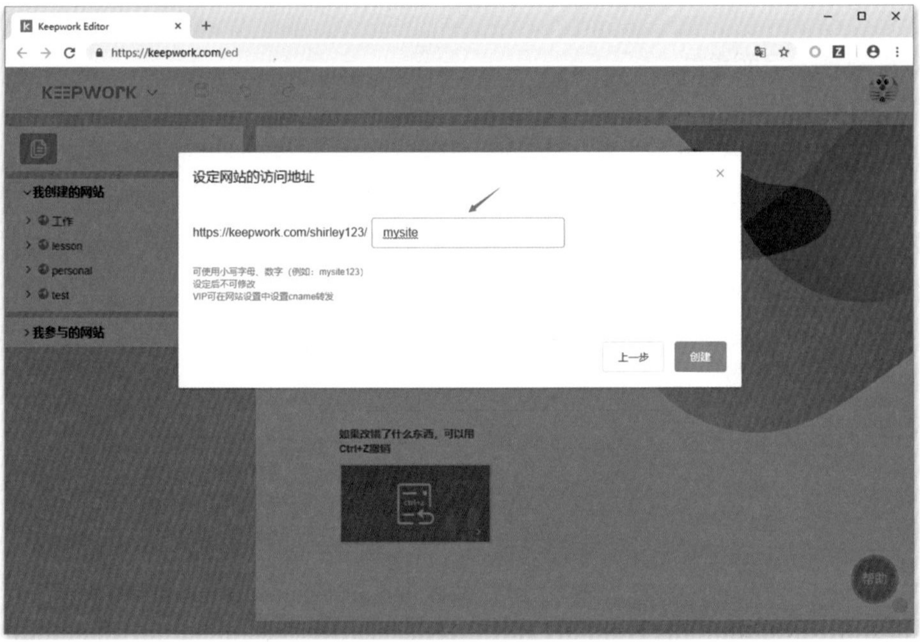

图 1.7.3

2. 设置网站的属性

基本信息设置，如网站名称、网站图标、网站介绍等，如图 1.7.4 所示。

图 1.7.4

网站布局设置：可设置该网站下的所有页面都采用同一个布局方案，也可对某个页面的布局进行个性化设置。网站样式设置包含字体、字号、颜色等设置。

网站权限设置：对网站的编辑权限和浏览权限进行设置，可以多人编辑一个网站。

3. 编辑网页内容

（1）如何添加模块。

网站都是由很多网页搭建起来的，先编辑网站的 index 页面。网页是由很多小模块拼起来的，像堆积木一样，一个模块就是一个小积木。点击“添加模块”按钮，左侧出现了很多模块，有常用、导航、图形、文本、交互等各种类型，如图 1.7.5 所示。

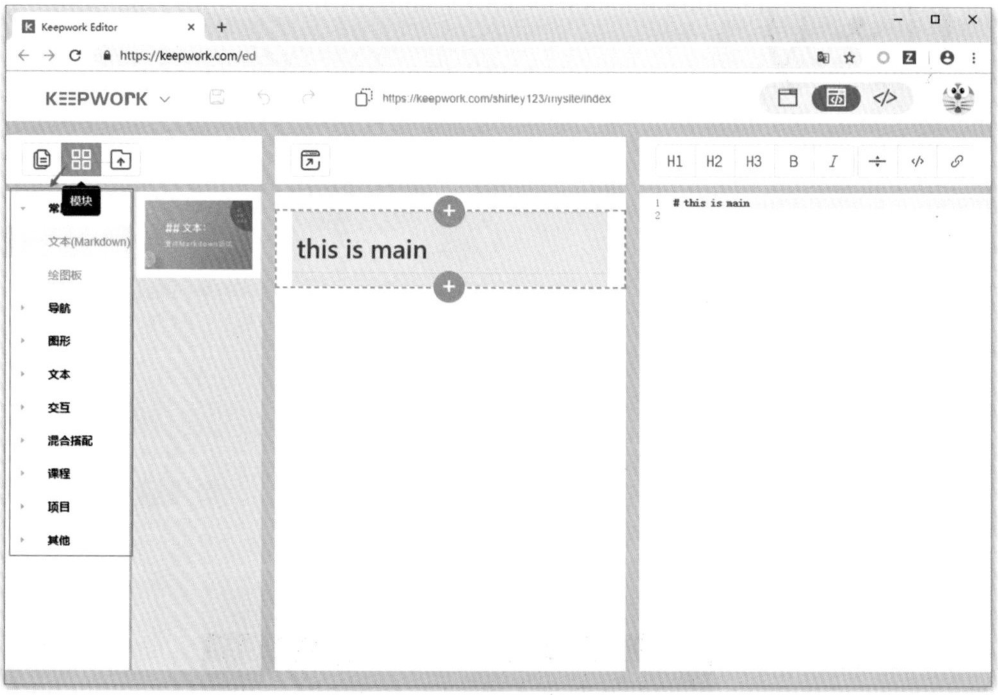

图 1.7.5

在 index 页面中添加一个顶部导航，选中导航下的“页首导航”模块，这里提供了几种不同的页首导航样式，可以在左侧编辑模块属性，设置图标、主标题、副标题及菜单，也可以改变模块样式。在左侧编辑时，中间预览区会实时根据我们的输入进行呈现，所见即所得，如图 1.7.6 所示。最右侧代码区也是编辑区，这里支持代码呈现，可以使用 MarkDown 代码编辑方式去编辑页面内容。（Mark Down 语法在下一部分详细讲解）

左侧属性编辑区，可以满足用户运用已有的模块样式，不需太多设计经验轻松制作漂亮的网页。而对于有一定编程知识的程序员，也可以在右侧代码编辑区中直接编写代码来实现页面的呈现。大家可以根据自己的习惯选择喜欢的编辑方式。

页首导航编辑好后，在下方添加其他模块，点击该模块下侧的“+”，从左侧选择模块，完成编辑。

页面是以模块为单位从上至下布局，可以添加模块，即选中某个模块，点击该模块上方或下方的“+”按钮，即表示在这个模块的上方或下方添加模块；可以删除模块，即选择需要删除的模块，点击删除图标，即可删除该模块；也可以上下拖拽模块重新排序，如图 1.7.7 所示。

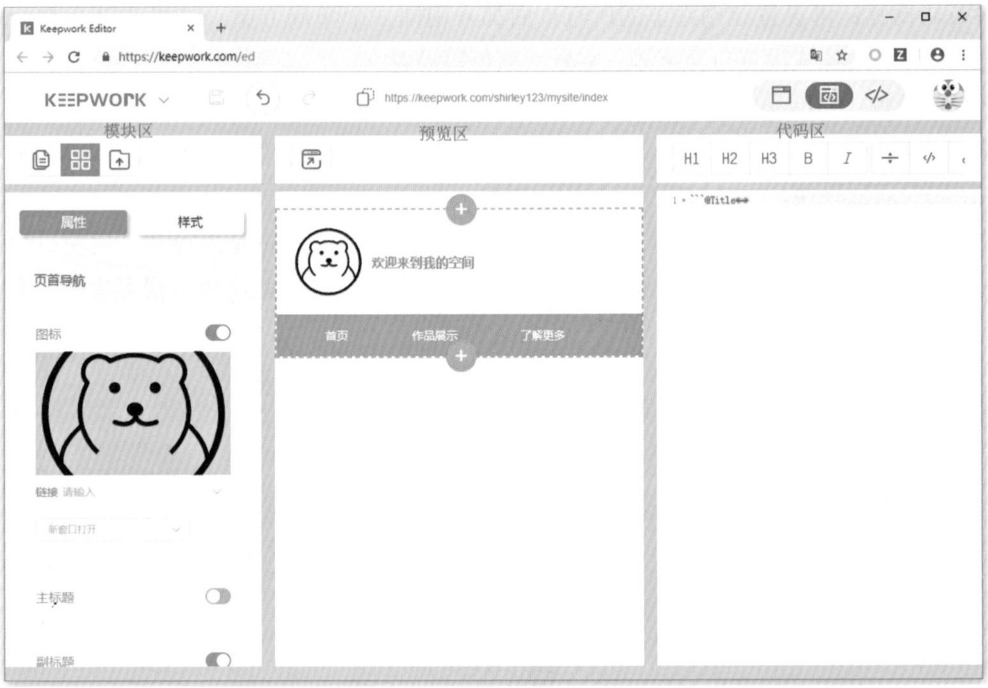

图 1.7.6

图 1.7.7

（2）MarkDown 语法。

我们平时所看到的所有网页都是采用 HTML（Hyper Text MarkUp Language）超文本（Hyper Text）标记（MarkUp）语言 (Language) 写的。其中 MarkUp 中的 Mark 是一种特殊的标记，如〈div〉。这种标记主要用来告诉计算机如何去显示文字，如文字的颜色、大小、位置等。由于这些标记的大量存在，使得 HTML 原始文本（源文件）非常不适合人们阅读，而且它有严格的语法，学习它比学习其他计算机语言可能还要复杂。MarkDown 是与 HTML 相反的一种标记语言，它是一种标记（Mark）被去掉（Down）了的语言，因此它非常适合人们阅读，基本和自然语言兼容。KeepWork 中的所有网页都是用 MarkDown 语言来写的。全世界所有的在线百科和大部分程序文档也都使用 MarkDown 格式书写。

MarkDown 是一种可以使用普通文本编辑器编写的标记语言，通过简单的标记语法，它可以使普通文本内容具有一定的格式。

KeepWork 网站编辑器的代码区上方提供了很多文本编辑工具，这些就是 MarkDown 语法的快捷方式，在对 MarkDown 语法使用不熟练的时候，可以直接使用快捷工具进行属性设置，达到我们想要的内容展现效果。

同时，代码区也支持 MarkDown 语言的所有基础语法，这里列举一些常用的 MarkDown 语法示例。

①标题。

显示标题语法：

```
## 标 题 2
### 标题 3
###### 标题 6
```

效果：

标题2

标题3

标题6

②引用。

行首使用“>”加上一个空格表示引用段落，内部可以嵌套多个段落。

语法：

```
> 这里是一个引用
>> 内部嵌套
```

效果：

> 这里是一个引用
>> 内部嵌套

③列表。

无序列表语法：

```
* Item 1     + Item 1     -Item 1
* Item 2     + Item 2     -Item 2
* Item 3     + Item 3     -Item 3
```

效果：

- Item 1
- Item 2
- Item 3

有序列表语法：

```
1. Item 1
2. Item 2
3. Item 3
```

效果：

1. Item 1
2. Item 2
3. Item 3

④强调。

强调语法：

```
* 斜体 * 或者 _ 斜体 _
** 加粗 ** 或者 _ 加粗 ~~ 删除线 ~~
```

效果：

斜体 **加粗** ~~删除线~~

⑤**链接。**

链接语法：

[链 接 1](http://www.baidu.com “ 百度”) 或者 [链接 2][ref] 或者 [ref]:http://www.baidu.com

效果：

链接 1

⑥**代码。**

代码语法：

```lua
```

效果：

print("hello world")

⑦**图片。**

图片语法：

`![Alt text](/path/to/img.jpg " 图片文件名 ")`

效果：（图 1.7.8）

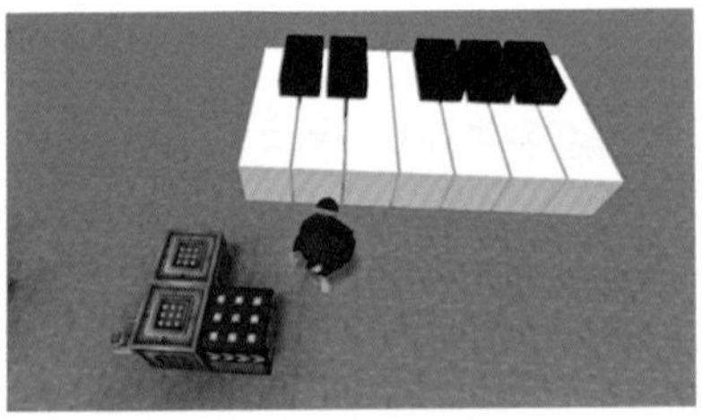

图 1.7.8

⑧**表格。**

语法：

表头	表头	表头
内容	内容	内容
内容	内容	内容

效果:

姓名	技能	排行
刘备	哭	大哥
关羽	打	二哥
张飞	骂	三弟

4. 分享网站

编辑完成后进行保存（可使用 Ctrl+S 快捷键）。然后进入网站进行浏览，点击上方的 URL 地址，在新窗口打开，这就是我们新建好的网站页面。

使用“分享”功能，可以把网站分享给好友；或者将网站 URL 地址分享给好友，如图 1.7.9 所示。

以上就是网站编辑器的基本操作，大家可以运用这些操作技巧搭建自己的个人网站。

图 1.7.9

1.7.2 项目 23x83：创建课程包

课程 ID：23x83

简　介：学习如何为自己的作品制作课程包，并分享到 KeepWork 课程系统，供他人学习。

KeepWork 课程系统提供了创建课程包的功能，大家可以用它为自己的作品制作课程包并进行分享，供他人学习。

创建课程包分为以下 4 个步骤：新建课程、设置课程网页、将课程加入课程包及分享课程包，如图 1.7.10 所示。

图 1.7.10

1. 新建课程

课程包是多个课程的集合，每个课程包包含多个课程。

创建课程包的第一步需要新建课程。首先，选中“课程”菜单，点击“新建课程”按钮，在“新建课程”页面设置课程的基本信息，包括科目、名称、封面图等，如图 1.7.11 所示。

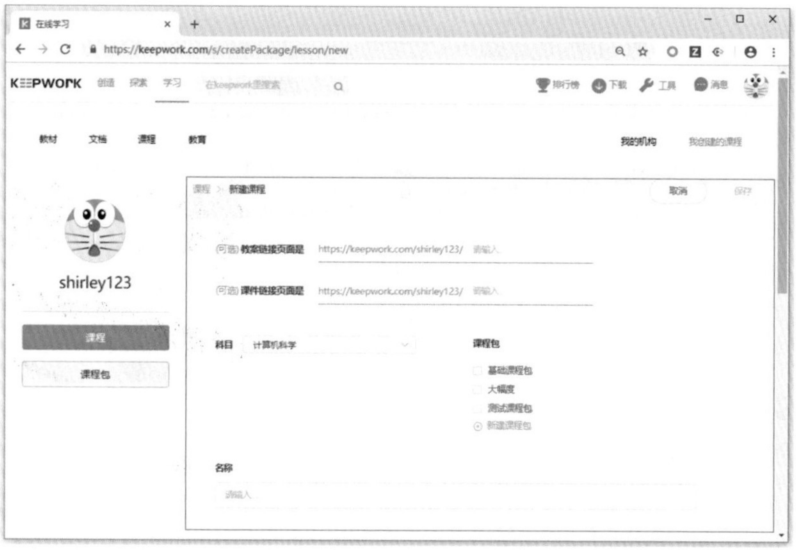

图 1.7.11

2. 设置课程网页

课程内容是以网页的形式进行呈现的，KeepWork 提供了免费的网站编辑工具。

关于网站编辑器的基本操作，详见项目 29x118。

在编辑器中创建这个课程的网页。首先需要为所有课程网页新建一个网站，再在网站下建立网页。

编辑网页内容，这里编辑课程网页的内容，先添加一个课程模块，并把这个课程网页与之前我们创建的课程关联起来，表示课程的网页内容就是这个网页了，如图 1.7.12 所示。

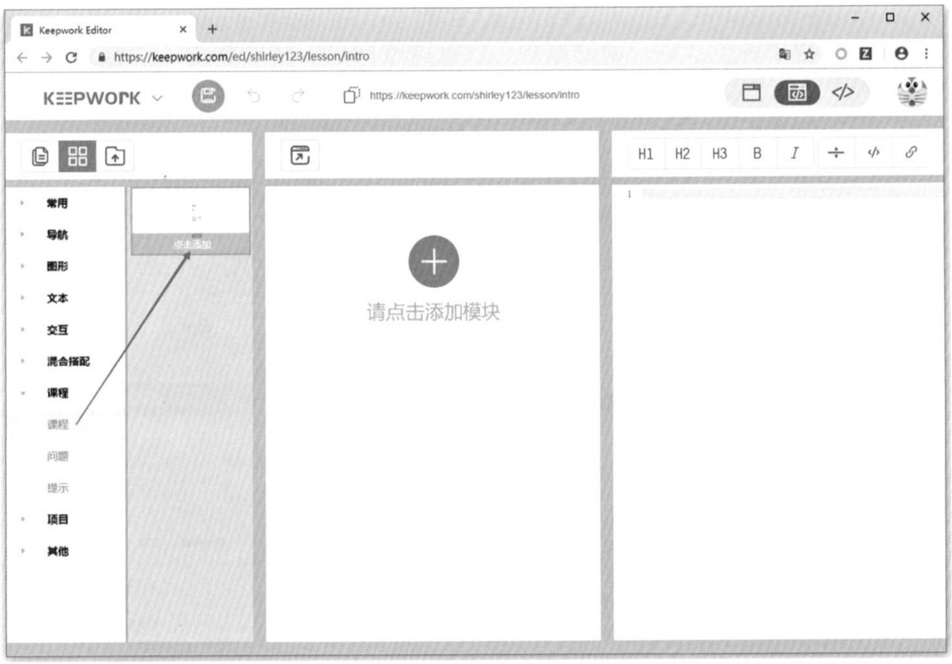

图 1.7.12

关联完毕后，编辑该模块的信息。新建课程时所设置的课程基本信息也会同步显示过来。若在新建课程时未完成基本信息的设置，也可以在这里进行设置。

课程的主体内容使用 MarkDown 文本模块来完成。可以在最左侧或最右侧输入文本内容。我们可以看到界面右侧上方提供了很多文本编辑工具，如标题字体设置、加粗、斜体、分割线、链接等。我们可以利用这些文本编辑工具设置课程内容，如图 1.7.13 所示。

图 1.7.13

这里把课程内容分成了四个部分：理论、游戏、测试、分享和讨论。

先在“理论”中输入一段文本，并插入一个视频。

使用“项目”模块将自己制作的游戏作品添加进“游戏”中，输入游戏作品的项目 ID 即可，如图 1.7.14 所示。

图 1.7.14

在“测试”部分添加测试题，需要使用“问题”模块。

测试题提供了 4 种题型：单选题、多选题、判断题及文本匹配题。前三种都可以算作选择题，需设置题干内容、选项内容、正确答案、题目分值和答案解析。

图 1.7.15

文本匹配题主要是为了锻炼学生的代码书写熟练度，所以会把答案文本附上，并提供输入多个答案文本的可能性，如图 1.7.15 所示。

测试题设置好后，允许再次修改和通过拖动模块的方式调整题目顺序。

另外，若在课程内容中需要添加一个老师可见但学生不可见的提示，“提示”模块就可以完美地解决这个问题，只需输入提示内容，系统就会自动根据身份显示或隐藏这些内容，如图 1.7.16 所示。

图 1.7.16

3. 将课程加入课程包中

课程编辑好后，需要把课程加入课程包。

先新建一个课程包，设置课程包的基本信息：科目、年龄（是指这个课程包适合哪个年龄段的人学习，可以选择所有人群，也可以自定义年龄段）、课程包名称、简介及封面图等。

基本信息编辑好后，再选择目录，在这里添加课程。点击“添加课程”按钮，将创建好的课程加入课程包中。

图 1.7.17 是该课程包下的课程目录。使用“删除”按钮，可以将某一课程从课程包移除；使用“上下移动”按钮拖动课程，可以调整课程的顺序。

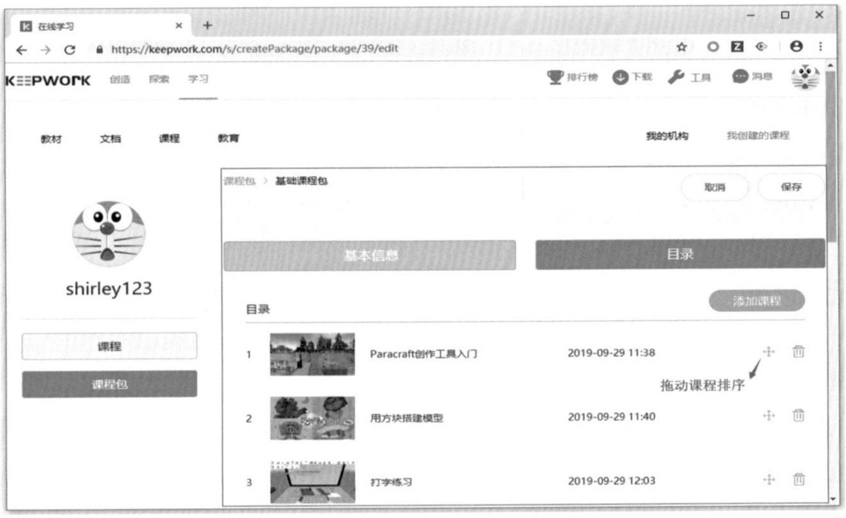

图 1.7.17

4. 分享课程包

未审核通过的课程包只能创建者本人使用，如果想把自己创建的课程包分享到 KeepWork 课程系统，供他人使用，可以使用“提交”功能，将课程包提交审核，如图 1.7.18 所示。

系统会在五个工作日反馈审核结果。待课程包审核通过后，平台上所有用户都可以使用这个课程包学习、讲课了。

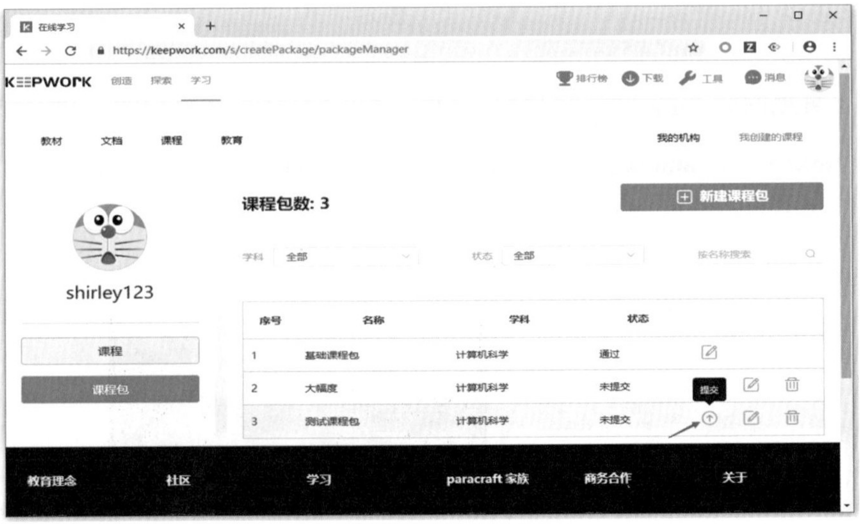

图 1.7.18

中篇　编程理论

在做项目时，你可能需要反复查看编程理论，直到真正理解它。

第 2 章　基础编程理论

本章系统地介绍编程中的重要概念，包括语法、程序的本质、数字与数学、变量与名字、字符串与文字、表与数组及函数。

请大家一边打字一边学习，积累自己的代码量。很多渴望学习编程的人，甚至计算机系的学生最终都没有成为程序员，是因为他们始终没有打过 1 000 行代码。一个勤奋的新手程序员，每个月要打 1 000 行以上的代码，达到 10 万行就是高级程序员了。Paracraft 大概由 50 万行 NPL 代码组成。和学习中文、英文一样，学习计算机语言从 7 岁到 70 岁都是可以的。当你有兴趣写 1 万行代码时，也许你已经是一个不错的程序员了。Paracraft 希望带给用户一个有趣的自学环境，但是如果未来你将编程作为职业，那么还需要更系统地学习计算机软硬件理论，而不只是编程语言本身。

如果你开始看不懂本章的内容，没有关系，请先挑选并动手完成本书前面的小项目，然后再反复阅读本章相应的章节，你会逐渐明白的。

下面将从实践的角度让大家学习编程中的基本概念。

2.1 编程的基本概念与语法

程序看上去是一行行的代码，写程序时需要十分仔细，因为它有很严格的语法，你需要训练自己的眼睛，开始会有些难懂，但是随着阅读和书写代码量的增多，你的眼睛很快会变得更加敏锐。

计算机语言看上去很接近人类的自然语言，但是它非常严谨，不能有书写错误。语言都有一定的语法，计算机语言的语法比自然语言的语法要少很多，也简单很多。

优秀的程序员可以一目十行、百行，甚至几秒钟浏览上千行代码结构。现在我们来输入一些代码。

> Ctrl+A 可以选中所有代码，Del 键可以删除它们。

我们在场景中创建一个代码方块，右键点击代码方块，然后输入：

```
-- 这里是注释
log("hello world")
```

其中“--”是注释，注释后面可以输入任意的文字， 注释并不会被计算机运行，它主要用来生成说明文档并告诉其他程序员后面的代码大概是做什么的。

然后在下面输入一个最简单的命令 log，log 是日志的意思，它将括号中输入的内容显示在下面的日志窗口中。 "hello world" 是字符串，前后需要加双引号。关于字符串会在 2.5 节中详细介绍，然后我们点击上面的“运行”按钮，可以看到下方的日志窗口中显示出“hello world”，如图 2.1.1 所示。

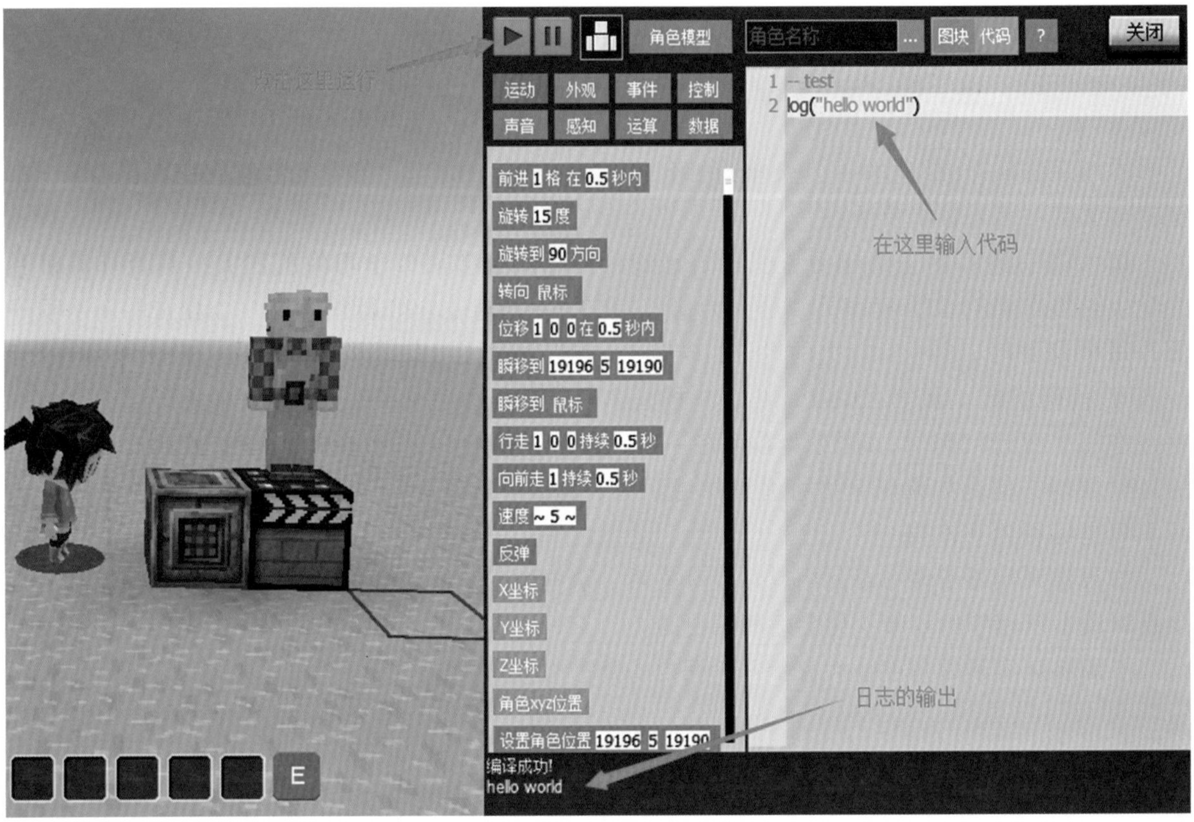

图 2.1.1

我们也可以输出其他内容。例如，输出数字 1，可输入代码 log(1)，可以看到左下角出现了“1”。

```
-- 这里是注释
log("hello world")
log(1)
```

我们将上面 hello world 这行注释掉，再输入**一组数据**。

```
-- 这里是注释
-- log("hello world")
log(1)
log({0, 0.5, 1})
```

{0, 0.5, 1} 是一个数组，前后要加大括号。数组会在 2.6 节中详细介绍。运行后可以看到这组数据在下方显示出来，同时大括号也显示出来。 由于 hello world 这一行已经注释掉了，所以没有输出，不显示。下面为日志窗口的输出：

```
1
{0,0.5,1}
```

如果输入时打错了代码，例如，少打了括号：

```
-- 这里是注释
-- log("hello world")
log(1)
log({0, 0.5, 1})
log("syntax error"
```

运行后，下方会有一条语法“**编译错误**”，如图 2.1.2 所示。

［_block(19198,5,19201)］:6:´)´ expected to close´ (´ at line 5

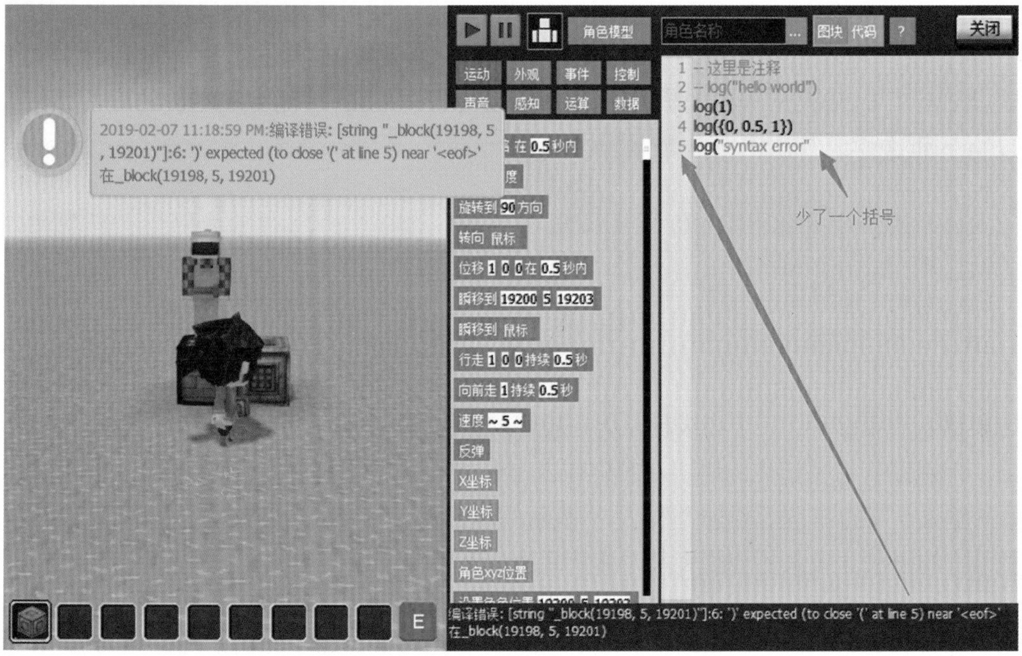

图 2.1.2

中文的意思是在 3D 坐标为 19198,5,19201 的代码方块中的第 6 行：需要有一个右括号来关闭第 5 行的左括号。所以我们在后面加上右括号即可修复错误。

```
-- 这里是注释
-- log("hello world")
log(1)
log({0, 0.5, 1})
log("syntax error")
```

优秀的程序员可以很快地看出代码中的错误，所以我们要在实践中不断地训练自己的眼睛，不断地试错和实践。

下面来解释什么是**编译**。

因为计算机程序是有严格语法的，所以程序在运行前会检查所有的语法是否有错误，没有语法错误的高级语言会转换成更基础、更底层的计算机指令给计算机执行。这种底层的计算机指令只和硬件即 CPU（中央处理器）有关。

所有计算机语言都需要被转换成这种底层硬件指令才能被执行，这个过程就是编译。

编译只在程序运行前执行一次。程序中的错误一般有两类，一类是在编译时出现的语法错误，也就是刚刚讲的**编译错误**。语法错误不修复，程序是无法执行的。还有一类错误称为**运行时错误**，（Runtime Error），是指代码存在逻辑错误，导致程序可以执行，但并没有输出我们想要的结果或者程序运行的过程中出现了错误。编译错误是计算机可以自动找到的，所以很好修复。例如，上例程序第5行出现的错误。但是**运行时错误**则需要大量的时间反复运行调试，因为这是在编程时出现的逻辑错误。上面的log语句就是一种程序员们经常使用的寻找“**运行时错误**”的方法。程序员一般会在代码的关键位置添加一些log语句。程序员通过分析日志，可以很快找到运行时错误出现的时间和位置，所以写日志(log)是优秀程序员的好习惯。例如，我们可以写下面这样的日志：

```
log(" 核心游戏逻辑加载成功 ")
log(" 地图正在加载 ...")
log(" 警告 : 地图加载失败 ...")
log("AI 系统初始化完毕 ")
```

计算机语言有很多种，一个高级程序员一般可以精通其中的4～5种，并了解其他计算机语言。

学习一门新语言需要记住的语法一般只有20个。例如，我刚刚讲的代码中的 -- 表示注释，（）表示指令的输入，字符串前后要加 **" "**，｛｝表示一组数据，其中的内容用“，”隔开。以上这些都是计算机语言的语法。未来还会给大家详细介绍这些语法。

对于一个高级程序员，一般只要1～3天就可以掌握一门新的计算机语言，但是对于新手却需要很长的时间去训练自己的手、眼、大脑的协调性。不同计算机语言的语法是有差别的，但对于高级程序员来说，它们大多是相似的。

NPL语言的语法与Lua语言的语法兼容，非常适合教学。Lua的语法是全世界人工智能、游戏开发等领域最受程序员喜欢的语法之一，因为它的语言十分简洁，又与C/C++语言很类似。NPL也是一种通用语言。所谓通用语言就是这门语言可以编写任何程序，而没有限制。

最后来介绍学习一门新的编程语言的方法：

- 首先要多写代码，提高打字速度，让自己的眼睛对语法更加的敏感。
- 其次多看入门教程，看完后设定一些目标来练习。
- 最后要提高自己的英语水平。全世界的计算机语言以及它们的官方文档都是英文的。大家看完教程后应该尽可能地去看官方文档，只有这样才能从全世界的其他程序员那里获取知识以及寻求问题的答案。NPL语言的官网是:https://github.com/LiXizhi/NPLRuntime。

如果你的英语足够好，至少懂得一门计算机语言，那么你学习任何一门其他语言，只需要看官网就可以了。希望你通过学习Paracraft，首先学会NPL语言。

2.2 程序的本质

程序的本质就是输入和输出。

每一行语句就是将输入和输出连接起来，程序都是按一定顺序执行的，只有在上一行的输入和输出执行完毕后，才会启动下一行的输入和输出，也就是行与行之间是一种隐性的链接关系。

下面我们来看一个例子，如图 2.21 所示。

```
-- 程序的本质
a = 3 + 4
log(a)
```

图 2.2.1

a=3+4；log(a) 运行后可以看到日志窗口中显示出 7。我们将右侧代码输入输出的链接关系以图形的方式展现出来，如图 2.2.2 所示。

在这里 3 和 4 是输入，“+”是一个运算函数。关于函数的概念将会在 **2.7 节**进行详细介绍。这里先简单地理解为对输入 3 和 4 进行加法运算并输出结果。**“=”**与**“+”**类似，也是一个运算函数，它的作用是将等号右侧的输入，也就是加号函数的输出，赋给等号左侧的输入，也就是将右侧 3+4 的输出结果 7 再作为输入赋给左侧的变量 a。如图 2.2.3 所示，等号的左、右两侧都是等号函数的输入，等号函数并没有任何输出。有些语言中，如 C 语言，等号函数还会输出赋值后的结果，但是 NPL 语言中是不输出的。所以我们看到一行很简单的，看上去很像数学表达式的代码 a=3+4，其实是加号和等号两个函数输入和输出链接的结果，如图 2.2.4 所示。

如图 2.2.5 所示，a 是一个变量，在程序中没有加双引号的文字基本都是变量，纯数字和符号除外。更确切地说，由字母及下划线组成的任意单词都是变量。如果在 log(a) 中将 a 的前后加上双引号，例如 log("a")，那么 a 就变成了字符串，左下角的日志窗口就会显示字母 a 而不是数字 7。

```
a = 3 + 4
log(a)
log("a") -- 显示字符串 a
```

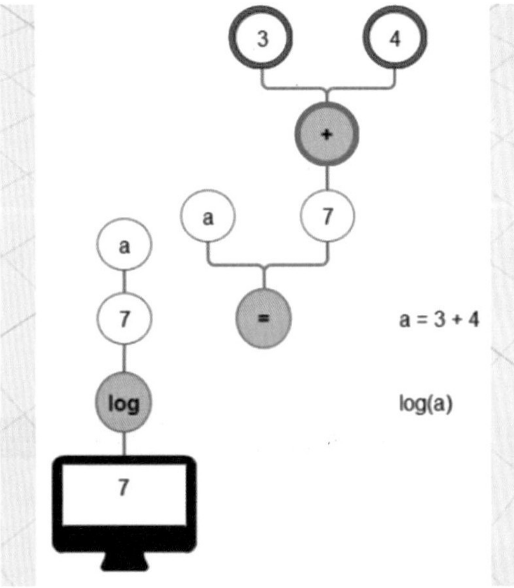

图 2.2.2

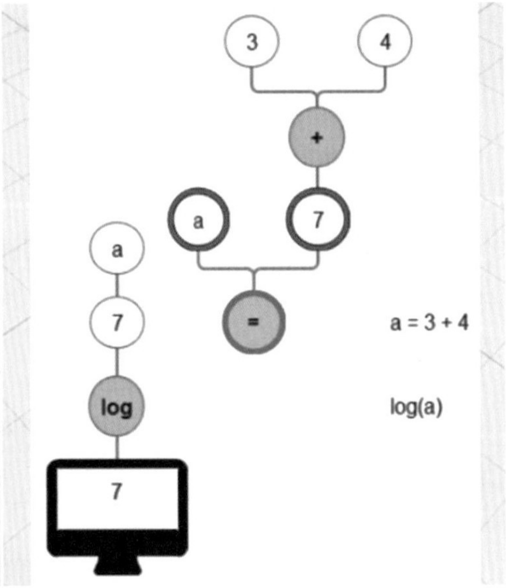

图 2.2.3

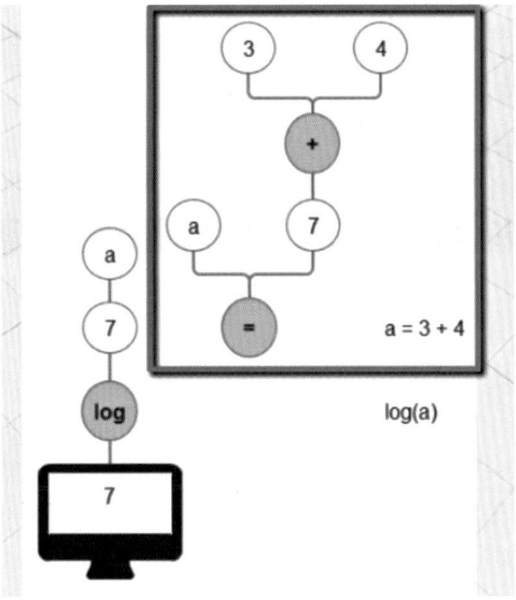

图 2.2.4

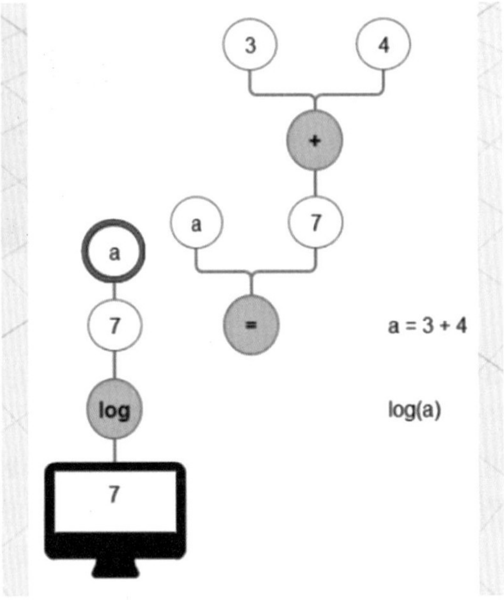

图 2.2.5

变量会在 2.4 节中详细介绍。这里先简单地理解为变量就是某个存储单元的名字，变量默认会输出它所代表的存储单元，等号赋值除外。例如，在 log(a) 中变量 a 会输出数字 7，7 又成为了 log 函数的输入。log 函数最终在日志窗口中输出数字 7，log(3+4) 也会在左下角输出数字 7，所不同的是 3+4 输出的结果 7 输入到 log 函数后会立刻被系统释放掉。但是在 log(a) 中变量 a 始终指向 7，所以 a 对应存储单元中的 7 不会被马上释放（图 2.2.6）。

一般来说，所有没有被变量命名的输出结果都会很快地被系统自动释放掉，这样就不会占用计算机的内存了。内存是计算机的存储单元，程序在执行时，所有的代码也就是输入输出函数等都会变成内存中的存储单元。也就是说，上图中所有的圆圈都对应着内存中的存储单元，我们写

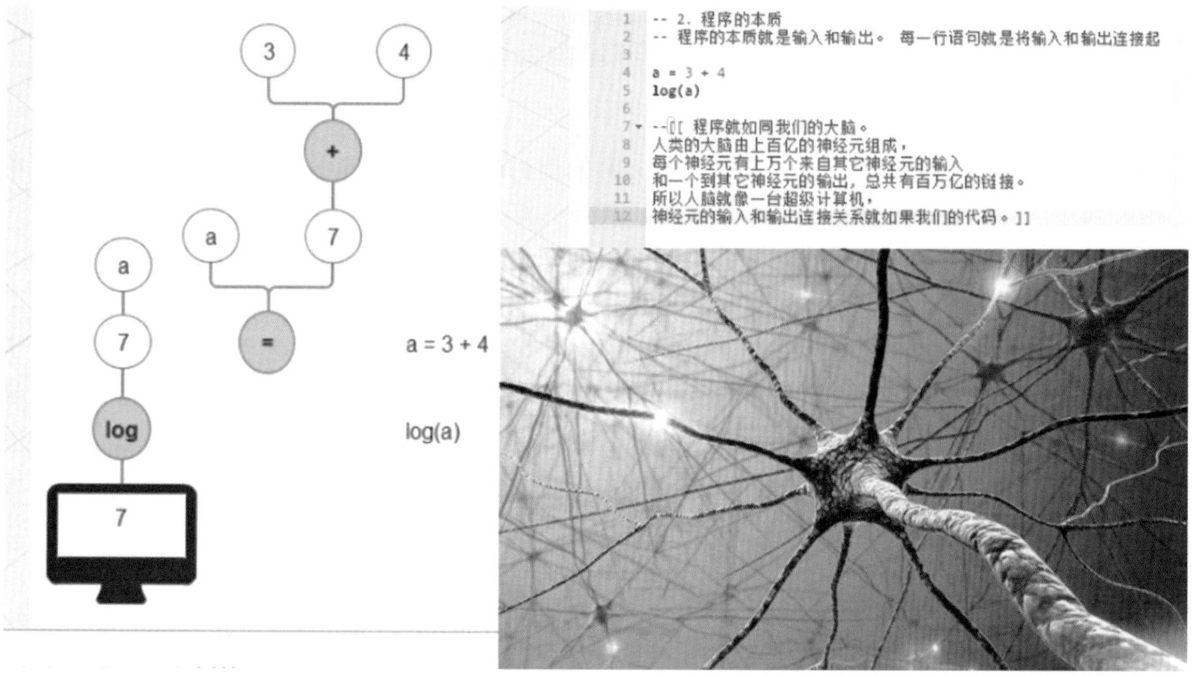

-- 2. 程序的本质
-- 程序的本质就是输入和输出。 每一行语句就是将输入和输出连接起
a = 3 + 4
log(a)
--[[程序就如同我们的大脑。
人类的大脑由上百亿的神经元组成，
每个神经元有上万个来自其它神经元的输入
和一个到其它神经元的输出，总共有百万亿的链接。
所以人脑就像一台超级计算机，
神经元的输入和输出连接关系就如果我们的代码。]]
3
4
+
a
7
=
a
7
log
7
a = 3 + 4
log(a)

图 2.2.6

的程序建立了这些存储单元之间的输入输出关系。

对于初学者来说，从这种视角看程序，会有些烦琐，但是它的确可以帮助初学者真正理解代码的结构，等你阅读了大量代码后，大脑会自动去理解这些输入输出的关系，你甚至感觉不到它们的存在。

程序就如同我们的大脑。人类的大脑由上百亿个神经元细胞组成，每个神经元细胞有上万个来自其他神经元的输入和一个到其他神经元的输出，总共有百万亿个链接，如图 2.2.7 所示。

所以人脑就像一台超级计算机，神经元的输入和输出的链接关系就如同我们的代码。NPL 是一种高级语言，代码中的 log(a) 其实经历了很多你看不见的底层代码的输入和输出，只是最终在屏幕上看到由像素组成的数字 7。

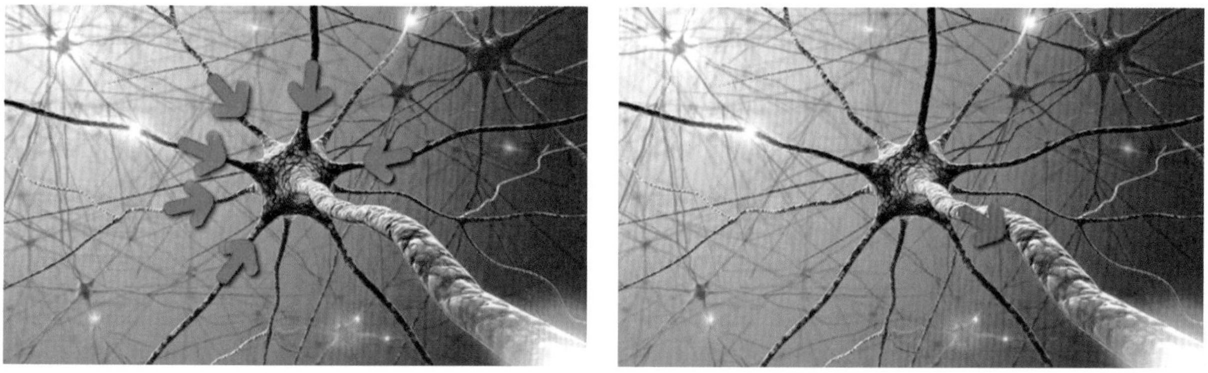
图 2.2.7

2.3 数字与数学

在 2.2 节我们了解到程序的本质就是输入和输出的链接。在本节中，我们先来看一种最简单的输入到输出的关系——数字与数学的关系。其实计算机语言只有最基本的几种内置数学函数，它们都只有两个输入和一个输出。这些数学函数的语法比较特殊，使用了我们熟悉的数学符号，符号的左右两侧是输入。

这些数学函数，包括 **加（+）**、**减（-）**、**乘（*）**、**除（/）** 和一些比较操作符，包括 **大于号（>）**、**小于号（<）**、**小于等于号（<=）**、**大于等于号（>= ）**。其他高级的数学函数都是程序员通过这些简单的内置数学函数的组合实现的。所以计算机语言中的全部数学函数是小学生可以掌握的。下面我们逐一输入一些代码，请大家在学习时也务必尽可能多地自己输入代码来练习并积累代码量。现在我们输入一行代码：

```
-- 数字与数学
log(25 + 30 / 6)-- 30
```

运行后，日志窗口中出现了 30，这里除法函数会优先于加法函数，所以除法的输出为 5，加法的输入为 25 和 5， 所以最后的结果是 30。下面再尝试一些其他的写法。

```
-- 数 字 与 数 学
log(25 + 30 / 6)
log( (25 + 30) / 6)--9.16667
```

log（（25+30）÷6），与我们数学课上学到的语法很像。在程序中我们可以用“（）”将一段代码括起来，强制这段代码作为一个整体来输出结果。代码中的空格是不影响程序执行的。这里为了美观，在数字间统一加上空格，可以看到，虽然输入的数字和前一行代码相同，但是加号函数的输入却变成了 25 和 30，括号中代码的输出为 55，除法的输入为 55 和 6，所以最后结果为 9.16667。下面我们修改一下代码，将前面的代码注释掉。

```
-- 数字与数学
-- log(25 + 30 / 6)
-- log( (25 + 30) / 6)
```

关于打字与快捷键

需要注意的是，我们在打代码时，应该尽量使用快捷键，**Home 键**可以迅速让光标移动到一行的开始。同理，**End 键**可以移动到一行的结束。这些快捷键需要反复练习来提高自己的打字速度，不能只依靠鼠标和方向键。这里推荐使用标准键盘右侧数字键盘区的方向键以及 Home 和 End 键，数字则用左侧区域输入，这样会比使用中间区域提高打字的速度。（图 2.3.1）

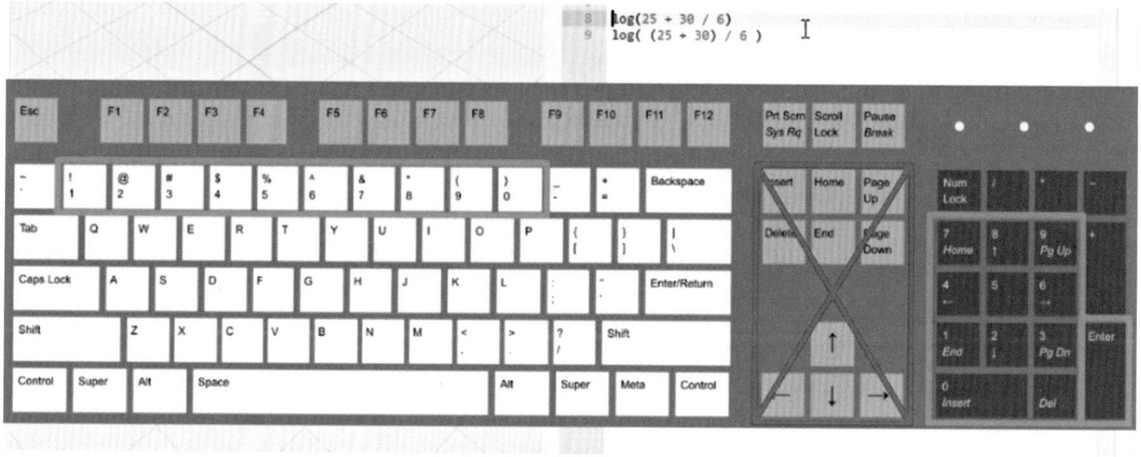

图 2.3.1

很多资深的程序员习惯于完全不用鼠标编程，所以大家要多多练习打字与使用快捷键。下面是常用快捷键：

- Ctrl + 左右键：前进后退一个词。
- Home、End、PgUp、PgDn: 行首、行末、前翻页、后翻页。
- Shift + Ctrl + 左右键： 以词为单位选择。
- Shift + 上、下、左、右键或 Home 或 End： 选择。
- Del 和 Backspace： 都是删除键，文字在 Shift 选择状态下，用 Del 会更方便。

```
-- 数字与数学
-- log(25 + 30 / 6)
-- log( (25 + 30) / 6)

log( (3+2) < 5.1)
```

- Ctrl + C 和 V：复制和粘贴键。

下面我们继续来看一些其他的数学函数，例如，(3+2) 是否小于 5.1，我们看到下方输出了 true，true 是一个常量，在程序中表示“**真**”。也就是说，3+2 真的是小于 5.1 的。我们再来看一个例子，1 是否等于 1？

```
-- 数字与数学
-- log(25 + 30 / 6)
-- log( (25 + 30) / 6)

log( (3+2) < 5.1) -- true
log(1 == 1) -- true
```

“ == ”用来判断左右两侧的输入是否完全相等。如果相等，则输出 true（真）；如果不相等，则输出 false（假）。我们执行后发现上面两行代码都输出了 true，用快捷键移动光标快速地注释掉刚刚的代码。再来看一下，2 是否小于等于 1，可以看到下面的结果是 false（假），也就是 2

不是小于等于 1 的。

```
-- 数字与数学
-- log(25 + 30 / 6)
-- log( (25 + 30) / 6)

-- log( (3+2) < 5.1)
-- log(1 == 1)

log(2 <= 1) -- false
log(5 > -2) -- true
```

```
log(21%5) -- % 是取模的意思 , 21%5 的输出为 1
log(2^10) -- 2*2*2*2*2*2*2*2*2*2=1 024
```

再来看 5>-2，我们看到结果是 true。

还有一个特殊的函数操作符 “%”，它在 NPL 语言中是取模的意思，也就是 21 除以 5 的余数是多少。我们看到输出的结果是 1，所以**左侧输入除以右侧输入的余数**就是取模。我们看到注释“--”也是可以加到一行代码的后面的。

最后还有一个特殊的内置函数 ^（**次方**）。例如，2 的 10 次方就是 2×2×…×2，一直乘以 2，要乘 10 次，结果是 1 024。以上就是 NPL 语言中能用到的全部数学函数了。你可以在代码方块的**运算标签**下查看这些数学函数的文档和例子，如图 2.3.2 所示。

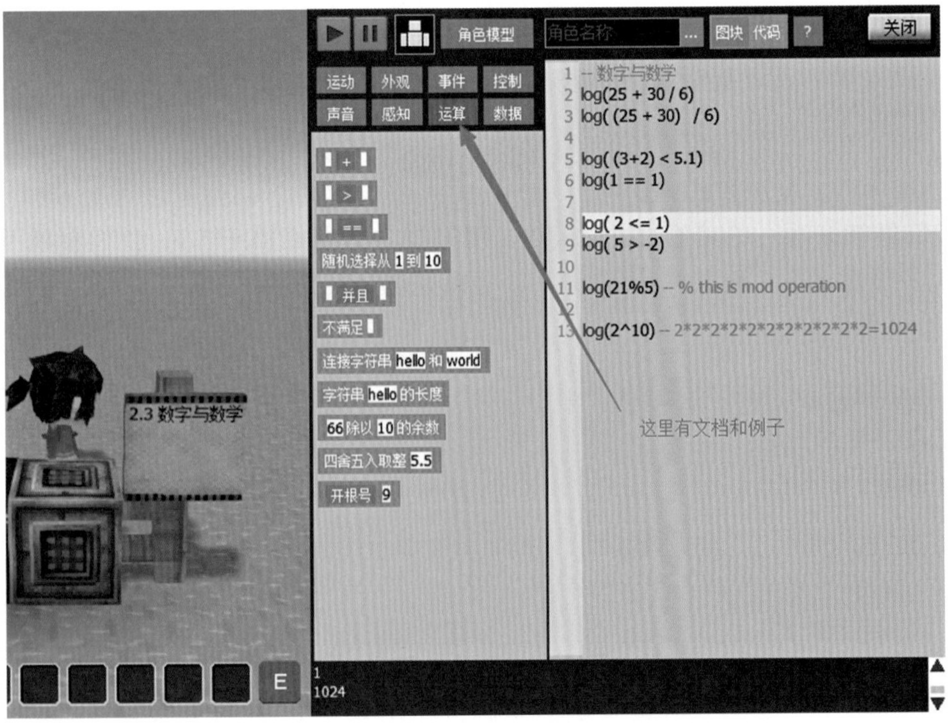

图 2.3.2

2.4 变量与名字

在 **2.2 节程序的本质**中，我们已经使用过变量。本节我们来更深入地学习变量与名字。程序中的变量是 Variable，它与我们在数学课上所说的函数变量不是一个意思。

程序中的变量只是某个存储单元的名字，它会直接输出程序执行的瞬间它所代表的存储单元内容。

```
a = 3 + 4
log(a)
```

运行上面的代码，可以看到输出为 7。在这里 a 是一个变量，它所代表的存储单元的数据是 7。变量只是高级计算机语言中的一种重要手段，其方便在代码中快速地链接输入和输出。实际上计算机执行的底层硬件（CPU）指令是不存在变量的，在硬件中只有存储单元的数字地址，所以变量的名字可以随意起。程序员喜欢用一些很长的易于理解的单词或单词组合作为名字。例如：

```
char_size = 200
scaleTo(char_size)
```

char_size 等于 200，scaleTo 放大到 char_size 倍数。运行后，可以看到人物放大到了 200%，在这里 char_size 是一个变量，从名字中就可以看出，它代表了人物的大小（character size）。同样的代码，也可以这样写：

```
s = 200
scaleTo(s)
```

很明显，使用 char_size 作为名字比使用 s 好得多。因为长名字更清楚明了，易于理解。在 NPL 语言中，同一个变量可以在程序运行的不同时刻指向任何类型的存储单元。例如：

```
a = 1
a = "hello"
log(a)
```

我们把前面的代码删除，输入上面的代码并重新运行下。log(a) 输出的结果为 hello，而不是 1。变量在同一时刻只能代表一个存储单元。a = "hello" 执行后，变量 a 已经不再指向 1，而是指向字符串 hello 所在的存储单元。所以 log(a) 输出的是当时 a 所指向的存储单元数据，也就是 hello。

变量是有生命周期的，变量的生命周期在程序中称为作用域 (Scope)。

在 NPL 语言中，变量的作用域是我们可以使用这个变量名的代码区间。在 NPL 语言中定义变量的作用域有两种方式，一种是本地的变量（local），一种是全局的变量（默认的）。我们来看一个例子：

```
a = 1
local b
b = a + 2
b = b + 3
log(b)
```

每个代码方块其实是一个独立的文件。在 NPL 语言中，如果在文件中直接使用一个变量，如上面的 a=1，则变量 a 的作用域默认是全局的。全局变量可以在所在文件的任意位置使用，默认情况下也可以在其他文件中使用。关于如何将程序拆分为多个文件，将在 **2.7 节**中讲解。这里大家简单理解为，文件就是函数，也有输入和输出，可以相互链接。

我们继续看第二行 **local b**，它定义了一个**本地变量**。这里 **local** 是一个系统内置的特殊名字，表示用它后面输入的变量名字重新定义一个新的本地变量。b 的作用域是从 local 开始，直到所在文件或函数的结束。

变量 b 无法在 local 之前的代码中使用，也无法在其他文件中使用。一般来说，本地变量的生命周期是从 local 开始到文件或函数执行结束。

这里大家首先要明白，变量只是存储单元的一个名字，因此变量的生命周期和它所代表的存储单元的生命周期没有关系。一个变量在程序运行的过程中可以代表不同的存储单元，就像上面例子中这样；同样一个存储单元也可以有多个不同的变量名字。例如：

```
a = "hello"
b = a
log(a)
log(b)
```

b 和 a 指向的是同一个字符串存储单元，即 hello。注意，在一些编程语言中，等号函数会复制一份新的相同内容的存储单元，但是在 NPL 语言中，a 和 b 是指向同一个存储单元的，所以 log(a) 和 log(b) 的输出都是 hello。

在 NPL 语言中，当一个存储单元没有任何变量指向它时，会被系统自动释放掉。所以很多时候变量和它所代表的存储单元的生命周期几乎是一样的。所以我们应该尽量多用局部变量，让变量的生命周期尽可能短一些，这样可以节约内存，代码执行得更快。

写代码时，能用局部变量就绝不用全局变量。

我们再回到最初的代码。

Ctrl+Z 可以回滚到刚刚输入的代码处。

我们在代码中加入一些 log 语句。

```
a = 1
local b
log(b) ----nil
b = a + 2
log(b)----3
b = b + 3
log(b)----6
```

首先看第一个 log(b)。此时 b 没有指向任何存储单元，所以输出的结果为 nil。

nil 在 NPL 语言中是一个常量，代表一个无效的存储对象。

然后将 a+2 的输出 3 赋给 b, 此时第二个 log(b) 的输出结果为 3。我们也可以进行合并，直接写成 local b=a+2 。

```
a = 1
local b = a + 2
log(b)----3
b = b + 3
log(b)----6
```

同理，下一行 b = b + 3 有加号和等号两个函数，它们先后执行。b 开始会输出 3，3+3 输出了 6，等号函数又将 6 赋给了 b，所以最后一个 log(b) 输出 6。我们可以看到在程序运行过程中，本地变量 b 所代表的存储单元发生了变化。NPL 语言中的存储单元也称对象。

对象的类型只有 7 种，分别是数字、字符串、函数、表、true、false 和 nil。

变量可以给所有 7 种对象起名字，上面代码中的 log 实际上也是一个全局变量。当变量指向一个函数时，我们习惯性地将变量名说成是函数，所以 log 函数也是 log 变量。代码中的 1、2、3 是数字，hello 是字符串， 等号和加号是数学函数。

在程序中没有加双引号的文字都是变量，更确切地说，代码中由文字和下划线组成的任意单词都是变量（只有少数几个例外，例如，local）。在 NPL 语言中变量区分大小写，因此 a 和 A 是两个不同的变量。和数学中的变量命名不同， 程序员一般会给变量起一个很长的便于识别的名字，并习惯遵守一些人为的规则。例如 count、char_size、length、walkRadius 都是不错的变量名。NPL 支持使用中文作为变量名，但是我们不建议大家这样做，其中最重要的原因是我们很难用中文创造新的不存在的词汇，另一个原因是打字时需要不停地切换输入法而影响打字速度。

下面来看变量在程序中的用途。我们用代码方块编一段代码：

```
say("hello! ".."xxx")
tip("hello! ".."xxx")
```

运行后，可以看到人物说“hello! xxx”。这段代码其实是用 say 函数让角色说一句话，再用 tip 函数在屏幕中央打印一行文字。（图 2.4.1）

图 2.4.1

.. 函数和 + 函数类似，是将左右两个字符串合并，并返回结果。关于 .. 函数和字符串将在 2.5 节中详细讲解。这里 "hello! ".."xxx" 会返回一个新的字符串 "**hello! xxx**"。

下面再用变量改写上面的代码：

```
-- name of the main player
local name = "xxx"

-- welcome the user
local text = "hello! "..name
say(text)
tip(text)
```

先定义一个本地变量 name，其等于 "hello"，我们在前面加上一行注释，也就是角色的名字。

然后再定义一个本地变量 text，将 "**hello! "..name** 的结果赋给它。 然后分别调用 say 函数和 tip 函数。运行后，发现结果相同。加入变量 name，代码变得更加容易理解和方便修改了，我们只需要看到注释和变量名，就基本理解了下面一段代码是做什么的，并且可以直接修改变量的输入，来影响后面整段代码的输出。例如，将 name 的输入，即 ××× 改成 Alice，重新运行，可以看到两个地方都变成了 "hello! Alice"。（图 2.4.2）

变量是编程中最难理解的概念，程序员在编程时有一大半的时间都在思考代码中需要哪些变量，是本地的还是全局的，以及用什么通俗易懂的名字。后面我们还会看到函数名本身也是变量的情况，所以变量无处不在。

变量也可以看成是计算机语言的词汇。写代码的过程其实就是在不断创造新的词汇，并用这些词汇去描述我们要解决的问题。

代码的 90% 都是各种变量名。高级和初级程序员编写代码的主要区别就是在变量的使用和命名上。优秀的程序员能够创造大量简单易懂的词汇去描述和解决问题。初级程序员往往只用少量晦涩难懂的词汇解决问题。和用自然语言写文章一样，我们要多读、多写才能写出优美的程序来。另外，世界上 99.99% 的程序变量名都是英文的，所以只有学好英语才能更好地读懂别人的代码，创造出良好的变量名。

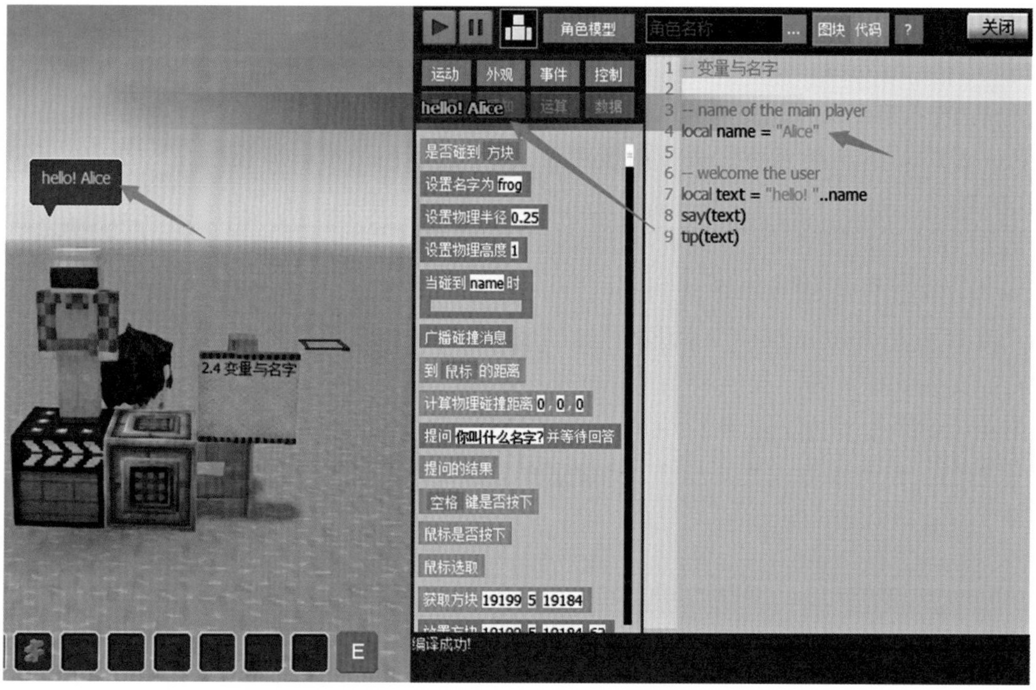

图 2.4.2

2.5 字符串与文字

在计算机语言中，字符串 (string) 是一种最常用的存储单元类型。例如，log ("123") 中 双引号中的 123 代表一个长度为 3 的字符串。

字符串是一定长度的二进制数据。

在 NPL 语言中，字符串的长度单位是字节（Byte）。1 Byte 包含 8 个 Bit，也就是 8 个 0 或 1 的组合，因此 1 Byte 最多可代表 2 的 8 次方、256 种不同的组合。长度为 1 024 的字符串就代表 1 KB 的数据，1 024 KB=1 MB（也就是 1 兆），1 024 MB=1 GB。

字符串的一个最大用途是用来代表自然语言中的文字。 字符串的每个 Byte 对应到文字的映射规则称为编码。NPL 语言中默认的编码规则称为 UTF8，UTF8 是全世界使用最广泛的编码规则，几乎互联网上所有的文字都使用这种编码规则。这种编码将每个英文字母或数字映射到一个 Byte，将中文或其他特殊字符映射到两个或多个 Byte。例如，字符串 "123" 中每个数字字符都对应一个 Byte，也就是对应 256 种 0、1 组合中的一种。

我们看到，代码本身由文字组成。 在 NPL 语言中，所有在 "" 或 '' 中的文字都是 UTF8 编码的字符串。变量可以指向字符串，例如：

```
local a = "Hello"
local b = 'World'
```

这里介绍一个特殊的内置函数 .., 例如 log(2..b)：

```
local a = "Hello"
local b = 'World'
log(a..b)
```

.. 函数可以将左右两侧输入的字符串合并，并输出一个新的合并后的字符串。 .. 函数的作用与 + 函数类似，只不过输入是字符串。所以我们看到 log(a..b) 在左下角的输出为 Hello 与 World 合并后的新字符串，也就是“HelloWorld”。

除了 .. 函数，NPL 语言中还有很多其他操作字符串的函数。例如，在一个字符串中查找或匹配另外一组字符串。 这里只介绍如何用 log 函数来操作字符串。

log 其实是一个多输入的函数。如果它的第一个输入是字符串，并且字符串中包含 %d,%s 等特殊占位符的文字，则它后面的输入会依次替换前面对应的占位符，并输出替换后的字符串结果。例如：

```
local a = "Hello"
local b = 'World'
log(a..b)
log("x=%d, y=%s, z=%d", 1, "hello", 2)
```

这里 log 的第一个输入是字符串，内容是 "x=%d, 逗号空格 y=%s, 逗号空格 z=%d"。这里双引号中的所有文字，例如空格、等号、逗号都不是代码，而是字符串中的数据， 占一个 1 Byte。log 的第二个输入 1 会替换字符串中的第一个 %d，第三个输入 "hello" 会替换 %s，第四个输入 2 会替换后面的 %d, 所以最后的输出为 x=1, y=hello, z=2。

%d 代表替换的对象是一个十进制的整数 (decimal)，也就是 1 和 2;%s 代表替换的对象是字符串，也就是 "hello"。注意这种替换规则只是 log 函数内部的逻辑，和字符串本身及 NPL 语言无关，只不过在很多语言中都有类似规则的函数。

下面来做练习，先注释掉之前的例子。我们输入：

```
local a = "Hello"
local b = 'World'
-- log(a..b)
-- log("x=%d, y=%s, z=%d", 1, "hello", 2)
log("pos:%f %f %f", 1.1, 1.2, 1.3)
```

"pos:%f 空格 %f 空格 %f" 是一个字符串，%f 之外的内容可以随意输入，中英文都可以，这里 pos 的中文意思是位置。

%f 和 %d 一样，也是特殊占位符，只不过 %d 代表整数，%f 代表浮点数 (float)，默认会显示小数点后 6 位有效数字。我们再继续输入：

```
local a = "Hello"
local b = 'World'
-- log(a..b)
-- log("x=%d, y=%s, z=%d", 1, "hello", 2)
log("pos:%f %f %f", 1.1, 1.2, 1.3)
log("Say %s ~ %s ~ \nSay%s", a, b, a..b)
```

这里 "say %s ~ %s ~ \nSay%s" 是一个字符串，其中 ,\n 是换行字符，占 1 Byte，也是字符串的一部分，\n 会使 log 在屏幕上的输出另起一行；变量 a 代表字符串 "Hello"，它会替换第一个 %s; 变量 b 代表字符串 'World'，它会替换第二个 %s;a..b 的输出是字符串 "HelloWorld"，它会替换第三个 %s, 所以 log 函数最后输出的是 Say Hello ~ World ~，第二行是 SayHelloWorld，中间没有空格（图 2.5.1）。对于不清楚的内容，请大家自己写一些代码，进行大量的练习。

这里再介绍一个不常用的操作字符串的函数 format。format 函数的输入和 log 函数的输出非常类似，只不过它的输出为一个字符串。例如，下面的代码和之前的结果是一样的。

```
local a = "Hello"
local b = 'World'
-- log(a..b)
-- log("x=%d, y=%s, z=%d", 1, "hello", 2)
local msg = format("pos:%f %f %f", 1.1, 1.2, 1.3)
log(msg)
msg = format("Say %s ~ %s ~ \nSay%s", a, b, a..b)
log(msg)
```

在计算机语言中字符串使用十分广泛。字符串中的文字可以用来代表文件名、变量名、屏幕上的文字或任何二进制数。这些字符串的用法会在后面的章节中介绍。

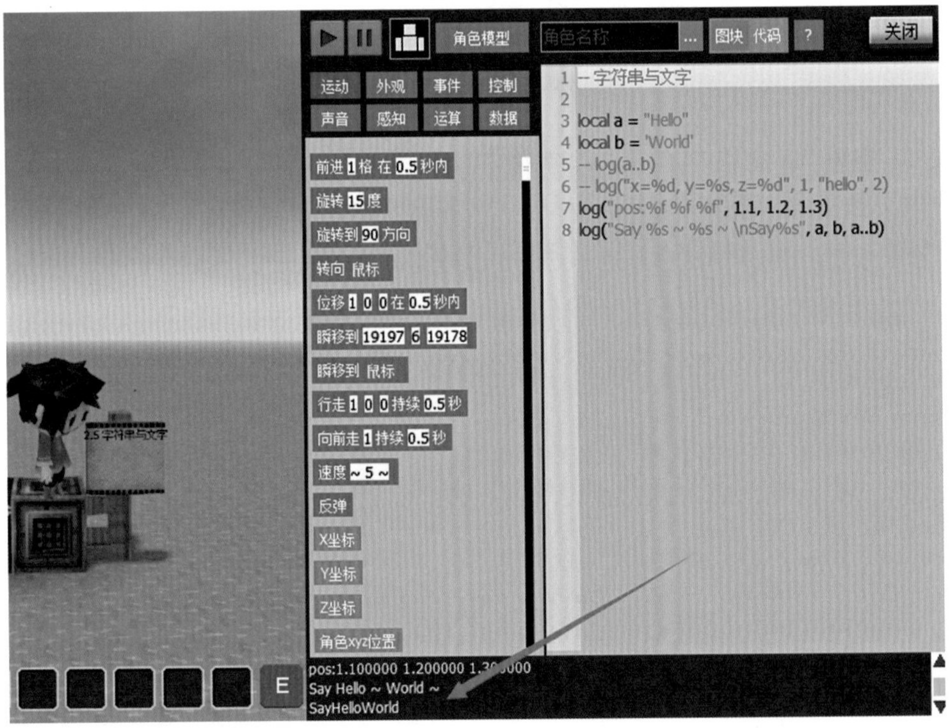

图 2.5.1

2.6 表与数组

我们之前讲过，NPL 语言中的数据类型有**数学、字符串、表，函数、true/false/nil**。下面来介绍表 (table)。

> 表是数据到数据的映射关系。

表就如同文件夹或字典，例如，图 2.6.1 中从中文字符串到英文字符串的映射就可以用一个表来存储。这里是从左向右映射：左侧的数据称为关键字 (key), 右侧的数据称为数值 (value)。

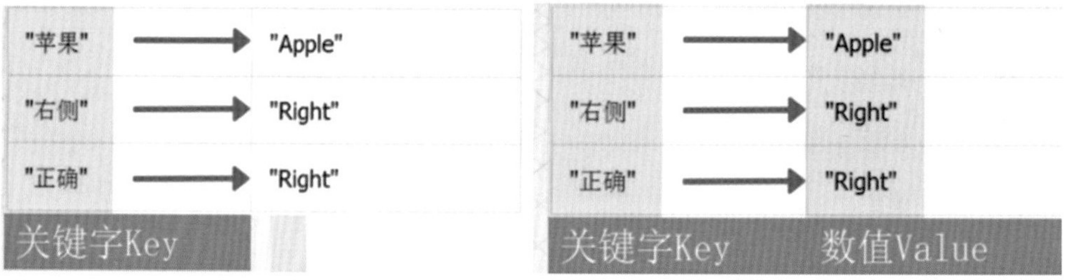

图 2.6.1

我们可以用 { } 来创建一个空的表。例如：

```
a = {}
```

此时变量 a 代表一个空的表。下面向表 a 中插入上述数据的映射关系。

```
a = {}
a[" 苹果 "] = "Apple"
a[" 右侧 "] = "Right"
a[" 正确 "] = "Right"
```

a [key] =value 是一种特殊的函数形式 , 它有 3 个输入，分别是 a、key、value。它的作用是向表 a 中加入一个从关键字 key 到数值 value 的映射。关键字 key 可以是除了 nil 以外的任何数据类型，所以我们也可以插入 Apple 到苹果的映射。

```
a = {}
a[" 苹果 "] = "Apple"
a[" 右侧 "] = "Right"
a[" 正确 "] = "Right"

a["Apple"] = " 苹果 "
```

表最重要的功能是，输入任何一个关键字 key，快速地输出对应的数值 value。即使表中有成千上万个映射，也可以快速地返回结果。例如：

```
a = {};
a[" 苹果 "] = "Apple"
a[" 右侧 "] = "Right"
a[" 正确 "] = "Right"

a["Apple"] = " 苹果 "

log(a[" 苹果 "]) -- Apple
```

log(a[" 苹果 "]) 会输出 Apple。

a[key] 中的 [] 其实是一个特殊的内置函数，它有两个输入，分别是左侧的表 a 和方括号中的关键字 key，它的输出是表中关键字所对应的数据，如果不存在这个映射，则输出 nil。例如：

```
a = {}
a[" 苹果 "] = "Apple"
a[" 右侧 "] = "Right"
a[" 正确 "] = "Right"

a["Apple"] = " 苹果 "

log(a[" 苹果 "]) -- Apple
log(a[" 橘子 "]) -- nil
```

如果关键字是字符串，并且符合变量的命名规则，则 a[key] 及 a[key]=value 函数在 NPL 语言中还有一种更简单的形式，即 a.key 和 a.key=value。"." 左右两侧的输入分别是表和关键字。例如：

```
a = {}
a[" 苹果 "] = "Apple"
a[" 右侧 "] = "Right"
a[" 正确 "] = "Right"

log(a[" 苹果 "]) -- Apple
log(a. 苹果 ) -- Apple
```

log(a[" 苹果 "]) 和 log(a. 苹果) 都会输出 Apple，这样可以省去 [""]，让代码更容易阅读。

```
a = {}
a[" 苹果 "] = "Apple"
a[" 右侧 "] = "Right"
a[" 正确 "] = "Right"

log(a[" 苹果 "]) -- Apple
log(a. 苹果 ) -- Apple

a[" 橘子 "] = "orange"
a. 橘子 = "orange"
log(a. 橘子 ) -- 橘子
```

同理，a [" 橘子 "] ="orange" 与 a. 橘子 ="orange" 是等价的。log(a. 橘子) 会输出 orange。

你也许会问，使用 . 函数访问数据的方式和变量很像。没错，其实 NPL 语言中所有的变量都是通过表来存储的。

变量就是变量名（字符串）到变量所代表的对象的映射。

在 NPL 语言中所有的全局变量都存在一个全局表变量 _G 中。例如，下面 3 行语句是等价的：

```
_G.a = {} -- 其他地方可以用 a = {}
a[" 苹果 "] = "Apple"
a[" 右侧 "] = "Right"
a[" 正确 "] = "Right"

log(a. 苹果 ) --Apple
log(_G["a"][" 苹果 "]) --Apple
log(_G.a. 苹果 ) --Apple
```

上面 3 个 log 都输出 Apple。所以访问一个全局变量 a 其实是调用了函数 _G ["a"]，本地变量（local variable）情况特殊一些，但是基本原理是一样的。

注意：代码方块中的全局变量被存在另外一个独立的表中，而不是默认的全局表。如果你希望表 a 可以在多个代码方块中使用，则需要用 _G.a = {}，也就是向全局表 _G 中插入字符串 "a" 到空表 {} 的映射，或者调用 set("a", { }) 函数。在常规的 NPL 代码中，可以直接用 a= { } 向默认全局表中写数据。

计算机如何通过变量的名字在某个表中找到它对应的对象（存储单元），是一个比较复杂的事情。在 NPL 语言中，这一过程是通过一个叫做 MetaTable(原表) 的概念实现的。通过 Metatable，程序员可以自定义 [] 和 . 函数针对某个表的输入 / 输出映射规则。但是这个概念对初学者太复杂了，这里就不介绍了。在代码方块中，大家并不需要知道原表，每个 3D 世界中所有的代码方块共用一个名字为 _G 的全局表。最后，大家应记住一个规则，就是尽量不要用全局变量。如果一定要用，需要清楚它存在哪个全局表中，因为全局表可能不只一个。

一个表对象中的所有关键字必须是彼此不同的，但数据可以相同，并且可以是任意的数据类型，包括其他表。例如，变量 _G 中包含字符串 “a” 到表 a 的映射，表 a 又包含从 “苹果” 到 “Apple” 的映射。

可以说代码方块中的数据（全局变量、系统函数等）都在 _G 表中，所以计算机程序其实是保存在一个由表构成的树型结构中，类似于文件夹，最上面的一层就是 _G 表。通过这张表，我们可以通过关键字找到程序中的所有全局数据。

最后再介绍一种创建表的方法，它可以让代码更简短。

```
a = { [" 苹果 "]="Apple", Apple=" 苹果 ", 右侧 = "Right", [" 正确 "] = "Right" }
```

如上，我们可以直接在 {} 中用逗号分隔每个数据映射，这样就不用一个一个插入了。为了美观，也可以加入空格和回车。

```
a = {
    [" 苹果 "] = "Apple",
    Apple = " 苹果 ",
    右侧 = "Right",
    [" 正确 "] = "Right"
}
```

细心的人会发现，如果等号左侧的关键字是符合变量命名规则的字符串，则可省去 [""]，例如“Apple”和“右侧”我们就没有加 [""]。

这里要注意的是，表中的映射是不记录添加的先后顺序的。所以下面的写法也是等价的。

```
a = {
    右侧 = "Right",
    [" 正确 "] = "Right",
    [" 苹果 "] = "Apple",
    Apple = " 苹果 ",
}
```

如果关键字不是字符串，而是从 1 开始连续的整数，例如：

```
a = {
    [1] = "one",
    [2] = "two",
    [3] = "three",
}
log(a[2]) -- 会输出 two
```

此时，有一个简单的写法，可以忽略前面的整数关键字、方括号及等号，可写成：

```
a = {"one", "two", "three"}
log(a[2]) -- 会输出 two
```

这样的表通常称为数组。

我们也可以混合两种写法，例如：

```
a = {"one", "two", "three", Apple=" 苹果 "}
log(a)
```

此时，log(a) 会输出整张表的内容（图 2.6.2）。

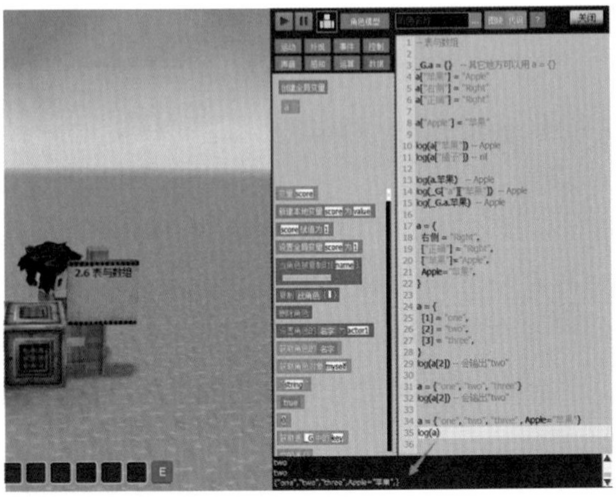

图 2.6.2

了解了表和数组的概念，我们来看一个复杂一点的例子。

```
moveTo(19202, 5, 19168)
turnTo(90)
```

moveTo 函数可以让人物瞬移到指定位置。它的输入是一个坐标，关键字 1,2,3 映射的数据分别代表 x、y、z 的坐标。

```
-- moveTo(19202, 5, 19168)
local pos = {19202, 5, 19168}
moveTo(pos[1], pos[2], pos[3])
turnTo(90)
```

下面注释掉 moveTo 这一行，换一种写法。先创建一个本地变量 pos，再建立表中的 3 个映射，分别将 1、2、3 的位置映射到数据 19202、5、19168。再输入 moveTo(pos[1],pos[2],pos[3])。重新运行后可以看到人物瞬移到的位置是一样的。所以注释掉的代码和新加入的使用变量 pos 的代码效果是一样的。

下面来看 turnTo 函数，它让演员转向到某个角度，代码中是 90°。使用一个变量来记录角色的位置 (pos) 和方向 (facing)。

我们先注释掉之前的代码，换一种写法。

```
local params = {}
params.pos = {x=19202, y=5, z=19168}
params.facing = 90

moveTo(params.pos.x, params.pos.y, params.pos.z)
turnTo(params.facing)
```

local params = {} 先创建一个本地变量 params，让它指向一个空的表。

params.pos = {x=19202, y=5, z=19168} 再向 params 中加入 pos 到另外一张表中，也就是包含 x、y、z 坐标的映射。

params.facing = 90 再加入一个字符串 facing 到 90 的映射。

然后使用 moveTo 函数，将 3 个坐标 params.pos.x, params.pos.y, params.pos.z 输入给它；使用 turnTo 函数，将 params.facing 输入给它。

运行后，如图 2.6.3 所示，人物瞬移到 19202,5,19168 并转向 90° 的方向。虽然代码变长了，但是我们将数据和命令通过变量分离开来了。这样做有很多好处，例如，可以根据变量动态地计算人物的位置和方向，如下方代码中的 params.pos.y+1 和 params.facing+45 所示。注意，下面的代码使用了一个前面讲到的更简洁的初始化表的写法。

```
local params = {
    pos = {x=19202, y=5, z=19168},
    facing = 90,
}
moveTo(params.pos.x, params.pos.y + 1, params.pos.z)
turnTo(params.facing + 45)
```

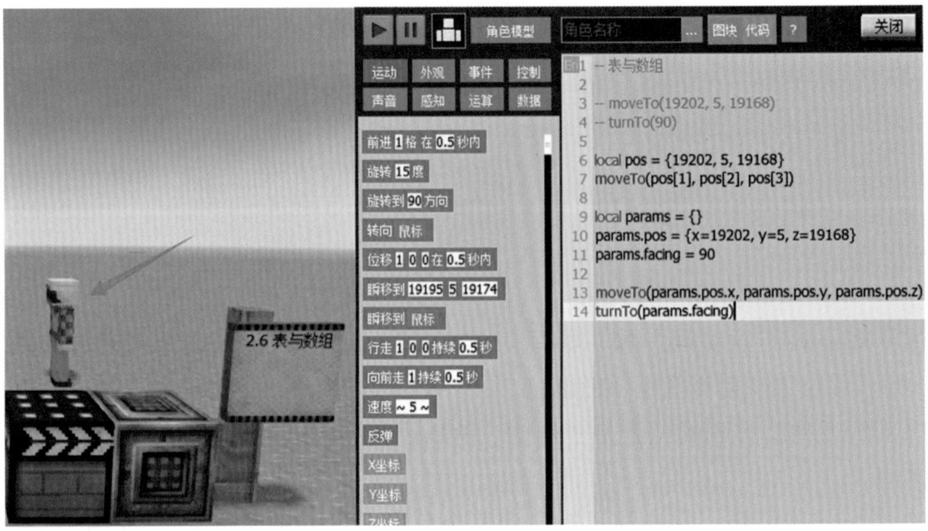

图 2.6.3

总结： 表是一组有映射关系的数据的集合，是 NPL 语言中唯一的复合型数据，几乎所有复杂的概念都需要通过表来表示。例如，一个三维坐标，一组复杂的输入；所有的代码其实都存在表中。表可以通过关键字（一般是字符串和数字）快速地输出它对应的数据。

2.7 函数

2.7.1 函数基础知识

本节介绍 NPL 语言中的最后一种数据类型——函数（function）。

2.2 节介绍过程序的本质是输入和输出，而函数正是建立从输入到输出关系的方法。

其实，我们已经使用过很多系统函数，如 log、moveTo、turnTo，操作符如 +-*/..== > < 及 =，也是函数的一种特殊形态。未来我们还会学到如 if、else、while、for 等内置函数。

本节重点介绍如何定义新的函数。注意：计算机语言中的函数和数学中常常提到的函数不是一个概念，前者有着更宽泛的含义。

函数是代码的主要形态，甚至可以说是唯一形态，也可以说代码就是由函数构成的。如果说中文、英文是由文字和单词构成的，那么函数就如同自然语言中的文字或单词。只不过，自然语言中的词汇是单向串联起来的，并且文字和单词的总量是基本固定的。但是计算机语言不同，我们在解决一个问题时，需要定义许多新的词汇（也就是函数），再利用这些新的函数（也就是词汇）去描述某个领域中的输入和输出关系。

所以每个程序都有大量仅属于自己的词汇。好的程序员能够更科学地定义这些词汇（也就是函数），让代码朗朗上口，逻辑清晰，简洁而优美。初级程序员由于不善于定义词汇，代码往往冗长、晦涩，不易阅读。

在 NPL 语言中，我们可以用关键字 function 去创建一个新的函数。例如，定义一个变量 JumpForward（中文是向前跳的意思），将后面的整个函数（function）赋给它。

```
local JumpForward = function(distance, maxHeight)
    -- 这里是函数的内容
end
```

函数的定义以 function() 开始，以 end 结束。() 内为函数的输入，多个输入用“，”分开，每个输入需要指定一个局部变量名，如上面例子中的 distance（距离）和 maxHeight（最大高度）。在函数被调用时，这两个局部变量会被赋值。

函数的内部可以有任意其他的函数。每个代码方块或文件中的代码都在一个我们看不见的函数内部。当代码方块被激活或文件被加载时，函数里面的代码就会被执行。

函数还可以用 return（返回）来输出一个结果（我们后面会介绍）。函数本身和字符串、数字一样是一种数据类型，存在于一个固定的存储空间，如果你定义的函数没有任何变量指向它，则函数会被释放掉。因此我们需要将新定义的函数，用 **= 函数**赋给一个变量，未来就可以用这个变量来调用函数。

下面是一种更友善的定义函数的语法，和前面方法是完全等价的，但是省去了等号。写法如下：

```
local function JumpForward(distance, maxHeight)
  -- 这里是函数的内容
end
```

函数内部是函数内容，也就是 function 和 end 之间的代码会在 JumpForward 这个函数被调用时执行。

无论哪种写法，其实 JumpForward 都是一个本地变量，当然也可以用全局变量，去掉上面

```
function JumpForward(distance, maxHeight)
end
```

代码中的 local，例如这样：

```
JumpForward = function(distance, maxHeight)
end
```

或者：

```
function _G.JumpForward(distance, maxHeight)
end
-- 或 者
_G.JumpForward = function(distance, maxHeight)
end
```

对于代码方块， 全局变量需要存放在 _G 表中，例如：

```
function JumpForward(distance, maxHeight)
end
local DoJump = JumpForward
```

甚至可以用多个不同的变量指向同一个函数，例如：
但是通常我们都只用一个固定的变量名来指向一个函数。因此，这个变量名也被称为函数名。

调用函数的语法为 函数名 (param1 [,param2,...])

例如：JumpForward(2,1) 。

我们之前使用到的系统函数 moveTo、turnTo 等都是用这种方式调用的，只不过这些系统函数是在系统代码中定义的，在运行代码前已经被加载了。

下面来看一个完整的自定义函数并调用这个函数的例子。

```
local function JumpForward(distance, maxHeight)
    local time = distance / 5;
    move(distance, maxHeight, 0, time)
    move(distance, -maxHeight, 0, time)
end
```

distance、maxHeight 是 JumpForward 函数内部的局部变量，当每次 JumpForward 函数被调用时，它们会代表不同的输入。在函数的内部我们调用了系统函数 move 两次。 move 函数有 4 个输入，前 3 个是相对当前角色位置的 x、y、z 位移，第 4 个输入为消耗的时间。所以第一个 move 让人

物向斜上方运动，第二个 move 让人物向斜下方运动。运动的距离、高度和所用时间由 distance、maxHeight，time 决定。

下面我们来调用 JumpForward 函数：

```
local function JumpForward(distance, maxHeight)
    local time = distance / 5;
    move(distance, maxHeight, 0, time)
    move(distance, -maxHeight, 0, time)
end

JumpForward(1, 1)
JumpForward(1.5, 1.5)
JumpForward(2, 2)
```

运行上面的代码可以看到，通过调用自定义的 JumpForward 函数让人物向前跳跃了 3 次，每次跳跃的距离分别为 1 米、1.5 米、 2 米。

我们看到函数隐藏了内部的输入和输出细节，并用一个变量名代替了内部看不见的逻辑关系。优秀的程序员会为每一个功能写函数，并为其命名，使代码的可读性大大增加，并可以重复利用相同的逻辑关系。

写代码有一个黄金原则是：**绝对不要写重复的代码。**

在写代码的过程中，程序员会不断地将重复的逻辑封装到函数变量中，这个过程称为代码的**重构**。从宏观上看，函数使得代码有了层级关系，每个层级上仿佛都有程序员自己定义出来的一套新语言（和新词汇）。一个复杂的程序可能会定义成千上万个函数变量。

我们再来看一个有返回值的函数——平方函数。

```
local function sq(x)
    local result = x * x;
    return result
end
```

我们在函数内部定义了一个局部变量 result，它的作用域是到 end 结束。这里 result 首先被赋值为 x * x。return 函数代表函数的输出，也就是 sq(x) 函数的输出。return 函数后面的代码不会被执行。

```
local function sq(x)
    local result = x * x;
    return result
end

local a = sq(2)
a = a + sq(3);
log(a);    --13
```

下面我们来调用这个函数：

因为程序是按顺序执行的，执行到这里，此时 a 的值已经是 4+9=13。我们用 log 函数输出，运行后可以看到此时 log(a) 的输出为 13（图 2.7.1）。

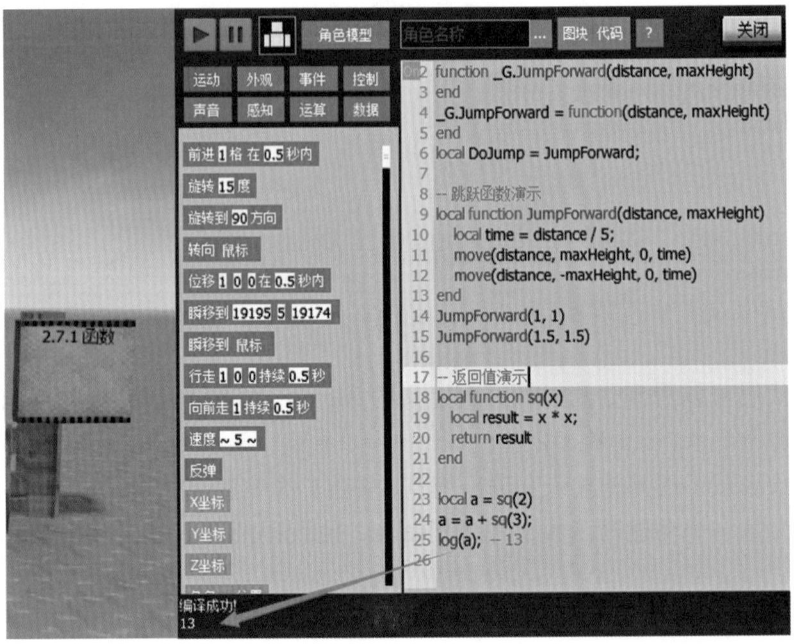

图 2.7.1

2.7.2 内置函数

本节介绍一些常用的系统内置函数，包括 and、or、if、for 及 while。这些内置函数与自定义函数的本质相同，只是语法不同。

它们有一个共同的特点，就是在一定条件下改变代码的执行路径，代码不再是顺序执行。

先来看 and（和）函数。

```
local result = (left) and (right)
```

它将代码分成了左 (left) 和右 (right) 两个部分 。

它会先执行左侧的代码，如果左侧代码的返回值为 false 或 nil, 则整个 and 函数返回左侧代码的输出，右侧代码不会执行。

如果左侧代码的返回值不是 false 或 nil, 则右侧的代码会被执行，并且整个 and 函数返回右侧代码的输出。例如：

```
local function left_code(a)
    log(" 左侧执行了 ")
    return a > 10;
end
local function right_code(a)
    log(" 右侧执行了 ")
    return a > 5;
end
```

我们先来定义一个左侧函数 left_code。这个函数会输出**左侧执行了**，它会返回一个值，如果输入大于 10，则返回 true，否则返回 false。我们再来定义一个右侧函数 right_code，它会输出**右侧执行了**。如果右侧函数的输入大于 5，则返回 true，否则返回 false。现在我们来使用 and 函数：

```
local t = left_code(10) and right_code(10);
log(t); -- false
```

and 函数左侧代码为 left_code(10)，右侧代码为 right_code(10)。此时输出 t，运行一下后可以看到，执行的结果为**左侧执行了**。由于左侧为 10，并不大于 10，所以返回 false。因此整个 and 函数会返回左侧代码的执行结果，也就是 t 为 false，而右侧代码并没有被执行。

下面将左侧输入变为 11，右侧仍然输入 10。

```
local function left_code(a)
    log(" 左侧执行了 ")
    return a > 10;
end
local function right_code(a)
    log(" 右侧执行了 ")
    return a > 5;
end

local t = left_code(11) and right_code(10);
log(t); -- true
```

此时再次运行，可以看到左侧代码的输入 11 是大于 10 的，所以返回 true。左侧代码被执行，此时 and 函数会继续执行右侧的代码。因为右侧代码的输入大于 5，所以右侧代码返回 true。因此整个 and 函数返回 true。

其实 and 函数左侧的代码永远会被执行，只不过根据它的返回值的不同，决定了是否执行右侧代码，进而决定整个 and 函数的返回值。

```
local t = left_code(11) and right_code(0);
log(t); -- false
```

如果将右侧代码的输入改成 0，再次执行。可以看到左侧代码和右侧代码都执行了，但是右侧代码的返回值为 false，因为 0 没有大于 5。（图 2.7.2）

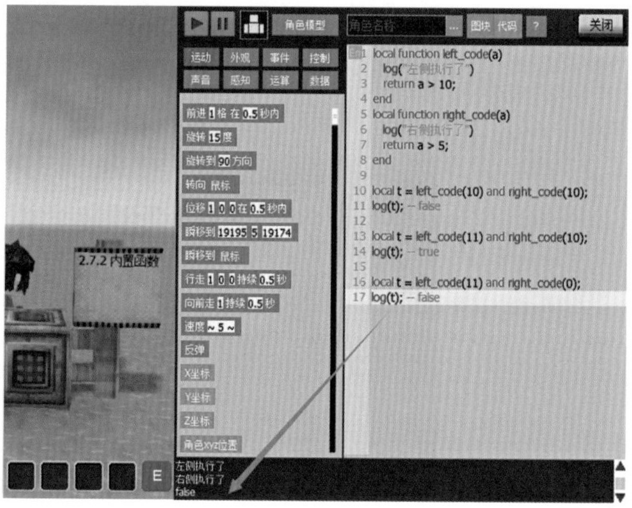

图 2.7.2

下面来看 or（或）函数，它也是将代码分成左、右两个部分，但它与 and 函数的执行结果基本相反。对于 or 函数，如果左侧代码的返回值不是 false 或 nil，则整个 or 函数返回左侧代码的输出，右侧代码不会执行，如果左侧代码的返回值是 false 或 nil，则右侧代码会被执行，并且整个 or 函数返回右侧代码的输出。

下面来看一个例子，同样还是这两个函数，这里将 and 函数改为 or 函数。运行后可以看到，左侧的输入同样是 10，左侧代码返回了 false，因为是 or 函数，所以右侧代码会被执行。右侧的输入 10 大于 5，右侧代码返回 true，所以左、右代码都被执行，并且整个 or 函数返回 true。

```
local function left_code(a)
    log(" 左侧执行了 ")
    return a > 10;
end
local function left_cod(a)
    log(" 右侧执行了 ")
    return a > 5;
end

local t = left_code(10) or right_code(10);
log(t); -- true
```

那么现在将左侧的输入改为 11，右侧的输入改为 0。

```
local t = left_code(11) or right_code(0);
log(t); -- true
```

运行后看到只有左侧的代码被执行了，并且因为 11 大于 10，所以返回 true，而右侧的代码并没有被执行。（图 2.7.3）

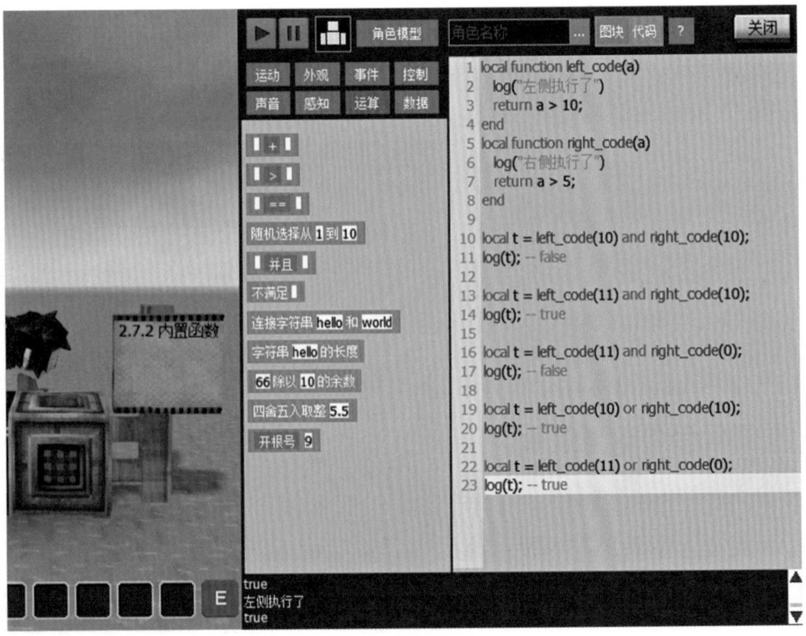

图 2.7.3

下面来看 if 函数。 if 是如果的意思，它需要配合 then 和 end 来使用，也就是如果 (if)……那么 (then)……的意思，我们用一个例子来说明它的用法。

我们先来定义一个函数 testword，如果 (if) a 等于 hello，也就是 a 和字符串 hello 完全相同。那么 (then) 输出 a 是 hello。接下来调用两次 testword 函数，输入分别是 hello 和 xxx。

```
function testword(a)
    if (a=="hello") then
        log("a 是 hello")
    end
end
testword("hello")
testword("xxx")
```

运行后可以看到它只输出了 a 是 hello，也就是说，if 函数会根据括号中函数的返回值来决定是否执行 then 和 end 之间的代码。

例如在上面的代码中，如果 a 等于 hello，那么中间的代码会被执行，log 才有输出；否则输入是 xxx，那么 log 这行代码并不会被执行。

同样还可以使用 else 关键字。else 是否则的意思，在它后面加上 log("a 不是 hello")。

```
function testword(a)
    if (a=="hello") then
        log("a 是 hello")
    else
        log("a 不是 hello")
    end
end
testword("hello") -- a 是 hello
testword("xxx") -- a 不是 hello
```

那么这段代码的意思是：如果 a 和字符串 hello 完全相同，则执行 then 和 else 之间的代码，否则将执行 else 和 end 之间的代码。

此时再运行，可以看到输出了两行：

- testword("hello")，输出了 a 是 hello。
- testword("xxx")，输出了 a 不是 hello。

if 函数是编程语言中唯一一个有多种形态的特殊函数，它可以由多个像 then、end、else 这样的关键字构成。

例如，它还可以加入 elseif 关键字，如下所示：

```
function testword(a)
    if (a == "hello") then
        log("a 是 hello")
    elseif(a == "world") then
        log("a 是 world")
    else
        log("a 不是 hello, 也不是 world")
    end
end
```

elseif(否则如果)a== 等于等于 world, 那么输出 a 是 world; 再用 else 关键字，也就是否则输出 a 不是 hello，也不是 world。也就是前两个括号中的函数返回 false 时才会执行最后一个 else 和 end 之间的代码。

整体来说，if 函数中至少要有 then 和 end, 同时还可以有任意多个 elseif 和一个 else。if 函数最终的实现效果是依次执行括号中的代码，直到有一行代码返回真则执行后面的代码。换句话说，上述由关键字隔开的 3 段代码永远只有一段会被执行。

下面我们再加一行 testword("world")，运行后可以看到输出了 3 行结果。

```
function testword(a)
    if (a == "hello") then
        log("a 是 hello")
    elseif(a == "world") then
        log("a 是 world")
    else
        log("a 不是 hello, 也不是 world")
    end
end
testword("hello")
testword("world")
testword("xxx")
```

- testword("hello")，输出了 a 是 hello 。
- testword("world")，输出了 a 是 world 。
- testword("xxx")，输出了 a 不是 hello，也不是 world 。

当然我们也可以不使用 elseif，而用两个 if 函数。例如，在第一个 if 函数的 else 和 end 之间再加入另一个 if 函数，那么结果也是一样的。如下图所示：

```
function testword(a)
    if (a == "hello") then
        log("a 是 hello")
    else
        if(a == "world") then
            log("a 是 world")
        else
            log("a 不是 hello, 也不是 world")
        end
    end
end
testword("hello")
testword("world")
testword("xxx")
```

为了避免嵌套，让逻辑更清晰，我们还是用第一种写法。if、then、elseif、else、end 是系统内置的**关键字**，它们可以共同地、十分灵活地定义若干输入和输出之间的条件触发关系。if 函数在计算机语言中十分常见，但是它也会破坏代码的可读性。在自然语言中，用中文讲课或写文章时，我们很少用“如果怎么样，那么怎么样”。即使平时说话时使用了“**如果**”，在“如果”和“那么”之间的文字也不会很长，也很少嵌套。同样的原则对于计算机语言同样适用，我们应该尽可能地让代码看上去是顺序执行的。

初级程序员的代码到处都是冗长和嵌套的 if 函数。下面介绍一些降低 if 函数复杂度的方法。

- 第一种方法：将 then 和 end 之间的代码放到一个新的函数中。
- 第二种方法：将各种输入和输出都放入一个 table 表中。

下面来看一个例子，首先将 then 和 end 之间的代码放到一个函数中，这里我们需要创建 3 个新函数，它们分别为 a_is_hello，a_is_world 及 a_is_others，分别对应之前 if、end 中间的代码。在实际使用中，这里面的代码可能有很多行。

```
local function a_is_hello()
    log("a 是 hello")
end
local function a_is_world()
    log("a 是 world")
end
local function a_is_others()
    log("a 不是 hello, 也不是 world")
end
```

然后创建一个 table，名为 wordtable，它建立了多个字符串和函数之间的对应关系，也就是字符串 hello 到 a_is_hello 这个函数的映射，以及字符串 world 到 a_is_world 函数的映射。例如：

```
local function a_is_hello()
    log("a 是 hello")
end
local function a_is_world()
    log("a 是 world")
end
local function a_is_others()
    log("a 不是 hello, 也不是 world")
end
```

```
local wordtable = {
    hello = a_is_hello,
    world = a_is_world,
}

function testword2(a)
    local result = wordtable[a] or a_is_others
    result()
end
```

这时再定义一个 testword2 函数，就可以避免出现 if 和 end。如上面代码，我们将对条件的判断改为对 table 对象的查询。如果没有查询到，则返回 a_is_others 变量。此时 result 是一个函数变量，我们用 result() 调用这个函数。

现在来测试一下。

调用 3 次 testword2 函数。第一次的输入为 hello，第二次的输入为 world，第三次的输入为 xxx。运行后可以看到输出同样是这 3 个结果（图 2.7.4）。用这种方法可以避免使用 if 函数。

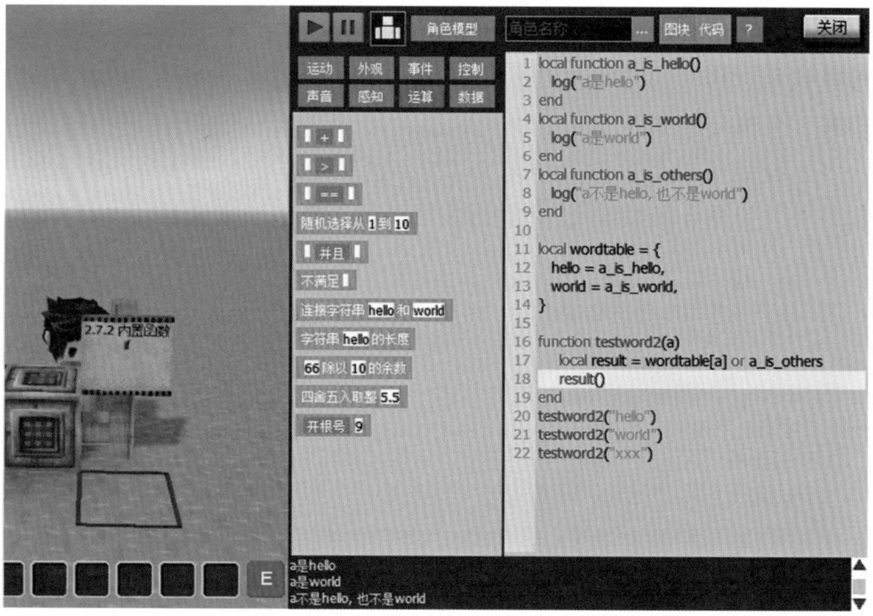

图 2.7.4

下面来看 while 函数。它是一个循环函数，while 是循环的意思，它同样需要配合 do 和 end 两个关键字来使用。我们来举个例子。

while 函数会不停地执行 while 和 end 之间的代码，直到 () 中的代码输出是 false 或 nil。

```
local function a_is_hello()
      log("a 是 hello")
end
local function a_is_world()
      log("a 是 world")
end
local function a_is_others()
      log("a 不是 hello, 也不是 world")
end

local wordtable = {
      hello = a_is_hello,
      world = a_is_world,
}

function testword2(a)
     local result = wordtable[a] or a_is_others
     result()
end
testword2("hello")
testword2("world")
testword2("xxx")
```

```
local a=0
while(a<3) do
     a = a + 1;
     log(a)
end
```

在上面的代码中，第一次执行时 a=0，0 小于 3，括号中的代码返回 true，所以它下面的代码继续执行。由于 0+1 等于 1，log(a) 输出的结果是 1，那么 do 和 end 之间的代码会被执行 3 次，会有 3 个输出结果。

运行后可以看到输出结果为 123，也就是当 a 大于 3 时，后面的代码将不再执行。最后再来看另外一个循环函数 for，它的语法可以用一个例子来说明：

```
for a = 1, 3, 1 do
     a = a + 1
     log(a)
end
```

for 和 while 类似，只不过它会定义一个局部变量 a 并设置一个初始值 1、一个结束值 3 和一个递增值 1，并重复执行 do 和 end 之间的代码。也就是第一次执行时 a 等于 1，然后 a 会不停地加 1。最后一次执行时 a 等于 3, 每次 log(a) 会输出不同的 a 值。运行后可以看到输出的结果为 234。当然，如果递增的值是 1，我们也可以不写，例如：

```
for a = 1, 3 do
    a = a + 1
    log(a)
end
```

再次运行，结果是一样的（图 2.7.5）。

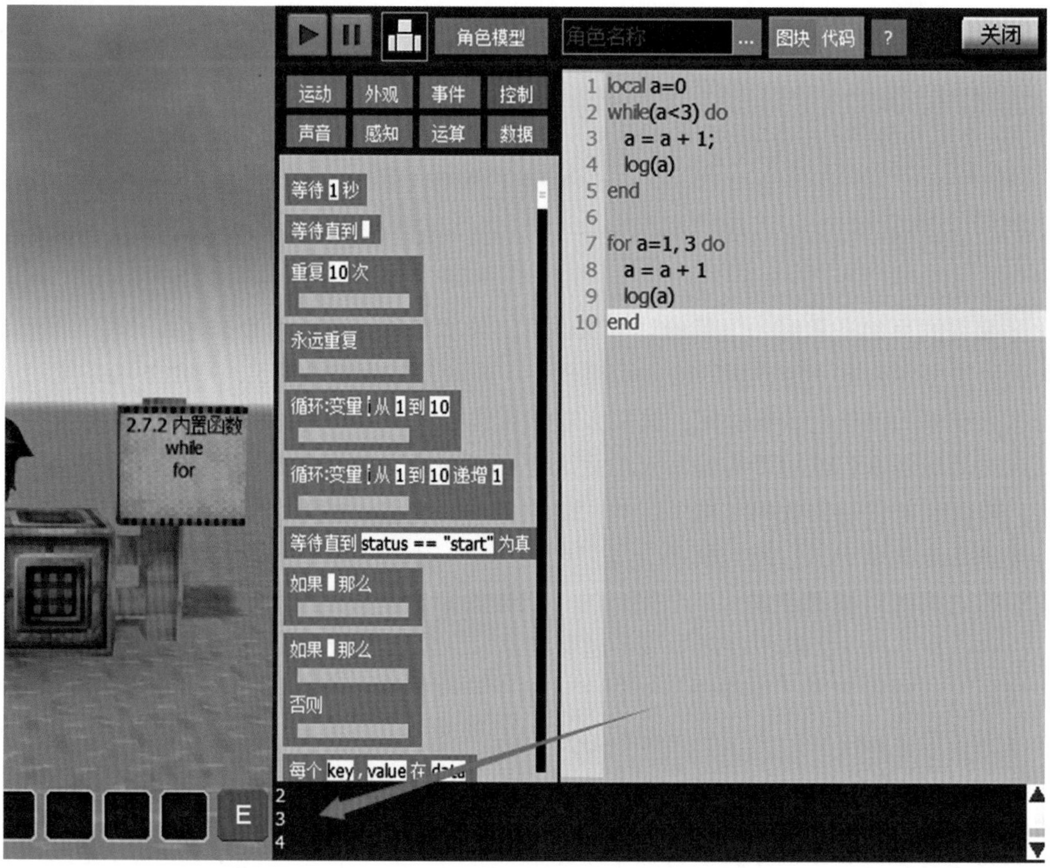

图 2.7.5

到现在为止，我们介绍了 NPL 语言中的全部语法。无论多么复杂的程序都是由这些最基本的函数构成的。可见，目前的高级计算机语言相比自然语言要简单很多，一般只有十几个最基本的函数构成，但是如何运用这些函数去创造成千上万更复杂的函数却需要大量的读写练习。

NPL/Paracraft 提供了一个很好的练习环境。你可以通过代码方块学习计算机编程，最终编写出和 Paracraft 一样复杂的程序。

2.8 总结与对自学编程的建议

我们在前面的章节中通过Paracraft的代码方块中的例子，系统地学习了NPL语言的基本语法。本节将对学习编程语言做一个总结，并给出进一步深入自学编程的一些建议。

2.1 语法
2.2 程序的本质
2.3 数字与数学
2.4 变量与名字
2.5 字符串与文字
2.6 表与数组
2.7 函数

学习编程的目的是掌握一门新的计算机语言。计算机语言主要用来描述各种输入和输出的关系，从而构建出各种有一定智能的输入输出软件。人脑也是由输入输出组成的智能系统。

那么人脑是如何学会编程的呢？其实人脑学习编程和学习任何知识一样，是一个创作的过程。人脑可以被动地将我们的感受和编写过的代码都记录下来，并且根据相似性自发地建立相互之间的链接。随着我们创造的代码量增多，我们的大脑内会形成一些关键的链接，如同是顿悟，这些关键链接是真正的知识，它们大幅提升我们在编程中的创造力。当这些关键链接积累到一定数目时，我们的大脑就对编程形成了一个完整的、联通的知识体系。也就是说，通过大量的编程练习和反思，我们在自己的大脑中创造了一个超级程序，它使得我们可以随心所欲地输出代码。

遗憾的是还没有程序员能描绘出知识在人脑中的具体链接形态，但一个经验丰富的程序员可以在脑海中用关键词创作一个完整的编程体系的链接图，也称思维导图，它是每个人脑海中知识的一个投影。所以学习编程没有捷径，只有不断地编写程序，才能使大脑不断形成新的记忆和链接，直到能够自信地、完整地阐述什么是编程。我们对编程的探索和阐述是没有止境的，只能尽可能地接近真理，至少目前还无法写出具有人类学习能力的软件，还无法确定大脑中的知识是通过哪些变量以及通过什么样的输入输出关系构成的。

中文、英文、计算机语言是现代科学工作者必备的3种语言。前两种语言是我们一生都在使用的创作工具。如果你未来5 ~ 10年，希望更多地使用计算机语言去创作，那么下面将提供给你若干学习编程语言的建议。

- 第一个建议是保持兴趣。保持兴趣意味着你可以给自己设定一个又一个目标。能够不断地找到新的程序去编写，或者不断地升级和完善自己的作品。如果有一天你不知道自己下一步想编写什么，可以去keepwork.com上看看其他人的作品。

- 第二个建议是系统学习。系统学习的目的是构建尽可能完整的知识体系。知识越完整，越不容易忘记。拥有完整知识的人更加自信，也更具创造力。所以当你完成一些作品后发现自己对编程越来越有兴趣时，你需要抽时间系统地阅读有关下列内容的3本书或理解相关知识，这3本书分别是：

(1)《计算机体系结构》：了解计算机的硬件构成和工作原理。

(2)《操作系统》：了解如Linux、Windows是如何编写出来的，甚至查看它们的源代码。

(3)《编译原理》：如果你想发明自己的编程语言，那么需要了解编译原理，至少在你需要时，你不会认为这是一件过于困难的事情。

这里顺便向大家推荐一种语言——LISP 语言，它很古老，发明于 1960 年，后来一个分支成为面向过程和对象的语言（C/C++/C#/Java 等），另一个分支成为了更高级的类汇编语言。

最后，对于已经是程序员的读者，我想说程序员和科学家一样都是需要追求真理的人，我们写的每个软件，都是在创造中探索着输入、输出间最简洁、最高效的链接方式。

以上就是 NPL 语言基础编程理论部分的全部教学内容，未来我们还会在 keepwork.com 上推出更多编程课程和实例。

第 3 章　计算机辅助设计 CAD

你知道杯子、手机、汽车等是如何被设计并制造出来的吗?

我们身边的大多数精密物品都是用计算机设计出来的。设计师完成设计后，计算机会再生成控制机器人的指令，最后由专业机器人按照指令驱动机械臂将物品制造出来（图 3.0.1）。

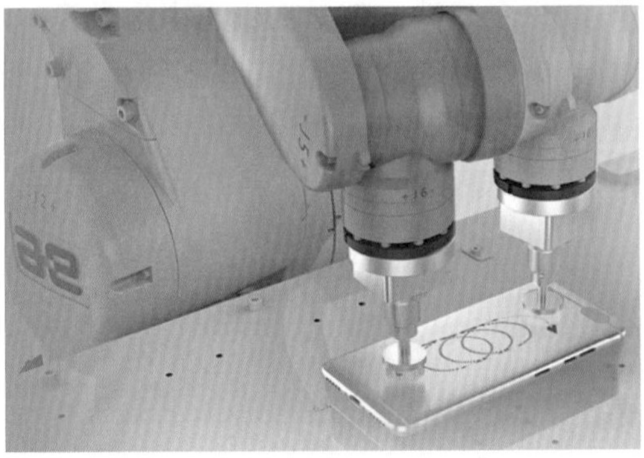

图 3.0.1

3D 打印技术是一种更加廉价和通用的制造技术，它可以像打印照片一样，打印任意的 3D 物体，目前民用 3D 打印机每个点的精度可以小到 0.3 毫米，和头发的半径差不多。但是目前 3D 打印对材料是有一定限制的。

无论哪种方式，人们都需要用计算机去做设计。计算机辅助设计 (Computer Aided Design， CAD) 就是指上述过程。在 Paracraft 中，我们已经学会用方块设计物体，的确这也是一种可行的 CAD 过程；但是在专业的 CAD 设计领域中，工程师们是用代码和数学来生成所需的物体的，这样生成的物体具有更高的精度，并可以根据参数快速地调整模型。

在 Paracraft 中，有一个特殊的编程方块称为 NPL Block CAD（图 3.0.2），它是 NPL CAD 的一部分，可以用最接近专业 CAD 软件的方式去建模。NPL CAD 通过编程的方式实现了专业计算机辅助设计软件的常用功能，并在不断地扩充函数类库。编程人员从入门到精通 NOL CAD 一般只需 30 分钟。

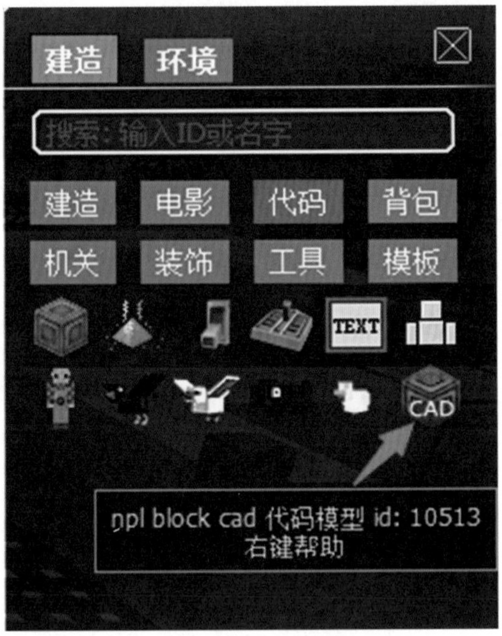

图 3.0.2

本书的上部中有多个项目使用了 NPL CAD, 请先完成这些项目，再阅读本章。

3.1 术语介绍

计算机图形学

- 计算机图形学 (Computer Graphics，CG) 是最激动人心且快速发展的现代技术之一，它已成为应用软件和普通计算机系统中的标准特性。
- 在早期的研究中，计算机图形学要解决的是如何在计算机中表示三维几何图形，以及如何实现利用计算机进行图形的生成、处理和显示的相关原理与算法，产生令人赏心悦目的真实感图像。
- 随着计算机的发展，计算机图形学已经频繁地应用于多种领域，如科学、艺术、工程、商务、工业、医药、政府、娱乐、广告、教学、培训和家庭等。

● 如今多数的计算机图形学研究重点仍在于增强有效性、现实性和图片生成的速度方面。这些领域的复杂材质如头发、布料和液压传动研究的现实渲染的困难性，以及图像处理、动画和表面表示，仍是研究人员关注的焦点。

计算机辅助设计

● CAD 是计算机图形学最广泛、最重要的应用领域。

● CAD 使工程设计的方法发生了巨大的改变，利用交互式计算机图形生成技术进行土建工程、机械结构和产品的设计正在迅速取代绘图板 + 丁字尺的传统手工设计方法，担负起繁重的日常出图任务以及总体方案的优化和细节设计工作。事实上，一个复杂的大规模或超大规模集成电路板图根本不可能手工设计和绘制，而用计算机图形系统不仅能设计和画图，而且可以在较短的时间内完成，将结果直接送至后续工艺进行加工处理。

NPL CAD

● NPL CAD(Neural Parallel Language CAD）是一个创建 3D 模型的工具集合，是使用 NPL 语言开发的。

● NPL CAD 是面向编程人员的一款 CAD 设计软件，不提供可视化编辑。建模过程均通过输入代码完成，代码运行后会输出可预览和可工业制作的 3D 模型，也可以直接用于 Paracraft 中。

● NPL CAD 所使用的建模方法与专业 CAD 软件中的建模方法相同。

NPL BlockCAD

● NPL Block CAD 是 NPL CAD 的一个子集，降低了 CAD 代码的输入难度。

● NPL Block CAD 创建模型的过程，对编程教育有很大的帮助。

● NPL Block CAD 是 Paracraft 的一个内置插件，可以创建出更加逼真的模型。Paracraft 的用户可以使用代码方块控制这些 3D 模型、动画或游戏。

● NPL Block CAD 支持模型以多种文件格式的导出，方便 3D 打印。

3.2 NPL Block CAD 的指令集

下面是 NPL Block CAD 的常用指令集和例子。CAD 指令分为图形、修改、名称、控制、运算、数据、布尔运算等几个大类。

1. 图形指令

图形指令主要用于创建基本的几何体。大多数复杂的几何体都是由这些简单的几何体构成的。

正方体（图 3.2.1）

```
cube("union",1,'#ff0000')
```

图 3.2.1

立方体（图 3.2.2）

```
box("union",1,2,1,'#ff0000')
```

图 3.2.2

球体（图 3.2.3）

```
sphere("union",1,'#ff0000')
```

图 3.2.3

柱体（图 3.2.4）

```
cylinder("union",1,10,'#ff0000')
```

图 3.2.4

圆锥体（图 3.2.5）

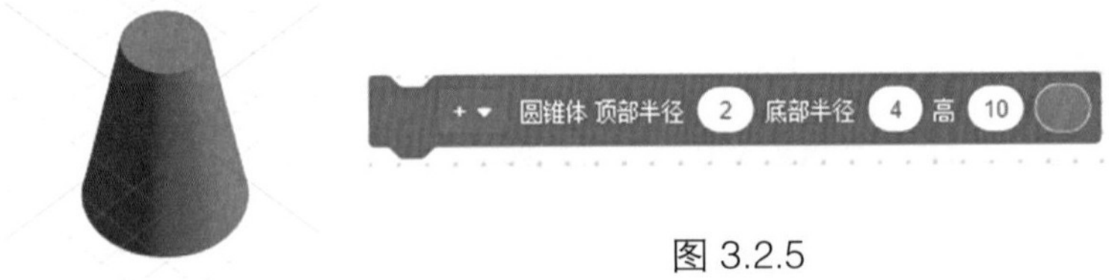


```
cone("union",2,4,10,'#ff0000')
```

图 3.2.5

圆环（图 3.2.6）

```
torus("union",10,2,'#ff0000')
```

图 3.2.6

棱柱（图 3.2.7）

prism("union",6,2,10,'#ff0000')

图 3.2.7

椭圆体（图 3.2.8）

ellipsoid("union",2,4,0,'#ff0000')

图 3.2.8

楔体（图 3.2.9）

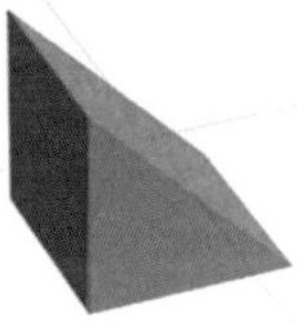

wedge("union",1,1,1,'#ff0000')

图 3.2.9

2. 修改指令

使用修改指令可对最近一次创造出的几何体进行修改。

创建对象

一个对象有一个唯一的名字，它里面可以包含多个图形，在合并的情况下，里面的图形会进行**布尔运算**，最终会返回一个图形（图 3.2.10）。

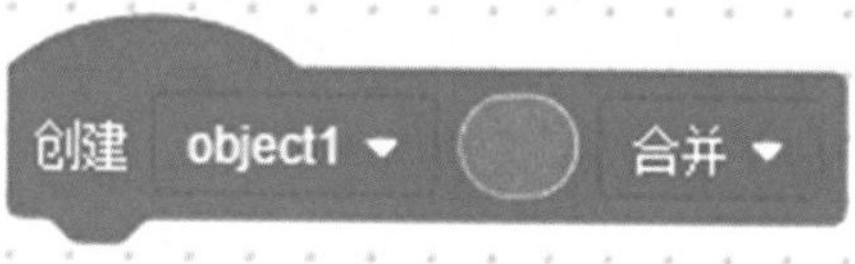

createNode("object1",'#ff0000',true)

图 3.2.10

复制

● 复制指定名称的对象

复制一个指定名称的对象，它的返回结果是合并后的一个图形（图 3.2.11）。

cloneNodeByName("union",'#ff0000')

图 3.2.11

● 复制上面最近的对象 / 图形

复制上面最近的一个图形（图 3.2.12）。

```
cloneNode("union",'#ff0000')
```

图 3.2.12

删除

删除一个指定名称的对象（图 3.2.13）。

```
deleteNode("")
```

图 3.2.13

移动

移动上面最近的一个图形，它移动的是位置坐标 x、y、z 的偏移值（图 3.2.14）。

```
move(0,0,0)
```

图 3.2.14

旋转

● 绕中心点旋转

找到上面最近的一个图形，在 x、y、z 轴以它的中心点为原点进行旋转（图 3.2.15）。

```
rotate("x",0)
```

图 3.2.15

● 绕指定坐标旋转

找到上面最近的一个图形，在 x、y、z 轴以指定的世界坐标点作为原点进行旋转（图 3.2.16）。

```
rotateFromPivot("x",0,0,0,0)
```

图 3.2.16

3. 名称指令

我们可以给几何体起名字，然后复制或删除它们。

对象名称列表

所有的变量名称会显示在这里（图 3.2.17），方便选取。

图 3.2.17

4. 控制指令

这里和**代码方块**中的**控制**是完全一样的。我们可以使用 for、while、if、else 等系统内置函数。

循环（图 3.2.18）

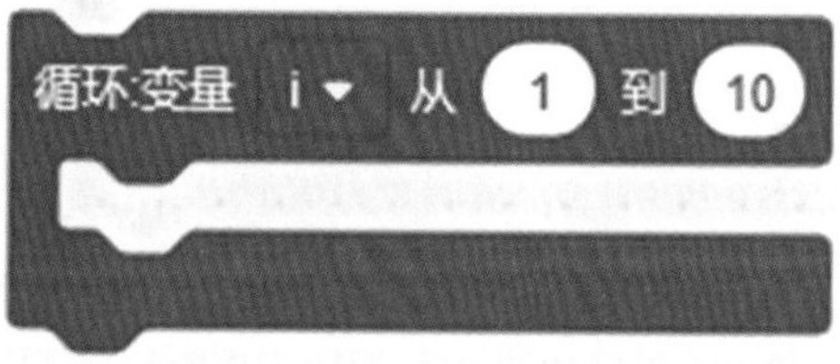

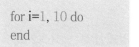

```
for i=1, 10 do
end
```

图 3.2.18

5. 运算指令

这里和**代码方块**中的**运算**是完全一样的（图 3.2.19）。我们可以使用加、减、乘、除等系统内置函数。

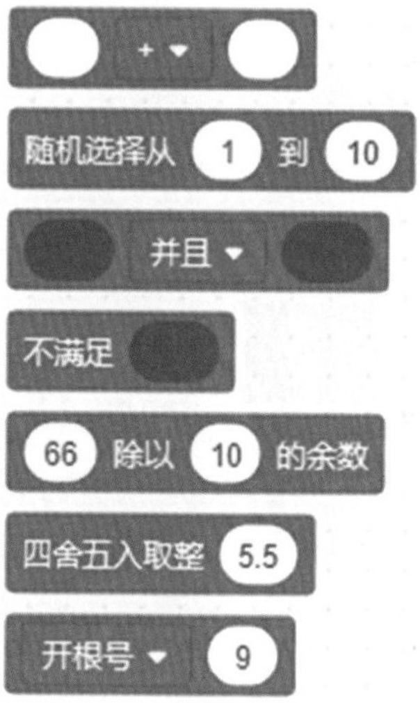

图 3.2.19

6. 数据指令

这里和**代码方块**中的**数据**是完全一样的（图 3.2.20）。我们可以创建变量、函数等。

图 3.2.20

7. 布尔运算

布尔运算是指 CAD 中几何体之间的运算。它包括相加、相减及相交 3 种基本操作。

在 NPL Block CAD 中，我们可以创建一个新的几何体（对象），并指定对象内部的几何体之间的关系。

首先有两种基本关系：**合并**与**不合并**。合并表示对象内部的所有**布尔运算**是有效的；**不合并**则表示无效。

合并

一个对象，在“合并”的情况下，布尔运算是“有效”的，它里面的图形会从上到下依次进行计算，计算结束后，里面的所有图形会合并成为一个图形。

- **布尔运算：相加 +**

两个或多个图形进行相加计算，最终合并成为一个图形（图 3.2.21）。

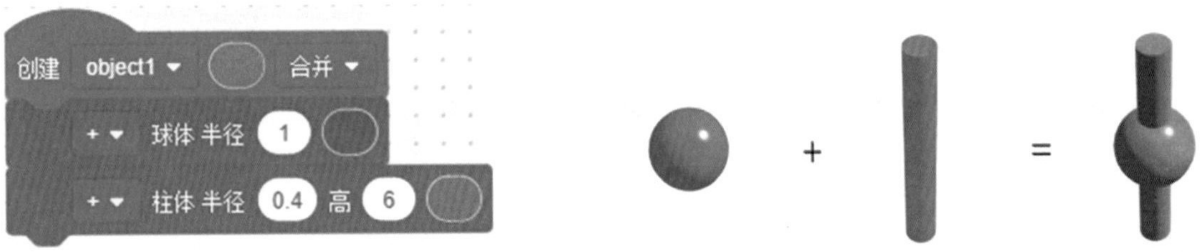

图 3.2.21

- **布尔运算：相减 -**

两个或多个图形进行相减计算（图 3.2.22），运算顺序从上到下。

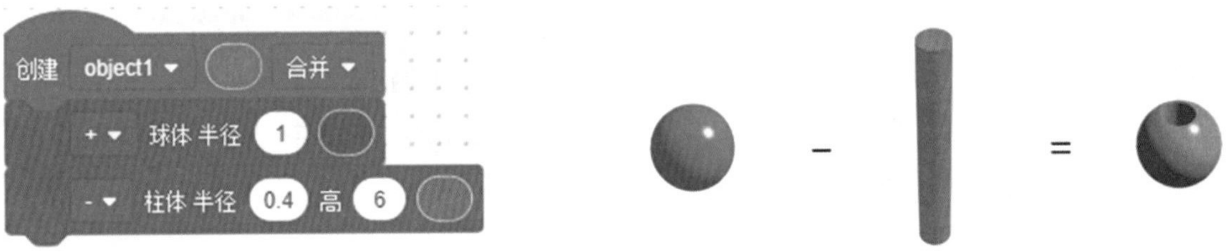

图 3.2.22

- **布尔运算：相交 x**

两个或多个图形进行相交计算（图 3.2.23）。

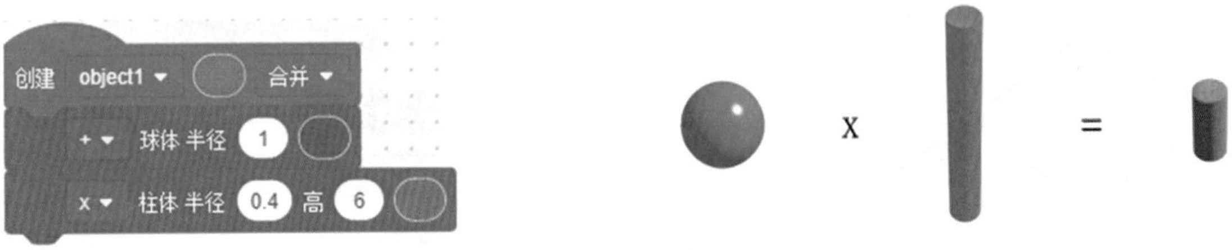

图 3.2.23

不合并

一个对象，在“不合并”的情况下，布尔运算是“无效”的，它里面存在多个图形（图 3.2.24）。

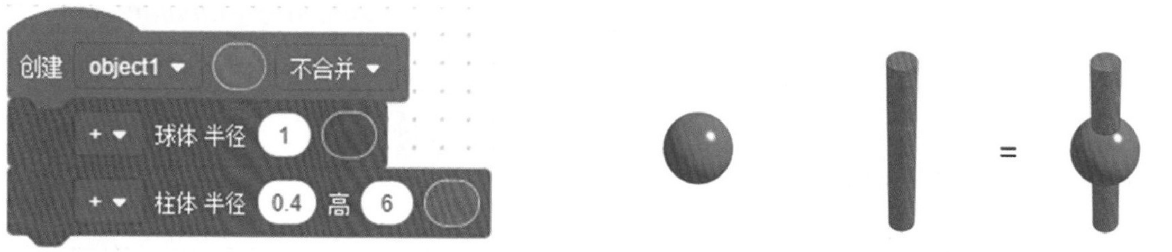

图 3.2.24

3.3 总结

当今人类制造的大多数物品，如杯子、手机、汽车等都是先用 CAD 设计，再将电子图纸交给机器生产出来的。 然而传统 CAD 软件往往操作复杂，难以熟练使用和全面掌握。NPL CAD 通过编程的方式实现了专业计算机辅助设计软件的常用功能，并在不断地扩充函数类库。编程人员一般可以在 30 分钟内从入门到精通 NPL CAD。请配合本书上部的 CAD 项目来学习本章的内容：

- 通过编程的方式进行 CAD 建模。
- 通过 CAD 学习计算机编程语言，一举两得。
- 丰富的 2D、3D 建模指令。
- 随时 3D 预览，调试代码。
- CAD 模型可进行 3D 打印，或导入到 Paracraft 中变成角色模型。

第 4 章　计算机体系结构

4.1 计算机的发展与演变

提到计算机，多数人想到的都是台式机和笔记本，实际上，在日常的生活中还有很多其他形式的计算机，如手机、平板、家里的扫地机器人，可以与小孩对话的故事机器人等。除此之外，还有一些远离日常生活的巨型计算机，例如，最早的电子计算机——诞生于 1937 年的“阿塔纳索夫-贝瑞计算机”(ABC) 和最早的可编程的电子计算机——诞生于 1946 年的“埃尼阿克”(ENIAC)，如图 4.1.1 所示。

图 4.1.1

4.2 计算机的组成与体系结构

家用台式计算机或者笔记本是人们最熟悉的计算机，也是现实生活和工作中被广泛使用的计算机。以下将以这两类计算机为例，介绍整体组成。

首先考虑一个问题，当计算机是一个整体的时候，我们人类是如何与计算机进行交互的呢？就像人与人之间的交流一样，我们可以通过多种手段把信息传递给另一个人，如说话、写字、做手势等，这些信息对于计算机来说就是输入；同样，交流的另一方需要通过各种手段反馈信息，计算机的反馈信息就是输出。因此，在计算机中，传递信息的设备被分为输入设备和输出设备。以台式计算机为例，输入设备有键盘、鼠标、摄像头等，输出设备则是显示器、音响等，如图 4.2.1 所示。

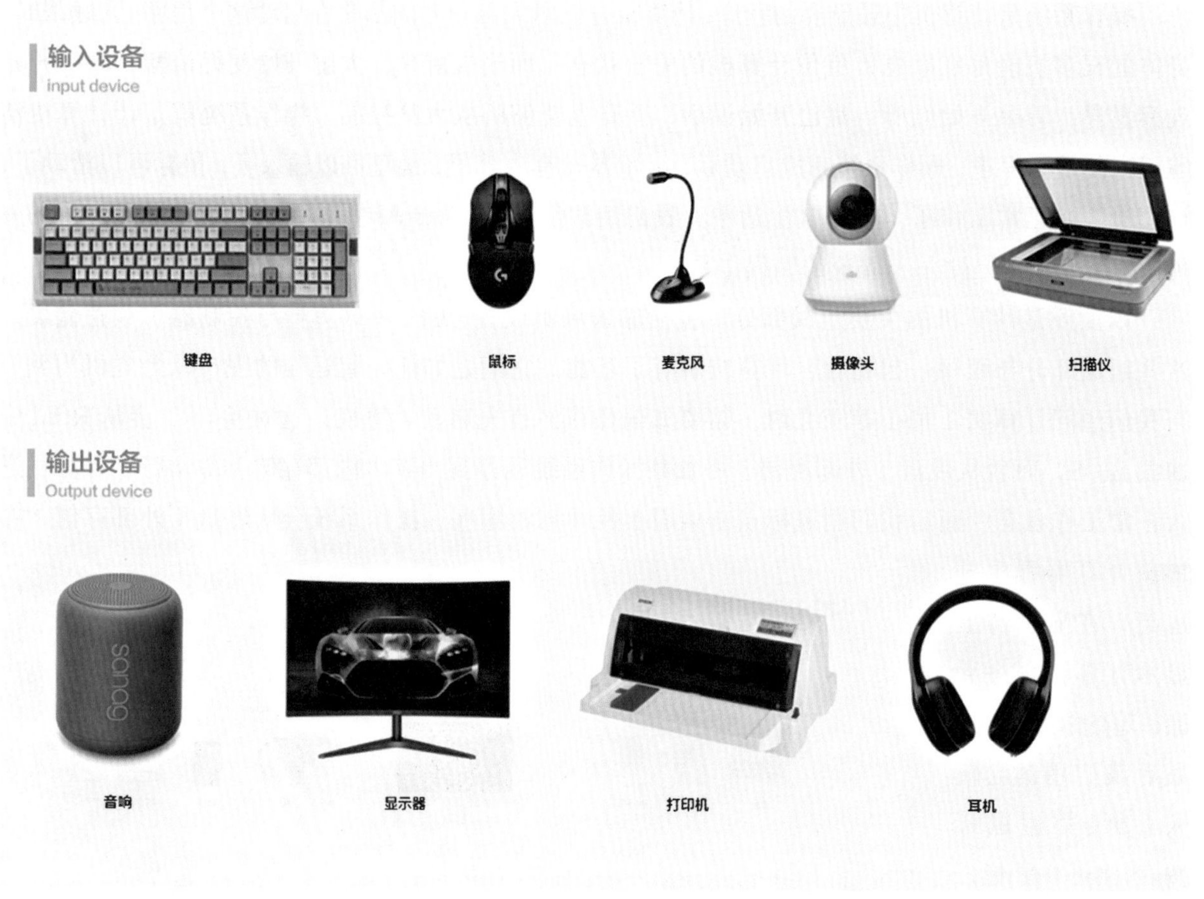

图 4.2.1

计算机的神奇之处在于它能够处理我们输入的信息，然后再给出一个输出反馈，所以日常生活中我们又把计算机称为电脑。那么计算机是如何解决问题的呢？当我们在计算 1 加 1 等于几时，我们的大脑会快速计算并得出答案 2。同样，计算机也有它自己的大脑——CPU（中央处理器），它具备基本的控制能力和强大的运算能力。人的大脑通过学习数学知道 1+1=2，而计算机则是通过程序来计算，CPU 执行程序指令处理输入，得出答案并通过输出设备反馈给计算机用户。编程就是在创造计算机程序，让计算机拥有更多的能力。

人的大脑除了会思考运算，还有记忆功能，如果失去记忆，再聪明的大脑也会一无是处。计算机也是如此，它需要通过存储设备来获得记忆能力。计算机的存储设备分为内部存储和外部存储两种类型。内部存储分为 RAM（随机存储器）和 ROM（只读存储器）两种，前者在关机后存储就消失了，后者则还能继续保存。这和大脑的记忆相似，有短时记忆（RAM），也有长期记忆 (ROM)，并且存储容量都是有限的。因此只有最基础的程序会被存储在 ROM 中，例如，存储在主板上的 BIOS。外部存储则用来拓展记忆能力，它好比日常生活中的纸质笔记本，我们的很多知识都可以记在上面，即便忘记了，还可以找出来，阅读一下便又记起来了，只是翻笔记本需要多花一点时间。此外，我们还可以把笔记本给其他朋友看，外部存储也可以转接到其他计算机上。我们写的计算机程序一般保存在外部存储设备里，需要先被加载到内存（RAM）中才能被 CPU 调用。

操作系统是计算机中最重要的程序，计算机开机时大部分时间都是在启动这个程序。人睡眠时，身体的很多机能都在歇息，就像计算机的关机状态。而当人醒来，大脑开始变得清醒，眼睛开始观察世界，耳朵开始倾听，嘴巴开始说话，手脚也能够听从大脑控制。操作系统就是让计算机清醒起来的基础程序，操作系统完成启动后，显示器里有内容了，键盘可以输入了，鼠标可以滑动了，计算机开始正常工作了。在日常生活中，我们经常使用的 Windows 操作系统是微软公司开发的一种操作系统，它是比尔·盖茨的编程作品。

以上便是计算机的主要组成部分，包括输入输出设备、CPU（计算器与控制器）和存储器，这些组成部分与程序一起配合，计算机就有了智能。它们是如何一起运作的呢？以台式机为例，当我们想问计算机 1 加 1 等于几时，需要如何操作？首先启动计算机，这时候 CPU 会从 ROM 中加载 BIOS，而后从硬盘（外部存储）中加载操作系统程序到内存（内部存储）并运行，计算机进入正常工作状态；而后我们用鼠标点击桌面上的计算器程序，操作系统会从硬盘（外部存储）中加载计算器程序并运行，在显示器上显示计算器程序界面，等待你的输入；最后我们用键盘输入 1 加 1 并用鼠标按下“=”按钮，CPU 执行计算程序得出答案 2，并输出到显示器上。具体流程如图 4.2.2 所示。

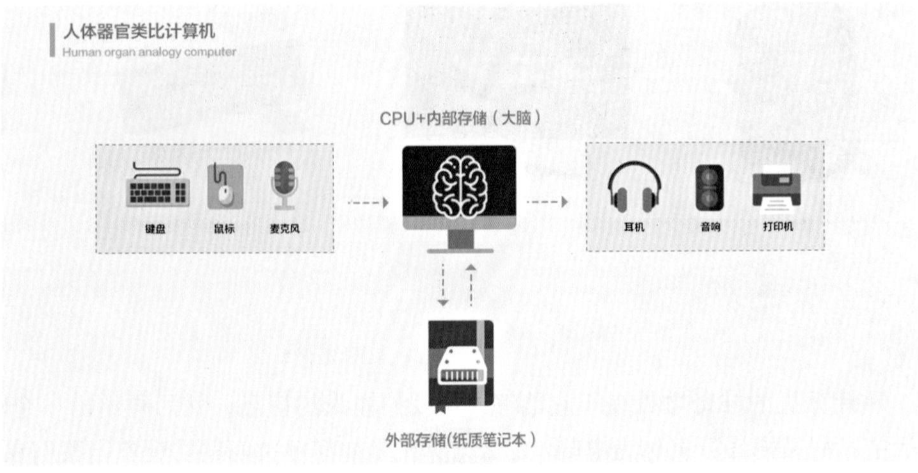

图 4.2.2

如果进一步抽象，可以将上图简化为图 4.2.3。这就是冯·诺依曼体系结构图，几乎所有的计算机都是以这个体系结构为基础设计的，因此冯·诺依曼被称为“数字计算机之父”。

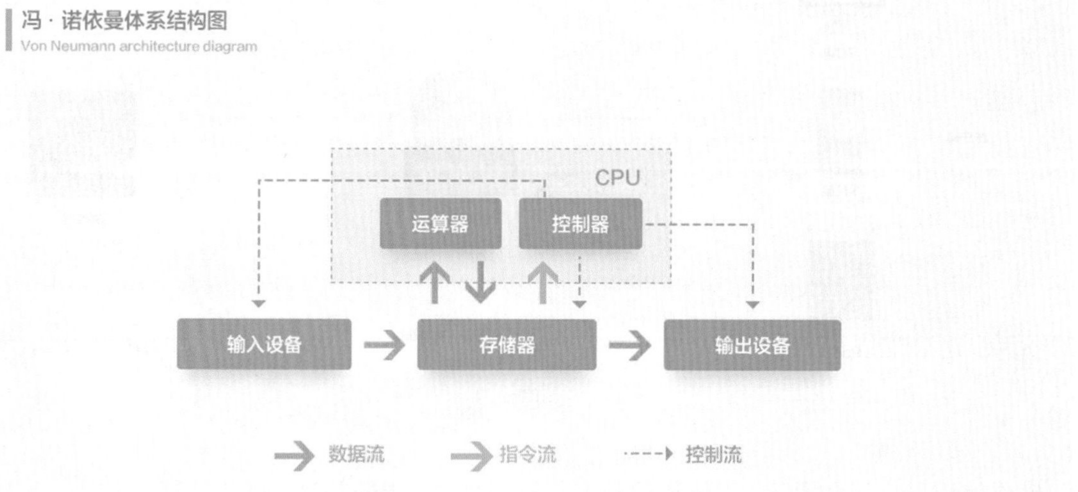

图 4.2.3

4.3 互联网与未来

我们已经知道计算机是如何与人沟通的，那么计算机是如何与其他计算机沟通的呢？或者说人如何通过计算机与另一台计算机沟通呢？让我们走近计算机的最大应用场景——互联网。

2019 年是互联网诞生 40 周年，在如今的信息社会里，我们生活中的各种需求，如购物、打游戏、看电影，都可以通过互联网得到满足。互联网将世界各地的计算机联结在一起，我们可以很容易在自己的计算机上得到其他计算机提供的服务。互联网的速度非常快，那些在美国、英国、巴西或者澳大利亚的计算机，在互联网中它们仿佛就在身边一般。

那么计算机是如何连入互联网的呢？可能你会说是 Wi-Fi 吧！其实不然，家中的网络一般都是通过光纤连入互联网的。Wi-Fi 只是提供了小范围的无线网络服务，把家中的各个计算机汇聚到光纤入口，而后连入互联网。几千年前中国人便发明了传声筒，人们可以隔很远的距离通过传声筒对话。光纤技术更复杂，但是其原理与传声筒类似，只是传声筒用线传导声音，而光纤用光传导信息。到目前为止，传递信息速度最快的载体是光，之所以能够快速地与大洋彼岸通信，就是因为光纤。英籍华裔科学家高锟是“光纤通信之父”，他的科学研究对互联网的繁荣做出了巨大贡献，也因此获得了诺贝尔物理学奖。

生活中我们还有许多移动设备，如手机、平板等，在某些没有 Wi-Fi 的场合，移动设备可使用 4G/3G 无线网络上网，只是网速可能不如 Wi-Fi 快。人隔着 10 米互相喊话，是以声波的形式互相交流的，而在无线网络里计算机则是通过微波（电磁波）的方式互相传输信息，如图 4.3.1 所示。

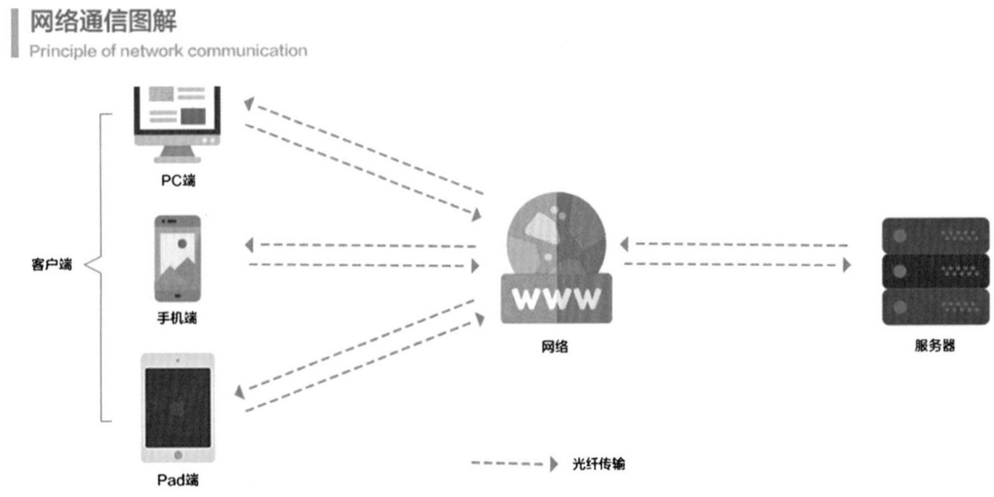

图 4.3.1

目前使用最广泛的是 4G 无线通信技术，这里的 4G 指的是第 4 代无线通信技术。5G 技术则是下一代的移动通信技术，目前中国的 5G 技术在世界上处于领先水平。未来 5G 网络会广泛投入使用，届时无线网络网速会得到很大的提升。以华为公司的 5G 网络技术为例，3 秒可以下载完一部 1 GB 的电影。

到这里你可能会提出这样一个问题，我们之前提到日常生活中还有很多其他的计算机，这些计算机可以连入互联网吗？答案是肯定的。不仅如此，越来越多的日常设备会被计算机化，如洗衣机、空调、电灯等（图 4.3.2）。在不久的将来，这些设备都可以联网，我们可以通过手机或者其他设备直接操控它们。

未来社会是一个万物互联、机器智能的社会，而计算机的智能本质就是程序。因此，了解编程、学会编程将是新时代的童子功，将是一项基本技能。

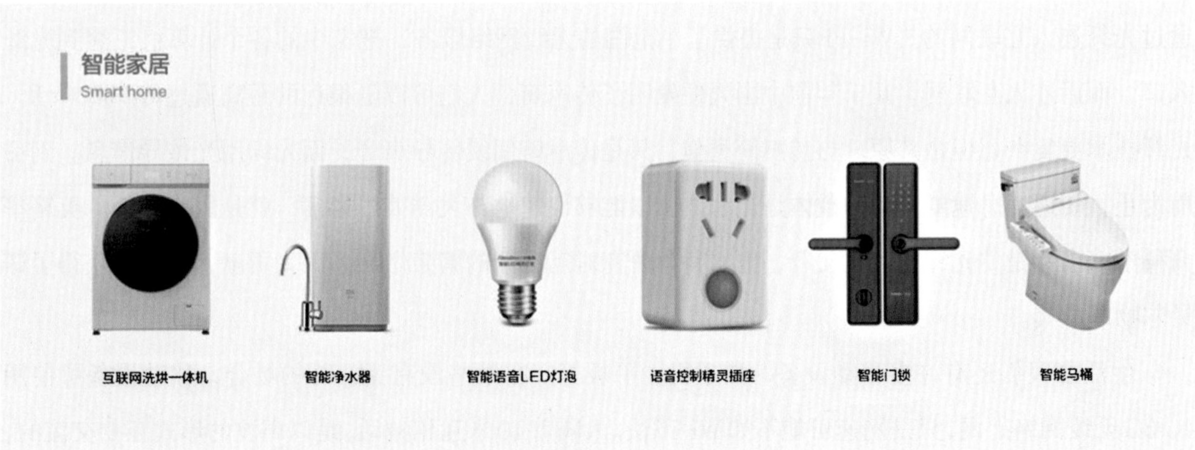

图 4.3.2

第 5 章　相似原理与人脑仿真

本书的目的是利用 Paracraft 代替人脑去建模和思考。

计算机与人脑之间是有相似性的。用代码写出具有人类智能的程序是人类最前沿的科研领域，也称人工智能 (Artificial Intelligence，AI)。虽然人类已经可以编写出能够识别图像、语音，甚至在棋类运动中战胜人类的计算机程序，但是距离彻底认识和仿真人脑还有相当的距离。目前的机器学习都是基于大数据的，而人脑的学习却是基于小数据的：一个 2 岁儿童展现出的认知能力已经很惊人。

摆在所有程序员面前的一个难题是：人脑是如何工作的？

本书中所有的编程项目都只运用了人脑工作方式的某个子集，如逻辑思维、抽象建模等。

本章为可选读章节，目的是介绍一种称为“相似性与相似原理”的理论模型，并尝试用该模型去解释人脑的工作方式。掌握相似原理对人们思考任何问题都会有很大的帮助。感兴趣的读者可以阅读《相似性与相似原理》一书了解详细内容。

5.1 引言

人类是已知宇宙中最错综复杂、最神秘、最美妙、最具有力量的生物体。人类发展历程约 350 万年，现代人类不过只有 4.5 万年的历史，人类试图认识和研究大脑的时间还不到两千年。特别是 21 世纪，人类对于自身大脑的发现使我们每个人激动不已，关于大脑的信息和知识更是最近几十年才积累起来的。当人类充分了解了大脑的特点、相似的运行机制和功能后，一定会意识到大脑拥有巨大容量和无限潜力，并且有可能创造出人工智能和人工大脑。完全有理由相信未来几十年后，人类将步入脑科学时代。

脑科学是人类最期待突破的尖端科学事业之一。通过计算机来构造与人类大脑相似的系统十分困难。虽然基于深度学习和大数据技术的发展，人工智能初见端倪，但本质上仍然没有太大突破。相似原理提供了比较接近人类思维本质的底层模型和描述，提供了部分表达思维和模拟思维的方法。

下面探讨基于相似原理来认识人脑以及研究人脑的模拟与仿真。

5.2 基于相似原理认识人脑以及研究人脑的模拟与仿真

1. 为什么使用“神经元并行计算机语言（Neural Parallel Language，NPL）”？

2004 年，笔者在做基于相似原理的人脑仿真研究时发明了 NPL 语言。人脑仿真需要 3D 动画，因此 2005 年笔者又编写了 ParaEngine 分布式 3D 游戏引擎，后者逐渐成为 NPL 语言的一部分。Paracraft 是完全用 NPL 语言编写的一款创作工具。本书作为 Paracraft 的入门书籍，无法呈现它的全部功能。其实 Paracraft 已经是 NPL 语言的重要开发工具，它包含了电影方块、记忆方块、自主动画系统、视觉系统及代码方块等。

图 5.2.1 中，人物会通过视觉观察周围的环境，并自动触发记忆中的动画，与真实环境发生互动。例如，图 5.2.1（a）中人物抓住绳子的动作来自用户用记忆方块制作的一段动画。人脑也是利用相似原理，将我们过去的静态记忆重新对齐时间起点，并播放和作用于物理环境的。

（a） （b） （c）

图 5.2.1

图 5.2.2 中，用户搭建任意模型后，系统识别出它像一头牛，并自动赋予了牛的骨骼和动画，自动变成了一个会行走和摇尾巴的四足动物。

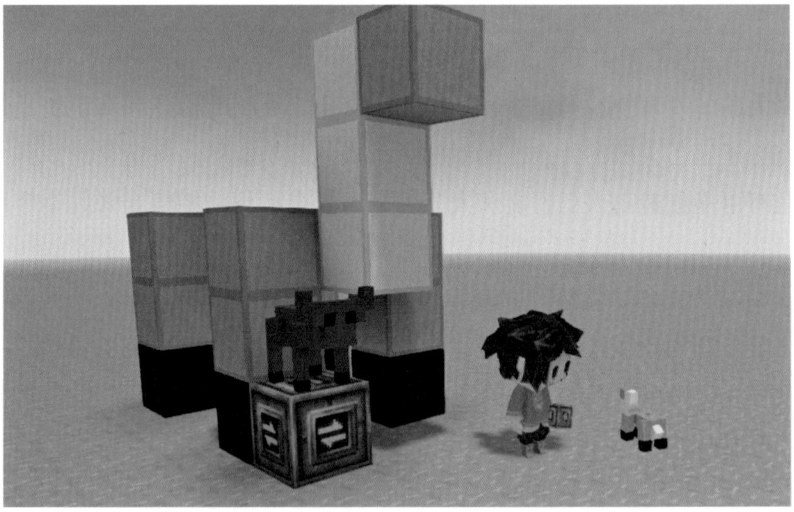

图 5.2.2

我们希望 NPL 语言成为一种接近人类思维本质的新的计算机语言系统。它是面向未来人工智能时代的计算机语言系统。在 NPL 语言中，每个基本单元文件相似于一个有独立运算能力的神经元，神经元文件之间可以单向异步发送消息。NPL 语言的编程模式高效、简洁、智能，具有极高的容忍性和无限可扩展性。

NPL 是并行计算机语言，这一点与传统计算机语言有巨大不同。NPL 语言有能力在一台计算机上同时处理许多不同的“事件”，也可以让许多不同的计算机一起同时处理更多的不同“事件”。具体来说，NPL 语言的编程可以从原理上避免出现“程序冲突”；NPL 语言的编程可以从原理上快速处理“并行突发事件”。NPL 语言的这个特点与人类的“神经元网络”非常相似，NPL 语言的编程就像在编织一张巨大的神经元网络。更重要的是，NPL 语言内部还包含一个高效的 3D 仿真系统。

大脑和神经元网络是人类长期进化的产物，“350 万年进化的积累，总比我们人类高明得多”。NPL 是相似性和相似原理的具体应用，它建立在与“人类神经元网络”相似属性之上。当我们取得更多突破性进展时，它将是 21 世纪最重要的计算机语言系统之一。

2. 相似原理如何表达自然事物？人脑如何表达自然事物？

描述一个复杂的自然事物（包括物质），可以使用多维空间。

一个任意自然事物的 N 维表达为

$$\begin{cases} f_1(t)=0 \\ f_2(t)=0 \\ \cdots\cdots \\ f_n(t)=0 \end{cases} \qquad \text{（时间起点：} t_{10}=t_{20}=t_{30}=\cdots=t_{n0}\text{）}$$

该 N 维自然事物从时间起点 t_{10} 开始，连续地向前发展。每个 $f_i(t)=0$ 都是时间变量，也可以理解为一个一个时间片段中发生的可以观察的事物。不过 N 维自然事物的各个 $f_i(t)=0$ 的时间起点 t_{10} 必须对齐。

（1）任意自然事物的 N 维表达，相当于从不同的角度同步地观察和描述事物。我们创建的许多 3D 世界，是最典型和最简单的三维世界，它们与静态的自然世界有些相似了。

（2）连续发展的 N 维自然事物，可以离散化观察和描述，只要观察和描述的步长足够小，时间起点同步，连续发展的 N 维自然事物与离散化的 N 维自然事物就精确（数学）相似。我们已经习惯采用离散化的“方块”来创建 3D 世界和 3D 世界中的人物，这些人物随时间还能运动起来。

（3）进一步，任意自然事物本身以及任意自然事物之间可以在相似原理数学定理群的约束下实现任意变换和处理，并且产生大量的实际应用。

（4）任意自然事物的 N 维表达可以扩展到对于非自然事物（那些我们思维产生的事物）的表达或描述中。

（5）描述事物有 3 个层次，除了精确（数学）相似定理，还有非确定性逻辑相似定理和思辨相似方法。

在电影方块中“将人物多个关节的动作，用多个时间片段来表达，使得这个人物具有运动（或者表演）能力”，这是一种电子人物的表达方法。将多个关节动作的时间片段的时间起点 tio“对齐”后，就能准确地表达这个人物的运动了。

看来用多维时间片段的方法来表达自然事物既方便又简单。其实人脑中的思维过程也差不多如此，但复杂得多。

3. 神经系统的运行模式与特点，我们有相似的对策来模拟。

图 5.2.3 来自互联网：如果把大脑皮层剥下来展开，会得到一张 2 毫米厚、48 厘米 × 48 厘米大小的餐巾纸上面布满了神经元细胞。

图 5.2.4：大脑皮层像一个伟大的指挥中心。这一概念图由 Dr. Greg A. Dunn 和 Dr. Brian Edwards 完成。

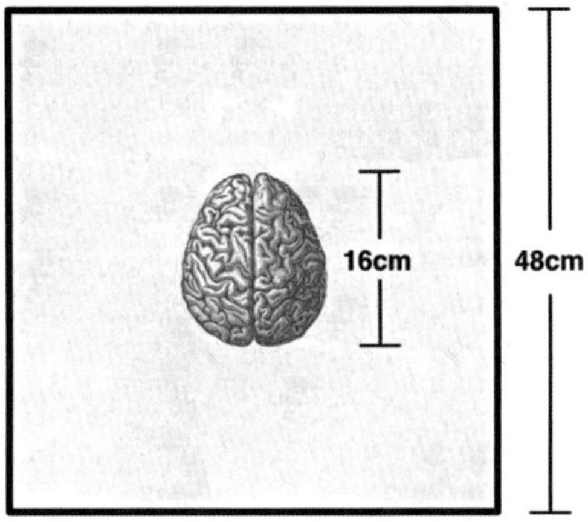

图 5.2.3

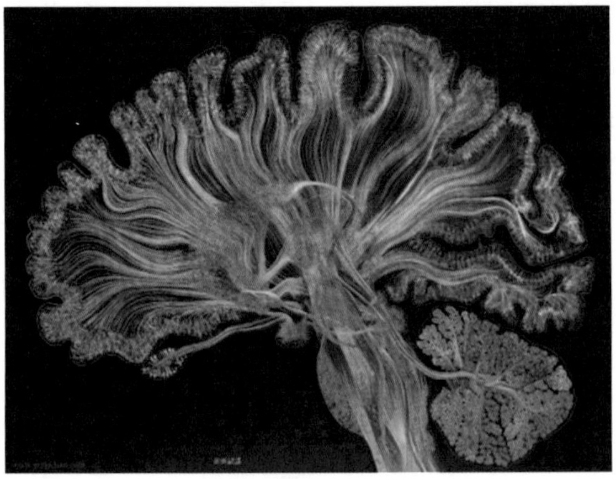

图 5.2.4

人类发达的神经系统是人类长期进化的结果。个体神经系统的布局是遗传的和先天的，神经系统的分工也是遗传的和先天的，如大脑皮质的定位。神经系统处理事物的模式和方式，受神经系统的布局所规约。然而，视觉、听觉、触觉、嗅觉、味觉、内觉、语言、思维、意志、认识、知识、理性、道德、社会性等都是在后天的培养、训练和自我学习中形成、成熟和丰富起来的。

我们可以相似地训练我们创造的电子人物(机器人)，让它们掌握许多“多维时间片段”，这些“片段”包括动作、视觉、听觉、触觉、语言和思维。这些“片段”也就是“知识库”。我们将它设计成通用的，所有的电子人物（机器人）都能使用。想一想假设我们有几万个“片段”，这么多“片段”互相组合和变化，几乎可以“千姿百态，数不胜数”了。

接下来的问题是：电子人物在什么时间和环境中，也就是针对不同的刺激(输入)用什么“片段”来应对？这需要电子人物自动地与环境“交互”，智能地做出不同的反应。这似乎非常困难也是目前人类还没有解决的世界性难题！ 所幸我们可以采用相似性和相似原理来解决它。

我们先看看人类的神经系统是怎么做到的？（以下为《相似性和相似原理》书中“刨根问底”的内容，可以选读）神经细胞呈线状，它包括单向的传递路径。 神经刺激是指有多少神经细胞被激活，神经刺激的作用是单方向不可逆地按时间顺序将一定区域的神经细胞及其路径“点亮”，“点亮”的程度不同，波及区域的大小也不同。例如，直接作用于感觉器官的各种刺激，由词语导致的刺激(基于具体直接刺激的概括与抽象)，后者是在婴儿个体发育过程中逐渐形成的刺激反应。

刺激导致神经信号在复杂的神经网络中传递。即使在野外，走的路多了自然成了“路”，脑神经网络与自然界发生的一样，来自人体感受器的刺激重复遍历地刺激局部神经网络，出现了“路”，即“针对性”，这种“针对性”就是记忆。因此，每一个人类个体的“记忆”都是遵循相似的方式产生的，但是“记忆”的分布和时空定位又是几乎完全不同的。

从逻辑上讲，刺激与传递路径反复对应时，该传递路径的“唯一性”或“相似性”就成了“记忆”。所以“记忆”是由“唯一性”或“相似性”产生和决定的。进一步设想，传递路径拓扑结构中的某一个点的化学属性具有“唯一 性”或“相似性”，那么这个化学属性以及与路径的相关性就产生了“记忆”的层次。值得注意的是，此刻的“记忆”并不额外占用大脑的资源或占用极少的大脑资源，也就导致大脑无须专门的“记忆空间”，因此就拥有无限的、可变化的、可扩展的、巨大的存储能力。

人体的刺激输入和输出是不可逆的，如图 5.2.5 所示。大脑单向输入，又单向输出。以**听→思考→语言表达**为例，流程就是输入和输出路径本身。当然，该路径是多维的，是极其复杂和庞大的路径。这说明对于像人脑这样的系统，中间的记忆环节可能是多余的。

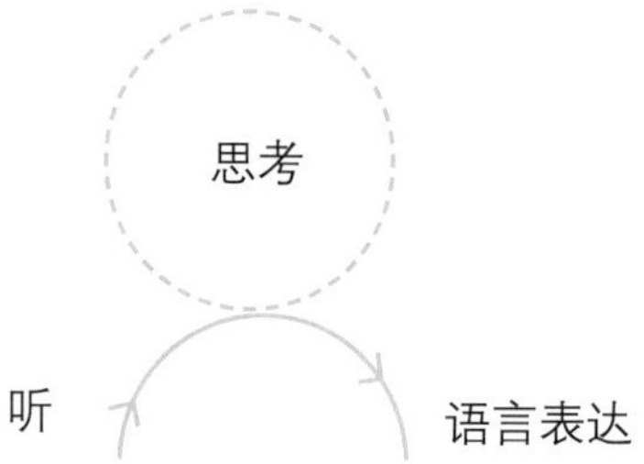

图 5.2.5

虽然神经系统的布局是遗传的和先天的，但是后台形成的刺激传递路径仍然非常关键。

虽然每一条微观路径微不足道，但是微观路径之集合——宏观路径，就是记忆和思维的载体。微观路径的产生必然服从最高层次的相似，如最小能量分布、自然选择原理、外推成长模式等。

大脑神经网络一旦形成，就不可能再发生像大脑发育时期那样激烈和快速的变化了。大脑中，绝大部分神经元的互联关系已经建立完成。在不同的刺激下，神经传递路径将遵循能量最小原则，即按最小能量分布原则来选择传递路径。从微观上看，每一次传递路径（大量神经元被激活）都依据使大脑熵值最大化、能量损耗最小化、刺激趋于减小或消失的原则来选择。如此运行中的大脑不仅能量损耗最小，而且从宏观上看，大脑整体的熵值反而不断减小，大脑整体的效率和有序度反而获得提高，只有生物才具有这种能力。人体的大脑神经系统为人类准备好了接受来自视觉、听觉、触觉、嗅觉、味觉、内觉、外部语言等输入刺激的途径，更重要的是在人体接受这些刺激的过程中，能进一步得到来自视觉、听觉、触觉、嗅觉、味觉、内觉、外部语言的反馈输入刺激，由于反馈刺激的介入大大提高了目的性，加速了神经网络从微观局部到整体对于刺激的响应和变化趋于减小的过程，既加速了神经网络微观传递路径的有序度减小（熵值提高），又使大脑整体有序度获得提高。人体大脑的反馈能力是大脑神经系统运行模式自然拥有的。反馈能力很重要，它是人类形成意识、思维、概念的加速器。神经系统的运行主要有以下特点：

（1）基于进化的原因，个体的神经系统的布局是遗传的和先天的，神经系统的分工也是遗传的和先天的，所以人类的神经系统的布局和分工是相似的，但是个体的神经网络都是不同的。

（2）神经网络每时每刻都在发生变化（传递刺激和调整神经网络的互联），变化遵循能量最小原则，使刺激趋于减小，能量损耗趋于最小，由此导致神经网络微观传递路径的有序度减小（熵值提高）。

（3）大脑自动抑制相似的刺激，使神经网络从微观局部到整体对于刺激的响应和变化趋于减小，能量损耗进一步减小，形成遵循能量最小原则的响应刺激的过程、传递路径和处理能力，因此从大脑整体功能看有序度反而提高。

（4）神经网络中的神经元具有单向和定向传递信息的特性，所以不需要传递的“可逆性”，而只需要重复相似刺激的可辨认性。

（5）能量最小原则就是顾及眼前利益，使刺激和能量损耗趋于减小。

（6）神经网络的运行模式中的传递路径和传递过程的“重复性”“相似性”和“唯一性”等价于“记忆”。

（7）在神经网络的运行模式中的人体外部反馈刺激，加速了神经网络从微观局部到整体对于刺激的响应和变化趋于减小的过程，既加速了神经网络微观传递路径的有序度减小（熵值提高），又使大脑整体有序度获得提高。

我们不必完全模仿人类神经网络的运行模式来完成刺激的响应，但是必须接受相似原理的启发。

4. 相似原理与神经网络中的刺激反馈（以下也是《相似性和相似原理》一书中“刨根问底”的内容，可以选读）

人类智能是人类整体受长期进化的反馈和影响的成果。人类神经网络中刺激和刺激反馈是神经信息传递的基本模式之一。人类神经网络中刺激和刺激反馈都是单向的，是多输入、多输出和并行的，如图5.2.6所示。

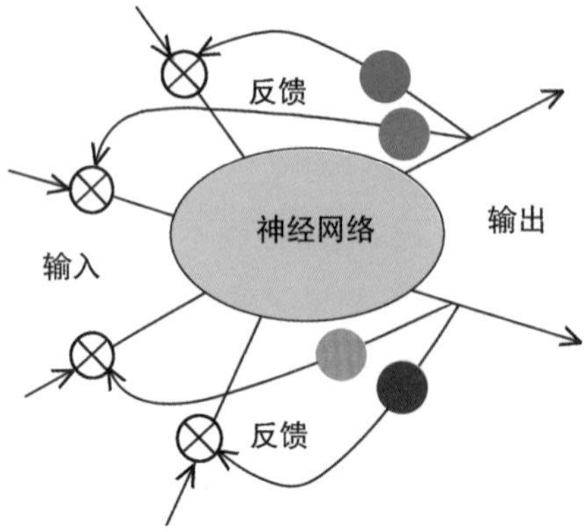

图 5.2.6

反馈是自动控制中最重要的概念，也是自动控制的基本手段之一。目前，人类构建的反馈控制还停留在单输入单输出水平。所以人工智能必须将反馈控制提升到多输入多输出和并行处理的水平。

在人类神经网络中，输入的刺激可能导致与该刺激对应的输出，并反作用于输入的刺激；神经网络也可能不响应输入的刺激或不产生与该刺激对应的输出；也可能产生其他新的刺激并对输入的刺激产生影响，我们把这种新产生的刺激称为刺激反馈。从相似原理的观点来观察神经网络中的刺激反馈，得到以下推断。

（1）刺激反馈起到纠正刺激的作用，使刺激的相似性提高。在利用周期性和重复性实现刺激的确认时，反馈常常使周期性和重复性的相似程度不断趋于提高，而周期性和重复性的强化必然导致不应和刺激被自动抑制。

（2）反馈使意识得到强化，当思维产生某个意识时，相当于某些神经网络被唤醒，此时，反馈可以大大加速这一过程的确立并使意识得到强化。

（3）外部刺激与内部刺激是不同的，内部刺激常常是一种意识的唤醒，人体首先以平息内部刺激为目标对刺激做出反应。平息内部刺激是比平息外部刺激更高层次的驱动，因为内部刺激的路径更短，平息刺激的效率也最高。

（4）文字、语言等概念必在人脑的神经网络中形成固定的刺激路径，这些刺激路径很容易被反馈和被相似的刺激所确认，因此，这类概念具有相对固定的刺激传递路径。

（5）联想也是在反馈过程中产生的，并且与反馈过程一样，对平息内部和外部的刺激起到加速作用。

（6）既然神经网络传递具有单向性，那么必然存在输入与输出的清晰界面来表征这种单向性。于是，从输入单方向地向输出传递的刺激途径必将千变万化，传递的时间（相对于时间起点）和传递刺激的强度也都会各不相同，先进入的刺激不一定先到达输出，后进入的刺激可能追赶先进入的刺激，并且有可能改变该刺激的性质、目的和后续的传递过程。这种机制必然存在，并为神经网络内部相似匹配提供了基础，人工智能可加以仿效和利用。

（7）进入的刺激不一定都产生与刺激对应的输出，它可以被新的刺激所代替，也可以被激活的内部刺激所替代或改变，任何刺激都将被神经网络的终极目标消化和平息（受能量最小化驱使）。

（8）某些刺激可以迅速从输入直达输出端或以最短路径到达，这种机制也许还包括相似路径的复用。为了速度和效率，这种机制必是硬件化的。

（9）单向的神经传递路径应该有相似的分类，这种分类与大脑硬件（如大脑的皮质定位）有关。无论是大脑的运行机制，还是大脑硬件、大脑神经网络的神经传递方式和路径，都不可避免地、无处不在地利用相似性。

（10）语言、文字是一种高效的、特殊的输入与输出形式，其神经网络的传递必然与大脑硬件结构有关。因此，语言、文字在大脑必然有定位。由于定位是微观的，使得寻找这种定位变得非常困难。然而文字在大脑中的定位很值得观察和研究。这也告诉我们，不排除人工智能可以使用类似定位的硬件记忆，从而超越人体记忆特质。

5. 人工智能与相似原理的关系（当前的人工智能还比较初级）

人工智能是研究、开发用于模拟、延伸和扩展人的智能的理论、方法和应用系统的科学技术。通常人工智能被认为是计算机科学的一个分支，它试图通过解析人类智能的本质，构建一种能够以人类智能相似的方式对事物做出反应的人工物体。

（1）人工智能应具有与人类相似的智能行为和能力，如感知、即时判断、识别、抽象、理解、猜想、推理、沉思、归纳、学习、积累知识和经验、忘却、吐故纳新、自我意识构建等。

（2）人工智能应具有人类相似的思维特征，如单向性、快速性、并行性、相似性、不可逆性、不确定性、灵活性、综合性、可塑性、个性和群体性。

人工智能就其本质而言，是对人的思维过程的模拟。一般认为有两条途径，一是通过结构模拟，仿照人脑的结构和机制，制造出“类人脑”的机器；二是功能模拟，暂不关心人脑的内部结构，而从其功能进行模拟。

（3）人工智能应具有人类智能相似的必要元素，并且不排除人工智能具有超越人类的新的优异特质，如类似人类神经系统的运行机制，即感知与不应（对于周期性、重复性、相似性感知的惰性或不响应）、趋简（简化一切的倾向性）、内在驱动力（能量最小化）、相似匹配（产生等价、抽象、思维、意识、记忆）及硬记忆（超越人类的记忆特质）。

（4）目前人工智能学科研究的主要内容包括神经元网络相关的理论和技术、知识表示、信息搜索、自动推理、机器学习、知识获取和处理、定理证明、博弈、模式识别、自然语言理解、智能视觉、智能机器人、复杂系统、遗传算法、并行计算与智能控制技术等方面。

（5）目前人工智能的实现手段是计算机，并且人工智能和计算机的发展历史息息相关。人工智能涉及计算机科学所涉及的一切学科，如信息论、控制论、认知科学、神经生理学、仿生学、生物学、心理学、数学、语言学、医学、哲学及经济学等学科。

可以看出，目前的人工智能研究还不能涉及和具备人类智能相似的必要元素、思维特征、智能行为和能力；人类还未能涉及人类智能相似的本质；人工智能缺乏相似原理的参与。

6. 研究和创造基于相似原理的可自主运动的人工智能人物（机器人），通过动画或游戏仿真人工智能

当我们有了“随心所欲”地创作任意复杂 3D 动画、游戏和电影的能力时，就可以接触更具挑战性的学习和研究。我们的目的是：研究和创造基于相似原理的可自主运动的人工智能人物（机器人），并且通过动画、游戏、电影的形式来展现和仿真人工智能。

当今，基于深度学习、大数据技术的发展，人工智能初见端倪，但本质上仍然没有太大突破。我们已经有点熟悉的相似原理和NPL语言提供了比较接近人类思维本质的底层模型与仿真平台，提供了部分表达思维和模拟思维的方法与展现平台。

研究一个由16~24维骨骼变量和一维声音变量描述的电子人物；研究该多维电子人物运动维度的分解方法；研究对其时间维和空间维进行压缩或延拓的表达；研究其不同维的时间起点，发生偏离后的行为表现；研究其忽略不同维的运动表现。研究该多维电子人物的分维表达、相似性匹配、运动的压缩存储、运动的复现、运动的组合等关键技术，使得该多维电子人物在时间片断中的全部行为可以被记忆，复现，行为的速率可以被加快或减慢。

进一步通过增加维数和相似度匹配算法，该多维电子人物可以通过自我学习而拥有“智能”。例如，对不同环境的反应。随着多维电子人物的运动库和知识库不断扩充，多维电子人物有可能拥有“思维”能力，做出与之“经历”相似的创新行为和动作。

该多维电子人物通过少量主动训练并随着大量随机的自主学习过程，可以学会和自我改进其行走、奔跑、跳跃、转向、攀爬、躲避、游泳、飞檐走壁、避障、复杂的肢体运动、表情动作等能力。该多维电子人物对物理碰撞有反馈，对环境和周边人物可以做出反应，甚至面对特殊的新场景做出新反应。我们每个人将参与其中，为增加电子人物的知识，提供创新的、具有智能的“时间片段”，为人工智能事业的发展做出贡献。

基于相似原理的人工智能可自主运动的人物动画仿真系统不仅是新理论的研究，而且是人工智能走向实用的就近理论和实用方法。这些理论和方法可以在工业、军事等领域直接使用。该研究成果的应用和推广，可望推动人工智能的新理论、新方法和实际应用出现突破性进展。

研究的内容包括：

（1）多维电子人物的分维表达理论和方法研究。

（2）运动的压缩存储、运动的复现、运动的组合理论和方法研究。

（3）时间维和空间维进行压缩或延拓的算法研究。

（4）不同维的时间起点偏移对行为影响，自动对齐时间起点的算法研究。

（5）多维电子人物的分维和减维对人物表达的影响。

（6）相似性匹配理论和算法研究。

（7）多维电子人物的物理碰撞与反馈研究。

（8）主动训练和随机训练、自主学习的机理和算法研究。

（9）行走、奔跑、跳跃、转向、攀爬、躲避、游泳、飞檐走壁、避障、复杂的肢体运动、表情动作的“捕捉”、模型化及自适应数据库。

（10）基于相似原理的人工智能自主运动的人物动画仿真平台的开发研究。

（11）环境和周边人物之间反馈的表达、机理和算法研究。

（12）基于相似原理的人工智能自主运动的人物动画仿真系统应用示范。

应用扩展：

（1）基于相似原理的人工智能可自主运动的人物动画仿真平台获得应用示范。

（2）培养出大量具有人工智能的可自主运动的多维电子人物。

（3）智能多维电子人物在游戏、教学或军事仿真系统中应用示范。

（4）基于相似原理的人工智能可自主运动的人物动画仿真平台系统商业应用。

（5）建设首个高水平人工智能的多维电子人物培训基地，并推广与应用。

7. 高级人工智能：非确定性事物的逻辑相似定律

如何建立与表达那些性质、类型都完全不同事物之间的联系呢？任意事物之间都有关系吗？如何找到它们的关系并表达和描述这些关系？如果能做到，是不是世界上的任何事情都清楚了？相似性和相似原理中有一个定律“非确定性事物的逻辑相似定律”，告诉你怎么来做。

某些事物处于几乎相同的环境中，环境对这些事物必然产生影响，这些事物之间又必然互相影响。在绝大多数情况下，我们无法确切地了解这些事物之间是如何互相影响和被环境影响的。但从逻辑上可以确认，这些事物在几乎相同的环境中，受环境的影响所发生的变化部分，必然受相似的因果关系的约束，尽管我们不清楚这些影响是什么。这类事物由于受相似的因果关系的约束而产生的变化部分，必然存在相似性。不妨把这类事物之间的相似性称为非确定性事物的逻辑相似。

非确定性事物的逻辑相似，是一类非常特殊和隐蔽的相似现象，然而它又是一类非常普遍的相似现象。

非确定性事物的逻辑相似定律

某些处于几乎相同环境中的事物，必然受相似环境的影响，因此，其中任何两个事物因环境引起的变化部分是相似的部分，条件是两个事物发展变化的时间起点必须对齐。这类相似问题称为非确定性事物的逻辑相似问题。其相似关系可表达成非确定性事物的逻辑相似定律。其数学表达的微分形式为

$$\Delta x_i/x_{i-1} \backsimeq \Delta y_i/y_{i-1}\text{，}\ t_{x0}=t_{y0}$$

它代表两个事物，受相似因果关系的约束，产生的瞬间变化存在相似。其中 $x_0, y_0, x_{i-1}, \mathrm{y}_{i-1}, \cdots$ 是两个事物变化前后的某一个量；$\Delta x_i, \Delta y_i$ 是两个事物的变化的量；t_{x0} 和 t_{y0}，是两个事物变化的时间起点。

其数学表达的积分形式为

$$\{f_1(\Delta x_i/x_{i-1});\ i\in[0,\infty]\}\ \backsimeq\ \{f_2(\Delta \mathrm{y}_i/y_{i-1});\ i\in[0,\infty]\}\text{，}\ t_{x0}=t_{y0}$$

它代表两个非确定性的、连续的整体事物，受相似因果关系的约束，产生的变化部分的逻辑相似。上述定律简称为逻辑相似。

不难看出，非确定性事物的逻辑相似揭示了一类隐含的相似现象。利用非确定性事物的逻辑相似定律，可以将多变量和高维的事物之间的复杂关系简化为最容易理解的两个变量之间的关系。一般来讲，两个变量之间的相似关系，有可能进一步转化为等价或近似关系。

我们怎么使用非确定性事物的逻辑相似定律？

非确定性事物的逻辑相似定律告诉我们：“时间片段”是时间同步的“时间片段”，因此，“时间片段 A”的变化（Δ“时间片段 A”÷“时间片段 A”平均值）与“时间片段 B”的变化（Δ“时间片段 B”÷“时间片段 B”平均值）两者肯定相似。由此，我们找到了任意时间片段与另一任意时间片段之间的可以量化的相似关系。

任何同步发展的两个事物（时间片段），如果其变化率相似，那么这两个事物一定是相似的事物，

其相似的程度可以用相关系数来表达。两个事物（时间片段）的变化率函数（包括离散函数）具有递推性。两个时间序列可以通过连续计算其变化率，然后判断其变化率的相似性。如果相关性达到95%以上，说明两个时间序列在所观察的区间（时间片段）是相似的。时间序列的开始片段与结束片段的数据尤为重要。

重点判断开始的一个小片段，再判断结束的一个小片段，并以此作为两个时间序列相似性程度的判断依据。这一点是相似极大值原理（详见《相似性和相似原理》）保证的，这样可以大大简化计算量，也就是我们一般只要观察一段时间就可以看出任何事物之间的相似关系。

非确定性事物的逻辑相似定律的意义非常重大，其应用领域非常广泛。我们最期待的应用领域，也许是思维的模拟和人工智能。当然，非确定性事物的逻辑相似定律也可以在工业、军事、自动控制系统中产生大量专利技术和应用。

8. 非确定性事物的逻辑相似渗透在人脑的思维过程中

基于相同因果关系的非确定性事物之间的逻辑相似是一项重大发现。在人的思维过程中，大脑每时每刻都在自动地利用这类逻辑相似，寻找符合因果关系的相似结果。这一点是由大脑结构和运行模式决定的。

容易理解，在神经网络中，由于各种外部刺激产生和出现的大量具有重复性（周期性）的刺激在传递过程中，重复性（周期性）往往对应着许多相同或相似的外部刺激，即这些刺激是基于相同或相似的原因而产生的。在大脑思维运动中，通过时间起点同步的机制，自动地、必然地引导重复性（周期性）转变成为相似性，并进一步转变成唯一性。也就是说，外部刺激在神经网络中传递的结果，就是将刺激的重复性（周期性）转变成相似性，这就建立了不同外部刺激（对应各种非确定性外部事物）与大脑中"注意力"之间的逻辑相似关系，以及不同外部刺激之间的逻辑相似关系。非确定性事物的逻辑相似其实渗透在人脑的全部思维过程中，是人脑自然具有的能力。而且，人脑具有处理基于逻辑相似基础上的逻辑相似，即处理深层逻辑相似的能力。可以肯定，非确定性事物的逻辑相似性是未来"人工智能"获得突破的最重要的工具。

由于受相同因果关系支配而产生的相似现象，是一类比较特殊的、隐性的相似现象。这类相似现象受相同的因果关系的约束产生变化，因为变化的原因相同，变化的结果呈现相似性。它可以建立不同事物之间的相似联系。由于这类相似性的形态通常表现出非确定性、隐性，有时甚至难以理解。所以，这类相似现象长期未能引起重视，甚至几乎被忽视。

将相似现象扩展到逻辑相似是一项重大发现。一切事物之间的相似关系，均呈现为0与±1之间（也可以表达为0与1之间）的函数关系。它如此简洁的形式揭示出最普遍和最重要的相似现象。

非确定性事物之间的逻辑相似的形式非常多，可以构思大量的应用技术，如地震的预报、大型电站机组安全运行的监测、宏观或微观经济的预测、疾病的诊断、任意复杂的自动化装置、生产过程控制、机器人技术、航空航天技术、军事侦听、生物工程等。但是，所确定的这些逻辑相似的敏感程度或相似的显著性，可能会有很大差别。

9. 模拟人脑的计算机

在已有的基础之上，我们有可能创造能够模拟人脑的计算机，在此提出抛砖引玉的分享。

我们利用相似原理能够看出现实世界、人脑和计算机的相似之处。相似原理能够揭示现实世界中事物的必然性及其因果关系。因此通过理解人脑的工作方式，借助相似的方法，能够设计出具有自我演变能力的计算机，并应用于虚拟世界和现实世界。下面先回顾人脑的工作方式，再考虑计算机模拟仿真。

大脑从人出生的那刻起就不断接收外界信息，并与外部环境发生互动。人出生若干年后，大脑演变成一个异常复杂的仿真系统。我们似乎无法理解大脑如何越变越聪明，也无法预测下一时刻大脑还会产生什么画面和想法。但是，相似原理可以帮助我们理解人类的大脑。自出生那刻起，无论外部环境如何千变万化，大脑内部发生的全部过程均受到了相似性的约束，这样的过程伴随大脑和人的一生。

假如我们能够将大脑中所有的必然过程全部枚举出来，压缩和删除那些重复的内容，就能大概了解大脑下一时刻会依据什么来产生什么结果。用相似的方式可以创造出与人脑类似的计算机模拟人脑过程。

人脑的工作方式：

（1）白天，人的感官总是在主动地将外部的信息（刺激）转变成随时间变化的多维信号。如果观察婴儿或自己的眼球会发现，它们在不停地转动，几乎无意识地观察和录入周围环境的信息，并且人类有更多的机会与外部环境发生互动，形成“刺激反馈”。

（2）大脑认为过去重复出现的随时间变化的多维信息，未来将会继续重复发生，大脑的神经网络在传递多维信息的过程中，将主动抑制那些重复发生的、相似的时间片断，这就使重复性（周期性）转变成相似性，并进一步转变成唯一性。重复性最高、维度最少的时间曲线组合，即最相似的时间片断信息，成为最可靠的底层信息。对于一个有上亿维度的视觉 + 听觉的输入信号组，这种信息单元的抽象过程是并发的、实时的。这种大脑的抽象过程，可以理解为特征的提取过程和信息的压缩过程。语言是人类最重要的能力和发明，一个单词，无论声音还是形象，都是维数最少且唯一的时间（片断）曲线组合。语言改变了人类出生后的环境。现代人类刚刚出生时，并不能区别语言和其他视听环境，但是当语言构成的时间维度信息在感官接收的信息中重复的次数越来越多后，人脑找到了（或学到了）这些重复性最高、维数最少、最具唯一性的时间曲线组合，也就是特征、语言或概念。通过进一步“学习”，这些特征、语言或概念还可以与人类创造的“文字”等价。之后，大脑就可以通过看、听来感知包含“文字”信息输入的时间曲线组合。

（3）大脑的神经网络是一种节律性波动的网络，几乎所有的感觉细胞都同步地按 40 Hz 左右频率来对刺激做出响应。因此感觉细胞和神经元网络自动地具有同步时间起点。神经元网络的同步时间起点，就是周期性相似的时间片断的相对时间起点。在大脑思维运动中，这种时间起点同步的机制，自动地、必然地引导重复性（周期性）转变成为相似性，并进一步转变成唯一性。

（4）文字、语言等概念必然在人脑的神经网络中形成了甚为固定的刺激（传递）路径，这些刺激路径很容易被反馈和被相似的刺激所确认，因此，这类概念具有相对固定的刺激传递路径。特征、语言或概念并不是时间曲线的终点，它们不断被外部感官触发到，并出现在内部神经网络中。外部刺激与内部刺激不同，内部刺激常常是一种意识的唤醒，包括唤醒的多个特征同步发展时，会触发其他更多的特征，它也是基于重复性（周期性）转变成相似性，并进一步转变成唯一性的原则，这个原则总是促使刺激“收敛和偃旗息鼓”，这样的传递过程不断进行着，直到产生输出。特征（概念）被建立和定义得越多，越有助于人脑在更抽象的层次上思考，因为在人脑中这些概念等同于外部输入的视听信息。人类创造和丰富了物质世界和抽象世界，使得现代人类有更多机会直接或间接与抽象事物重复接触。这些抽象事物和概念的组合，形成人类建立起来的数学、哲学、自然科学、艺术体系、等。它们属于人类环境的一部分，影响人类的生活。

更多内容请参考《相似性与相似原理》一书。

第 6 章　对未来教育的思考

笔者从 7 岁开始学习编程，到上大学时已经编写了数十个软件项目。大学期间出于长期对人工智能的兴趣和研究，开始研发 NPL 语言和 ParaEngine 游戏引擎，一直到今天已经快 15 年了，写了过百万行的代码。

虽然我目睹了很多同龄人和我一样，以优异的成绩考入了大学，但是回想起来，我儿童时代的学习经历是非常独特的，甚至是未来教育的一个重要参考。

目前我们的团队在用 NPL 语言做一件很重要的事情，就是建立人类未来教育的基础平台。

6.1 教育的本质

我最喜欢我父亲说的一句话：**教育就是让人保持一直有事可做**。现在想来，这句话无论对于小孩，还是成年人都是非常困难的。

让学生一直保持在做有意义的事情是未来教育的唯一目标。我很庆幸，自己从有记忆开始，就一直处于这种状态。

自学与基于项目的学习是最容易达成这个目标的教育形态。 常常看一些教育工作者在争论课堂学习的必要性，或批判 STEAM 等基于项目学习的科学性，在我看来，唯一评判的标准就是我父亲的那句话。

6.2 未来教育的形态

在我看来，未来教育的形态一定是让像我这样喜欢自学和做自己事情的学生更加如鱼得水，未来教育的形态并不难达成，甚至无须改变教育所用的教材和书籍。

我们要做的是培养兴趣，推荐和欣赏优秀的项目，用作品的评比代替考试，剩下的时间留给学生。而教育工作者更多的时间是花在展现自己的知识和作品给周围的人。

整个教育的氛围应该同社会中的企业类似，充满着基于创新和作品的沟通，对完美的追求，对合作的渴望，对用户的责任，以及作品之间的攀比。

我们过去曾经用 NPL 语言开发过一个名叫“魔法哈奇”的 3D 网游，有 500 多万的注册用户，我们运营了 9 年，这是一个非常复杂的虚拟社会。用户是自愿加入的，每个用户拥有自己的 3D 家园，可以和同伴一起战斗，获得好看的服装和宠物。未来教育的形态和我们开发的这个游戏也是有相似性的。

6.3 一切从动画与编程教育开始

未来教育其实是在构建一个全新的虚拟社会。这个虚拟社会有自己的规则，用户自愿加入，从开始的几个人，到 500 万人，到上亿人。

无须关注外面的人怎么看，加入的人会在里面生活5年、10年，甚至一辈子。这个社区我们称为KeepWork。我们从动画与编程教育开始做，理由是：

- 我们有自己研发15年的创作工具和编程语言的积累。
- 动画和游戏是这个社区中作品的主题，大量的用户会很感兴趣。
- 我在7岁到20岁之间开发的软件也基本都是游戏。而我在用同样的方式学习其他学科，并同样有效。为了能用大量的业余时间开发自己的游戏，我不得不用最快的速度自学所有其他学科，同时精通英文。
- 人工智能时代，所有学科都需要计算机来辅助教学。计算机是一个最基础的学科，也是一个工具，它可以将你学到的任意知识变成某种可分享的作品。

6.4 世界观

和游戏一样，我们要做的未来教育的虚拟社会是有世界观的。这个**世界观**我们把它称为**并行世界 Para World**。每个人的动画和游戏作品都呈现在一个开源的3D虚拟世界中，用户通过这些作品学习、交流，并形成社会关系。

并行世界是我们全部渠道、平台、内容和工具的总称。我们以NPL语言为圆心和半径，建立一个联通的编程教育文化圈。如同中国文化的半径是中文，我们每天接触到的视频、文章、App都是这个文化圈最外围的作品。同理对于每个计算机语言，如C/C++、Java也都有自己的圆点和半径。

文化都是伴随语言的，我之所以能学会编程，是因为我最初的12年，一直待在了微软的VC语言的生态圈中，我探索的过程就是在不断向圈的圆心靠近，甚至有一天我萌生了创造属于自己的语言的想法。

我这样说其实是要反对市场上那些什么语言都教的教学平台。那样的教育社区是没有共同语言的，也不可能像“魔法哈奇”那样成为一个默契的虚拟社会。我不想罗列NPL语言的诸多好处，只是做为有近30年经验的程序员，我客观地觉得NPL语言拥有最适合教育同途的开发工具和语法，并且可以终身使用，它能够开发出像Paracraft、KeepWork、魔法哈奇这样的复杂程序。

6.5 未来编程教育的要素

- 简单和强大并存的单一编程语言与创作工具。
- 个人网站创造工具。
- 拥有海量开源软件项目的社区，并且所有项目都使用同一种语言和工具。
- 能够记录和分享知识领域的个人知识引擎。
- 能够基于项目撮合老师和学生的搜索引擎。
- 能够评比所有用户作品的评估与认证机制。

6.6 10 年之后的编程教育

下面的大多数预言将在 2035 年前发生，有些其实已经在小范围内发生了。

预言 1：编程教育生态将以若干像 Paracraft 这样的工具和在线社区构成。

其实整个计算机领域都是无数这样的生态圈构成的，如 CAD 软件、操作系统、数学仿真、游戏开发、动画电影制作、Web 浏览器等。可惜的是目前每个领域的生态圈的圆心都不在中国。 我们希望通过 Paracraft/NPL 构建教育领域的生态圈，并覆盖更广泛的年龄层，直到终生学习。

预言 2：中文、英文、计算机语言将成为人类教育的基础。所有其他学科都将以它们为基础。

数学、物理、化学、生物、历史等都是建立在人类语言的基础上的。 而计算机语言将像中文和英文一样大量地出现在其他学科的教材中，甚至像数学、物理、化学、生物的主要教学语言都将被计算机语言取代。 其实，在美国 90% 的小学生数学课已经全部数字化，这种趋势将逐渐发生在其他学科，也将深刻地改变这些学科的学习和考试的方式。

预言 3：编程将渗透到高考的各个学科中，而不是作为一个独立的学科。

编程作为独立学科是无法用传统的考试去评估的。 一个原因是它语言生态众多，人类每天都在发明新的计算机语言；另一个原因是语言本身太简单，成年人只需 3 个小时就可以背下所有编程的知识点，并考取满分。 所以编程不太可能作为独立学科进入高考，即使会，也是暂时的。但是其他学科就不一样了，数学、物理、化学等都会逐渐引入用计算机去解决问题的题目，但前提是要允许学生带着笔记本电脑参加高考。当然我们最希望看到的是，到那时高考已经不是教育评估的主要方式，平时学习的过程和个人作品成为更重要的评估手段。

预言 4：个人作品将逐渐代替学分，成为教育评估的主要手段。

由于计算机技术的普及，几乎所有学科的成果都可以通过数字化的计算机作品来表现，并通过互联网来永久保存和通过类似区块链的技术来做认证。

无论是大学招生，还是企业招人，都将越来越信赖这种基于个人作品的评估方式。 在国外已经有一些政府项目试图用计算机记录学生从小学到大学的所有创造内容，并有包括 MIT、哈弗在内的 20 多所高校加入了这个联盟，承认这种评估手段。其实我们开发的 KeepWork 就是这样的系统：它用 GIT（区块链）一样的格式去存储用户的作品，让用户可以方便地创建个人作品网站，并有大量的面向未来教育的辅助功能。

预言5：老师将成为导师和终身学习者。

当AI取代了人类的大多数工作后，人类将有更多的时间花在学习和育人上。在终身学习的未来，每个人都有机会成为别人的老师：每个父母都有更多的时间去教育自己的孩子，每个大学生会成为小学生的老师。

而全职老师的角色也将不仅是在课堂上教书，而更多的是作为某个领域的专家去启发学生，同时自己的时间将更多地花在学习和创造上。未来的师生关系将回到孔子那个时代，成为一种重要的持续终身的社会关系或合作关系。

预言6：基于项目的学习将取代基于教室的学习。

大多数优秀学生获取知识并不是在课堂上，而是在课外的自我体验中。基于45分钟一节课的教学模式将逐渐被更自主化的项目式学习所取代。在项目式学习中，学生有更多的时间去集中思考问题和解决问题。其实这才是更科学和更主流的学习任意学科的方式。探索、学习、创造是未来教育中学生的主要行为，其中创造是占很大比例的。

预言7：个人电脑是主要创作工具。

编程学习需要使用人类最强大、最方便的输入输出设备。虽然手机、平板电脑看上去更便捷，但是目前鼠标、键盘、大屏幕仍然是人类发明的最适合编程的设备或创作工具。有些消费类设备的进步，在人类历史上也都是昙花一现，如触屏手机。我很期待人类发明出更适合编程的输入、输出设备，但是绝不是目前的手机或平板电脑。作为教育工作者，应当让学生尽早地接触计算机，目前手机阻断了很多青少年学习编程的道路。

下篇　参考手册

不要记忆手册里的内容，
因为它们都在软件或互联网中

附录1 NPL常用语法速查表

NPL 语言的语法 100% 兼容 Lua 语言，并有扩充。下面仅给出本书理论部分提到的常用语法。

```
-- 两个横杠代表单行注释
--[[
首尾加入两个 [ 和 ] 可以为多行注释
]]

----
-- 1. 变量与控制
----
local num = 42;        所有的数字都是浮点数 (double)

s = ' 相同的字符串在内存中只有一个 Copy'
t = " 双引号也可以 "; --';' 每行代码的结尾可以加入 ';' 也可不加
u= [[ 在开头和结尾
    的两个中括号
    代表多行文本字符串 .]]
-- 'nil' 为空的意思 . 例子中 t 不再指向任何存储单元
-- 当没有任何变量指向某个存储单元时，存储单元很快会从内存中释放。
t = nil

-- do 和 end 之间的代码是一个代码区间
while num < 50 do
    num = num + 1
end

-- 如果 :
if (num <= 40) then
    log(' 小于等于 40')
elseif ("string" == 40or s) then
    log(' 任意类型的变量之间都可以比较 ');
elseif s ~= 'NPL' then
    log('if 语句也可以不加前后的括号 ()')
else
    -- 变量默认为全局变量，代码方块中情况特殊
    thisIsGlobal = 5-- 注意变量是区分大小写的

    -- 如何定义一个本地变量:
    local line = " 这个变量只能在下个 'end' 或文件结束前使用 "

    -- 连接 2 个字符串用 .. 函数 :
    log(" 第一个字符串 "......line)
end

-- 从来没有赋值过的变量会返回 nil
-- 下面代码并没有语法错误
foo = anUnknownVariable -- 现 在 foo == nil

aBoolValue = false   -- 真 true 与假 false
-- 对于 if 语句只有 nil 和 false 是假的 ; 0 和 '' 都是真!
if (not aBoolValue) then
```

```
-- 'or' 和 'and' 函数返回最近的输入
ans = (aBoolValue and 'yes') or 'no'--> 'no'

local nSum = 0;
for i = 1, 100 do  --i 包含 1 和 100 是本地变量
    nSum = nSum + i
end

-- 用 "100, 1, -1" 可以递减：
-- 区间的三个输入分别是 开始值，结束值 [, 递增值 ]；nSum = 0
for i = 100, 1,-1 do
    nSum = nSum + i

end

-- 另一种罕见的循环，循环直到 nSum == 0:
repeat
    nSum = nSum - 1
until nSum == 0

----
-- 2. 函 数
----
function fib(n)
    if n <2 then return 1 end
    return fib(n - 2) + fib(n - 1)
end

-- 函数的返回值、函数调用和赋值语句都支持多个输入
-- 不匹配的输入，值为 nil
-- 多出来的输入会被自动忽略

x, y, z = 1, 2, 3, 4
-- 现在 x = 1, y = 2, z = 3, 但是 4 会被忽略

function bar(a, b, c)
    log(string.format("%s %s %s", a, b or "b", c))
    return4, 8, 15, 16, 23, 42
end

x, y = bar("NPL") --> 输 出 "NPL b nil"
-- 现在 x = 4, y = 8, 数字 15，16，23，42 被忽略

-- 函数也是变量，可以是全局变量，也可以是本地变量
-- 下面定义函数 f 的方式是等价的：
function f(x)
    return x * x
end
f = function (x)
    return x * x
end
-- 下面的方式也是等价的
local function g (x) return math.sin(x) end
```

```
local g; g = function (x) return math.sin(x) end

-- 当函数只有一个输入时，也可以不加括号
log 'hello'   --- 正确的语法

----
-- 3. 表
----
-- 表是 NPL 语言中唯一的复合数据结构

-- 默认情况下关键字为字符串类型 : "key1""key2"
t = {key1 = 'value1', key2 = false}

-- 可以用 . 来引用表中的数据
log(t.key1) -- 输 出 'value1'
t.newKey = {} -- 可在运行过程中随时插入新的数据
t.key2 = nil -- 将 key2 从表中删除

-- 任何不是 nil 的数据类型都可以为表的关键字
u = {['@!#'] = 'blabla', [{}] = 1982, [3.14] = 'pi'}
log(u[3.14]) -- 输 出 "pi"

for key,val in pairs(u) do -- 获取表中的每个数据
    log(key, val)
end

-- _G 是一个特殊的表，里面有所有的全局变量
_G.test = 1
log(test == 1) -- 输 出 "true"

-- 表可以当成列表或数组使用 :
-- 默认为从 1 开始递增的整数为关键字 :
v = {'value1', 'value2', 1.21, 'gigawatts'}
for i = 1, #v do -- #v 代表 v 中整形关键字的数据的数目
    log(v[i]) -- 注意数组从 1 开始，不是 0
end

-- Have fun with NPL!
```

附录 2 “代码方块”函数速查表

详细的参考手册请到 Paracraft 软件或官方网站中查找，也可以在 Paracraft 中访问项目 530, 直接在 3D 世界中运行各种测试代码。

运动

前进 1 格在 0.5 秒内

```
moveForward(1, 0.5)
```

```
-- 例 子 1:
turn(30);
for i=1, 20 do
    moveForward(0.05)
end
```

旋转 15° 方向

turn(15)

```
-- 例子 1:
turnTo(-60)
for i=1, 100 do
    turn(-3)
end
-- 例子 2: 点击我打招呼
say("Click Me!", 2)
registerClickEvent(function()
    turn(15)
    play(0,1000)
    say("hi!")
end)
```

旋转到 90° 方向

turnTo(90)

```
-- 例 子 1:
turnTo(-60)
wait(1)
turnTo(0)
-- 例子 2: 三轴旋转
turnTo(0, 0, 45)
wait(1)
turnTo(0, 45, 0)
wait(1)
turnTo(0, nil, 45)
-- 例 子 3:
while(true) do
    setActorValue("pitch", getActorValue("pitch")+2)
    say(getActorValue("pitch"))
    wait()
end
-- 例 子 4:
while(true) do
    turnTo(nil, nil, getActorValue("roll")+2)
    wait()
end
```

转向鼠标

turnTo("mouse-pointer")

```
-- 例子 1: 转向鼠标、主角、指定角色
turnTo("mouse-pointer")
moveForward(1, 1)
turnTo("@p")
moveForward(1, 1)
turnTo("frog")
moveForward(1, 1)
-- 例子 2: 面向摄影机
while(true) do
    turnTo("camera")
    wait(0.01)
end
-- 例子 3: 面向摄影机
-- camera yaw and pitch
while(true) do
    turnTo("camera", "camera")
    wait(0.01)
end
```

位移 100 在 0.5 秒内

move(1, 0, 0, 0.5)

```
-- 例子 1:
turnTo(0)
move(0.5,1,0, 0.5)
move(1,-1,0, 0.5)
say("jump!", 1)
```

瞬移到 19176，5，19209

moveTo(19176, 5, 19209)

```
-- 例子 1:
moveTo(19257,5,19174)
moveTo("mouse-pointer")
moveTo("@p")
moveTo("frog")
```

瞬移到鼠标

moveTo("mouse-pointer")

```
-- 例子 1: 瞬移到主角、鼠标、指定角色
say("current player", 1)
moveTo("@p")
say("mouse-pointer", 1)
moveTo("mouse-pointer")
say("the frog actor if any", 1)
moveTo("frog")
-- 例子 2: 瞬移到角色的某个骨骼
-- block position
moveTo("myActorName")
-- float position
moveTo("myActorName::")
-- bone position
moveTo("myActorName::bone_name")
```

行走 100 格，持续 0.5 秒

walk(1, 0, 0, 0.5)

```
-- 例子 1:
walk(1,0) -- x,z
walk(0,1) -- x,z
walk(-1,0,-1) -- x,y,z
```

向前走 1 格，持续 0.5 秒

walkForward(1, 0.5)

```
-- 例子 1:
turnTo(0)
walkForward(1)
 turn(180)
walkForward(1, 0.5)
-- 例子 2: 恢复默认物理仿真
play(0,1000, true)
moveForward(1, 0.5)
walkForward(0)
```

速度 ~ 5 ~

velocity("~ 5 ~")

```
-- 例子 1:
velocity("~ 10 ~")
wait(0.3)
velocity("add 2 ~ 2")
wait(2)
velocity("0 0 0")
```

反弹
bounce()

```
-- 例子 1:
遇到方块反弹
turnTo(45)
while(true) do
    moveForward(0.02)
    if(isTouching("block")) then
        bounce()
    end
end
```

X 坐标
getX()

```
-- 例子 1:
while (true) do
    say(getX())
end
```

Y 坐标
getY()

```
-- 例子 1:
while(true) do
    say(getY())
    if(getY()<3) then
        tip("Game Over!")
    end
end
```

Z 坐标
getZ()

```
-- 例子 1:
while(true) do
    say(getZ())
end
```

角色 x、y、z 的位置
getPos()

```
-- 例子 1:
local x, y, z = getPos()
setPos(x, y+0.5, z)
-- 例子 2:
local x, y, z = getPos("actorName")
setPos(x, y+0.5, z)
```

设置角色位置 19176，5，19209
setPos(19176, 5, 19209)

```
-- 例子 1:
local x, y, z = getPos()
setPos(x, y+0.5, z)
```

方向
getFacing()

```
-- 例子 1:
while(true) do
    say(getFacing())
end
-- 例子 2:
say(getFacing("someActorName"))
```

外观

说 hello！ 持续 2 秒

say("hello!", 2)

```
-- 例 子 1:
say("Jump!", 2)
move(0,1,0)
-- 例子 2:
点击我打招呼
say("Click Me!", 2)
registerClickEvent(function()
    turn(15)
    play(0,1000)
    say("hi!")
end)
```

说 hello！

say("hello!")

```
-- 例子 1: 在人物头顶说些话
say("Hello!")
wait(1) say("")
-- 例子 2: 点击我打招呼
say("Click Me!", 2)
registerClickEvent(function()
    turn(15)
    play(0,1000)
    say("hi!")
 end)
```

提示文字 Start Game!

tip("Start Game!")

```
-- 例子 1:
tip("Start Game in 3!")
wait(1)
tip("Start Game in 2!")
wait(1)
tip("Start Game in 1!")
wait(1)
tip("")
```

显示

show()

```
-- 例子 1: 显示 / 隐藏角色
hide()
wait(1)
show()
```

隐藏

hide()

```
-- 例子 1: 显示 / 隐藏角色
hide()
wait(1)
show()
```

播放动作编号 4

anim(4)

```
-- 例子 1:
anim(4)
move(-2,0,0,1)
anim(0)
-- 例子 2: 常用动作编号
-- 0: standing
-- 4: walking
-- 5: running
-- check movie block for more ids
```

播放从 10 到 1 000 毫秒

play(10, 1000)

```
-- 例子 1: 播放电影方块中的角色动画
play(10, 1000)
say("No looping", 1)
-- 例子 2: 点击我打招呼
say("Click Me!", 2)
registerClickEvent(function()
    turn(15)
    play(0,1000)
    say("hi!")
end)
```

循环播放从 10 到 1 000 毫秒

playLoop(10, 1000)

```
-- 例子 1: 播放电影方块中的角色动画
playLoop(10, 1000)
say("No looping", 3)
stop ()
```

骨骼 Root 从 10 到 1 000 并循环 true

playBone("Root", 10, 1000, true)

```
-- 例 子 1:
playBone("Neck", 2000)
-- regular expression supported
playBone(".*UpperArm", 5000, 7000)
playBone(".*Forearm", 5000, 7000)
play(0, 4000)
```

播放速度 1

playSpeed(1)

```
-- 例 子 1:
playSpeed(4)
playLoop(0, 1000)
say("Looping", 3)
playSpeed(1)
stop()
```

停止播放

stop()

```
-- 例子 1: 播放 / 暂停角色动画
playLoop(10, 1000)
wait(2)
stop()
turn(15)
playLoop(10, 1000)
wait(2)
stop()
```

放缩 10%

scale(10)

```
-- 例子 1:
scale(50)
wait(1)
scale(-50)
```

放缩到 100%

scaleTo(100)

```
-- 例子 1:
for i=1, 20 do
    scale(10)
end
scaleTo(50)
wait(0.5)
scaleTo(200)
wait(0.5)
scaleTo(100)
```

观看**此角色**

focus("myself")

```
-- 例子 1:
 focus()
moveForward(2,2)
focus("player")
-- 例 子 2:
focus("someName")
focus(getActor("someName2"))
```

摄影机距离 12，角度 45° ，朝向 90°

camera(12, 45, 90)

```
-- 例子 1:
for i=1, 100 do
    camera(10+i*0.1, nil, nil)
    wait(0.05)
end
```

放缩尺寸 getScale()

```
-- 例子 1:
while(true) do
    if(getScale() >= 200) then
        scaleTo(100)
    else
        scale(10)
    end
end
```

动画时间

getPlayTime()

```
-- 例子 1: playLoop(10, 2000)
while(true) do
    if(getPlayTime() > 1000) then
        say("hi")
    else
        say("")
    end
    wait(0.01);
end
```

设置电影频道 myself 为 0,0,0
setMovie("myself", 0, 0, 0)

```
-- 例子 1: 不传参数代表与代码方块相邻的电影方块
hide()
setMovie("main")
playMovie("main", 0, -1);
-- 例子 2:myself 代表当前代码方块的名字
setMovie("myself")
playMovie("myself", 0, -1);
-- 例子 3: 指定电影方块的坐标
local x, y, z = codeblock:GetBlockPos();
setMovie("main", x, y, z+1)
playMovie("main", 0, -1);
```

播放电影频道 myself 从 0 到 –1 毫秒
playMovie("myself", 0, -1)

```
-- 例子 1: 播放与代码方块相邻的电影方块
hide()
-- -1 means end of movie
playMovie("myself", 0, -1);
stopMovie("myself");
```

循环播放电影频道 myself 从 0 到 –1 毫秒
playMovie("myself", 0, -1, true)

```
-- 例子 1: 播放与代码方块相邻的电影方块
hide()
playMovie("myself", 0, 1000, true);
```

停止播放电影频道 myself
stopMovie("myself")

```
-- 例 子 1:
 playMovie("myself", 0, -1);
stopMovie();
```

设置电影频道 myself 的播放速度为 1
setMovieProperty("myself", "Speed", 1)

```
-- 例子 1:
setMovieProperty("myself", "Speed", 2);
playMovie("myself", 0, -1);
stopMovie();
```

事件

当演员被点击时
registerClickEvent(function()
end)

```
-- 例子 1:
registerClickEvent(function()
    for i=1, 20 do
        scale(10)
    end
    for i=1, 20 do
        scale(-10)
    end
end)
```

当空格键按下时`
registerKeyPressedEvent('space', function(msg)
end)

```
-- 例子 1: 空格跳跃
registerKeyPressedEvent("space",function()
    say("Jump!", 1)
    move(0,1,0, 0.5)
    move(0,-1,0, 0.5)
    walkForward(0)
end)
```

```
-- 例子 2: 任意按键
registerKeyPressedEvent("any", function(msg)
    run(function()
        say(msg.keyname)
    end)
    if(isKeyPressed("e")) then
        return true
    end
end)
-- 例子 3: 鼠标按钮
registerKeyPressedEvent("mouse_buttons",function(event)
    say("button:"..event:buttons())
end)
-- 例子 4: 鼠标滚轮
registerKeyPressedEvent("mouse_wheel",function(mouse_wheel)
    say("delta:"..mouse_wheel)
end)
```

当方块 10 被点击时

registerBlockClickEvent("10",function(msg)

end)

```
-- 例子 1: 任意方块被点击
registerBlockClickEvent("any",function(msg)
        local blockid = msg.blockid;
        x, y, z, side = msg.x, msg.y, msg.z, msg.side
        say(blockid..":"..x..","..y..","..z..":"..side)
end)
-- 例子 2: 某个方块被点击
registerBlockClickEvent("10",function(msg)
        local blockid = msg.blockid;
        x, y, z, side = msg.x, msg.y, msg.z, msg.side
        tip("colorblock10:"..x..","..y..","..z..":"..side)
end)
```

当动画在 1 000 帧时

registerAnimationEvent(1000, function()

end)

```
-- 例子 1:
registerAnimationEvent(10, function()
    say("anim started", 3)
end)
registerAnimationEvent(1000, function()
    say("anim stopped", 1)
end)
registerClickEvent(function()
    play(10, 1000)
end);
say("click me!")
```

当收到 msg1 消息时（msg）

registerBroadcastEvent("msg1", function(fromName)

end)

```
-- 例子 1:
registerBroadcastEvent("jump", function(fromName)
    move(0,1,0)
    wait(1)
    move(0,-1,0)
end)
registerClickEvent(function()
    broadcastAndWait("jump")
    say("That was fun!", 2)
end)
say("click to jump!")
```

广播 msg1 消息

broadcast("msg1")

```
-- 例子 1:
registerBroadcastEvent("hello", function(msg)
    say("hello"..msg)
    move(0,1,0, 0.5)
    move(0,-1,0, 0.5)
    say("bye")
end)
for i=1, 2 do
    broadcast("hello", i)
    wait(0.5)
 end
```

广播消息 msg1("")

broadcast("msg1", "")

```
-- 例子 1:
registerBroadcastEvent("hello", function(msg)
    say("hello"..msg)
    move(0,1,0, 0.5)
    move(0,-1,0, 0.5)
    say("bye")
end)
for i=1, 2 do
    broadcast("hello", i)
    wait(0.5)
 end
```

广播 msg1 消息并等待返回

broadcastAndWait("msg1")

```
-- 例子 1:
registerBroadcastEvent("hi", function(fromName)
   say("hi,"..tostring(fromName))
   wait(1)
   say("bye")
   wait(1)
end)
for i=1, 2 do
   broadcastAndWait("hi")
end
```

当代码方块停止时

registerStopEvent(function() end)

```
-- 例子 1: 只能执行马上可返回的代码
registerStopEvent(function()
    tip("stopped")
end)
```

当收到网络消息 connect(msg) 时

registerNetworkEvent("connect", function(msg)
end)

```
-- 例子 1:
registerNetworkEvent("updateScore", function(msg)
    _G[msg.userinfo.keepworkUsername] = msg.score;
    showVariable(msg.userinfo.keepworkUsername)
end)

registerNetworkEvent("connect", function(msg)
    broadcastNetworkEvent("updateScore", {score = 100})
end)

registerNetworkEvent("disconnect", function(msg)
    hideVariable(msg.userinfo.keepworkUsername)
end)

while(true) do
    broadcastNetworkEvent("updateScore", {score = 100})
    wait(1);
end
```

广播网络消息 score({})

broadcastNetworkEvent("score",{})

```
-- 例子 1:
hide()
becomeAgent("@p")

registerNetworkEvent("updatePlayerPos", function(msg)
    runForActor(msg.userinfo.keepworkUsername, function()
        moveTo(msg.x, msg.y, msg.z)
    end)
end)
registerCloneEvent(function(name)
    setActorValue("name", name)
end)

registerNetworkEvent("connect", function(msg)
    clone(nil, msg.userinfo.keepworkUsername)
end)

registerNetworkEvent("disconnect", function(msg)
    runForActor(msg.userinfo.keepworkUsername, function()
        delete();
    end)
end)

while(true) do
    broadcastNetworkEvent("updatePlayerPos", {x = getX(), y=getY(), z=getZ()})
    wait(0.2);
end
```

发送网络消息给 username'title'{}

sendNetworkEvent("usernames","title",{})

```
-- 例子 1: 发送消息给指定用户
registerNetworkEvent("title", function(msg)
    tip(msg.userinfo.keepworkUsername)
    wait(1)
    tip(msg.a)
end)
sendNetworkEvent("username", "title", {a=1})
-- 例子 2: 发送原始消息给指定地址 ( 无须登录 )
-- __original is predefined name
registerNetworkEvent(" original", function(msg)
  log(msg.isUDP)
  log(msg.nid or msg.tid)
  log(msg.data)
end)

sendNetworkEvent(nid, nil, "binary \0 string")
-- given ip and port
sendNetworkEvent("\\\\192.168.0.1 8099", nil, "binary \0 string")
-- broadcast with subnet
sendNetworkEvent("\\\\192.168.0.255 8099", nil, "binary \0 string")
-- UDP broadcast
sendNetworkEvent("*8099", nil, "binary \0 string")
```

执行命令 /tip hello

cmd("/tip hello")

```
-- 例子 1:
cmd("/setblock ~0 ~0 ~1 62")
cmd("/cameradist 12") cmd("/camerayaw 0")
cmd("/camerapitch 0.5")
-- 例子 2: 关闭自动等待
set("count", 1)
showVariable("count")
cmd("/autowait false")
for i=1, 10000 do
    _G.count = count +1
end
say("it finished instantly with autowait false", 3)
cmd("/autowait true")
for i=1, 10000 do
    _G.count = count +1
end
```

控制

等待 1 秒

wait(1)

```
-- 例子 1:
say("hi")
wait(1)
say("bye", 1)
-- 例子 2: 等待下一个时钟周期
while(true) do
    if(isKeyPressed("space")) then
        say("space is pressed", 1)
    end
    wait()
end
```

等待直到

repeat wait(0.01) until()

```
-- 例子 1: 每帧检测一次
say("press space key to continue")
repeat wait(0.01) until(isKeyPressed("space")) say("started")
-- 例子 2: 输入为某个变量或表达式
repeat wait(0.01) until(gamestate == "gameStarted")
repeat wait(0.01) until(current_level == 1)
```

重复 10 次

for i=1, 10 do

end

```
-- 例子 1:
for i=1, 10 do
   moveForward(0.1)
end
```

永远重复

while(true) do

end

```
-- 例子 1:
while(true) do
   moveForward(0.01)
 end
```

循环：变量 i 从 1 到 10

for i=1, 10 do

end

```
-- 例子 1:
for i=1, 10, 1 do
   moveForward(i)
end
```

循环：变量 i 从 1 到 10 递增 1

for i=1, 10, 1 do

end

```
-- 例子 1:
for i=1, 10, 1 do
   moveForward(i + 1)
end
```

等待直到 status == "start" 为真

repeat wait() until(status == "start")

```
-- 例子 1:
status = "gameStarted"
repeat wait() until(status == "gameStarted")
say("game started")
```

如果 **那么**

if() then

end

```
-- 例子 1:
```

如果 **那么** 否则

if() then

else

end

```
-- 例子 1:
 while(true) do
    if(distanceTo("mouse-pointer")<3) then
        say("mouse-pointer")
    else
        say("")
    end
    wait(0.01)
end
```

每个 key, value 在 ‘data’

for key, value in pairs(data) do

end

```
-- 例子 1:
myData = {
   key1="value1",
   key2="value2",
   key2="value2",
}
for k, v in pairs(myData) do
   say(v, 1);
end
```

每个 index, item 在数组 ‘data’

for index, item in ipairs(data) do

end

```
-- 例子 1:
myData = {
   {x=1, y=0, z=0, duration=0.5},
   {x=0, y=0, z=1, duration=0.5},
   {x=-1, y=0, z=-1, duration=1},
}
for i, item in ipairs(myData) do
    move(item.x, item.y, item.z, item.duration)
end
```

并行执行

run(function() end)

```
-- 例子 1:
run(function()
    say("follow mouse pointer!")
    while(true) do
        if(distanceTo("mouse-pointer") < 7) then
            turnTo("mouse-pointer");
        elseif(distanceTo("@p") > 14) then
            moveTo("@p")
        end
    end
end)
run(function()
    while(true) do
        moveForward(0.02)
    end
end)
```

执行角色 myself 代码

runForActor("myself", function()

end)

```
-- 例子 1:
runForActor("myself", function()
    say("hello", 1)
end)
say("world", 1)
-- 例子 2:
local actor = getActor("myself")
local x, y, z = runForActor(actor, function()
    return getPos();
end)
say(x..y..z, 1)
```

结束程序
exit()

```
-- 例子 1:
say("Press X key to exit")
registerKeyPressedEvent("x", function()
    exit()
end)
```

重新开始
restart()

```
-- 例子 1:
say("Press X key to restart")
registerKeyPressedEvent("x", function()
    restart()
end)
```

成为**当前角色**的化身
becomeAgent("@p")

```
-- 例子 1: 成为当前角色的化身
becomeAgent("@p")
```

设置方块输出 15
setOutput(15)

```
-- 例子 1:
setOutput(15)
wait(2)
setOutput(0)
```

声音

播放音符 7 持续 0.25 节拍
playNote("7", 0.25)

```
-- 例子 1:
while (true) do
    playNote("1", 0.5)
    playNote("2", 0.5)
    playNote("3", 0.5)
end
```

播放背景音乐 1
playMusic("1")

```
-- 例子 1: 播放音乐后停止
playMusic("2")
wait(5)
playMusic()
```

播放声音**击碎**
playSound("break")

```
-- 例子 1: 播放音乐后停止
playSound("levelup")
-- 例子 2: 播放声道
playSound("channel1", "levelup")
wait(0.5)
playSound("channel1", "breath")
-- 例子 3: 一个声音同时播放多次
for i=1, 80 do
    -- at most 5 at the same time
    playSound("breath"..(i % 5), "breath")
    wait(0.1)
end
```

```
-- 例子 4: 音调和音量不同
for pitch = 0, 1, 0.1 do
    playSound("click", "click", 0, 1, pitch)
    wait(0.5)
end
for volume = 0, 1, 0.1 do
    playSound("click", nil, 0, volume, 1)
    wait(0.5)
end
```

暂停播放声音**击碎**

stopSound("break")

```
-- 例子 1:
playSound("levelup")
wait(0.4)
stopSound("levelup")
-- 例子 2:
playSound("levelup1", "levelup")
wait(0.5)
playSound("levelup2", "levelup")
wait(0.3)
stopSound("levelup2")
```

感知

是否碰到**方块**

isTouching("block")

```
-- 例子 1: 是否和方块与人物有接触
turnTo(45)
while(true) do
    moveForward(0.1)
    if(isTouching(62)) then
        say("grass block!", 1)
    elseif(isTouching("block")) then
        bounce()
    elseif(isTouching("box")) then
        bounce()
    end
end
-- 例子 2:
local boxActor = getActor("box")
if(isTouching(boxActor)) then
    say("touched")
end
```

设置名字为 frog

setActorValue("name", "frog")

```
-- 例子 1: 复制的对象也可有不同的名字
registerCloneEvent(function(name)
    setActorValue("name", name)
    moveForward(1);
end)
registerClickEvent(function()
    local myname = getActorValue("name")
    say("my name is "..myname)
end)
setActorValue("name", "Default")
clone("myself", "Cloned")
say("click us!")
```

设置物理半径 0.25

setActorValue("physicsRadius", 0.25)

```
-- 例子 1:
cmd("/show boundingbox")
setBlock(getX(), getY()+2, getZ(), 62)
setActorValue("physicsRadius", 0.5)
setActorValue("physicsHeight", 2)
move(0, 0.2, 0)
if(isTouching("block")) then
    say("touched!", 1)
end
setBlock(getX(), getY()+2, getZ(), 0)
wait(2)
move(0, -0.2, 0)
cmd("/hide boundingbox")
```

设置物理高度 1

setActorValue("physicsHcight", 1)

```
-- 例子 1:
cmd("/show boundingbox")
setBlock(getX(), getY()+2, getZ(), 62)
setActorValue("physicsRadius", 0.5)
setActorValue("physicsHeight", 2)
move(0, 0.2, 0)
if(isTouching("block")) then
    say("touched!", 1)
end
setBlock(getX(), getY()+2, getZ(), 0)
wait(2)
move(0, -0.2, 0)
cmd("/hide boundingbox")
```

当碰到 name 时

registerCollisionEvent("name", function(actor) end)

```
-- 例子 1: 某个角色
broadcastCollision()
registerCollisionEvent("frog", function(actor)
    local data = actor:GetActorValue("some_data")
end)
-- 例子 2: 任意角色
broadcastCollision()
registerCollisionEvent("", function(actor)
    local data = actor:GetActorValue("some_data")
    if(data == 1) then
        say("collide with 1")
    end
end)
-- 例子 3: 某个组 ID
broadcastCollision()
setActorValue("groupId", 3);
registerCollisionEvent(3, function(actor)
    say("collide with group 3")
end)
```

广播碰撞消息

broadcastCollision()

```
-- 例子 1:
broadcastCollision()
registerCollisionEvent("frog", function()
end)
```

到鼠标的距离

distanceTo("mouse-pointer")

```
-- 例子 1:
while(true) do
   if(distanceTo("mouse-pointer") < 3) then
      say("mouse-pointer")
```

```
    elseif(distanceTo("@p") < 10) then
        say("player")
    elseif(distanceTo("@p") > 10) then
        say("nothing")
    end
    wait(0.01)
end
-- 例子 2:
if(distanceTo(getActor("box")) < 3) then
    say("box")
end
```

计算物理碰撞距离 0, 0 , 0

calculatePushOut(0, 0, 0)

```
-- 例子 1: 保证不与刚体重叠
while(true) do
    local dx, dy, dz = calculatePushOut()
    if(dx~=0 or dy~=0 or dz~=0) then
        move(dx, dy, dz, 0.1);
    end
    wait()
end
-- 例子 2: 尝试移动一段距离
for i=1, 100 do
    local dx, dy, dz = calculatePushOut(0.1, 0, 0)
    if(dx~=0 or dy~=0 or dz~=0) then
        move(dx, dy, dz, 0.1);
    end
    wait()
end
```

提问 : **你叫什么名字**？并等待回答

local result = ask(" 你叫什么名字 ?")

```
-- 例子 1:
ask("what is your name")
say("hello "..tostring(answer), 2)
ask("select your choice", {"choice A", "choice B"})
if(answer == 1) then
    say("you choose A")
elseif(answer == 2) then
    say("you choose B")
end
-- 例子 2:
local name = ask("what is your name?")
say("hello "..tostring(name), 2)
-- 例子 3: 关闭对话框
run(function()
    wait(3)
    ask()
end)
ask("Please answer in 3 seconds")
say("hello "..tostring(answer), 2)
```

提问的结果

get("answer")

```
-- 例子 1:
say("<div style='color:#ff0000'>Like A or B?</div>html are supported")
ask("type A or B") answer=get("answer")
if(answer == "A") then
    say("A is good", 2)
elseif(answer == "B") then
    say("B is fine", 2)
else
    say("i do not understand you", 2)
end
```

空格键是否按下

isKeyPressed("space")

```
-- 例子 1:
say("press left/right key to move me!")
while(true) do
    if(isKeyPressed("left")) then
        move(0, 0.1)
        say("")
    elseif(isKeyPressed("right")) then
        move(0, -0.1)
        say("")
    end
    wait()
end
-- 例子 2:
say("press any key to continue!")
while(true) do
    if(isKeyPressed("any")) then
        say("you pressed a key!", 2)
    end
    wait()
end
-- 例子 3: 按键列表
-- numpad0,numpad1,...,numpad9
```

鼠标是否按下

isMouseDown()

```
-- 例子 1: 点击任意位置传送
say("click anywhere")
while(true) do
    if(isMouseDown()) then
        moveTo("mouse-pointer")
        wait(0.3)
    end
end
```

鼠标选取

local x, y, z, blockid = mousePickBlock()

```
-- 例子 1: 点击任意位置传送
while(true) do
    local x, y, z, blockid, side = mousePickBlock();
    if(x) then
        say(format("%s %s %s :%d", x, y, z, blockid))
    end
end
```

获取方块 **19176，5，19209**

getBlock(19176, 5, 19209)

```
-- 例子 1:
local x,y,z = getPos();
local id = getBlock(x,y-1,z)
say("block below is "..id, 2)
-- 例子 2: 获取方块的 Data 数据
local x,y,z = getPos();
local id, data = getBlock(x,y-1,z)
-- 例子 3: 获取方块的 Entity 数据
local x,y,z = getPos();
local entity = getBlockEntity(x,y,z)
if(entity) then
    say(entity.class_name, 1)
    if(entity.class_name == "EntityBlockModel") then
        say(entity:GetModelFile())
    end
end
```

放置方块 19176，5，19209，62

setBlock(19176, 5, 19209, 62)

```
-- 例子 1:
local x,y,z = getPos()
local id = getBlock(x,y+2,z)
setBlock(x,y+2,z,  62)
wait(1)
-- 0 to delete block
setBlock(x,y+2,z, 0)
setBlock(x,y+2,z, id)
```

计时器

getTimer()

```
-- 例子 1: resetTimer()
while(getTimer()<5) do
    moveForward(0.02)
end
```

重置计时器

resetTimer()

```
-- 例子 1: resetTimer()
while(getTimer()<2) do
    wait(0.5);
end
say("hi", 2)
```

设置为游戏模式

cmd("/modegame")

设置为编辑模式

cmd("/modeedit")

运算

`+`

```
-- 例子 1: 数字的加减乘除
say("1+1=?")
wait(1)
say(1+1)
```

`>`

```
-- 例子 1:
if(3>1) then
    say("3>1 == true")
end
```

`==`

```
-- 例子 1:
if("1" == "1") then
    say("equal")
end
```

随机选择从 1 到 10
math.random(1,10)

```
-- 例子 1:
while(true) do
    say(math.random(1,100))
    wait(0.5)
end
```

并且
and

```
-- 例子 1: 同时满足条件
while(true) do
    a = math.random(0,10)
    if(3<a and a<=6) then
        say("3<"..a.."<=6")
    else
        say(a)
    end
    wait(2)
end
```

不满足
not

```
-- 例子 1: 是否不为真
while(true) do
    a = math.random(0,10)
    if((not (3<=a)) or (not (a>6))) then
        say("3<"..a.."<=6")
    else
        say(a)
    end
    wait(2)
end
```

连接字符串 hello 和 world
"hello" ·· "world"

```
-- 例子 1:
say("hello ".."world".."!!!")
```

字符串 hello 的长度
#"hello"

```
-- 例子 1:
say("length of hello is "..(#"hello"));
```

66 除以 10 的余数
66%10

```
-- 例子 1:
say("66%10=="..(66%10))
```

四舍五入取整 5.5
math.floor(5.5+0.5)

```
-- 例子 1:
while(true) do
    a = math.random(0,10) / 10
    b = math.floor(a+0.5)
    say(a.."=>"..b)
    wait(2)
end
```

$\sqrt{9}$

math.sqrt(9)

```
-- 例 子 1:
say("math.sqrt(9)=="..math.sqrt(9), 1)
say("math.cos(1)=="..math.cos(1), 1)
say("math.abs(-1)=="..math.abs(1), 1)
```

数据

变量 score

score

```
-- 例子 1:
local key = "value"
say(key, 1)
```

新建本地变量为 value

local key = "value"

```
-- 例子 1:
local key = "value"
say(key, 1)
```

score 赋值为 1

score = 1

```
-- 例子 1:
text = "hello"
say(text, 1)
```

设置全局变量 score 为 1

set("score", "1")

```
-- 例子 1: 也可以用 _G.a
_G.a = _G.a or 1
while(true) do
    _G.a = a + 1
    set("a", get("a") + 1)
    say(a)
end
```

当角色被复制时 (name)

registerCloneEvent(function(name)
end)

```
-- 例子 1:
registerCloneEvent(function(msg)
    move(msg or 1, 0, 0, 0.5)
    wait(1)
    delete()
end)
clone()
clone("myself", 2)
clone("myself", 3)
```

复制此角色

clone("myself")

```
-- 例子 1:
registerClickEvent(function()
    move(1,0,0, 0.5)
end)
clone() clone()
say("click")
```

删除角色

delete()

```
-- 例子 1:
move(1,0)
say("Default actor will be deleted!", 1)
delete()
registerCloneEvent(function()
    say("This clone will be deleted!", 1)
    delete()
end)
for i=1, 100 do
    clone()
    wait(2)
end
```

设置角色的**名字**为 actor1

setActorValue("name", "actor1")

```
-- 例子 1:
registerCloneEvent(function(name)
    setActorValue("name", name)
    moveForward(1);
end)
registerClickEvent(function()
    local myname = getActorValue("name")
    say("my name is "..myname)
end)
setActorValue("name", "Default")
setActorValue("color", "#ff0000")
clone("myself", "Cloned")
say("click us!")
-- 例子 2: 改变角色的电影方块
local pos = getActorValue("movieblockpos")
pos[3] = pos[3] + 1 setActorValue("movieblockpos", pos)
-- 例子 3: 改变电影角色
setActorValue("movieactor", 1)
setActorValue("movieactor", "name1")
-- 例子 4: 电影方块广告牌效果
local yaw, roll, pitch = getActorValue("billboarded")
setActorValue("billboarded", {yaw = true, roll = true, pitch = pitch});
setActorValue("billboarded", {yaw = true});
-- 例子 5: 选中特效
-- -1 disable. 0 unlit, 1 yellow border
setActorValue("selectionEffect", -1)
-- 例子 6: 多角色初始化参数
registerCloneEvent(function(name)
    local params = getActorValue("initParams")
    echo(params)
    say(params.userData)
end)
```

获取角色的**名字**

getActorValue("name")

```
-- 例子 1:
registerCloneEvent(function(msg)
    setActorValue("name", msg.name)
    moveForward(msg.dist);
end)
```

```
registerClickEvent(function()
    local myname = getActorValue("name")
    say("my name is "..myname)
end)
setActorValue("name", "Default")
clone("myself", {name = "clone1", dist=1})
clone(nil, {name = "clone2", dist=2})
say("click us!")
```

获取角色对象 myself

getActor("myself")

```
-- 例子 1:
local actor = getActor("myself")
runForActor(actor, function()
    say("hello", 1)
end)
-- 例子 2:
local actor = getActor("name1")
local data = actor:GetActorValue("some_data")
```

“string”

"string"

true

true

0

0

获取表 _G 中的 key

_G["key"]

```
-- 例子 1:
local t = {}
t[1] = "hello"
t["age"] = 10;
log(t)
```

空的表 {}

{}

```
-- 例子 1:
local t = {}
t[1] = "hello"
t["age"] = 10;
log(t)
```

新函数 (param)

function(param)
end

```
-- 例子 1:
local thinkText = function(text)
    say(text.."...")
end
thinkText("Let me think");
```

调用函数 log(param)

log(param)

```
-- 例子 1:
local thinkText = function(text)
    say(text.."...")
end
thinkText("Let me think");
```

调用函数并返回 log(param)

log(param)

```
-- 例子 1:
local getHello = function()
    return "hello world"
end
say(getHello())
```

显示全局变量 score

showVariable("score")

```
-- 例子 1:
_G.score = 1
_G.msg = "hello"
showVariable("score", "Your Score")
showVariable("msg", "", "#ff0000")
while(true) do
    _G.score = _G.score + 1
    wait(0.01)
end
```

隐藏全局变量 score

hideVariable("score")

```
-- 例子 1:
_G.score = 1
showVariable("score")
wait(1); hideVariable("score")
```

输出日志 hello

log("hello")

```
-- 例子 1: 查看 log.txt 或 F11 看日志
log(123)
log("hello")
log({any="object"})
log("hello %s %d", "world", 1)
```

输出到聊天框 hello

echo("hello")

```
-- 例子 1:
echo(123)
echo("hello")
something = {any="object"}
echo(something)
```

引用文件 hello.npl

include("hello.npl")

```
-- 例子 1: 文件需要放到当前世界目录下
-- _G.hello = function say("hello") end
include("hello.npl")
hello()
```

获取全局表 scores

gettable("scores")

```
-- 例子 1:
some_data = gettable("some_data")
some_data.b = "b"
say(some_data.b)
```

继承表 baseTable, 新表 newTable

inherit("baseTable", "newTable")

```
-- 例子 1:
MyClassA = inherit(nil, "MyClassA");
function MyClassA:ctor() end
function MyClassA:print(text)
    say("ClassA", 2)
end

MyClassB = inherit("MyClassA", "MyClassB");
function MyClassB:ctor()
end
function MyClassB:print()
    say("ClassB", 2)
end

-- class B inherits class A
MyClassB = gettable("MyClassB")
local b = MyClassB:new()
b:print()
b._super.print(b)
-- 例子 2:
MyClassA = inherit(nil, gettable("MyClassA"));
function MyClassA:ctor()
end
function MyClassA:print(text)
    say("ClassA", 2)
end
local a = MyClassA:new()
a:print()
```

保存用户数据 name 为 value

saveUserData("name", "value")

```
-- 例子 1: 存储本地世界的用户数据
saveUserData("score", 1)
saveUserData("user", {a=1})
local score = loadUserData("score", 0)
assert(score == 1)
```

加载用户数据 name 默认值 ""
loadUserData("name", "")

```
-- 例子 1:
saveUserData("score", 1)
local score = loadUserData("score", 0)
assert(score == 1)
```

保存世界数据 name 为 value
saveWorldData("name", "value")

```
-- 例子 1: 常用于开发关卡编辑器
-- only saved to disk when Ctrl+S, otherwise memory only
saveWorldData("maxLevel", 1)
local maxLevel = loadWorldData("maxLevel")
assert(maxLevel == 1)
-- 例子 2: 从指定的文件加载
saveWorldData("monsterCount", 1, "level1")
local monsterCount = loadWorldData("monsterCount", 0, "level1")
assert(monsterCount == 1)
```

加载世界数据 name 默认值 ""
loadWorldData("name", "")

```
-- 例子 1: 常用于开发关卡编辑器
-- only saved to disk when Ctrl+S, otherwise memory only
saveWorldData("maxLevel", 1)
local maxLevel = loadWorldData("maxLevel")
assert(maxLevel == 1)
-- 例子 2: 从指定的文件加载
saveWorldData("monsterCount", 1, "level1")
local monsterCount = loadWorldData("monsterCount", 0, "level1")
assert(monsterCount == 1)
```

附录3 术语表

格式为：章节号 术语名称：定义或简单描述

1 **Paracraft:** Paracraft(创意空间) 是一款免费开源的 3D 动画与编程创作软件。

1 **KeepWork:** https://keepwork.com 是我们为 Paracraft 开发的一个学习平台。KeepWork 是保持 (keep) 有事可做 (work) 或保存 (keep) 作品 (work) 的意思。

1.1 **bmax:** bmax 是一种 Paracraft 专用的基于粒子的 3D 静态模型文件格式。

1.2 **关键帧:** 关键帧是时间轴上的一些关键的数据点，通过在两个关键帧之间自动插值，可以得到平滑的动画。

1.2 **反向动力学:** 反向动力学 (Inverse Kinematics) 是一种先确定子骨骼的位置，然后反求推导出其所在骨骼链上 n 级父骨骼位置，从而确定整条骨骼链的方法。

1.2 **父骨骼:** 每个骨骼最多有一个父骨骼。父骨骼移动，子骨骼也跟着运动。例如，手部骨骼的父骨骼是肘部骨骼。

1.2 **根骨骼:** 最上层的骨骼为主骨骼，也称根骨骼， 根骨骼没有父骨骼。

1.2 **骨骼的权重:** 普通方块受到某个骨骼方块的影响大小称为权重。数值 1 代表某个方块完全跟随某个骨骼运动，0 代表不跟随骨骼运动。

2.1 **编译**: 所有的计算机语言都需要被转换成底层硬件指令才能被执行，这个过程就是编译。

2.4 **变量:** 程序中的变量只是某个存储单元的名字，它会直接输出程序执行的瞬间它所代表的存储单元数据。变量也可以看成是计算机语言的词汇。写代码的过程其实就是在不断创造新的词汇，并用这些词汇去描述我们要解决的问题。

2.4 **作用域**: 变量是有生命周期的，变量的生命周期在程序中称为作用域 (scope)。

2.5 **字符串:** 字符串是一定长度的二进制数据。

2.5 **UTF8 编码:** NPL 语言中默认的编码规则称为 UTF8。UTF8 是全世界使用最广泛的编码规则，几乎互联网上所有的文字都是这种编码。这种编码将每个英文字母或数字映射到 1 个 Byte，将中文或其他特殊字符映射到 2 个或多个 Byte。

2.6 **表**: 表 (table) 是数据到数据的映射关系。

2.6 **原表 (metable):** 原表也是一种表，通过原表，程序员可以自定义 [] 和 . 函数针对某个表的输入 / 输出映射规则。更多内容可以搜索 Lua metatable。

2.7.1 **函数:** 函数是代码的主要形态，甚至可以说是唯一形态。可以说，代码就是由函数构成的。如果说中文、英文是由文字和单词构成的， 那么函数就如同自然语言中的文字或单词。 只不过，自然语言中的词汇是单向串联起来的，并且文字和单词的总量是基本固定的。

2.7.1 **重构**: 在写代码的过程中，程序员会不断地将重复的逻辑封装到函数中，这个过程称为代码的重构。或者说，重构是在程序功能基本不变的前提下逐步优化代码的过程。

2.8 **LISP 语言:** LISP 是一种面向语言的语言。它很古老，发明于 1960 年， 后来一个分支成为面向过程和对象的语言（C/C++/C#/Java 等）， 另一个分支成为更高级的类汇编语言。

3 **CG:** 计算机图形学 (Computer Graphics ， CG) 是最激动人心且快速发展的现代技术之一。在早期的研究中，计算机图形学要解决的是如何在计算机中表示三维几何图形，以及如何实现利用计算机进行图形的生成、处理和显示的相关原理与算法，产生令人赏心悦目的真实感图像。

3　**CAD:** 计算机辅助设计 (Computer Aided Design， CAD)。

4　**CPU:** 中央处理器 (Central Processing Unit，CPU)，是计算机的主要设备之一，其主要功能是解释计算机指令以及处理计算机软件中的数据。计算机的可编程性主要是指对中央处理器的编程。

4　**RAM:** 随机存取存储器 (Random Access Memory，RAM)，也称主存，是与 CPU 直接交换数据的内部存储器。

4　**ROM:** 只读存储器 (Read-only Memory，ROM) 是一种半导体存储器，其特性是一旦存储数据就无法再将之改变或删除，且内容不会因为电源关闭而消失。

4　**BIOS:** BIOS(Basic Input/Output System，基本输入输出系统)，是个人计算机启动时加载的第一个软件。

4　**操作系统**：操作系统 (Operating System，OS) 是管理计算机硬件与软件资源的系统软件，同时也是计算机系统的内核与基石。操作系统需要处理如管理与配置内存、决定系统资源供需的优先次序、控制输入与输出设备、操作网络与管理文件系统等基本事务。操作系统也提供一个让用户与系统交互的操作界面。

5　**AI:** AI（Artificial Intelligence，人工智能）是指用代码写出具有人类智能的程序，是人类最前沿的科研领域。

5　**NPL 语言**：神经元并行计算机语言（Neural Parallel Language，NPL)。NPL 语言有望成为一种接近人类思维本质的新的计算机语言系统，它是面向未来人工智能时代的计算机语言系统。

6　**教育**：教育就是让人保持一直有事可做。

后记

如何学习 Paracraft 编程

Paracraft 的教学理念可以用一个词来概括：KeepWork，它包含了两个含义。

一是“keep working”，也即“持续保持着工作”，反映出充满活力和兴趣满满的状态。二是“keep your works”，也即“总有新作品”。Keepwork.com 网站既为你提供持续学习、持续创作的环境，又为你持续提供作品交流和展示的平台。

学习编程，真正掌握计算机需要持续学习、持续创作、持续探索，需要展示作品、与人交流、不断完善作品和创造新的高水平作品。

玩中学

欣赏别人的作品，玩他人制作的游戏，观看其他人制作的动画电影，这是学习 Paracraft 编程的第一阶段。要鼓励学生大量接触他人的作品，通过玩来探索 Paracraft 3D 世界。

老师可以带领学生每节课玩一个项目，然后在课堂上跟着老师完成动画的制作或者打完相应的代码（低年龄的小朋友可以使用可拖拽的条块来编程）。在这些过程中，老师不需要讲多少理论知识，因为这里最重要的是要让孩子多动手。

课后鼓励学生在家里多玩 Paracraft 的游戏或者观看动画。在 Paracraft 客户端的官方推荐作品里有许多优秀作品可供参考学习。

做中学

做中学，就是在做项目的过程中边学习边提高。

在开始的第一阶段，以玩中学为主，玩很多其他人制作的项目，同时穿插老师指导下一起完成的小项目。到了第二阶段，学生就可以自己开始做项目了。要从简单的小项目开始，循序渐进提高小项目的难度。

做项目就是要有自己的作品，达到“拿得出手”的程度，要参加 Paracraft 的创意大赛。

在玩和做项目中，有经验的老师会懂得如何适时地引导学生自己去观察、去探索，让学生从各个侧面自己来体会和总结经验，逐步建立起自我对于整个知识体系的认识。

Paracraft 对孩子具有极强的吸引力，可以制作多样化的甚至是很复杂的 3D 作品。青少年或儿童可以通过玩他人的作品，受到启发，进而主动去探索。青少年或儿童都特别渴望可以创作出自己的 3D 作品。教师一定要把握好学生的这股“动力”，将其有机地运用起来。课程可以教一定的知识，但更多的知识其实需要学生自己去探索。“玩和做”项目给了学生最丰富的第一手经验，他们大多会自己总结出一些适合自己的规律来。这时候老师要善于引导学生去更好地总结他们的经验，帮助他们建立起属于自己的正确的知识模型。这还会涉及到下面的看书和反思。

看书和反思

除了玩和做项目，平时的看书和反思对于知识体系的建立必不可少。这本书里有系统的理论知识，教师可以引导学生平时注意阅读相关的章节，善于引导学生基于自身的体验进行反思，逐步建立起自己的系统知识。

下面具体讲讲玩中学阶段的课程怎么上比较好。

玩中学的课程计划：

(1) 以小游戏或动画吸引人，每节课都有小游戏或动画，学生需要完成里面的任务。

(2) 因为有游戏或动画，学生愿意吃些苦头去学习，包括打完代码。有些比较长的代码，小孩打起来是比较累的，但是大多愿意打完。

(3) 在每节课中穿插了一些作者对编程的重要体会。因为课程有趣味性，学生往往也愿意听“真正的程序员是怎么编程的”。

(4) 积累了足够的感性经验后，开始逐步引入系统性的知识，但仍然应该引导学生从自己的感性经验去总结，实践中发现小孩真的有总结能力。

升级：复杂项目的学习

本书中的 50 多个项目开始都比较简单，属于引导性的“玩中学”课程 / 项目，学生应多玩多动手，获得充分的感性经验。后面的项目则会比较复杂，比如 BlockBot、人力资源游戏、MindMaster、坦克大战等。完成前面的课程 / 项目的训练，又自己动手设计和实现过一些自己创作的小项目后，再学习这些比较复杂的项目，学习设计大型的游戏效果会更好。在这些复杂项目中，本书引入了抽象建模的方法，针对每个项目都做了必要的阐述，但没有像前面的小游戏一样详细到每条指令。学生需要通过自主学习和参看该游戏世界里的代码进行学习。老师也可以做一定的引导，包括让学生改动或增加游戏的某些局部内容。

学习编程需要的条件

几岁的小孩适合开始学习编程？从线下课程实践发现，7 岁以上比较合适，因为学习编程需要几个基本技能：

(1) 一定程度上掌握键盘和鼠标操作。比如鼠标左右键，键盘上的 ctrl、shift 键、上下左右键、回车键等。Paracraft 大量使用鼠标和键盘上这些键，哪怕只是做动画也需要。其他的键，如回退、删除键，以及 26 个字母和一些常用符号（+、-、=）键，如果小孩熟悉这些键的位置当然比较好，不熟悉能找得到键位也可以。如果小孩完全不会键盘和鼠标操作，那就需要先教鼠标和键盘的使用，再通过动画搭场景或者玩小游戏来熟练键盘和鼠标的操作。不过小孩基本上几天就能够掌握好这项技能。

(2) 认识简单的中文。因为使用条块拖拽式编程，需要能够认识某些条块名。这些中文名比较简单，二年级学生都容易掌握。曾经有一年级的小朋友，还不太会认字，他通过努力按老师演示来操作，也很快认识了大多数编程条块名。

(3) 认识简单的英文。使用条块拖拽式编程对英文能力的需求不大。偶尔用到英文的是变量名，跟着老师或教材取同样的名字就好。但我们对学过英文的学生则要求他们尽量直接打代码编程而不是使用拖拽式条块（这是真正的程序员应该具有的能力）。

(4) 逻辑思维能力。确实有些小孩似乎更喜欢编程，更擅长编程，而有些小孩更喜欢搭建场景制作动画。即使喜欢编程的小孩里也有不喜欢数字和计算的小孩。人各有特长，不应该太过早地确认哪些孩子擅长学习编程和应该学习编程，哪些孩子只擅长创建和应该学习创建场景和拍摄电影。在一个 Paracraft 项目里需要不同类型的人参与，Paracraft 本身的特点也让不同类型的人都能找到自己的兴趣点。同在一个环境、一个项目中，通过合作做自己感兴趣的又比较大而复杂的事情是最好的锻炼和互相学习的机会。接触和了解其他人的思维模式，这样一个开放互动的状态非常有助于他们的共同提高和互相促进，更有助于他们将来在兴趣和关注点的自然转移过程中能够比较顺利（根据环境需要，能够调整思维模式甚至研究领域，这是全面素质人才应该具有的能力）。

一个创新型的国家需要大量具有创新精神和创新能力的人才，并且形成创新的社会文化。未来每个人都应该掌握一门计算机语言。掌握计算机编程就掌握世界！

让每一个少年儿童养成探索、创新的习惯，使其具有坚忍不拔、团结合作、奉献社会的责任感。让每一个少年儿童在自己的网站上都有个性化的、富有创造性的、丰富多彩的作品。

“十年树人”，面向未来的教育必将涌现出千百万勇于奉献的电影艺术家、3D 文学家、智能化工程师、教育家、计算机 AI 精英、网络企业家、社会活动家、各行各业触类旁通的创作家。创新的社会文化，使全民素质获得爆发性提高，必将为实现中华民族的伟大复兴做出决定性贡献。

推荐书目：

（1）《相似性和相似原理》是 Paracraft 的理论基础。

（2）《Paracraft 创意动画入门》是专注 3D 动画创作的教科书。